新世纪计算机类专业系列教材

计算机网络管理

（第三版）

雷震甲　编著

西安电子科技大学出版社

内 容 简 介

本书根据网络管理课程教学大纲的要求,以 SNMP 协议为基础讨论了网络管理系统的体系结构、管理功能域、协议操作规范、管理信息库组成、远程网络监视以及网络管理系统的安全机制。本书还介绍了网络管理的实用技术,包括 Windows 中的网络管理工具以及广泛使用的网络管理和分析软件。最后本书讨论了网络测试和网络性能评价的标准、方法和工具。

本书既可作为高等学校计算机和通信专业本科生的教科书,也可供相关专业人员参考使用。

图书在版编目(CIP)数据

计算机网络管理 / 雷震甲编著. —3 版. —西安：西安电子科技大学出版社，2017.4
(2023.10 重印)
ISBN 978–7–5606–4439–4

Ⅰ. ①计⋯　Ⅱ. ①雷⋯　Ⅲ. ①计算机网络管理　Ⅳ. ①TP393.07

中国版本图书馆 CIP 数据核字(2017)第 065635 号

策　　划　臧延新
责任编辑　杨　璠
出版发行　西安电子科技大学出版社(西安市太白南路 2 号)
电　　话　(029)88202421　88201467　　　　　邮　编　710071
网　　址　www.xduph.com　　　　　　　电子邮箱　xdupfxb001@163.com
经　　销　新华书店
印刷单位　咸阳华盛印务有限责任公司
版　　次　2017 年 4 月第 3 版　　2023 年 10 月第 13 次印刷
开　　本　787 毫米×1092 毫米　1/16　　印 张　19
字　　数　447 千字
印　　数　35 001～37 000 册
定　　价　45.00 元

ISBN 978－7－5606－4439－4 / TP

XDUP 4731003–13

如有印装问题可调换

前　言

　　本书第二版出版以来得到了众多读者的青睐，经多次重印，一直在很多高校作为网络管理课程的教材使用。这次再版主要作了如下三项修订：一是删去了原书的第 7 章 Windows 网络管理和第 9 章网络管理技术的发展，这些内容可以在其他课程或实际研发工作中学习。二是增加了当前常用的科来网络分析系统。第 6、7 两章可供读者选学，只要能熟练应用一种管理软件就可以了。三是根据有关网络管理课程教学大纲的要求，新编了第 9 章网络测试与性能评价，其中对网络测试的基本概念，网络测试的标准、方法和工具都进行了详细论述，也比较完整地讨论了网络设备和网络系统的性能评价指标和评价方法。其中，第三项改进也是最主要的改进。经过这些修改，本书的内容更加切合当前网络管理工作的实际要求，能对学生进一步的学习和考研提供更多的帮助。

　　由于编者水平有限，书中可能仍有些许错误或不当之处，敬请读者批评指正。

编　者

2016 年 11 月

第二版前言

在日常生活和商业活动日益依赖于互联网的情况下，人们对计算机网络的性能、安全和效率提出了更高的要求，研究网络管理技术和开发适用的网络管理工具就成为相关专业技术人员的重要职责。使用统一的网络管理标准和适用的网络管理工具，可以对计算机网络实施有效的管理，减少停机时间，改进响应时间，提高设备的利用率，同时还可以减少运行的费用。本书就是围绕这些方面为计算机和通信类专业学生编写的专业课教材。

此次再版，作者根据近年来教材的使用情况和网络管理技术的发展趋势对第一版进行了部分修订。修订后的内容扩展为 9 章：第一章讲述网络管理系统的体系结构和管理功能域；第二章介绍抽象语法表示，这种形式化方法越来越多地用于描述网络协议规范；第三章介绍管理信息库的结构和使用方法；第四章讲述 SNMPv1/v2/v3 协议规范和操作技术；第五章讲述 RMON 管理信息库及其在局域网管理中的应用；第六章以 SNMPc 软件为例综合讲述实际的网络管理技术；第七章介绍 Windows 环境下的网络配置和管理技术；第八章介绍了一些常用的网络管理工具，适用于各种流行的网络操作系统；最后，第九章介绍网络管理技术的发展方向，供读者进一步研究时参考。

由于作者的水平有限，书中难免出现疏漏和错误之处，敬请读者不吝指正。

编 者

2010 年 9 月

第 一 版 前 言

自从作者的第一本计算机网络管理教材出版以来，网络管理技术得到了迅速的发展。IETF 于 1999 年公布了 SNMPv3 标准草案，2002 年 4 月 SNMPv3 被确定为互联网管理标准，并且得到了设备制造商的大力支持。许多 SNMPv3 代理开发工具和基于安全策略的管理站已经出现，有的 SNMPv3 引擎还可以嵌入到现有的网络管理平台中。许多制造商，例如 Cisco 和 HP 等都推出了基于 SNMPv3 的网管产品。

本书的内容包括网络管理系统概述、管理信息结构、简单网络管理协议 SNMPv1/v2/v3、管理信息库 MIB-2、远程网络监视 RMON1 和 RMON2、Windows Server 2003 网络管理、Red Hat Linux 9.0 网络管理和 SNMPc7.0 网络管理系统的应用。

本书是作为网络工程专业的专业课教材编写的，也可以作为计算机相关专业的教材或参考书。使用统一的网络管理标准和适用的网络管理工具，就可以对计算机网络实施有效的管理，减少停机时间，改进响应时间，提高设备的利用率，同时还可以减少运行费用。管理工具可以很快发现并消灭网络通信瓶颈，提高运行效率，及时修改和优化网络的配置，使网络更容易使用。在商业活动日益依赖于互联网的情况下，人们要求网络工作得更安全，对网络资源的访问要严格控制，并防止计算机病毒和非法入侵者的破坏。研究网络管理技术和开发适用的网络管理工具无疑是计算机专业技术人员的重要职责。希望读者能从本书中学习到对自己有用的知识。

本书第一至五章以及第八章由雷震甲编写，第六章由严体华编写，第七章由林明园和刘鹏编写。全书由雷震甲统稿。

由于作者水平有限，书中难免出现错误和不足之处，敬请读者不吝指正。

编 者

2005 年 11 月

目　录

第 1 章　网络管理概论

> 计算机网络的结构越来越复杂，一方面是因为网络互联的规模越来越大，另一方面是因为联网设备越来越多样。异构型网络设备、多协议栈互联、性能需求不同的各种网络业务更增加了网络管理的难度和管理费用，单靠管理员手工管理已经无能为力。所以研究网络管理的理论，开发先进的网络管理技术，采用自动化的网络管理工具就是一项迫切的任务了。

1.1　网络管理的基本概念

对于不同的网络，管理的要求和难度也不同。局域网的管理是相对简单的，因为局域网运行统一的操作系统。尽管有的局域网规模比较大，但只要熟悉网络操作系统的管理功能和操作命令就可以管好一个局域网。但是对于由异构型设备组成的、运行多种操作系统的互联网的管理就不是那么简单了，这需要跨平台的网络管理技术。

TCP/IP 协议所具有的开放性，使其自 20 世纪 90 年代以来逐渐得到网络制造商的支持，从而获得了广泛的应用，且已经成为事实上的互联网标准。在 TCP/IP 网络中有一个简单的管理工具——ping 程序。用 ping 发送探测报文可以确定通信目标的连通性及传输时延。如果网络规模不是很大，互联的设备不是很多，这种方法还是可行的。但是当网络的互联规模很大时这种方法就不适用了。这是因为，一方面 ping 返回的信息很少，无法获取被管理设备的详细情况；另一方面用 ping 程序对很多设备逐个测试检查，工作效率很低。在这种情况下出现了用于 TCP/IP 网络管理的标准——简单网络管理协议 SNMP。这个标准适用于任何支持 TCP/IP 的网络，无论是哪个厂商生产的设备，或是运行哪种操作系统的网络。

与此同时，国际标准化组织也推出了 OSI 系统管理标准 CMIS/CMIP。从长远看，OSI 系统管理更适合结构复杂、规模庞大的异构型网络，但由于其技术开发缓慢，尚没有进入实用阶段。

网络管理标准的成熟刺激了制造商的开发活动。市场上已经出现了符合国际标准的商用网络管理系统。有的是主机厂家开发的网络管理应用系统开发软件(例如 IBM NetView、HP OpenView)，有的是网络产品制造商推出的与硬件相结合的网管工具(例如 Cisco Works2000、Cabletron Spectrum)。这些产品都可以称为网络管理平台，在此基础上开发适合用户网络环境的网络管理应用软件，才能实施有效的网络管理。

有了统一的网络管理标准和适用的网络管理工具，对网络实施有效的管理，就可以减少停机时间，改进响应时间，提高设备的利用率，同时还可以减少运行费用。管理工具可以很快地发现并消灭网络通信瓶颈，提高运行效率。为了及时采用新技术，还需要有方便适用的网络配置工具，以便及时修改和优化网络的配置，使网络更容易使用，提供多种多样的网络业务。在商业活动日益依赖于互联网的情况下，人们还要求网络工作得更安全，对网上传输的信息要保密，对网络资源的访问要有严格的控制，以及防止计算机病毒和非法入侵者的破坏等。这些需求进一步促进了网络管理工具的研究和开发。

1.2 网络管理系统体系结构

1.2.1 网络管理系统的层次结构

一般的网络管理系统分为管理站和代理系统两部分，其层次结构如图 1-1 所示。网络管理站中的最下层是操作系统和计算机硬件。操作系统和计算机硬件之上是支持网络管理的协议簇，例如 OSI、TCP/IP 等通信协议簇，以及专用于网络管理的 SNMP、CMIP 协议等。协议簇上面是网络管理框架(Network Management Framework)，这是各种网络管理应用工作的基础架构。

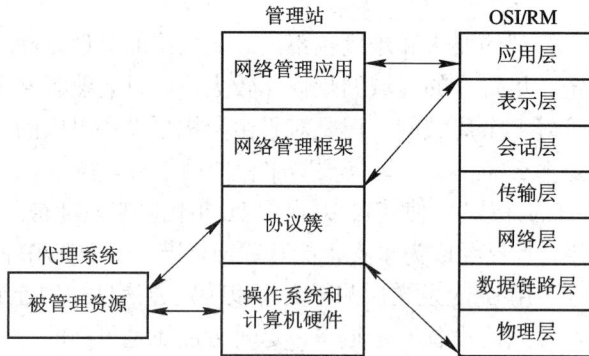

图 1-1 网络管理系统的层次结构

网络管理框架一般都提供以下功能：

- 为存储管理信息提供数据库支持，例如关系数据库或面向对象的数据库。
- 提供用户接口和用户视图(View)功能，例如管理信息浏览器。
- 提供基本的管理操作，例如获取管理信息、配置设备参数等操作过程。

网络管理应用是用户根据需要开发的管理软件，这种软件运行在具体的网络上，实现特定的管理目标，例如故障诊断和性能优化，或者业务管理和安全控制等。网络管理应用的开发一直是最活跃的研发领域。

图 1-1 把被管理资源画在单独的方框中，表明被管理资源可能与管理站处于不同的系统中。网络管理涉及监视和控制网络中的各种硬件、固件和软件元素，例如网卡、集线器、交换机、路由器、主机、外围设备、通信软件、应用软件和实现网络互联的系统软件等。网络管理信息由被管理设备中的代理进程控制，代理进程通过网络管理协议与管理站对话。

1.2.2　网络管理系统的配置

网络管理系统的配置如图 1-2 所示。每一个网络节点都包含一组与管理有关的软件，叫做网络管理实体(Network Management Entity，NME)。

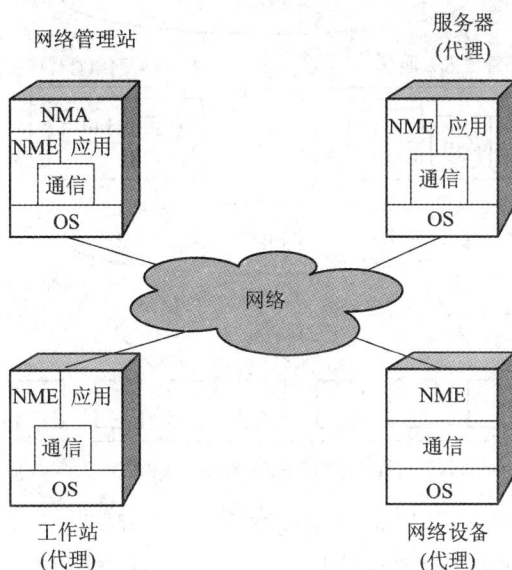

图 1-2　网络管理系统的配置

网络管理实体要完成以下任务：

- 收集有关网络通信的统计信息。
- 对本地设备进行测试，记录设备状态信息。
- 在本地存储有关信息。
- 响应网络控制中心的请求，发送管理信息。
- 根据网络控制中心的指令，设置或改变设备参数。

网络中至少有一个节点(主机或路由器)担当管理站的角色(Manager)。除过 NME 之外，管理站中还有一组软件，叫做网络管理应用(Network Management Application，NMA)。NMA 提供用户接口，根据用户的命令显示管理信息，通过网络向 NME 发出请求或指令，以便获取有关设备的管理信息，或者改变设备的配置状态。

网络中的其他节点在 NME 的控制下与管理站通信，交换管理信息。这些节点中的 NME 模块叫做代理模块，网络中任何被管理的设备(主机、交换机、路由器或集线器等)都必须实现代理模块。所有代理在管理站的监视和控制下协同工作，实现集中式网络管理。这种集中式网络管理策略的好处是管理人员可以有效地控制整个网络资源，根据需要平衡网络负载，优化网络性能。

然而对于大型网络，集中式管理往往显得力不从心，必须让位于分布式的管理策略。这种向分布式管理演化的趋势与集中式计算模型向分布式计算模型演化的总趋势是一致的。图 1-3 提出了一种可能的分布式网络管理配置方案。

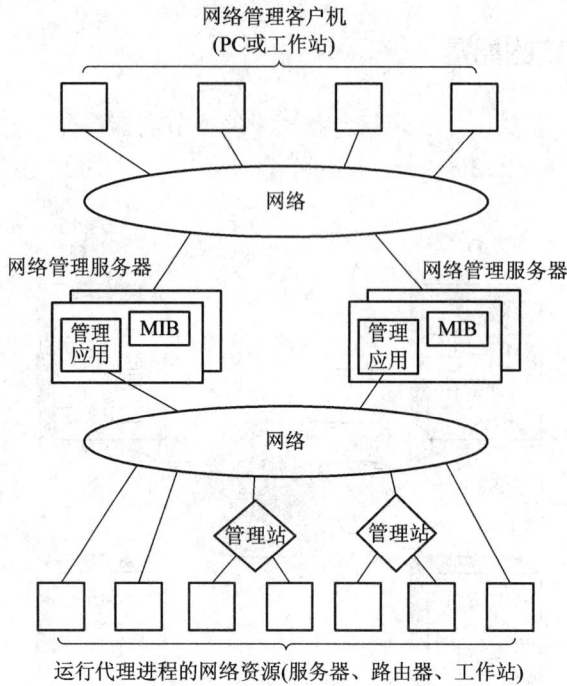

图 1-3　分布式网络管理配置方案

在这种配置中，分布式管理系统代替了单独的网络控制主机。地理上分布的网络管理客户机与一组网络管理服务器交互作用，共同完成网络管理功能。这种管理策略可以实现分部门管理，即限制每个客户机只能访问和管理本部门的网络资源，而由一个中心管理站实施全局管理。同时中心管理站还能对管理功能较弱的客户机发出指令，实现更高级的管理。分布式网络管理的灵活性(Flexibility)和可伸缩性(Scalability)带来的好处日益为网络管理工作者所青睐，这方面的研发是网络管理中最活跃的领域。

图 1-2 和图 1-3 的系统要求每个被管理设备都能运行代理程序，并且所有管理站和代理都支持相同的管理协议。这种要求有时是无法实现的。例如有的老设备可能不支持当前的网络管理标准；小的系统可能无法完整实现 NME 的全部功能；甚至还有一些设备(例如 Modem 和多路器等)根本不能运行附加的软件，一般把这些设备叫做非标准设备。在这种情况下，可以用一个叫做委托代理的设备(Proxy)来管理一个或多个非标准设备。委托代理和非标准设备之间运行制造商专用的协议，而委托代理和管理站之间运行标准的网络管理协议。这样，管理站就可以用标准的方式通过委托代理得到非标准设备的管理信息。委托代理起到了协议转换的作用，如图 1-4 所示。

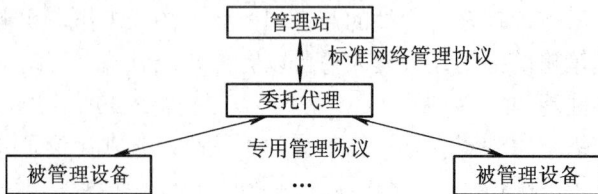

图 1-4　委托代理

1.2.3 网络管理软件的结构

网络管理软件包括用户接口软件、管理专用软件和管理支持软件，如图 1-5 所示，大约相当于图 1-1 中管理站的上三层。

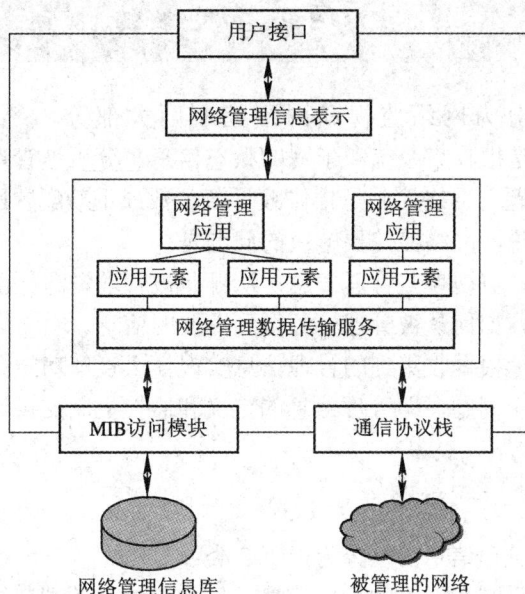

图 1-5 网络管理软件的结构

用户通过网络管理接口与管理专用软件交互作用，监视和控制网络资源。接口软件不但存在于管理站上，而且也可能出现在代理系统中，以便对网络资源实施本地配置、测试和排错。不论主机和设备出自何方厂家，运行什么操作系统，有效的网络管理系统都需要统一的用户接口，这样才可以方便地对异构型网络进行监控。接口软件还要有一定的信息处理能力，以对大量的管理信息进行过滤、统计、化简和汇总，以免传递的信息量太大而浪费网络带宽。最后，理想的用户接口应该是图形用户接口，而非命令行或表格形式。

管理专用软件画在图 1-5 中心的大方框中。足够复杂的网管软件可以支持多种网络管理应用，例如配置管理、性能管理、故障管理等。这些应用虽然在实现细节上可能有所不同，但能适用于各种网络设备和网络配置。图 1-5 还表示出用大量的应用元素支持少量管理应用的设计思想。应用元素实现通用的基本管理功能(例如产生报警、对数据进行分析等)，可以被多个应用程序调用。传统的模块化设计方法可提高软件的重用性，提高实现的效率。网络管理软件的最低层提供网络管理数据传输服务，用于在管理站和代理之间交换管理信息。管理站利用这种服务接口可以检索设备信息、配置设备参数，代理则通过服务接口向管理站报告设备事件。

管理支持软件包括管理信息库(Management Information Base，MIB)访问模块和通信协议栈。代理中的 MIB 包含反映设备配置和设备行为的信息，以及控制设备操作的参数。管理站的 MIB 除了保留本地节点的管理信息外，还保存着管理站控制的所有代理的相关信息。MIB 访问模块具有基本的文件管理功能，使得管理站或代理可以访问 MIB，同时该模块还能把本地的 MIB 格式转换为适于网络管理系统传送的标准格式。

通信协议栈支持节点之间的通信。由于网络管理协议位于应用层，原则上任何通信体系结构都能胜任，虽然具体的实现可能有特殊的通信要求。

1.3　网络监控系统

网络管理功能可分为网络监视和网络控制两大部分，统称网络监控(Network Monitoring)。网络监视是指收集系统和子网的状态信息，分析被管理设备的行为，以便发现网络运行中存在的问题。网络控制是指修改设备参数或重新配置网络资源，以便改善网络的运行状态。具体地说，网络监控要解决的问题是：

- 管理信息的定义：监视哪些管理信息，从哪些被管理资源获得管理信息。
- 监控机制的设计：如何从被管理资源得到需要的信息。
- 管理信息的应用：根据收集到的管理信息实现什么管理功能。

下面首先说明前两个问题，即管理信息的定义和监控机制的设计。

1.3.1　管理信息库

对网络监控有用的管理信息可以分为以下 3 类：

- 静态信息：包括系统和网络的配置信息，例如路由器的端口数和端口编号、工作站标识和 CPU 类型等，这些信息不经常变化。
- 动态信息：与网络中出现的事件和设备的工作状态有关，例如网络中传送的分组数、网络连接的状态等。
- 统计信息：从动态信息推导出的信息，例如平均每分钟发送的分组数、传输失败的概率等。

管理信息库的组成如图 1-6 所示。配置数据库中存储着计算机和网络的基本配置信息，传感器数据库中存储着传感器的设置信息。传感器是一组软件，用于实时地读取被管理设备的有关参数。配置数据库和传感器数据库共同组成静态数据库。动态数据库存储着由传感器收集的各种网络元素和网络事件的实时数据。统计数据库中的管理信息是由动态信息计算出来的。图 1-6 表示出了这 3 种数据库的关系。

网络监控功能一方面要确定从哪里收集管理信息，另一方面还要确定管理信息应该存储在什么地方。静态信息是由网络元素直接产生的，通常由驻留在这些网络元素(例如路由器)中的代理进程收集和存储，必要时传送给监视器。如果网络元素(例如 Modem)中没有代理进程，则可以由委托代理收集这些静态信息，并传送给监视器。

动态信息通常也是由产生有关事件的网络元素收集和存储的。例如工作站建立的网络连接数就存储在该工作站中。然而对于一个局域网来说，网络中各个设备的行为和有关数据可以由连接在网络中的一个专用主机来收集和记录，这个主机叫做远程网络监视器，它的作用是收集整个子网的通信数据，例如在一段时间内一对主机交换的分组数，或网络中出现的冲突次数等。

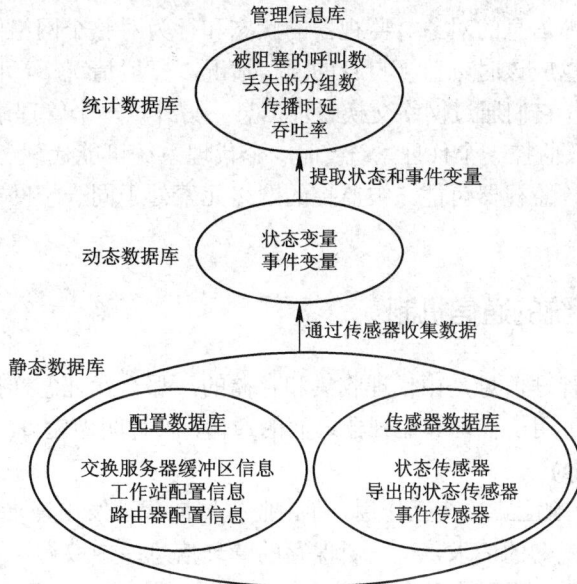

图 1-6　管理信息库的组成

　　统计信息可以由任何能够访问动态信息的系统产生。当然，统计信息也可以由网络监视器自己产生，这就要求把所有需要的原始数据传送给监视器，再由监视器进行分析和计算。如果原始数据的量很大，则这种监控方式可能会消耗很多网络带宽。如果存储动态信息的系统进行了分析和计算，则不但节约了网络带宽，而且也节省了监视器的处理时间。

1.3.2　网络监控系统的配置

　　网络监控系统的配置如图 1-7(a)所示。监控应用程序是监控系统的用户接口，它完成性能监视、故障监视和计费监视等功能。管理功能负责与其他网络元素中的代理进程通信，把需要的监控信息提供给监控应用程序。这两个模块都处于管理站中。管理对象表示被监控的网络资源中的管理信息，所有管理对象遵从网络管理标准的规定。管理对象中的信息通过代理功能提供给管理站。图 1-7(b)中增加了监控代理功能。这个模块的作用是专门对管理信息进行计算和统计分析，并且把计算的结果提供给管理站。在管理站看来，监控代理的作用和一般代理是一样的，然而它管理着多个代理系统。

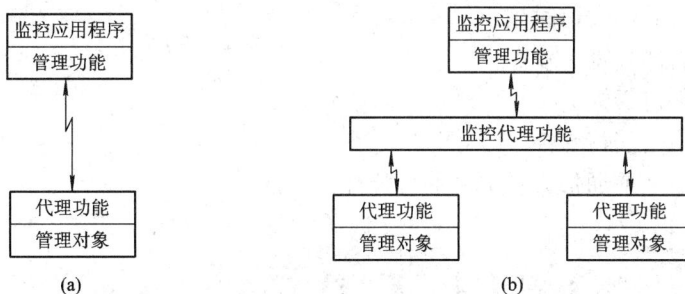

图 1-7　网络监控系统的体系结构

　　实际上这些功能模块可以处于不同的网络元素中，组成多种形式的监控系统。如果管理站本身就是一个被监控的网络元素，则它应该包含监控应用程序、管理功能、代理进程以及一组反映自身管理信息的对象。监视器的状态和行为对整个网络监控系统的性能起决定作用，因而监视器也应该时刻监视自身的通信情况。一般情况下，监视器与代理系统处于不同的网络元素中，它们通过网络交换管理信息。另外，一个管理站/监视器可以监控多个代理系统，也可以只监控一个代理系统；而一个代理系统可能代理一个或多个网络元素，甚至代理整个局域网；监视器可能与被监控的网络元素处于同一子网中，也可能通过远程网络互连。

1.3.3　网络监控系统的通信机制

对监视器有用的管理信息是由代理收集和存储的，那么代理怎样把这些信息传送给监视器呢？有两种技术可用于代理和监视器之间的通信，一种叫做轮询(Polling)，一种叫做事件报告(Event Reporting)。

轮询是一种请求-响应式的交互作用，即由监视器向代理发出请求，询问它所需要的信息数值，代理响应监视器的请求，从它所保存的管理信息库中取得请求的信息，返回给监视器。请求可以采用各种不同的形式，例如列出一些变量的名字，要求代理返回变量的值；或者给出一种匹配模式，要求代理搜索与模式匹配的所有变量的值。监视器可能要查询它所管理的系统的配置，或者周期地询问被管理系统配置改变的情况；监视器也可能在收到一个报警后用轮询方式详细调查某个区域的真实情况，或者根据用户的要求通过轮询生成一个配置报告。

事件报告是由代理主动发送给管理站的消息。代理可以根据管理站的要求(周期、内容等)定时地发送状态报告，也可能在检测到某些特定事件(例如状态改变)或非正常事件(例如出现故障)时生成事件报告，发送给管理站。事件报告对于及时发现网络中的问题是很有用的，特别对于监控状态信息不经常改变的管理对象更有效。

在已有的各种网络监控系统中都设置了轮询和事件报告两种通信机制，但强调的重点有所不同。传统的通信管理网络主要依赖事件报告，而 SNMP 强调轮询方法，OSI 系统管理则采取了这两种极端方法的中间道路。然而无论是 SNMP 还是 OSI，以及某些专用的管理系统都允许用户根据具体情况决定使用何种通信方式。影响通信方式选择的主要因素如下：

- 传送监控信息需要的通信量；
- 对危急情况的处理能力；
- 对网络管理站的通信时延；
- 被管理设备的处理工作量；
- 消息传输的可靠性；
- 网络管理应用的特殊性；
- 在发送消息之前通信设备失效的可能性。

1.4　网　络　监　视

网络管理有 5 大功能域，即故障管理(Fault Management)、配置管理(Configuration

Management)、计费管理(Accounting Management)、性能管理(Performance Management)和安全管理(Security Management)，简写为 F-CAPS。传统上，性能、故障和计费管理属于网络监视功能，另外两种属于网络控制功能。这一节仅介绍网络监视功能。

1.4.1　性能监视

网络监视中最重要的是性能监视，然而要能够准确地测量出对网络管理有用的性能参数却是不容易的。可选择的性能指标很多，有些很难测量，或计算量很大，但不一定很有用；有些有用的指标则没有得到制造商的支持，无法从现有的设备上检测到。还有些性能指标互相关联，要互相参照才能说明问题。这些情况都增加了性能测量的复杂性。这一小节主要介绍性能管理的基本概念，给出对网络管理有用的两类性能指标，即面向服务的性能指标和面向效率的性能指标。当然，网络最主要的目标是向用户提供满意的服务，因而面向服务的性能指标应具有较高的优先级。下面给出的指标，前三个是面向服务的性能指标，后两个是面向效率的性能指标。

1．可用性

可用性是指网络系统、网络元素或网络应用对用户可利用的时间的百分比。有些应用对可用性很敏感，例如飞机订票系统若宕机一小时，就可能减少几十万元的票款；而股票交易系统如果中断运行一分钟，就可能造成几千万元的损失。实际上，可用性是网络元素可靠性的表现，而可靠性是指网络元素在具体条件下完成特定功能的概率。如果用平均无故障时间(Mean Time Between Failure，MTBF)来度量网络元素的故障率，则可用性 A 可表示为 MTBF 的函数：

$$A = \frac{MTBF}{MTBF + MTTR}$$

其中 MTTR(Mean Time To Repair)为发生失效后的平均维修时间。由于网络系统由许多网络元素组成，所以系统的可靠性不但与各个元素的可靠性有关，而且还与网络元素的组织形式有关。根据可靠性理论，元素串并联组成的系统的可用性如图 1-8 所示。

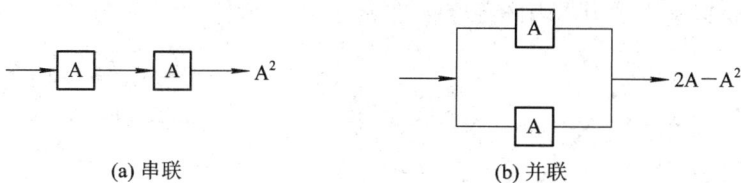

(a) 串联　　　　　　　　　　　　(b) 并联

图 1-8　元素串并联组成的系统的可用性

由图 1-8(a)可以看出，若两个元素串联，则可用性减少。例如两个 Modem 串联在链路的两端，若单个 Modem 的可用性 A = 0.98，并假定链路其他部分的可用性为 1，则整个链路的可用性为

$$A = 0.98 \times 0.98 = 0.9604$$

由图 1-8(b)可以看出，若两个元素并联，则可用性增加。例如终端通过两条链路连接到主机，若一条链路失效，另外一条链路自动备份。假定单个链路的可用性 A = 0.98，则双链路的可用性为

$$A = 2 \times 0.98 - 0.98 \times 0.98 = 1.96 - 0.9604 = 0.9996$$

例 1.1 计算双链路并联系统的处理能力。假定一个多路器通过两条链路连接到主机 (参见图 1-8(b))。在主机业务的峰值时段,一条链路只能处理总业务量的 80%,因而需要两条链路同时工作,才能处理主机的全部传送请求。非峰值时段大约占整个工作时间的 40%,只需要一条链路工作就可以处理全部业务。这样,整个系统的可用性 A_f 可表示如下:

$A_f = $(一条链路的处理能力) × (一条链路工作的概率) + (两条链路工作的处理能力)

       × (两条链路工作的概率)

假定一条链路的可用性为 $A = 0.9$,则两条链路同时工作的概率为 $A^2 = 0.81$,而恰好有一条链路工作的概率为 $A(1 - A) + (1 - A)A = 2A - 2A^2 = 0.18$,则有

A_f(非峰值时段) $= 1.0 \times 0.18 + 1.0 \times 0.81 = 0.99$

A_f(峰值时段) $= 0.8 \times 0.18 + 1.0 \times 0.81 = 0.954$

于是系统的平均可用性为

$A_f = 0.6 \times A_f$(峰值时段) $+ 0.4 \times A_f$(非峰值时段) $= 0.9684$

2. 响应时间

响应时间是指从用户输入请求到系统在终端上返回计算结果的时间间隔。从用户角度看,这个时间要和人们的思考时间(等于两次输入之间的最小间隔时间)相配合,越是简单的工作(例如数据录入),要求响应时间越短。然而从实现角度看,响应时间越短,实现的代价越大。研究表明,系统响应时间对人的生产率的影响是很大的。在交互式应用中,响应时间大于 15 秒,大多数人是不能容忍的。响应时间大于 4 秒时,人们的短期记忆会受到影响,工作的连续性会被破坏。尤其是对数据录入人员来说,这种情况下击键的速度会严重受挫,只是在输入完一个段落后,才可以有比较大的延迟(譬如 4 秒以上)。越是注意力高度集中的工作,要求响应时间越短。特别对于需要记住以前的响应、根据前边的响应决定下一步的输入时,延迟时间应该小于 2 秒。在用鼠标器点击图形或进行键盘输入时,要求的响应时间更小,可能在 0.1 秒以下。这样人们才会感到计算机是同步工作的,几乎没有等待时间。图 1-9 表示应用 CAD 系统进行集成电路设计时生产率(每小时完成的事务处理数)与响应时间的关系。可以看出,当响应时间小于 1 秒时事务处理的速率明显加快,这和人的短期记忆以及注意力集中的程度有关。

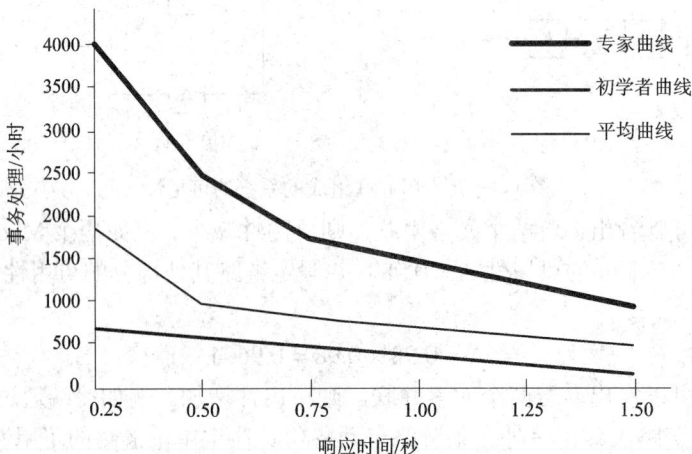

图 1-9 系统响应时间与生产率的关系

　　网络的响应时间由系统各个部分的处理延迟时间组成，分解系统响应时间的成分对于确定系统瓶颈有用。如图 1-10 所示，系统响应时间 RT 由以下 7 部分组成：

　　• 入口终端延迟：指从终端把查询命令送到通信线路上的延迟。终端本身的处理时间是很短的，这个延迟主要是由从终端到网络接口设备(例如 PAD 设备或网桥)的通信线路引起的传输延迟。假若线路数据速率为 2400 b/s = 300 B/s，则每个字符的时延为 3.33 μs。又假如平均每个命令含 100 个字符，则输入命令的延迟时间为 0.33 s。

　　• 入口排队时间：网络接口设备的处理时间。接口设备要处理多个终端输入，还要处理提交给终端的输出，所以输入的命令通常要进入缓冲区排队等待。接口设备越忙，排队时间越长。

　　• 入口服务时间：指从网络接口设备通过传输网络到达主机前端的时间。对于不同的网络，这个传输时间的差别是很大的。如果是公共交换网，这个时延是无法控制的；如果是专用网、租用专线或用户可配置的设备，这个时延还可以进一步分解，以便按照需要规划和控制网络。

　　• CPU 处理延迟：前端处理机、主机和磁盘等设备处理用户命令、返回计算结果需要的时间。这个时间通常是管理人员无法控制的。

　　• 出口排队时间：在前端处理机端口等待发送到网络上去的排队时间。这个时间与入口排队时间类似，其长短取决于前端处理机繁忙的程度。

　　• 出口服务时间：通过网络把响应报文传送到网络接口设备的处理时间。

　　• 出口终端延迟：终端接收响应报文的时间，主要是由通信延迟引起的。

　　响应时间是比较容易测量的，是网络管理中重要的管理信息。

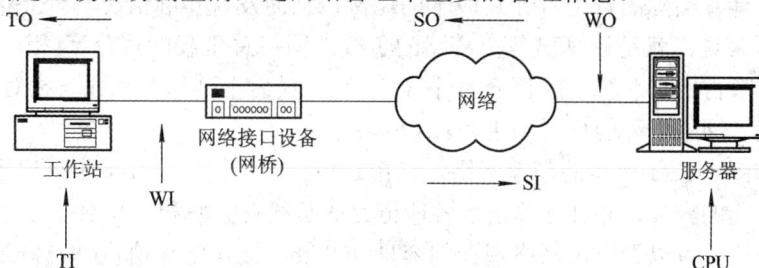

$$RT = TI + WI + SI + CPU + WO + SO + TO$$

RT—响应时间；　　　CPU—CPU处理延迟；
TI—入口终端延迟；　WO—出口排队时间；
WI—入口排队时间；　SO—出口服务时间；
SI—入口服务时间；　TO—出口终端延迟

图 1-10　系统响应时间的组成

3. 正确性

　　这里的正确性指网络传输的正确性。由于网络中有内置的纠错机制，所以通常用户不必考虑数据传输是否正确。但是监视传输误码率可以发现瞬时的线路故障，以及是否存在噪声源和通信干扰，以便及时采取维护措施。

4. 吞吐率

　　吞吐率是面向效率的性能指标，具体表现为一段时间内完成的数据处理量，或接受用户会话的数量，或处理呼叫的数量等。跟踪这些指标可以为提高网络传输效率提供依据。

5. 利用率

利用率是指网络资源利用的百分率，它也是面向效率的指标。这个参数与网络负载有关，当负载增加时，资源利用率增大，因而分组排队时间和网络响应时间变长，甚至会引起吞吐率降低。当相对负载(负载/容量)增加到一定程度时，响应时间迅速增长，从而引发传输瓶颈和网络拥挤。图 1-11 表示网络响应时间与负载的关系。特别值得注意的是，实际情况往往与理论计算结果相左，造成失去控制的通信阻塞，这是应该设法避免的，所以需要更精确的分析技术。

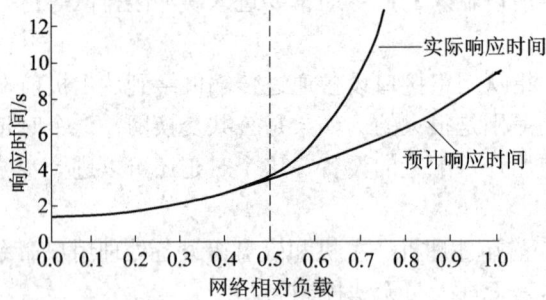

图 1-11　网络响应时间与负载的关系

下面介绍一种简单而有效的分析方法，该方法可以正确地评价网络资源的利用情况。其基本思想是观察链路的实际通信量(负载)，并且与规划的链路容量(数据速率)比较，从而发现哪些链路使用过度，而哪些链路利用不足。该分析方法使用了会计工作中常用的成本分析技术，即计算实际的费用占计划成本的比例，从而发现实际情况与理想情况的偏差。对于网络分析来说，就是计算出各个链路的负载占网络总负载的百分率(相对负载)，以及各个链路的容量占网络总容量的百分率(相对容量)，最后得到相对负载与相对容量的比值。这个比值反映了网络资源的相对利用率。

假定有如图 1-12(a)所示的简单网络，它由 5 段链路组成。表 1-1 中列出了各段链路的负载和各段链路的容量，并且计算出了各段链路的负载百分率和容量百分率，图 1-12(b)是对应的图形表示。可以看出，网络规划的容量(400 kb/s)比实际通信量(200 kb/s)大得多，而且没有一条链路的负载大于它的容量。但是各个链路的相对利用率(相对负载/相对容量)不同，有的链路使用得太过分(例如链路 3，25/15 = 1.67)，而有的链路利用不足(例如链路 5，25/45 = 0.55)。这个差别是有用的管理信息，它可以指导我们调整各段链路的容量，获得更合理的负载分布和链路利用率，从而减少资源浪费，提高性能价格比。

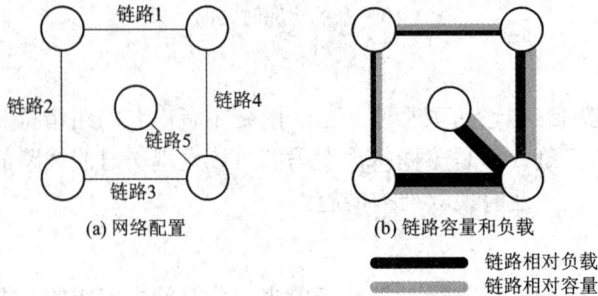

图 1-12　网络利用率分析

表 1-1 网络负载和容量分析

	链路 1	链路 2	链路 3	链路 4	链路 5	合计
负载/(Kb/s)	30	30	50	40	50	200
容量/(Kb/s)	40	40	60	80	180	400
负载百分率	15	15	25	20	25	100
容量百分率	10	10	15	20	45	100
相对负载/相对容量	1.5	1.5	1.67	1.0	0.55	—

收集到的性能参数组织成性能测试报告，以图形或表格的形式呈现给网络管理员。对于局域网来说，性能测试报告应包括：

- 主机对通信矩阵：一对源主机和目标主机之间传送的总分组数、数据分组数、数据字节数以及它们所占的百分比。
- 主机组通信矩阵：一组主机之间通信量的统计，内容与上一条类似。
- 分组类型直方图：各种类型的原始分组(例如广播分组、组播分组等)的统计信息，用直方图表示。
- 数据分组长度直方图：不同长度(字节数)的数据分组的统计。
- 吞吐率-利用率分布：各个网络节点发送/接收的总字节数和数据字节数的统计。
- 分组到达时间直方图：不同时间到达的分组数的统计。
- 信道获取时间直方图：在网络接口单元(NIU)排队等待发送、经过不同延迟时间的分组数的统计。
- 通信延迟直方图：从发出原始分组到分组到达目标的延迟时间的统计。
- 冲突计数直方图：经受不同冲突次数的分组数的统计。
- 传输计数直方图：经过不同试发送次数的分组数的统计。

另外，还应包括功能全面的性能评价程序(对网络当前的运行状态进行分析)和人工负载生成程序(产生性能测试数据)，帮助管理人员进行管理决策。

1.4.2 故障监视

故障监视就是要尽快地发现故障，找出故障原因，以便及时采取补救措施。在复杂的系统中，发现和诊断故障是不容易的。首先是有些故障很难观察到，例如分布处理中出现的死锁就很难发现。其次是有些故障现象不足以表明故障原因，例如发现远程节点没有响应，但是否低层通信协议失效不得而知。有些故障现象还具有不确定性和不一致性，所以引起故障的原因很多，这使得故障定位复杂化。例如终端死机、线路中断、网络拥塞或主机故障都会引起同样的故障现象，到底问题出在哪儿，需要复杂的故障定位手段。故障管理可分为以下 3 个功能模块：

(1) 故障检测和报警功能。故障监视代理要随时记录系统出错的情况和可能引起故障的事件，并把这些信息存储在运行日志数据库中。在采用轮询通信的系统中，管理应用程序定期访问运行日志记录，以便发现故障；为了及时检测重要的故障问题，代理也可以主动向有关管理站发送出错事件报告。另外，对出错报告的数量、频率要有适当的控制，以免加重网络负载。

(2) 故障预测功能。对各种可以引起故障的参数建立门限值，并随时监视参数值变化，一旦超过门限值，就发送警报。例如由于出错产生的分组碎片数超过一定值时发出警报，表示线路通信恶化，出错率上升。

(3) 故障诊断和定位功能。对设备和通信线路进行测试，找出故障原因和故障地点，例如可以进行下列测试：

- 连接测试；
- 数据完整性测试；
- 协议完整性测试；
- 数据饱和测试；
- 连接饱和测试；
- 环路测试；
- 功能测试；
- 诊断测试。

故障监视还需要有效的用户接口软件，使得故障发现、诊断、定位和排除等一系列操作都可以交互地进行。

1.4.3 计费监视

计费监视主要是跟踪和控制用户对网络资源的使用，并把有关信息存储在运行日志数据库中，为收费提供依据。不同的系统对计费功能要求的详尽程度不一样。在有些提供公共服务的网络中，要求收集的计费信息很详细、很准确，例如要求对每一种网络资源、每一分钟的使用、传送的每一个字节数都要计费，或者要求把费用分摊给每一个账号、每一个项目、甚至每一个用户。而有的内部网络就不一定要求这么详细了，只要求把总的运行费用按一定比例分配给各个部门就可以了。需要计费的网络资源包括：

- 通信设施：LAN、WAN、租用线路或 PBX 的使用时间。
- 计算机硬件：工作站和服务器机时数。
- 软件系统：下载的应用软件和实用程序的费用。
- 服务：包括商业通信服务和信息提供服务(发送/接收的字节数)。

计费数据组成计费日志，其记录格式应包括下列信息：

- 用户标识；
- 连接目标的标识符；
- 传送的分组数/字节数；
- 安全级别；
- 时间戳；
- 指示网络出错情况的状态码；
- 使用的网络资源。

1.5 网络控制

网络控制是指配置和修改网络设备的参数，使设备、系统或子网改变运行状态，按照需要配置网络资源或者重新初始化等。这一节介绍两种网络控制功能：配置控制和安全控制。

1.5.1 配置控制

配置管理是指初始化、维护和关闭网络设备或子系统。被管理的网络资源包括物理设备(例如服务器、路由器)和底层的逻辑对象(例如传输层定时器)。配置管理功能可以设置网络参数的初始值或默认值，使网络设备初始化时自动形成预定的互连关系。当网络运行时，配置管理监视设备的工作状态，并根据用户的配置命令或其他管理功能的请求改变网络配置参数。例如若性能管理检测到响应时间延长，并分析出性能降级的原因是由于负载失衡，则配置管理将通过重新配置(例如改变路由表)改善系统响应时间。又例如故障管理检测到一个故障，并确定了故障点，则配置管理可以改变配置参数，把故障点隔离，恢复网络的正常工作。配置管理应包含下列功能模块：

- 定义配置信息；
- 设置和修改属性；
- 定义和修改关系；
- 启动和终止网络运行；
- 发行软件；
- 检查参数值和互联关系；
- 报告配置现状；

最后两项属于配置监视功能，即管理站通过轮询随时访问代理保存的配置信息，或者代理通过事件报告及时向管理站通知配置参数改变的情况。下面解释配置控制的其他功能。

1. 定义配置信息

配置信息描述网络资源的特征和属性，这些信息对其他管理功能是有用的。网络资源包括物理资源(例如主机、路由器、网桥、通信链路、Modem 等)和逻辑资源(例如定时器、计数器、虚电路等)。设备的属性包括名称、标识符、地址、状态、操作特点和软件版本。配置信息可以有多种组织方式。简单的配置信息可以是由标量组成的表，每一个标量值表示一种属性值。SNMP 采用这种方法。在 OSI 系统管理中，管理信息定义为面向对象的数据库。对象的值代表被管理设备的特性，对象的行为(例如通知)代表了管理操作，对象之间的包含关系和继承关系则规范了它们之间的互相作用。另外还有一些系统用关系数据库表示管理信息。

管理信息存储在与被管理设备最接近的代理或委托代理中，管理站通过轮询或事件报告访问这些信息。网络管理员可以在管理站提供的用户界面上说明管理信息值的范围和类型，用以设置被管理资源的属性。网络控制功能还允许定义新的管理对象，在指定的代理中生成需要的管理对象或数据元素。产生新数据的过程可以是联机的、动态的，或是脱机的、静态的。

2．设置和修改属性

配置管理允许管理站远程设置和修改代理中的管理信息值，但是修改操作要受到两种限制：

- 只有授权的管理站才可以实施修改操作，这是网络安全所要求的。
- 有些属性值反映了硬件配置的实际情况，是不可改变的，例如主机 CPU 类型、路由器的端口数等。

对配置信息的修改可以分为 3 种类型：

- 只修改数据库：管理站向代理发送修改命令，代理修改配置数据库中的一个或多个数据值。如果修改操作成功，则向管理站返回肯定应答，否则返回否定应答，这个交互过程中不发生其他作用。例如管理站通过修改命令改变网络设备的负责人(姓名、地址、电话等)。
- 修改数据库，也改变设备的状态：除过修改数据值之外还改变了设备的运行状态。例如把路由器端口的状态值置为"disabled"，则所有网络通信不再访问该端口。
- 修改数据库，同时引起设备的动作：由于现行网络管理标准中没有直接指挥设备动作的命令，所以通常用管理数据库中的变量值控制被管理设备的动作。当这些变量被设置成不同的值时，设备随即执行对应的操作过程。例如路由器数据库中有一个初始化参数，可取值为 TRUE 或 FALSE。若设置此参数值为 TRUE，则路由器开始初始化，过程结束时重置该参数为 FALSE。

3．定义和修改关系

关系是指网络资源之间的联系、连接，以及网络资源之间相互依存的条件，例如拓扑结构、物理连接、逻辑连接、继承层次和管理域等。继承层次是管理对象之间的继承关系，而管理域是被管理资源的集合，这些网络资源具有共同的管理属性或者受同一管理站控制。

配置管理应该提供联机修改关系的操作，即用户在不关闭网络的情况下可以增加、删除或修改网络资源之间的关系。例如在 LAN 中，节点之间逻辑链路控制子层(LLC)的连接可以由管理站来修改。一种 LLC 连接叫做交换连接，即节点的 LLC 实体接受上层软件的请求或者响应终端用户的命令，与其他节点建立的 SAP 之间的连接；另外管理站还可以建立固定(或永久)连接，管理软件也可以按照管理命令的要求释放已建立的固定连接或交换连接，或者为一个已有的连接指定备份连接，以便在主连接失效时替换它。

4．启动和终止网络运行

配置管理还应该给用户提供启动和关闭网络和子网的操作。启动操作包括验证所有可设置的资源属性是否已正确设置，如果有设置不当的资源，则要通知用户；如果所有的设置都正确无误，则向用户发回肯定应答。同时，关闭操作完成之前应允许用户检索设备的统计信息或状态信息。

5．发行软件

配置管理还提供向端系统(主机、服务器和工作站等)和中间系统(交换机、路由器和应用网关等)发行软件的功能,即给系统装载指定的软件、更新软件版本和配置软件参数等功能。除过装载可执行的软件之外,这个功能还包括下载驱动设备工作的数据表,例如路由器和网桥中使用的路由表。如果出于计费、安全或性能管理的需要,路由决策中的某些特殊情况不能仅根据数学计算的结果处理,可能需要人工干预,则还应提供人工修改路由表的用户接口。

1.5.2　安全控制

早期的计算机信息安全主要由物理的和行政的手段控制,例如不许未经授权的用户进入终端室(物理的),或者对可以接近计算机的人员进行严格的审查等(行政的)。然而自从有了网络,特别是有了开放的互联网,情况就完全不同了。我们迫切需要自动的管理工具,以控制存储在计算机中的信息和网络传输中的信息的安全。安全管理提供这种安全控制工具,同时也要保护网络管理系统本身的安全。下面首先分析计算机网络面临的安全威胁。

1．安全威胁的类型

为了理解对计算机网络的安全威胁,我们首先定义安全需求。计算机和网络需要以下3方面的安全性:

• 保密性(secrecy):计算机网络中的信息只能由授予访问权限的用户读取(包括显示、打印等,也包含暴露"信息存在"这样的事实)。

• 数据完整性(integrity):计算机网络中的信息资源只能被授予权限的用户修改。

• 可用性(availability):具有访问权限的用户在需要时可以利用网络资源。

所谓对计算机网络的安全威胁,就是破坏了这3方面的安全性要求。下面从计算机网络提供信息的途径来分析安全威胁的类型。通常从源到目标的信息流动的各个阶段都可能受到威胁,图1-13画出了信息流被危害的各种情况。

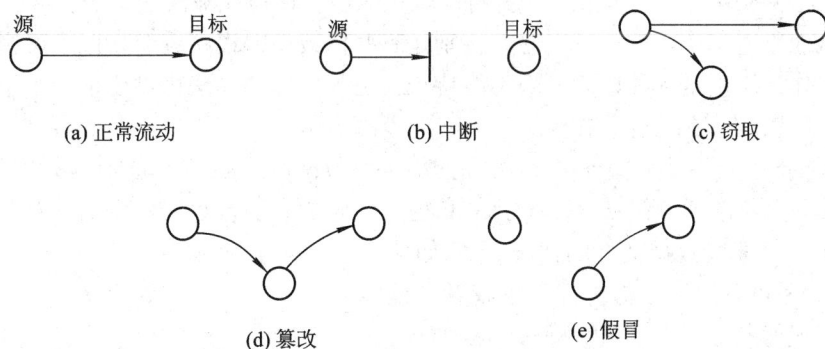

图 1-13　对网络通信的安全威胁

(a) 正常流动:信息从源到目标传送的正常情况。

(b) 中断(interruption):通信被中断,信息变得无用或者无法利用,这是对可用性的威胁。例如破坏信息存储硬件、切断通信线路、侵犯文件管理系统等。

(c) 窃取(interception):未经授权的入侵者访问了网络信息,这是对保密性的威胁。入侵者可以是个人、程序或计算机,可通过搭线捕获线路上传送的数据,或者非法拷贝文件和程序等。

(d) 篡改(modification)：未经授权的入侵者不仅访问了信息资源，而且篡改了信息，这是对数据完整性的威胁。例如改变文件中的数据、改变程序的功能、修改网上传送的报文等。

(e) 假冒(fabrication)：未经授权的入侵者在网络信息中加入了伪造的内容，这也是对数据完整性的威胁。例如向网络用户发送虚假的消息、在文件中插入伪造的记录等。

2．对计算机网络的安全威胁

如图 1-14 所示，对计算机网络的安全威胁主要有四种：对硬件的威胁、对软件的威胁、对数据的威胁、对网络通信的威胁。

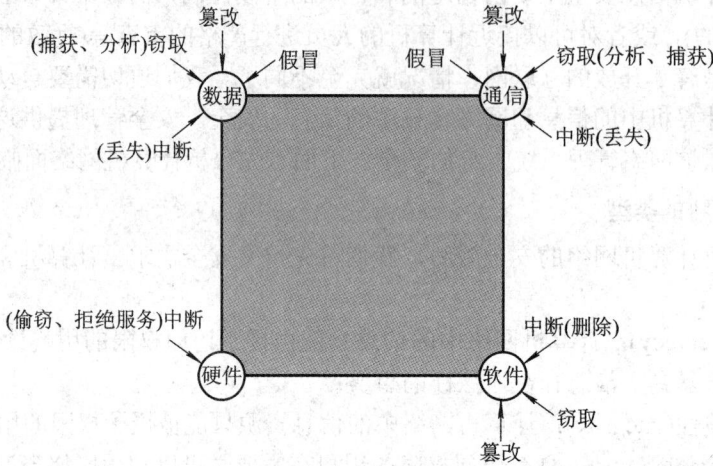

图 1-14　对计算机网络资源的安全威胁

(1) 对硬件的威胁：主要是破坏系统硬件的可用性，例如有意或无意地损坏、甚至盗窃网络器材等。小型的 PC、工作站和局域网的广泛使用增加了这种威胁的可能性。

(2) 对软件的威胁：操作系统、实用程序和应用软件可能被改变、被损坏、甚至被恶意删除，从而不能工作，失去可用性。特别是有些修改使得程序看起来似乎可用，但是做了其他的工作，这正是各种计算机病毒的特长。另外软件的非法拷贝还是一个至今没能解决的问题，所以软件本身也不安全。

(3) 对数据的威胁：主要有 4 个方面的威胁。数据可能被非法访问，破坏了保密性；数据可能被恶意修改或者假冒，破坏了完整性；数据文件可能被恶意删除，破坏了可用性。甚至在无法直接读取数据文件的情况下(例如文件被加密)，还可以通过分析文件大小或者文件目录中的有关信息推测出数据的特点。这种分析技术是一种更隐蔽的计算机犯罪手段，网络黑客们乐此不疲。

(4) 对网络通信的威胁：可分为被动威胁和主动威胁两类，如图 1-15 所示。被动威胁并不改变数据流，而是采用各种手段窃取通信线路上传输的信息，从而破坏了保密性。例如偷听或监视网络通信，从而获知电话谈话、电子邮件和文

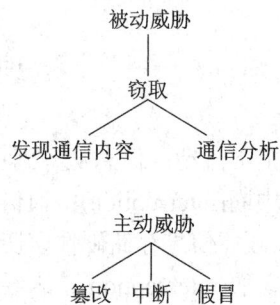

图 1-15　计算机网络的被动威胁和主动威胁

件的内容；还可以通过分析网络通信的特点(通信的频率、报文的长度等)猜测出传输中的信息。由于被动威胁不改变信息的内容，所以很难检测，数据加密是防止这种威胁的主要手段。与其相反，主动威胁则可能改变信息流，或者生成伪造的信息流，从而破坏了数据的完整性和可用性。主动攻击者不必知道信息的内容，但可以改变信息流的方向，或者使传输的信息被延迟、重放、重新排序，可能产生不同的效果，这些都是对网络通信的篡改。主动攻击还可能影响网络的正常使用，例如改变信息流传输的目标、关闭或破坏通信设施，或者以垃圾报文阻塞信道(这种手段叫拒绝服务)。假冒(或伪造)者则可能利用前两种攻击手段之一，冒充合法用户以获取非法利益。例如攻击者捕获了合法用户的认证报文，不必知道认证码的内容，只需重放认证报文就可以冒充合法用户使用计算机资源。要完全防止主动攻击是不可能的，只能及时地检测它，在它还没有造成危害或没有造成大的危害时挫败它。

3. 对网络管理的安全威胁

由于网络管理是分布在网络上的应用程序和数据库的集合，以上讨论的各种威胁都可能影响网络管理系统，造成管理系统失灵，甚至发出错误的管理指令，破坏了计算机网络的正常运行。对于网络管理特别有 3 方面的安全威胁值得提出：

- 伪装的用户：没有得到授权的用户企图访问网络管理应用和管理信息。
- 假冒的管理程序：无关的计算机系统可能伪装成网络管理站实施管理功能。
- 侵入管理站和代理间的信息交换过程：网络入侵者通过观察网络活动窃取了敏感的管理信息，更严重的危害是可能篡改管理信息，或中断管理站和代理之间的通信。

4. 安全控制的管理

网络的安全控制由一系列安全服务和安全机制的集合组成。下面分 3 个方面讨论安全控制管理问题。

1) 安全信息的维护

网络管理中的安全管理是指保护管理站和代理之间信息交换的安全。安全管理使用的操作与其他管理使用的操作相同，差别在于涉及的管理信息的特点。有关安全的管理对象包括密钥、认证信息、访问权限信息以及有关安全服务和安全机制的操作参数的信息等。安全管理要跟踪进行中的网络活动和试图发动的网络活动，以便检测未遂的或成功的攻击，并挫败这些攻击，恢复网络的正常运行。细分一下，对于安全信息的维护可以列出以下功能：

- 记录系统中出现的各类事件(例如用户登录、退出系统、文件拷贝等)。
- 追踪安全审计试验，自动记录有关安全的重要事件，例如非法用户持续试验不同口令字企图登录等。
- 报告和接收侵犯安全的警示信号，在怀疑出现威胁安全的活动时采取防范措施，例如封锁被入侵的用户账号，或强行停止恶意程序的执行等。
- 经常维护和检查安全记录，进行安全风险分析，编制安全评价报告。
- 备份和保护敏感的文件。
- 研究每个正常用户的活动规律，预先设定敏感资源的使用情况，以便检测授权用户的异常活动和对敏感资源的滥用行为。

2) 资源访问控制

一种重要的安全服务就是访问控制服务，这包括认证服务和授权服务，以及对敏感资源访问授权的决策过程。访问控制服务的目的是保护各种网络资源，这些资源中与网络管理有关的是：

- 安全编码；
- 源路由和路由记录信息；
- 路由表；
- 目录表；
- 报警门限；
- 计费信息。

安全管理记录用户的活动简况(Profile)以及特殊文件的使用特征，检查可能出现的异常访问活动。安全管理功能使管理人员能够生成和删除与安全有关的对象，改变它们的属性或状态，影响它们之间的关系。

3) 加密过程控制

安全管理能够在必要时对管理站和代理之间交换的报文进行加密。安全管理也能够使用其他网络实体的加密方法。此外，这个功能还可以改变加密算法，具有密钥分配能力。

1.6　网络管理标准

在 20 世纪 80 年代末，随着对网络管理系统的需求越来越迫切和网络管理技术日臻成熟，国际标准化组织(ISO)开始制订关于网络管理的国际标准。ISO 首先在 1989 年颁布了 ISO DIS 7498-4(X.700)文件，定义了网络管理的基本概念和总体框架，后来在 1991 年发布的两个文件中规定了网络管理提供的服务和网络管理协议，即 ISO 9595 公共管理信息服务定义(Common Management Information Service，CMIS)和 ISO 9596 公共管理信息协议规范 (Common Management Information Protocol，CMIP)。在 1992 年公布的 ISO 10164 文件中规定了系统管理功能(System Management Functions， SMFs)，而 ISO 10165 文件则定义了管理信息结构(Structure of Management Information，SMI)。这些文件共同组成了 ISO 的网络管理标准。这是一个非常复杂的协议体系，管理信息采用了面向对象的模型，管理功能包罗万象，另外还有一些附加的功能和一致性测试方面的说明。由于其复杂性，有关 ISO 管理的实现和进展缓慢，很少有适用的网管产品。

TCP/IP 网络管理最初使用的是 1987 年 11 月提出的简单网关监控协议(Simple Gateway Monitoring Protocol，SGMP)，在此基础上改进成简单网络管理协议第一版(Simple Network Management Protocol，SNMPv1)，陆续公布在 1990 和 1991 年的几个 RFC(Request For Comments)文档中，即 RFC 1155(SMI)、RFC 1157(SNMP)、RFC 1212(MIB 定义)和 RFC 1213(MIB-2 规范)。由于其简单性和易于实现，SNMPv1 得到了许多制造商的支持和广泛的应用。几年以后在第一版的基础上改进功能和安全性，又产生了第二版 SNMPv2(RFC 1902～1908, 1996)和第三版 SNMPv3(RFC 2570～2575 Apr.1999)。

在同一时期用于监控局域网通信的标准——远程网络监控(Remote Monitoring，RMON)

也出现了，这就是 RMON-1(1991)和 RMON-2(1995)。这一组标准定义了监视网络通信的管理信息库，是 SNMP 管理信息库的扩充，与 SNMP 协议配合可以提供更有效的管理性能，也得到了广泛应用。

另外，IEEE 定义了局域网的管理标准，即 IEEE802.1b LAN/MAN 管理。这个标准用于管理物理层和数据链路层的 OSI 设备，因而叫做 CMOL(CMIP over LLC)。

为了适应电信网络的管理需要，ITU-T 在 1989 年发布了电信管理网络(Telecommunications Management Network，TMN)的 M.30 建议(蓝皮书)，定义了电信管理网的总体结构、管理功能和管理业务等标准，用于支持电信网和电信业务的规划、配置、安装、操作及组织工作。

习　题

1. 网络管理对于网络的正常运行有什么意义？

2. 局域网管理与本书所讲的网络管理有什么不同？结合你所使用的局域网操作系统试举出几种管理功能。

3. 被管理的网络设备有哪些？

4. 网络管理系统分为哪些层次？网络管理框架的主要内容有哪些？

5. 在管理站和代理中应配置哪些软件实体？

6. 集中式网络管理和分布式网络管理有什么区别？各有什么优缺点？

7. 什么是委托代理？

8. 网络管理软件由哪些部分组成？它们的作用各是什么？

9. 对网络监控有用的管理信息有哪些？代理怎样把管理信息发送给监视器？

10. 系统响应时间由哪些部分组成？

11. 网络资源的利用率与哪些因素有关？什么是合理的负载分布？

12. 性能测试报告应包括哪些内容？

13. 故障监视可分为哪些功能模块？

14. 需要计费的网络资源有哪些？计费日志应包括哪些信息？

15. 配置管理应包含哪些功能模块？设备的配置信息有哪些？

16. 计算机网络的安全需求有哪些？

17. 对计算机网络的安全威胁有哪些？对网络管理的安全威胁有哪些？

18. 计算机网络的安全管理应包含哪些内容？

19. ISO 制定的网络管理标准有哪些文件？各是什么内容？

20. TCP/IP 网络管理标准有哪些主要的 RFC 文件?各是什么内容？

第 2 章　抽象语法表示 ASN.1

> ASN.1 是一种形式语言，它提供统一的网络数据表示，通常用于定义应用数据的抽象语法和应用层协议数据单元的结构。在网络管理中，无论是 OSI 的管理信息结构，或是 SNMP 管理信息库都是用 ASN.1 定义的。用 ASN.1 定义的应用数据在传送过程中要按照一定的规则变换成比特串，这种规则就是基本编码规则 BER。这一章讨论 ASN.1 和 BER 的基本概念及其在网络管理中的应用。

2.1　网络数据表示

表示层的功能是提供统一的网络数据表示。ISO 根据 CCITT X.400 建议改编的抽象语法表示 ASN.1(Abstract Syntax Notation.1)提供了 OSI 表示层标准(ISO 8824)。在互相通信的端系统中至少有一个应用实体(例如 FTP、TELNET、SNMP 等)和一个表示实体(即 ASN.1)。表示实体定义了应用数据的抽象语法，这种抽象语法类似于通常程序设计语言定义的抽象数据类型。应用协议按照预先定义的抽象语法构造协议数据单元，用于和对等系统进行通信。表示实体则对应用层数据进行编码，变成二进制的比特串，例如把十进制数变成二进制数、把字符变成 ASCII 码等。比特串由下面的传输实体在网络中传送。把抽象数据变换成比特串的编码规则叫做传输语法，基本编码规则 BER(Basic Encoding Rule)就是与 ASN.1 配套的传输语法(ISO 8825)。在各个端系统内部，应用数据被映像成本地的特殊形式，存储在磁盘上或显示在用户终端上，如图 2-1 所示。

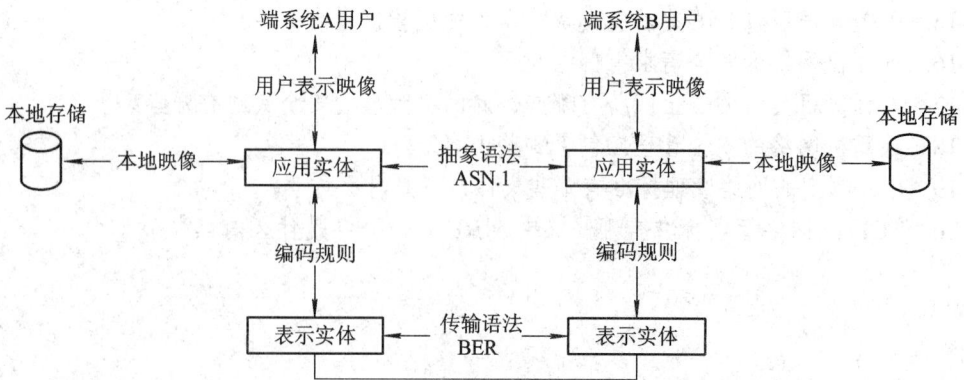

图 2-1　关于信息表示的通信系统模型

特别需要指出的是，这里提到的抽象语法是独立于任何编码技术的，只与应用有关。抽象语法必须满足应用的需要，能够定义应用需要的数据类型和表示这些类型的值。ASN.1 是根据当前网络应用的需求制定的标准，随着网络应用的发展，还会出现新的表示层标准。另外值得一提的是对应一种抽象语法可以选择不止一种传输语法。对传输语法的基本要求是支持对应的抽象语法，另外还可以有其他一些属性，例如支持数据加密或压缩，或者两者都支持。

2.2　ASN.1 的基本概念

作为一种形式语言，ASN.1 有严格的 BNF 定义。这里并不全面研究它的 BNF 定义，而是自底向上地解释 ASN.1 的基本概念，然后给出一个抽象数据类型的例子。下面列出 ASN.1 文本的书写规则，这些规则叫做文本约定(Lexical Conventions)：

- 书写的布局是无意义的，多个空格和空行等效于一个空格；
- 用于表示值和字段的标识符、类型指针(类型名)和模块名由大小写字母、数字和短线组成；
- 标识符以小写字母开头；
- 类型指针和模块名以大写字母开头；
- ASN.1 定义的内部类型全部用大写字母表示；
- 关键字全部用大写字母表示；
- 注释以一对短线(- -)开始，以一对短线或行尾结束。

2.2.1　抽象数据类型

在 ASN.1 中，每一个数据类型都有一个标签(tag)，标签有类型和值集合两种属性(见表2-1)，数据类型是由标签的类型和值唯一决定的，这种机制在数据编码时有用。标签的类型分为以下 4 种：

- 通用标签：用关键字 UNIVERSAL 表示，带有这种标签的数据类型是由标准定义的，适用于任何应用；
- 应用标签：用关键字 APPLICATION 表示，是由某个具体应用定义的类型；
- 上下文专用标签：这种标签在文本的一定范围(例如一个结构)中适用；
- 私有标签：用关键字 PRIVATE 表示，这是用户定义的标签。

ASN.1 定义的数据类型有 20 多种，标签类型都是 UNIVERSAL，如表 2-1 所示。这些数据类型可分为以下 4 大类：

- 简单类型：由单一成分构成的原子类型；
- 构造类型：由两种以上成分构成的具有一定结构的类型；
- 标签类型：由已知类型定义的新类型；
- 其他类型：包括 CHOICE 和 ANY 两种类型。

表 2-1　ASN.1 定义的通用类型

标　签	类　型	值　集　合
UNIVERSAL 1	BOOLEAN	TRUE，FALSE
UNIVERSAL 2	INTEGER	正数、负数和零
UNIVERSAL 3	BIT STRING	0 个或多个比特组成的序列
UNIVERSAL 4	OCTET STRING	0 个或多个字节组成的序列
UNIVERSAL 5	NULL	空类型
UNIVERSAL 6	OBJECT IDENTIFIER	对象标识符
UNIVERSAL 7	Object Descriptor	对象描述符
UNIVERSAL 8	EXTERNAL	外部文件定义的类型
UNIVERSAL 9	REAL	所有实数
UNIVERSAL 10	ENUMERATED	整数值的表，每个整数有一个名字
UNIVERSAL 11~15	保留	为 ISO 8824 保留
UNIVERSAL 16	SEQUENCE, SEQUENCE OF	序列
UNIVERSAL 17	SET, SET OF	集合
UNIVERSAL 18	NumericString	数字 0 至 9 和空格
UNIVERSAL 19	PrintableString	可打印字符串
UNIVERSAL 20	TeletexString	由 CCITT T.61 建议定义的字符集
UNIVERSAL 21	VideotexString	由 CCITT T.100 和 T.101 建议定义的字符集
UNIVERSAL 22	IA5String	国际标准字符集 5(相当于 ASCII 码)
UNIVERSAL 23	UTCTime	时间
UNIVERSAL 24	GeneralizedTime	时间
UNIVERSAL 25	GraphicString	由 ISO 8824 定义的字符集
UNIVERSAL 26	VisibleString	由 ISO 646 定义的字符集
UNIVERSAL 27	GeneralString	通用字符集
UNIVERSAL 28	保留	为 ISO 8824 保留

下面解释这些数据类型的含义。

1．简单类型

表 2-1 中除了 UNIVERSAL 16 和 UNIVERSAL 17 之外都是简单类型，其共同特点是可以直接定义它们的值的集合，可以把这些类型作为原子类型构造新的数据类型。简单类型还可以分为 4 组。第一组包括 BOOLEAN、INTEGER、BIT STRING、OCTET STRING、REAL 和 ENUMERATED 等，可以叫做基本类型，它们的值已经在表 2-1 中列出了。需要说明的是实数可以表示为科学计数法：

$$M \times B^E$$

其中尾数 M 和指数 E 可以取任何正/负整数值，基数 B 可取 2 或 10。枚举类型 ENUMERATED

是一个整数的表，每一个整数有一个名字。与此类似的是对于某些整数类型的值也可以定义一个名字，但这两种类型是有区别的。对整数可以进行算术运算，但对枚举类型却不能进行算术运算，也就是说，枚举类型的值只是用整数表示的一个符号，而不具有整数的性质。下面是定义枚举类型和定义整数类型的例：

　　　　EthernetAdapterStatus ::= ENUMERATED{normal(0), degraded(1), offline(2), failed(3)}

　　　　EthernetNumberCollisionsRange ::= INTEGER{minimum(0), maximum(1000)}

　　在 ASN.1 中，用符号 ::= 表示产生式，读做"定义为"。显然 EthernetNumberCollisions-Range 类型的变量只能取两个整数值：0 和 1000。

　　　第二组包括各种字符串类型，标签为 UNIVERSAL 18～22 和 UNIVERSAL 25～27，这些类型都可以看做是 OCTET STRING 类型的子集，它们都是采纳了其他标准中的类型。

　　　第三组包括 OBJECT IDENTIFIER 和 Object Descriptor 两种类型。对象类型泛指网络中传输的任何信息对象，例如标准文档、抽象语法和传输语法、数据结构和管理对象等都可以归入信息对象范畴。OBJECT IDENTIFIER 类型的值是一个对象标识符，由一个整数序列组成，它唯一地标识一个对象。对象描述符(Object Descriptor)以人工可读的形式描述信息对象的语义。

　　　第四组包含 4 种类型。NULL 是空类型，它没有值，只占用结构中的一个位置，该位置可能出现或不出现数据。EXTERNAL 是外部类型，即标准之外的文档定义的类型。UTCTime 和 GeneralizedTime 是两种有关时间的类型，其区别是表示时间的形式不同。前者(世界通用时)分别用两位数字表示年、月和日(即 YYMMDD)，然后是时、分和秒(即 hhmmss)，最后可以说明是否为本地时间；而后者用 4 位数字表示年，用两位数字表示月和日，最后也可以说明是否为本地时间。例如 20000721182053.7 是 GeneralizedTime 类型的一个值，表示 2000 年 7 月 21 日，当地时间 18 点 20 分 53.7 秒，而值 20000721182053.7Z 表示同样的时间，但是加了符号 Z，则表示 UTC 时间。如果写为 20000721182053.7+0800，则除了表示同样的当地时间外，还说明了加 8 小时可以得到 UTC 时间。

　　2. 构造类型

　　　构造类型有序列和集合两种，分别用 SEQUENCE 和 SEQUENCE OF 表示不同类型和相同类型元素的序列，分别用 SET 和 SET OF 表示不同类型和相同类型元素的集合。序列和集合的区别是前者的元素是有序的，而后者是无序的。

　　　我们可以定义任何已知类型的序列，定义序列的语法是

　　　　SequenceType ::=SEQUENCE{ElementTypeList} | SEQUENCE { }

　　　　ElementTypeList ::= ElementType | ElementTypeList, ElementType

　　　　ElementType ::=

　　　　　NamedType　　　　　　　　　　　|

　　　　　NamedType OPTIONAL　　　　　|

　　　　　NamedType DEFAULT Value　　 |

　　　　　COMPONENTS OF Type

在这个表达式中，NamedType 是一个类型指针。序列的每一成分类型可能跟随关键字 OPTIONAL(表示任选)或 DEFAULT(表示默认值)。COMPONENTS OF 子句用于指示另外一个被包含的类型。定义 SEQUENCE OF 类型的语法如下：

SequenceOfType ::= SEQUENCE OF Type | SEQUENCE

下面是定义序列类型的例：

EthernetCollisionsCounter ::= SEQUENCE

{highValue　　　INTRGER,

lowValue　　　　　INTEGER}

TokenRingTokensLost ::= SEQUENCE OF

{highValue　　　INTRGER,

lowValue　　　INTEGER}

LanSimpleCounterLimits ::= SEQUENCE

{ethernetCounter1 COMPONENTS OF

EthernetCollisionsCounter,

tokenRingCounter1 COMPONENTS OF

TokenRingTokensLost}

定义 SET 和 SET OF 的语法是类似的：

SetType ::= SET {ElementTypeList} | SET { }

SetOfType ::= SET OF Type | SET

下面是定义集合类型的例：

LanWorkstationSerialNumbers ::= OCTET STRING(SIZE(32))

LanSegment ::= SET OF LanWorkstationSerialNumbers

MacAddresses ::= OCTET STRING(SIZE(6))

EthernetNetworks ::= SET OF MacAddresses

TokenRingNetworks ::= SET OF LanSegment

LanNetwork ::= SET

{etherNet [0] IMPLICIT EthernetNetworks,

tokenNet [1] IMPLICIT TokenRingNetworks }

3. 标签类型

虽然 ASN.1 的所有类型都带有标签，但这里所谓标签类型是指应用或用户加在某个类型上的标签。起码有两种情况需要给一个现有的类型加上标签：首先是一个类型可以有多个类型名，例如为了使语义更丰富，可能用 Employee-name 和 Customer-name 表示同一类型，这样可以给两者指定同一应用标签[APPLICATION 0]。另外，在一个结构类型(序列或集合)中，可以用上下文专用标签区分类型相同的元素，例如集合中有 3 个同样类型的元素，一个指本人的名字，一个指父亲的名字，另一个指母亲的名字，分别为其指定不同的上下文专用标签[1]、[2]和[3]，以示区别，参见下例：

Parentage ::= SET{

SubjectName [1] IMPLICIT IA5String,

MotherName [2] IMPLICIT IA5String OPTIONAL,

FatherName [3] IMPLICIT IA5String OPTIONAL}

标签类型可以是隐式的或显式的,分别用关键字 IMPLICIT 和 EXPLICIT(可省略)表示。

隐式标签的语义是用新标签替换老标签，所以编码时只编码新标签。上例中，3 个集合元素的上下文标签都是隐含的，因而编码时只编码上下文专用标签。显式标签的语义是在一个基类型上加上新标签，从而导出一个新类型。事实上，显式标签类型是把基类型作为唯一元素的构造类型，在编码时，新老标签都要编码。可见隐式标签可以产生较短的编码，但显式标签也是有用的，特别用在基类型尚未确定时，例如基类型为 CHOICE 或 ANY 类型。

4. 其他类型

CHOICE 和 ANY 是两个没有标签的类型，因为它们的值是未定的，而且类型也是未定的。当这种类型的变量被赋值时，它们的类型和标签才确定了，可以说标签是在运行时间确定的。

CHOICE 是可选类型的一个表，仅其中一个类型可以被采用，产生一个值。事实上 CHOICE 类型是所有成分类型的联合，这些成分类型是已知的，但是在定义时尚未确定。CHOICE 类型定义为

ChoiceType ::= CHOICE{AlternativeTypeList}

AlternativeTypeList ::= NamedType | AlternativeTypeList, NamedType

下面是定义 CHOICE 类型的例：

EthernetAdapterNumber::=CHOICE{NULL, OCTET STRING}

ANY 类型表示任意类型的任意值。与 CHOICE 类型不同，实际出现的类型也是未知的，通常记为

AnyType ::= ANY | ANY DEFINED BY identifier

例如，可以定义

SoftwareVersion ::= ANY

或者

SoftwareVersion ::= ANY DEFINED BY INTEGER

2.2.2　子类型

子类型是由限制父类型的值集合而导出的类型，所以子类型的值集合是父类型的子集。子类型还可以再产生子类型。产生子类型的方法有 6 种，如表 2-2 所示。

表 2-2　产生子类型的方法

类　型	单个值	包含子类型	值区间	大小限制	可用字符	内部子类型
BOOLEAN	√	√				
INTEGER	√	√	√			
ENUMERATED	√	√				
REAL	√	√	√			
OBJECT IDENTIFIER	√	√				
BIT STRING	√	√		√		
OCTET STRING	√	√		√		

类　型	单个值	包含子类型	值区间	大小限制	可用字符	内部子类型
CHARACTER TRING	√	√		√	√	
SEQUENCE	√	√				√
SEQUENCE OF	√	√		√		√
SET	√	√				√
SET OF	√	√		√		√
ANY	√	√				
CHOICE	√	√				√

1. 单个值

这种方法就是列出子类型可取的各个值，例如，可以定义小素数为整数类型的子集：

SmallPrime ::= INTEGER(2 | 3 | 5 | 7 | 11 | 13 | 15 | 17 | 19 | 23 | 29)

另外，如果定义 Months 为枚举类型：

Months ::= ENUMERATED{january(1), february(2), march(3), april(4), may(5), june(6),

july(7), august(8), september(9), october(10), november(11), december(12)}

则可以定义 First-quarter 和 Second-quarter 为 Months 的子类型：

First-quarter ::= Months(january, february, march)

Second-quarter ::= Months(april, may, june)

2. 包含子类型

这里要用到关键字 INCLUDES，说明被定义的类型包含了已有类型的所有的值，例如下面的定义：

First-half ::= Months(INCLUDES First-quarter | INCLUDES Second-quarter)

另外，也可以直接列出被包含的值，例如：

First-third ::= Months(INCLUDES First-quarter | april)

3. 值区间

这种方法只能应用于整数和实数类型，指出子类型可取值的区间。在下面的定义中 PLUS-INFINITY 和 MINUS-INFINITY 分别表示正负最大值，MAX 和 MIN 分别表示父类型可允许的最大值和最小值，区间可以是闭区间或开区间。如果是开区间，则加上符号"<"。所以下面 4 个定义是等价的：

PositiveInteger ::= INTEGER(0<..PLUS-INFINITY)

PositiveInteger ::= INTEGER(1..PLUS-INFINITY)

PositiveInteger ::= INTEGER(0<..MAX)

PositiveInteger ::= INTEGER(1..MAX)

同理，下面 4 个定义也是等价的：

NegativeInteger ::= INTEGER(MINUS-INFINITY..<0)

NegativeInteger ::= INTEGER(MINUS-INFINITY..-1)

NegativeInteger ::= INTEGER(MIN..<0)

NegativeInteger ::= INTEGER(MIN..-1)

4. 可用字符

这种方法只能用于字符串类型,限制可使用的字符集。下面是两个限制可用字符的例:

TouchToneButtons ::= IA5String(FROM("0"|"1"|"2"|"3"|"4"|"5"|"6"|"8"|"9"|"*"|"#"))

DigitString ::= IA5String(FROM("0"|"1"|"2"|"3"|"4"|"5"|"6"|"8"|"9"))

5. 限制大小

可以对 5 种类型限制其规模大小,例如限制比特串、字节串或字符串的长度,限制构成序列或集合的元素(同类型)个数等。例如 X.25 公共数据网的地址由 5 至 14 个数字组成,这个规定可用下面的定义表示:

It1DataNumber ::= DigitString(SIZE(5..14))

下面的定义说明一个参数表包含最多 12 个参数:

ParameterList ::= SET SIZE(0..12) OF Parameter

6. 内部子类型

这种方法可用于序列、集合和 CHOICE 类型。这是一种很复杂的子类型关系,下面用例子说明。假定有一种协议数据单元:

PDU ::= SET{alpha[0] INTEGER,

　　　　　　　 beta [1] IA5String OPTIONAL,

　　　　　　　 gamma[2] SEQUENCE OF Parameter,

　　　　　　　 delta[3] BOOLEAN}

下面定义的子类型测试协议数据单元要求布尔值必须是 FALSE,整数值必须是负的:

TestPDU ::= PDU(WITH COMPONENTS{....delta(FALSE),alpha(MIN.. <0)})

另外一个测试子类型要求 beta 参数必须出现,其值为 5 或 12 个字符组成的串:

FurtherTestPDU ::= TestPDU(WITH COMPONENTS{....beta(SIZE 5 | 12) PRESENT})

内部子类型还可以用于序列,例如:

Text-block ::= SEQUENCE OF VisibleString

Address ::= Text-block(SIZE(1..6) | WITH COMPONENT (SIZE(1..32)))

这个例子说明地址包含 1 至 6 个 Text-block,每一个 Text-block 包含 1 至 32 个字符。

2.2.3　数据结构的例

下面是取自 CCITT X.208 的一个数据结构的例。图 2-2(a)所示为个人记录的非形式描述,其中包括姓名、头衔、雇员编号、雇佣日期、配偶姓名和子女数等 6 项信息,而且对每个子女也要给出姓名和出生日期。

图 2-2(b)是用 ASN.1 描述个人记录的抽象语法。其中对雇员编号的定义为

EmployeeNumber ::= [APPLICATION 2] IMPLICIT INTEGER

EmployeeNumber 被定义为整数类型,而且加上了应用标签 APPLICATION 2。IMPLICIT 表示隐含的,所以编码时只编码应用标签,不必编码整数类型的标签 UNIVERSAL 2。对

Date 类型的定义也是类似的，它被说明为 ISO 646 定义的字符串类型，注释 YYYYMMDD 提示了日期的书写格式。

Name 是序列类型，由 3 个元素组成，各个元素的名字分别为 givenName、initial 和 familyName。ChildInformation 是集合类型，其中的第一个元素没有名字，只有类型。第二个元素的名字为 dateOfBirth，其类型为 Date。Date 类型还出现在 PersonnelRecord 的定义中，在这两个地方被分别赋予上下文专用的标签[0]和[1]。

最后，个人记录的整体结构被定义为含有 6 个元素的集合，该集合的最后一个成分为同类型元素的序列，默认值为空序列。ASN.1 不仅提供了表示数据结构的手段，而且给出了表示抽象数据类型值的方法。图 2-2(c)所示为个人记录的一个具体值。

```
Name                    PersonnelRecord::=[APPLICATION  0]IMPLICIT SET
Job title               {              Name,
Employee number         title          [0]VisibleString,
Date of hire            number         EmployeeNumber,
Name of spouse          dateOfHire     [1]Date,
Number of children      nameOfSpouse   [2]Name,
                        children       [3]IMPLICIT SEQUENCE OF ChildInformation DEFAULT{}
Child information        }
Name                    ChildInformation::=SET
Date of birth           {              Name,
   ⋮                    dateOfBirth    [0]Date
                        }
                        Name::=[APPLICATION 1]IMPLICIT SEQUENCE
Child information       {givenName     VisibleString,
Name                    initial        VisibleString,
Date of birth           familyName     VisibleString
                        }
                        EmployeeNumber::=[APPLICATION 2]IMPLICIT INTEGER
                        Date::=[APPLICATION 2]IMPLICIT VisibleString--YYYYMMDD
```

　(a) 个人记录的非形式描述　　　　　　　　　　　(b) 个人记录的抽象语法

```
{                       {givenName "John", initial "P", familyName "Smith"},
title                   "Director",
number                  51,
dateOfHire              "19710917",
nameOfSpouse            {givenName "Mary", initial "T", familyName "Smith"},
children                {{{givenName "Ralph", initial "T", familyName "Smith"},
                         dateOfBirth "19971111"},
                        {{givenName "Susan", initial "B", familyName "Jones"},
                         dateOfBirth "20000717"}}
}
```

(c) 个人记录的一个具体值

图 2-2　ASN.1 表示的抽象语法

2.3　基本编码规则

2.3.1　简单编码

基本编码规则(Basic Encoding Rule)把 ASN.1 表示的抽象类型值编码为字节串，这种字节串的结构为类型-长度-值，简称 TLV(Type-Length-Value)，而且值部分还可以递归地再编码为 TLV 结构,这样就具有了表达复杂结构的能力。

编码的第一个字节表示 ASN.1 类型或用户定义的类型,其结构如图 2-3 所示。前两位用于区分 4 种标签,第三位用于区分简单类型和构造类型,其余 5 位表示标签的值。如果标签的值大于 30,则这 5 位为全 1,标签值表示在后续字节中。关于标签值字段扩充的方法稍后说明,这里先介绍几个简单编码的例,其中的数值都是十六进制数。

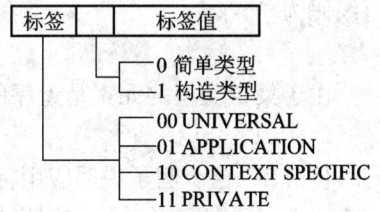

图 2-3 传输语法的第一个字节

例 2.1 布尔类型有 FALSE 和 TRUE 两个值,都用一个字节表示,FALSE 是 00,TRUE 是 FF。布尔类型是简单类型,标签为 UNIVERSAL 1,因而 FALSE 编码为

01 01 00

而 TRUE 编码为

01 01 FF

其中第二个字节指明值部分的长度为 1 个字节。

例 2.2 十进制数 256 的编码为

02 02 01 00

最后两个字节表示十进制值 256。

例 2.3 比特串 10101 的值在传输时要占用一个字节,5 个比特靠左存放,右边 3 位未用,所以在比特串编码时要用一个字节说明未使用的比特数。于是对 10101 的编码为

03 02 03 A8

第一个字节 03 表示类型为简单类型的比特串,第二个字节 02 表示值部分为两个字节长,第三个字节 03 说明值部分的最后 3 个比特未用,最后的 A8 是值部分。

例 2.4 字节串 ACE 可编码为

04 02 AC E0

由于字节串总是占用整数个字节,所以不必说明未占用的比特数,没有说明值的位都认为是 0,故最后一个字节写为 E0,可见字节串类型也遵循靠左存放的原则。

例 2.5 NULL 类型只有一个值,也写做 NULL,其标签是 UNIVERSAL 5。由于这个类型是空类型,无须存储或传送它的值,所以编码为

05 00

第二个字节 00 表示值长度为 0。

例 2.6 序列类型 SEQUENCE{madeofwood BOOLEAN, length INTEGER} 的值 {madeofwood TRUE,length 62}可编码为

30 06 01 01 FF 02 01 3E

按照序列的结构可展开如下:

Seq	Len	Val		
30	06	Bool	Len	Val
		01	01	FF
		Int	Len	Val
		02	01	3E

例 2.7　集合类型 SET{breadth INTEGER, bent BOOLEAN}的值{breadth 7, bent FALSE}可编码为

$$31\ 06\ 02\ 01\ 07\ 01\ 01\ 00$$

由于集合类型的元素是无序的，故也可以编码为

$$31\ 06\ 01\ 01\ 00\ 02\ 01\ 07$$

例 2.8　这个例子说明应用标签的使用。假设设计一个安全协议，在这个应用中定义了一个口令字类型，并赋予应用标签 27：

　　　Password ::= [APPLICATION 27] OCTET STRING

对于这个类型的一个值"Sesame"，可得到如下编码：

$$7B\ 08\ 04\ 06\ 53\ 65\ 73\ 61\ 6D\ 65$$

展开后为

App	Len	Val						
7B	08	Oct	Len	Val				
		04	06	53	65	73	61	6D	65
				S	e	s	a	m	e

显然，应用标签和字节串标签都编码了，所以它是构造类型。为了减少编码中的冗余信息，可使用隐含标签，重新定义如下：

　　　Password ::= [APPLICATION 27] IMPLICIT OCTET STRING

则相应的编码为

$$5B\ 06\ 53\ 65\ 73\ 61\ 6D\ 65$$

从第一个字节可看出它是简单类型，因为只有一种类型信息。

2.3.2　字段扩充

有两种字段需要扩充，一是当标签值大于 30 时类型字节需要扩充，二是当值部分大于一个字节的表示范围时长度字节需要扩充。对标签值的扩充方法如下：用 5 位表示 0～30 的编码，当标签值大于等于 31 时这 5 位置全 1，作为转义符，实际的标签值编码表示在后续字节中。后续字节的左边第一位表示是否为最后一个扩充字节，只有最后一个扩充字节的左边第一位置 0，其余扩充字节的左边第一位置 1。这样，每个扩充字节只用了 7 位表示标签值的编码，可表示为图 2-4 所示的形式。

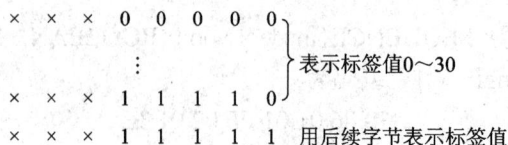

```
× × × 0 0 0 0 0 ⎫
     ⋮           ⎬ 表示标签值0～30
× × × 1 1 1 1 0 ⎭
× × × 1 1 1 1 1     用后续字节表示标签值
```

图 2-4　标签值的扩充

例如标签值 10110010101111001 可编码为

　　　×××11111　10000101　11001010　01111001

对长度字节的扩充方法是：小于 127 的数用长度字节的右边 7 位表示，最左边的一位置 0。大于等于 127 的数用后续若干字节表示，原来的长度字节第一位置 1，其余 7 位指明

后续用于表示长度的字节数，即采用图 2-5 所示的形式。

```
0 0 0 0 0 0 0 0 ⎫
     ⋮          ⎬ 表示长度为 0~126
0 1 1 1 1 1 1 0 ⎭
1 × × × × × × ×
```
指明后续用于表示长度的字节数

图 2-5　长度字节的扩充

例如 255_{10} 可表示为

10000001 11111111

值得注意的是长度字节可表示的最大值为 126，而不是 127，这个值是为以后扩充保留的。

按照以上规则，可以把图 2-2 表示的个人记录编码为图 2-6 所示的比特串。

```
T   L  V (PersonalRecord)
60 8185 T  L  V (Name)
        60  10 T  L  V (VisibleString)
               1A 04 "John"
               T  L  V (VisibleString)
               1A 01 "P"
               T  L  V (VisibleString)
               1A 05 "Smith"
        T  L  V (Title)
        A0 0A T  L  V (VisibleString)
               1A 08 "Derector"
        T  L  V (EmployeeNumber)
        42  01 33
        T  L  V (DateOfHire)
        A1 0A T  L  V (Date)
               43 08 "19710917"
        T  L  V (NameOfSpouse)
        A2 12 T  L  V (Name)
               61 10 T  L  V (VisibleString)
                      1A  04 "Mary"
                      T   L  V (VisibleString)
                      1A  01 "T"
                      T   L  V (VisibleString)
                      1A  05 "Smith"
        T  L  V (Children)
        A3 42 T  L  V (Set)
               31 1F T  L  V (Name)
                      61  11 T  L  V (VisibleString)
                             1A 05 "Ralph"
                             T  L  V (VisibleString)
                             1A 01 "T"
                             T  L  V (VisibleString)
                             1A 05 "Smith"
                      T  L  V (DateOfBirth)
                      A0 0A T  L  V (Date)
                             43 08 "19971111"
        A3 42 T  L  V (Set)
               31 1F T  L  V (Name)
                      61 11 T  L  V (VisibleString)
                             1A 05 "Susan"
                             T  L  V (VisibleString)
                             1A 01 "B"
                             T  L  V (VisibleString)
                             1A 05 "Jones"
                      T  L  V (DateOfBirth)
                      A0 0A T   L  V (Date)
                             43 08 "20000717"
```

图 2-6　个人记录的编码

2.4　ASN.1 宏定义

ASN.1 的宏定义机制可用于扩充语法，定义新的类型和值。下面首先说明在 ASN.1 中如何定义模块。

2.4.1　模块定义

ASN.1 中的模块类似于 C 语言中的结构，用于定义一个抽象数据类型。可以用名字引用一个已定义的模块。例如模块定义了一个抽象语法，应用实体把模块名传送给表示服务，说明它的 APDU 的格式。模块定义的基本形式为

```
<modulereference> DEFINITIONS ::=
    BEGIN
    EXPORTS
    IMPORTS
    AssignmentList
    END
```

其中，modulereference 是模块名，其后可跟随对应的对象标识符。EXPORTS 构造指明该模块可以出口的部分，而 IMPORTS 构造指明该模块需要引用的其他类型和值。AssignmentList 部分包含模块定义的所有类型、值和宏定义。下面是一个模块定义的例：

```
LanNetworkModule{iso org dod internet private enterprises Xenterprises 95}
    DEFINITIONS EXPLICIT TAGS ::=
    BEGIN
    EXPORTS
        LanNetworkName ::= SEQUENCE OF RelativeDistinguishedName--End of
        EXPORTS
    IMPORTS
        RelativeDistinguishedName FROM InformationFramework{ioint-iso-ccitt
            Ds(5) modules(1) informationFramework(1)} --End of IMPORTS
    MacAddresses ::= OCTET STRING(SIZE(6))
    LanWorkstationSerialNumbers ::= OCTET STRING(SIZE(32))
    LanSegment ::= SET OF LanWorkstationSerialNumbers
    EthernetNetworks ::= SET OF MacAddresses
    TokenRingNetworks ::= SET OF LanSegment
    LanNetwork ::= SET
                    {etherNet [0] IMPLICIT EthernetNetworks,
                     tokenNet [1] IMPLICIT TokenRingNetworks }
    END
```

2.4.2　宏表示

这一小节介绍定义宏的方法，首先需要区分 3 个不同的概念：

- 宏表示：ASN.1 提供的一种表示机制，用于定义宏；
- 宏定义：用宏表示定义的一个宏，代表一个宏实例的集合；
- 宏实例：用具体的值代替宏定义中的变量而产生的实例，代表一种具体的类型。

宏定义的一般形式如下：

```
<macroname> MACRO ::=
    BEGIN
        TYPE    NOTATION ::= <new-type-syntax>
        VALUE NOTATION ::= <new-value-syntax>
        <supporting-productions>
    END
```

其中，macroname 是宏的名字，必须全部大写。宏定义由类型表示(TYPE NOTATION)、值表示(VALUE NOTATION)、和支持产生式(supporting-productions) 3 部分组成，而最后一部分是任选的。这 3 部分都由 Backus-Naur 范式说明。当用一个具体的值代替宏定义中的变量或参数时就产生了宏实例，它表示一个实际的 ASN.1 类型(叫做返回的类型)，并且规定了该类型可取的值的集合(叫做返回的值)。可见宏定义可以看做是类型的类型，或者说是超类型。另一方面也可以把宏定义看做是类型的模板，可以用这种模板制造出形式相似、语义相关的许多数据类型。这就是宏定义的主要用处。

下面是取自 RFC1155 的关于对象类型的宏定义，其中包含两个支持产生式：

```
OBJECT-TYPE MACRO ::=
    BEGIN
        TYPE NOTATION ::= "Syntax" type(TYPE ObjectSyntax)
                          "ACCESS" Access
                          "STATUS" Status
        VALUE NOTATION ::= value(VALUE ObjectName)
        Access ::= "read-only" | "read-write" | "write-only" | "not-accessible"
        Status ::= "mandatory" | "optional" | "obsolete"
    END
```

2.4.3　宏定义的例

关于为什么要用宏定义，首先介绍一个比较具体的例子。假设我们经常需要使用整数对，于是定义一个 ASN.1 类型：

```
Pair-integers ::= SEQUENCE(INTEGER, INTEGER)
```

如果还需要使用字节串对，也可以定义相应的类型：

```
Pair-octet-string ::= SEQUENCE(OCTET STRING, OCTET STRING)
```

　　进一步假设可能需要使用各种各样的数对，例如实数-实数对、整数-实数对、整数-字节串对、实数-布尔型对等，甚至数对中的一个成分还可能是另外一个数对或其他具有复杂构造的成分。是否必须定义这许多数对类型呢？答案是否定的。简化类型定义的方法是使用宏定义。

　　定义一个宏 PAIR，它是一个类型对：

　　　　　PAIR TYPE-X = type TYPE-Y = type

对应的值表示采用下面的形式：

　　　　　(X = value, Y = value)

用一个已有的类型代替其中的变量 type，可得到宏实例，即新的类型：

　　　　　T1 ::= PAIR TYPE-X = INTEGER

　　　　　　　　　　TYPE-Y = BOOLEAN

　　　　　T2 ::= PAIR TYPE-X = VisibleString

　　　　　　　　　　TYPE-Y = T1

则下面的值属于 T1 类型：

　　　　　(X = 3，Y = TRUE)

下面的值是 T2 类型：

　　　　　(X = "Name"，Y = (X = 4，Y = FALSE))

显然只要用已知的类型代替关键字 type，就可以得到需要的数对类型。图 2-7 给出了 PAIR宏定义的例，关于其中的表示方法说明如下：

　　(1) 加引号的字符串在宏实例中保持不变，它的作用是指明类型变量的位置。

　　(2) 可以用任何 ASN.1 类型名代替变量 Local-type-1 和 Local-type-2，从而产生一个代表新类型的宏实例。关键字 type 指明了实施这种替换的位置。

　　(3) 在任何宏实例中 Local-value-1 位置包含一个 Local-type-1 类型的值，同理Local-value-2 位置包含一个 Local-type-2 类型的值，这就是新类型的值。

　　(4) 关键字 VALUE 用于指明一个位置，其后紧跟的类型就是值的类型，亦即对宏定义产生的任何值必须按照这种类型编码，本例中值的类型是序列。

```
PAIR MACRO::=
   BEGIN
     TYPE NOTATION::=
         "TYPE-X" "="type(Local-type-1)
         "TYPE-Y" "="type(Local-type-2)
     VALUE NOTATION::=
         "("
         "X" "="value(Local-value-1 Local-type-1)
         "Y" "="value(Local-value-2 Local-type-2)
         <VALUE SEQUENCE{Local-type-1 Local-type-2}
         ::={Local-value-1 Local-value-2}>
         ")"
   END
```

图 2-7　PAIR 宏定义的例

习　题

1. 表示层的功能是什么？抽象语法和传输语法各有什么作用？

2. 用 ASN.1 表示一个协议数据单元(例如 IEEE802.3 的帧)。

3. 用基本编码规则对长度字段 L 编码：L = 18，L = 180，L = 1044。

4. 用基本编码规则对下面的数据编码：标签值 = 1011001010，长度=255。

5. 为什么要用宏定义?怎样由宏定义得到宏实例？

第 3 章　管 理 信 息 库

> 　　Internet 是由 ARPANET 演变而来的，在 Internet 上运行的通信协议统称 TCP/IP 协议簇。本书的主要内容以 TCP/IP 网络中的简单网络管理协议 SNMP 为基础。由于 SNMP 是一个基于通信协议层的网管协议，所以 SNMP 管理信息库中包含着与 TCP/IP 协议运行有关的信息。这一章首先回顾 TCP/IP 协议簇的结构，然后讲述 SNMP 管理信息库的结构和内容。

3.1　SNMP 的基本概念

3.1.1　TCP/IP 协议簇

　　ARPANET 定义了 4 个协议层次，TCP/IP 协议簇与 OSI/RM 的对应关系如图 3-1 所示。ARPANET 的设计者注重的是网络互连，允许通信子网采用已有的或将来的各种协议，所以没有提供网络访问层协议。实际上，TCP/IP 协议可以运行在任何子网上，例如 X.25 分组交换网或 IEEE 802 局域网。

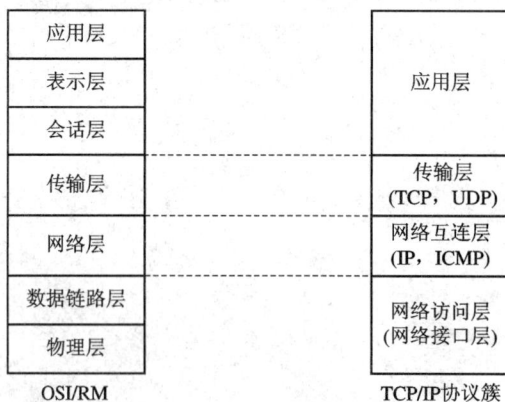

图 3-1　TCP/IP 协议簇与 OSI/RM 的对应关系

　　与 OSI 分层的原则不同，TCP/IP 协议簇允许同层协议实体(例如 IP 和 ICMP)之间互相作用，从而实现复杂的控制功能，也允许上层过程直接调用不相邻的下层过程。甚至在有些高层协议(例如 FTP)中，控制信息和数据分别传输，而不是共享同一协议数据单元。图 3-2 所示为 Internet 主要协议之间的调用关系。

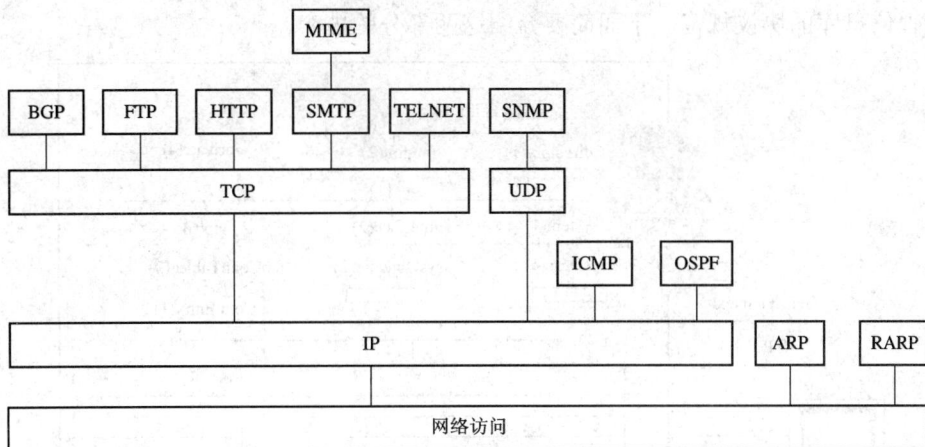

图 3-2   Internet 主要协议之间的调用关系

在 Internet 中，用主机(Host)一词泛指各种工作站、服务器、PC 机、甚至大型计算机。用于连接网络的设备叫 IP 网关或路由器。组成互联网的各个网络可能是 IEEE 802.3、802.5 或其他任何局域网，甚至广域网。互联网的通信结构如图 3-3 所示。

TCP 是端系统之间的协议，其功能是保证端系统之间可靠地发送和接收数据，并给应用进程提供访问端口。互联网中的所有端系统和路由器都必须实现 IP 协议。IP 协议的主要功能是根据全网唯一的地址把数据从源主机传送到目标主机。当一个主机中的应用进程选择传输服务(例如 TCP)为其传送数据时，以下各层实体分别加上该层协议的控制信息，形成协议数据单元，如图 3-4 所示。当 IP 分组到达目标网络中的目标主机后由下层协议实体逐层向上提交，沿着相反的方向一层一层剥掉协议控制信息，最后把数据交给应用层接收进程。

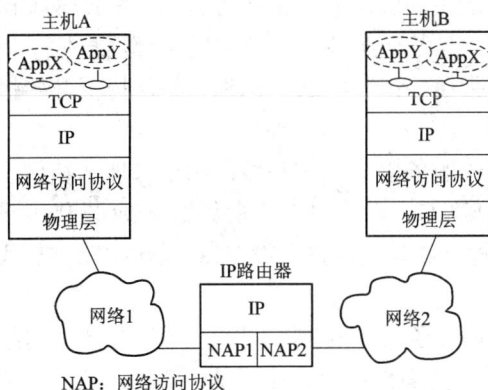

图 3-3   互联网中的通信结构

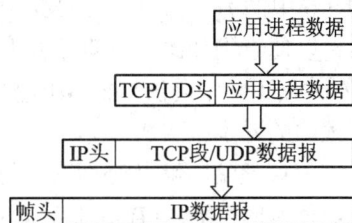

图 3-4   TCP/IP 体系结构中的协议数据单元

SNMP 管理 TCP/IP 协议的运行，与 TCP/IP 协议运行有关的信息按照 SNMP 定义的管理信息结构存储在管理信息库中。

3.1.2   TCP/IP 网络管理框架

Internet 中的网络管理信息存储在管理信息库 MIB(Management Information Base)中。图 3-5 所示的 SNMP 总体架构由两部分组成：一部分是管理信息库结构的定义，另一部分是访问管理信息库的协议规范。下面简要介绍这两部分的内容。

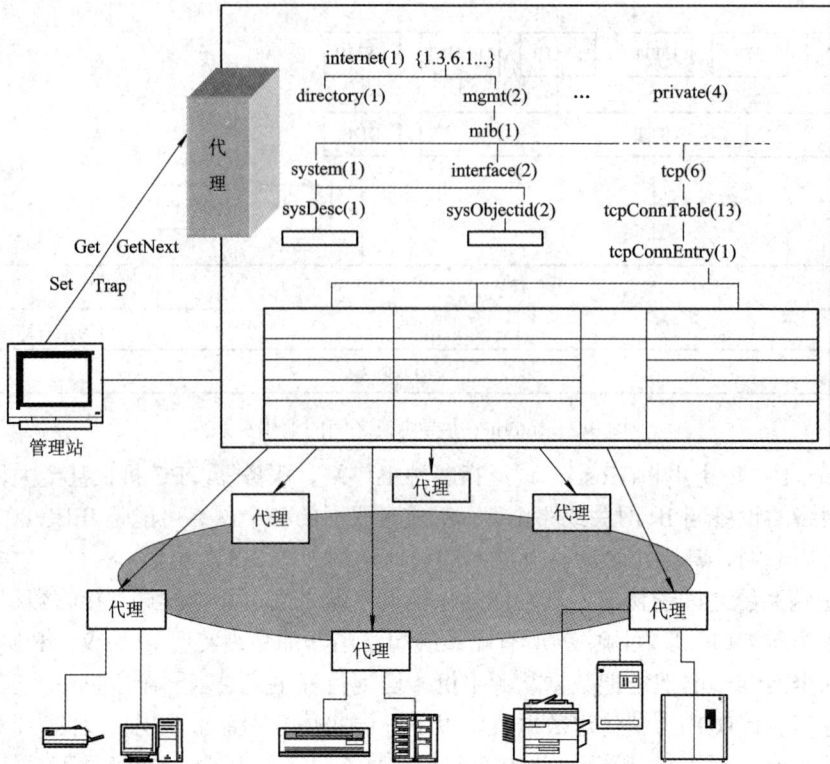

图 3-5　SNMP 的总体架构

图 3-5 中的第一部分是 MIB 树。各个代理中的管理数据由树叶上的对象组成，树的中间节点的作用是对管理对象进行分类。例如，与某一协议实体有关的全部信息位于指定的子树上。树结构为每个叶子节点指定唯一的路径标识符，这个标识符是从树根开始把各个数字串连起来形成的。

图 3-5 中的另一部分是 SNMP 协议支持的服务原语，这些原语用于管理站和代理之间的通信，以便查询和改变管理信息库中的内容。Get 操作用于检索数据，Set 操作用于改变数据，GetNext 操作提供扫描 MIB 树和连续检索数据的方法，而 Trap 操作则提供从代理进程到管理站的异步报告机制。

为了使管理站能够及时而有效地对被管理设备进行监控，同时又不过分增加网络的通信负载，必须使用陷入(Trap)制导的轮询过程，其操作过程是这样的：管理站启动时，或每隔一定时间用 Get 操作轮询一遍所有代理，以便得到某些关键的信息(例如接口特性)或基本的性能统计参数(例如在一段时间内通过接口发送和接收的分组数等)。一旦得到了这些基本数据，管理站就停止轮询，而由代理进程负责在必要时向管理站报告异常事件，例如代理进程重启动、链路失效、负载超过门限值等，这些情况都是由陷入操作传送给管理站的。得到异常事件的报告后，管理站可以查询有关的代理，以便得到更具体的信息，对事件的原因作进一步的分析。

Internet 最初的网络管理框架由四个文件定义，如图 3-6 所示，这就是 SNMPv1 的内容。RFC 1155 定义了管理信息结构(SMI)，规定了管理对象的语法和语义。RFC 1212 说明了定义 MIB 模块的方法，而 RFC 1213 则定义了 MIB-2 管理对象的核心集合，这些管理对象是任何 SNMP 系统必须实现的。最后，RFC 1157 是 SNMPv1 协议的规范文件。

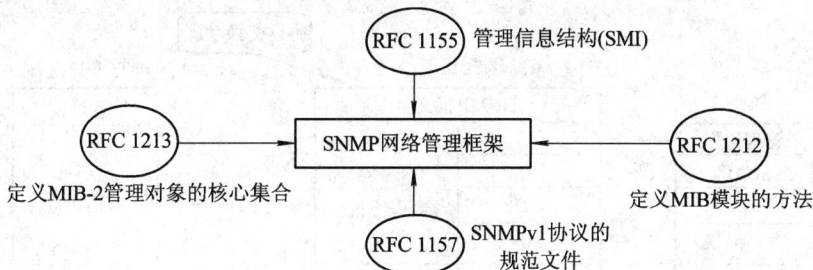

图 3-6　SNMPv1 网络管理框架的定义

3.1.3　SNMP 协议体系结构

图 3-7 所示为 Internet 网络管理协议的体系结构。由于 SNMP 定义为应用层协议，所以它依赖于 UDP 数据报服务。同时 SNMP 实体向管理应用程序提供服务，它的作用是把管理应用程序的服务调用变成对应的 SNMP 协议数据单元，并利用 UDP 数据报发送出去。

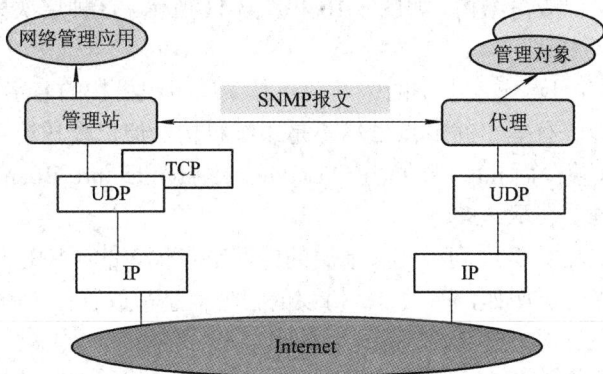

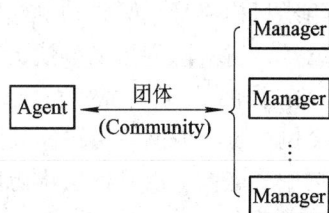

图 3-7　Internet 网络管理协议的体系结构　　　　图 3-8　SNMPv1 的团体关系

其之所以选择 UDP 协议而不是 TCP 协议，是因为 UDP 效率较高，这样实现网络管理不会太多地增加网络负载。但由于 UDP 不是很可靠，所以 SNMP 报文容易丢失。为此，对 SNMP 实现的建议是对每个管理信息要装配成单独的数据报独立发送，而且报文应短些，不要超过 484 字节。

每个代理进程管理若干被管理对象，并且与某些管理站建立团体(Community)关系，如图 3-8 所示。团体名作为团体的全局标识符，是一种简单的身份认证手段。一般来说代理进程不接受没有通过团体名验证的报文，这样可以防止未授权的管理命令。同时在团体内部也可以实行专用的管理策略。

SNMP 要求所有的代理设备和管理站都必须实现 TCP/IP 协议。对于不支持 TCP/IP 的设备(例如某些网桥、调制解调器、个人计算机和可编程控制器等)不能直接用 SNMP 进行管理。为此，提出了委托代理的概念，如图 3-9 所示。一个委托代理设备可以管理若干台非 TCP/IP 设备，并代表这些设备接收管理站的查询。实际上委托代理起到了协议转换的作用，委托代理和管理站之间按 SNMP 协议通信，而与被管理设备之间则按专用的协议通信。

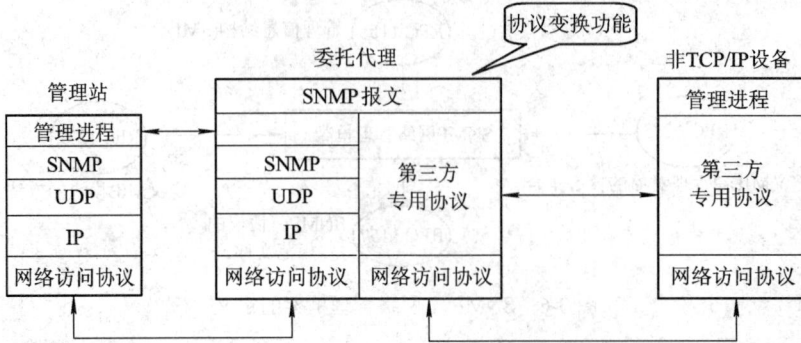

图 3-9　委托代理

3.2　MIB 结构

SNMP 环境中的所有被管理对象组织成树结构，如图 3-10 和图 3-11 所示。这种层次树结构有 3 个作用。

(1) 表示管理和控制关系。从图 3-10 可看出，上层的中间节点是某些组织机构的名字，说明这些机构负责它下面的子树的管理。有些中间节点虽然不是组织机构，但已委托给某个组织机构代管，例如 org(3)由 ISO 代管，而 internet(1)由 IAB(Internet Architecture Board)代管等。树根没有名字，默认为抽象语法表示 ASN.1。

(2) 提供了结构化的信息组织技术。从图 3-11 可看出，下层的中间节点代表的子树是与每个网络资源或网络协议相关的信息集合。例如，有关 IP 协议的管理信息都放置在 ip(4)子树中。这样，沿着树层次访问相关信息很方便。

(3) 提供了对象命名机制。树中每个节点都有一个分层的编号。叶子节点代表实际的管理对象，从树根到树叶的编号串连起来，用圆点隔开，就形成了管理对象的全局标识。例如 internet 的标识符是 1.3.6.1，或者写为{iso(1) org(3) dod(6) 1}。

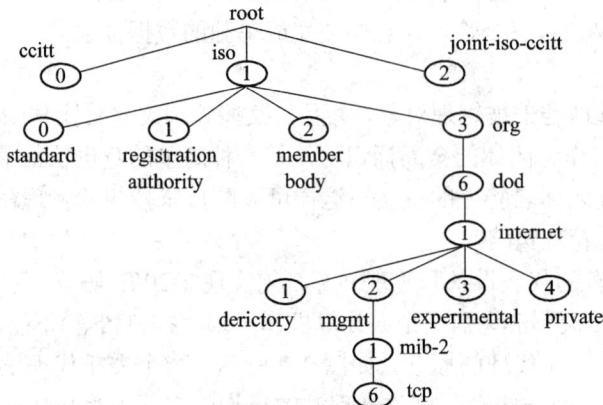

图 3-10　注册层次

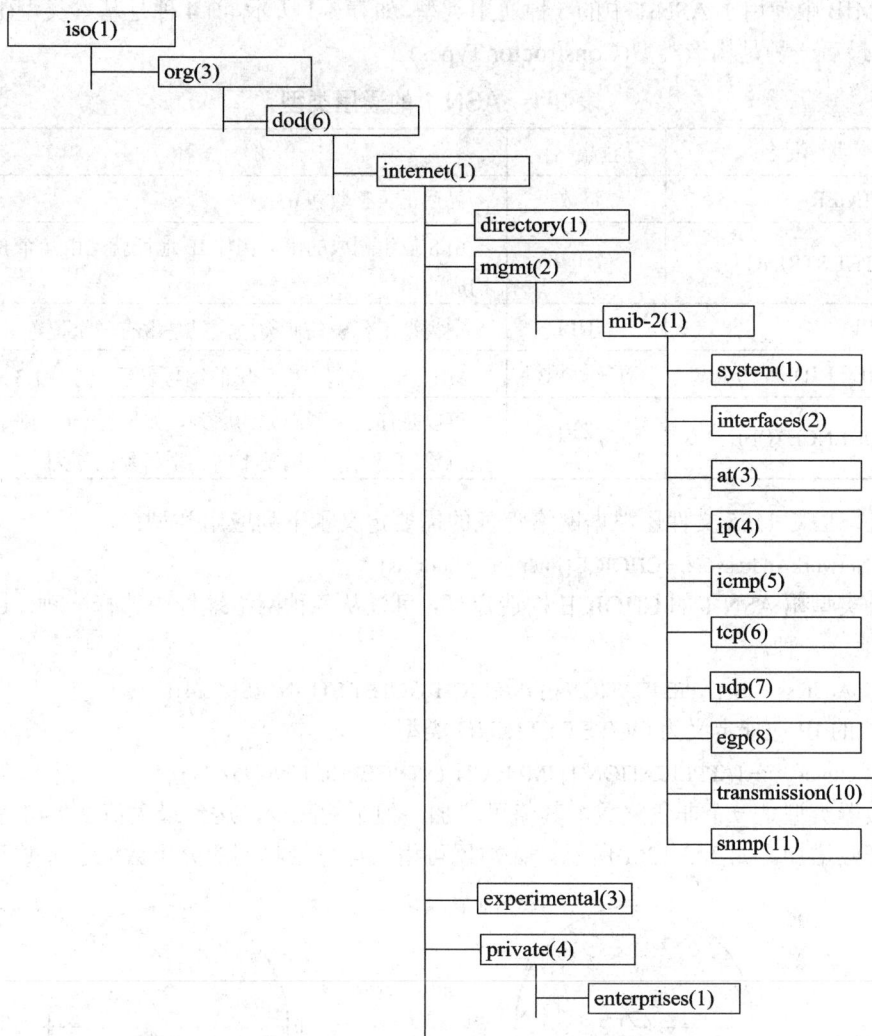

图 3-11　MIB-2 的分层结构

internet 下面的 4 个节点需要解释。directory(1)是 OSI 的目录服务(X.500)。mgmt(2)包括由 IAB 批准的所有管理对象，而 mib-2 是 mgmt(2)的第一个孩子节点。experimental(3)子树用来标识在互联网上实验的所有管理对象。最后，private(4)子树是为私有企业管理信息准备的，目前这个子树只有一个孩子节点 enterprises(1)。如果一个私有企业(例如 ABC 公司)向 Internet 编码机构申请注册，并得到一个代码 100。该公司为它的令牌环适配器赋予代码为 25。这样，令牌环适配器的对象标识符就是 1.3.6.1.4.1.100.25。把 internet 节点划分为 4 个子树，为 SNMP 的实验和改进提供了非常灵活的管理机制。

3.2.1　MIB 中的数据类型

MIB 中存储的数据叫做对象，每个对象属于一定的对象类型，并且有一个值。对象类型的定义是一种语法描述，对象实例是对象类型的具体实现，只有实例才可以绑定到特定的值。MIB 对象的定义说明了被管理对象的类型、它的组成和值的范围，以及与其他对象的关系。MIB 中使用了 ASN.1 中的 5 种通用类型,如表 3-1 所示,前 4 种是基本类型(Primitive Types),最后一种是构造类型(Constructor Types)。

表 3-1　ASN.1 的通用类型

类 型 名	值 集 合	解　释
INTEGER	整数	包括正负整数和 0
OCTET STRING	位组串	由 8 位组构成的串,例如 IP 地址就是由 4 个 8 位组构成的串
NULL	NULL	空类型不代表任何类型,只是占有一个位置
OBJECT IDENTIFIER	对象标识符	MIB 树中的节点用分层的编号表示,例如 1.3.6.1.2.1
SEQUENCE (OF)	序列	可以是任何类型组成的序列,如果有 OF,则是同类型对象的序列,否则是不同类型对象的序列

另外,RFC 1155 文件还根据网络管理的需要定义了下列应用类型:

(1) NetworkAddress ::= CHOICE{internet IpAddress}

这种类型用 ASN.1 的 CHOICE 构造定义,可以从各种网络地址中选择一种。目前只有 Internet 地址一种。

(2) IpAddress ::= [APPLICATION 0] IMPLICIT OCTET STRING(SIZE(4))

32 位的 IP 地址定义为 OCTET STRING 类型。

(3) Counter ::= [APPLICATION 1] IMPLICIT INTRGER(0..4 294 967 295)

计数器类型是一个非负整数,其值可增加,但不能减少,达到最大值 $2^{32} - 1$ 后回零,再从头开始增加,如图 3-12(a)所示。计数器可用于计算接收到的分组数或字节数等。

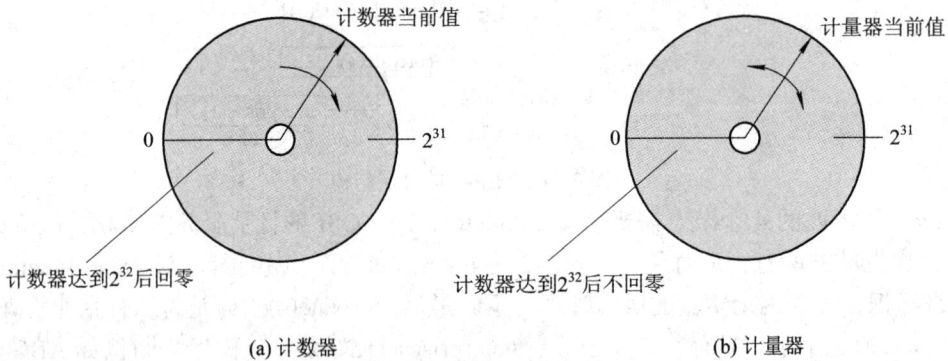

(a) 计数器　　　　　　　　　　　　　　(b) 计量器

图 3-12　计数器和计量器

(4) Gauge ::= [APPLICATION 2] INTEGER(0..4 294 967 295)

计量器类型是一个非负整数,其值可增加,也可减少。计量器的最大值也是 $2^{32} - 1$。与计数器不同的地方是计量器达到最大值后不回零,而是锁定在 $2^{32} - 1$,如图 3-12(b)所示。计量器可用于表示存储在缓冲队列中的分组数。

(5) TimeTicks ::= [APPLICATION 3] INTEGER(0..4 294 967 295)

时钟类型是非负整数。时钟的单位是百万分之一秒,可表示从某个事件(例如设备启动)开始到目前经过的时间。

(6) Opaque ::= [APPLICATION 4] OCTET STRING -- arbitrary ASN.1 value

不透明类型即未知数据类型，或者说可以表示任意类型。这种数据编码时按 OCTET STRING 处理，管理站和代理都能解释这种类型。

3.2.2 管理信息结构的定义

MIB 中包含各种各样的被管理对象，这些被管理对象的语法、语义、访问方法、实现约束都要进行详细说明。RFC1155 文件给出了对象类型的宏定义，后经 RFC 1212 进行了扩充，形成了 MIB-2 的对象类型定义。对其中关键的成分解释如下(参见图 3-13)。

```
OBJECT-TYPE MACRO::=
BEGIN
    TYPE NOTATION::="SYNTAX" type(TYPE ObjectSyntax)
                    "ACCESS"  Access
                    "STATUS"  Status
                    DescrPart
                    ReferPart
                    IndexPart
                    DefValPart
    VALUE NOTATION::=value (VALUE ObjectName)
    Access::="read-only" | "read-write" | "write-only" | "not-accessible"
    Status::="mandatory" | "optional" | "obsolete" | "deprecated"
    DescrPart::="DESCRIPTION" value(description DisplayString) | empty
            ReferPart::="REFERENCE" value(reference DisplayString) | empty
    IndexPart::="INDEX""{"IndexTypes"}"
    IndexTypes::=IndexType | IndexTypes", " IndexType
    IndexType::=value(indexobject ObjectName) | type (indextype)
    DefValPart::="DEFVAL""{" value(defvalue ObjectSyntax) "}" | empty
    DisplayString::=OCTET STRING SIZE(0..255)
END
```

图 3-13　管理对象的宏定义(RFC1212)

● SYNTAX：表示对象类型的抽象语法，可以是表 3-1 中的 5 种类型之一，或者上面列出的 6 种应用类型之一。

● ACCESS：定义对象的访问方式。可选择的访问方式有只读(read-only)、读写(read-write)、只写(write-only)和不可访问(not-accessible)4 种(MIB 树中的非叶子节点不能访问)。

● STATUS：说明实现是否支持这种对象。状态子句中定义了必要的(mandatory)和任选的(optional)两种支持程度。过时的(obsolete)是指老标准支持而新标准不支持的类型。如果一个对象被说明为可取消的(deprecated)，则表示当前必须支持这种对象，但在将来的标准中可能被取消。

● DesctPart：这个子句是任选的，用文字说明对象类型的含义。

● ReferPart：这个子句也是任选的，用文字说明可参考在其他 MIB 模块中定义的对象。

● IndexPart：用于定义表对象的索引项。

● DefValPart：定义了对象实例的默认值，这个子句是任选的。

● VALUE NOTATION：指明对象的访问名。

当用一个具体的值代替宏定义中的变量或参数时就产生了宏实例，它表示一个实际的 ASN.1 类型，并且规定了该类型可取的值的集合。图 3-14 给出了一个对象定义的例子，表示"TCP 最大连接数"是一个整数，访问方式为"只读"，它是必须实现的，是 tcp 子树中的第 4 个节点。

```
tcpMaxConn OBJECT-TYPE
    SYNTAX INTEGER
    ACCESS read-only
    STATUS mandatory
    DESCRIPTION
        " The limit on the total number of TCP connection
            the entity can support."
    ::= {tcp 4}
```

图 3-14　对象定义的例

3.3　标量对象和表对象

SMI 只存储标量对象和二维数组，二维数组叫做表对象(Table)。表的定义要用到 ASN.1 的序列类型和对象类型宏定义中的索引部分。下面通过例子说明定义表对象的方法。

图 3-15 取自 RFC 1213 定义的 TCP 连接表。可以看出，这个定义有下列特点：

• 整个 TCP 连接表(tcpConnTable)是 TCP 连接项(tcpConnEntry)组成的同类型序列，每个 TCP 连接项是 TCP 连接表的一行。可以看出，表由 0 个或多个行组成。

```
tcpConnTable OBJECT-TYPE
        SYNTAX  SEQUENCE OF TcpConnEntry
        ACCESS  not-accessible
        STATUS  mandatory
        DESCRIPTION
        "Atable containing TCP connection-specific information?"
        ::={tcp 13}

tcpConnEntry  OBJECT-TYPE
        SYNTAX  TcpConnEntry
        ACCESS  not-accessible
        STATUS  mandatory
        DESCRIPTION
        "Information about a particular current TCP connection. An object of this type
        is transient, in that it ceases to exist when (or soon after) the connection
        makes the transition to the CLOSED state. "
        INDEX  { tcpConnLocalAddress,
                tcpConnLocalPort,
                tcpConnRemAddress,
                tcpConnRemPort}
        ::={ tcpConnTable 1}

TcpConnEntry::= SEQUENCE {tcpConnState INTEGER,
                        tcpConnLocalAddress IpAddress,
                        tcpConnLocalPort INTEGER(0..65535),
                        tcpConnRemAddress IpAddress,
                        tcpConnRemPort INTEGER(0..65535)}

tcpConnState OBJECT-TYPE
        SYNTAX  INTEGER{closed(1), listen(2), synSent(3), synReceived(4), established(5),
                finWait1(6), finWait2(7), closeWait(8), lastAck(9), closing(10),
                timeWait(11), deleteTCB(12)}
        ACCESS  read-write
        STATUS  mandatory
        DESCRIPTION
            "The state of this TCP connection?"
        ::={ tcpConnEntry 1}
```

图 3-15　TCP 连接表的定义(RFC1213)

• TCP 连接项是由 5 个不同类型的标量元素组成的序列。这 5 个标量的类型分别是 INTEGER、IpAddress、INTEGER(0..65535)、IpAddress 和 INTEGER(0..65535)。

• TCP 连接表的索引由 4 个元素组成，这 4 个元素(即本地地址、本地端口、远程地址和远程端口)的组合唯一地区分表中的一行。考虑到任意一对主机的任意一对端口之间只能建立一个连接，用这样 4 个元素作为连接表的索引是必要的，而且是充分的。

图 3-16 给出了 TCP 连接表的实例，该表包含 3 行。整个表是对象类型 TcpConnTable 的一个实例，表的每一行是对象类型 TcpConnEntry 的实例，而且 5 个标量各有 3 个实例。在 RFC 1212 中，这种对象叫做列对象，实际上是强调这种对象产生表中的一列实例。

tcpConnTable(1.3.6.1.2.1.6.13)

tcpConnState {1.3.6.1.2.1.6.13.1.1}	tcpConnLocalAddress {1.3.6.1.2.1.6.13.1.2}	tcpConnLocalProt {1.3.6.1.2.1.6.13.1.3}	tcpConnRemAddress {1.3.6.1.2.1.6.13.1.4}	tcpConnRemPort {1.3.6.1.2.1.6.13.1.5}
5	10.0.0.99	12	9.1.2.3	15
2	0.0.0.0	99	0.0.0.0	0
3	10.0.0.99	14	89.1.1.42	84
INDEX	INDEX	INDEX	INDEX

图 3-16 TCP 连接表的实例

3.3.1 对象实例的标识

前面提到，对象是由对象标识符(OBJECT IDENTIFIER)表示的，然而一个对象可以有各种值的实例，那么如何表示对象的实例呢？换言之，SNMP 如何访问对象的值呢？

我们知道，表中的标量对象叫做列对象，列对象有唯一的对象标识符，这对每一行都是一样的。例如在图 3-16 中列对象 tcpConnState 有 3 个实例，而 3 个实例的对象标识符都是 1.3.6.1.2.1.6.13.1.1 。我们也知道，索引对象的值用于区分表中的行。这样，把列对象的对象标识符与索引对象的值组合起来就说明了列对象的一个实例。例如 MIB 接口组中的接口表 ifTable(参见图 3-21)，其中只有一个索引对象 ifIndex，它的值是整数类型，并且每个接口都被赋予唯一的接口编号。如果想知道第 2 个接口的类型，就可以把列对象 ifType 的对象标识符 1.3.6.1.2.1.2.2.1.3 与索引对象 ifIndex 的值 2 连接起来，组成 ifType 的实例标识符 1.3.6.1.2.1.2.2.1.3.2。

对于更复杂的情况，可以考虑图 3-16 的 TCP 连接表。这个表有 4 个索引对象，所以列对象的实例标识符就是由列对象的对象标识符按照表中的顺序级联上同一行的 4 个索引对象的值组成的，如图 3-17 所示。

tcpConnState {1.3.6.1.2.1.6.13.1.1}	tcpConnLocalAddress {1.3.6.1.2.1.6.13.1.2}	tcpConnLocalProt {1.3.6.1.2.1.6.13.1.3}	tcpConnRemAddress {1.3.6.1.2.1.6.13.1.4}	tcpConnRemPort {1.3.6.1.2.1.6.13.1.5}
X.1.10.0.0.99.12.9.1.2.3.15	x.2.10.0.0.99.12.9.1.2.3.15	x.3.10.0.0.99.12.9.1.2.3.15	x.4.10.0.0.9.12.9.1.2.3.15	x.5.10.0.0.99.12.9.1.2.3.15
x.1.0.0.0.0.99.0.0	x.2.0.0.0.0.99.0.0	x.3.0.0.0.0.99.0.0	x.4.0.0.0.0.99.0.0	x.5.0.0.0.0.99.0.0
x.1.10.0.0.99.14.89.1.1.42.84	x.2.10.0.0.99.14.89.1.1.42.84	x.3.10.0.0.99.14.89.1.1.42.84	x.4.10.0.0.99.14.89.1.1.42.84	x.5.10.0.0.99.14.89.1.1.42.84

x＝1.3.6.1.2.1.6.13.1 = tcpConnEntry的对象标识符

图 3-17 实例标识符

总而言之，tcpConnTable 的所有实例标识符都是下面的形式：

x.i.(tcpConnLocalAddress).(tcpConnLocalPort).(tcpConnRemAddress).(tcpConnRemPort)

其中 x 为 1.3.6.1.2.1.6.13.1 = tcpConnEntry 的对象标识符，i 为列的对象标识符的最后一个子标识符(指明列对象在表中的位置)的值，例如(tcpConnLocalPort)是对象 tcpConnLocalPort 的值。

一般的规律是这样：假定对象标识符是 y，该对象所在的表有 N 个索引对象 i_1、i_2、……、i_N，则它的某一行的实例标识符为

$$y.(i_1).(i_2).\cdots.(i_N)$$

还有一个问题没有解决，那就是对象实例的值如何转换成子标识符呢？RFC 1212 提出下面的转换规则。

如果索引对象实例取值分别为如下值：

• 整数值，则把整数值作为一个子标识符。

• 固定长度的字符串值，则把每个字节(OCTET)编码为一个子标识符。

• 可变长的字符串值，先把串的实际长度 n 编码为第一个子标识符，然后把每个字节编码为一个子标识符，总共 n + 1 个子标识符。

• 对象标识符，如果长度为 n，则先把 n 编码为第一个子标识符，后面级联该对象标识符的各个子标识符，总共 n + 1 个子标识符。

• IP 地址，则变为 4 个子标识符。

表和行对象(例如 tcpConnTable 和 tcpConnEntry)是没有实例标识符的。因为它们不是叶子节点，SNMP 不能访问，其访问特性为 "not-accessible"。这类对象叫做概念表和概念行。

由于标量对象只能取一个值，所以从原则上说不必区分对象类型和对象实例。然而为了与列对象一致起见，SNMP 规定在标量对象标识符之后级联一个 0，表示该对象的实例标识符。

3.3.2 词典顺序

对象标识符是整数序列，这种序列反映了该对象在 MIB 中的逻辑位置，同时表示了一种词典顺序，我们只要按照一定的方式(例如中序)遍历 MIB 树，就可以排出所有对象及其实例的词典顺序。

对象的顺序对网络管理是很重要的。因为管理站可能不知道代理中 MIB 的组成，所以管理站要用某种手段搜索 MIB 树，在不知道对象标识符的情况下访问对象的值。例如，为检索一个表项，管理站可以连续发出 Get 操作，按词典顺序得到预定的对象实例。

图 3-18 是一个简化的 IP 路由表，该表只有 3 项。这个路由表的对象及其实例的子树如图 3-19 所示。表 3-2 给出了对应的词典顺序。

ipRouteDest	ipRouteMetricl	ipRouteNextHop
9.1.2.3	3	99.0.0.3
10.0.0.51	5	89.1.1.42
10.0.0.99	5	89.1.1.42

图 3-18　一个简化的 IP 路由表

ipRouteTable

1.3.6.1.2.1.4.21

ipRouteEntry

1.3.6.1.2.1.4.21.1＝x

| ipRouteDest
x.1 | ipRouteMetricl
x.3 | ipRouteNextHop
x.7 |

| ipRouteDest
x.1.9.1.2.3 | ipRouteMetricl
x.3.9.1.2.3 | ipRouteNextHop
x.7.9.1.2.3 |

| ipRouteDest
x.1.10.0.0.51 | ipRouteMetricl
x.3.10.0.0.51 | ipRouteNextHop
x.7.9.10.0.0.51 |

| ipRouteDest
x.1.10.0.0.99 | ipRouteMetricl
x.3.10.0.0.99 | ipRouteNextHop
x.7.9.10.0.0.99 |

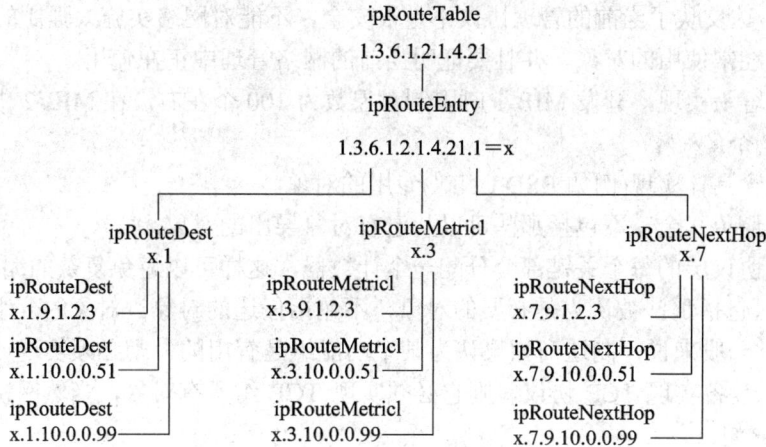

图 3-19　IP 路由表对象及其实例的子树

表 3-2　IP 路由表对象及其实例的词典顺序

对　象	对象标识符	下一个对象实例
ipRouteTable	1.3.6.1.2.1.4.21	1.3.6.1.2.1.4.21.1.1.9.1.2.3
ipRouteEntry	1.3.6.1.2.1.4.21.1	1.3.6.1.2.1.4.21.1.1.9.1.2.3
ipRouteDest	1.3.6.1.2.1.4.21.1.1	1.3.6.1.2.1.4.21.1.1.9.1.2.3
ipRouteDest.9.1.2.3	1.3.6.1.2.1.4.21.1.1.9.1.2.3	1.3.6.1.2.1.4.21.1.1.10.0.0.51
ipRouteDest.10.0.0.51	1.3.6.1.2.1.4.21.1.1.10.0.0.51	1.3.6.1.2.1.4.21.1.1.10.0.0.99
ipRouteDest.10.0.0.99	1.3.6.1.2.1.4.21.1.1.10.0.0.99	1.3.6.1.2.1.4.21.1.3.9.1.2.3
ipRouteMetric1	1.3.6.1.2.1.4.21.1.3	1.3.6.1.2.1.4.21.1.3.9.1.2.3
ipRouteMetric1.9.1.2.3	1.3.6.1.2.1.4.21.1.3.9.1.2.3	1.3.6.1.2.1.4.21.1.3.10.0.0.51
ipRouteMetric1.10.0.0.51	1.3.6.1.2.1.4.21.1.3.10.0.0.51	1.3.6.1.2.1.4.21.1.3.10.0.0.99
ipRouteMetric1.10.0.0.99	1.3.6.1.2.1.4.21.1.3.10.0.0.99	1.3.6.1.2.1.4.21.1.7.9.1.2.3
ipRouteNextHop	1.3.6.1.2.1.4.21.1.7	1.3.6.1.2.1.4.21.1.7.9.1.2.3
ipRouteNextHop.9.1.2.3	1.3.6.1.2.1.4.21.1.7.9.1.2.3	1.3.6.1.2.1.4.21.1.7.10.0.0.51
ipRouteNextHop.10.0.0.51	1.3.6.1.2.1.4.21.1.7.10.0.0.51	1.3.6.1.2.1.4.21.1.7.10.0.0.99
ipRouteNextHop.10.0.0.99	1.3.6.1.2.1.4.21.1.7.10.0.0.99	1.3.6.1.2.1.4.21.1.1.x

3.4　MIB-2 功能组

　　RFC 1213 定义了管理信息库第二版，即 MIB-2。这个文件包含 11 个功能组，共 171 个对象。下面分别介绍各个功能组包含的对象。

　　RFC 1213 说明了选择管理对象的标准：

　　(1) 包括了故障管理和配置管理需要的对象。

　　(2) 只包含 "弱" 控制对象。所谓 "弱" 控制对象就是一旦出错对系统不会造成严重危害的对象。这反映了当前的管理协议不是很安全，不能对网络实施太强制的控制。

(3) 选择经常使用的对象，并且要证明当前的网络管理中正在使用。

(4) 为了容易实现，开发 MIB-1 时限制对象数为 100 个左右，在 MIB-2 中，这个限制稍有突破(117 个)。

(5) 不包含具体实现(例如 BSD UNIX)专用的对象。

(6) 为了避免冗余，不包括那些可以从已有对象导出的对象。

(7) 每个协议层的每个关键部分分配一个计数器，这样可以避免复杂的编码。

MIB-2 只包括那些被认为是必要的对象，不包括任选的对象。对象的分组方便了管理实体的实现。一般来说，制造商如果认为某个功能组是有用的，则必须实现该组的所有对象。例如一个设备实现 TCP 协议，则它必须实现 TCP 组所有对象，当然网桥或路由器就不必实现 TCP 组。

3.4.1　系统组

系统组(System Group)提供了系统的一般信息，如图 3-20 和表 3-3 所示。系统服务对象 sysServices 是 7 位二进制数，每一位对应 OSI/RM 7 层协议中的一层。如果系统提供某一层服务，则对应位为 1，否则为 0。例如系统提供应用层和传输层服务，则该系统的 sysServices 对象具有值 $1001000 = 72_{10}$。

系统启动时间 sysUpTime 有多种用法。例如，管理站周期地查询某个计数器的值，同时也查询系统启动时间的值，这样，管理站就可以知道该计数器在多长时间中变化了多少值。另外在故障管理中，管理站可以周期地查询这个值，如果发现当前得到的值比最近一次得到的值小，则可推断出系统已经重启过了。

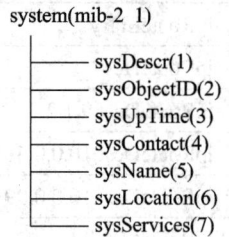

```
system(mib-2 1)
    ├── sysDescr(1)
    ├── sysObjectID(2)
    ├── sysUpTime(3)
    ├── sysContact(4)
    ├── sysName(5)
    ├── sysLocation(6)
    └── sysServices(7)
```

图 3-20　MIB-2 系统组

表 3-3　系统组对象

对　象	语　法	访问方式	功　能　描　述	用　途
sysDescr(1)	DisplayString(SIZE(0..255))	RO	有关硬件和操作系统的描述	配置管理
sysObjectID(2)	OBJECT IDENTIFIER	RO	系统制造商标识	故障管理
sysUpTime(3)	Timeticks	RO	系统运行时间	故障管理
sysContact(4)	DisplayString(SIZE(0..255))	RW	系统管理人员描述	配置管理
sysName(5)	DisplayString(SIZE(0..255))	RW	系统名	配置管理
sysLocation(6)	DisplayString(SIZE(0..255))	RW	系统的物理位置	配置管理
sysServices(7)	INTEGER(0..127)	RO	系统服务	故障管理

3.4.2　接口组

接口组(Interface Group)包含关于主机接口的配置信息和统计信息，如图 3-21 和表 3-4 所示。这个功能组是必须实现的。

```
interfaces(mib-2 2)
    ├── ifNumber(1)
    └── ifTable(2)
              └── ifEntry(1)
     索引项 ───┤── ifIndex(1)
              ├── ifDescr(2)
              ├── ifType(3)
              ├── ifMtu(4)
              ├── ifSpeed(5)
              ├── ifPhysAddress(6)
              ├── ifAdminStatus(7)
              ├── ifOperStatus(8)
              ├── ifLastChange(9)
              ┌── ifInOctets(10)
              ├── ifInUcastPkts(11)
       输入  ┤── ifInNUcastPkts(12)
              ├── ifInDiscards(13)
              ├── ifInErrors(14)
              └── ifInUnknownPorotos(15)
              ┌── ifOutOctets(16)
              ├── ifOutUcastPkts(17)
       输出  ┤── ifOutNUcastPkts(18)
              ├── ifOutDiscards(19)
              ├── ifOutError(20)
              ├── ifOutQLen(21)
              └── ifSpecfic(22)
```

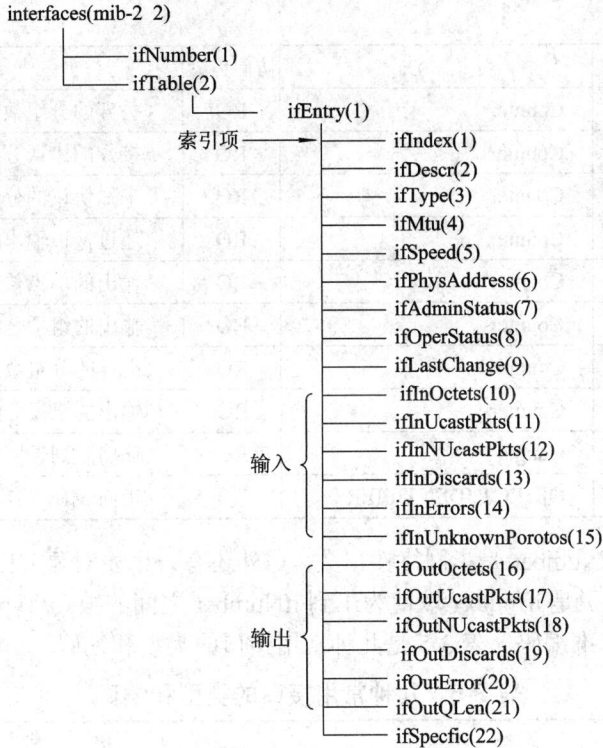

图 3-21   MIB-2 接口组

表 3-4 接 口 组 对 象

对　象	语　法	访问方式	功　能　描　述
ifNumber	INTEGER	RO	网络接口数
ifTable	SEQUENCE OF ifEntry	NA	接口表
ifEntry	SEQUENCE	NA	接口表项
ifIndex	INTEGER	RO	唯一的索引
ifDescr	DisplayString(SIZE(0..255))	RO	接口描述信息、制造商名、产品名和版本等
ifType	INTEGER	RO	物理层和数据链路层协议确定的接口类型
ifMtu	INTEGER	RO	最大协议数据单元大小(位组数)
ifSpeed	Gauge	RO	接口数据速率
ifPhysAddress	PhysAddress	RO	接口物理地址
ifAdminStatus	INTEGER	RW	管理状态：up(1), down(2), testing(3)
ifOperStatus	INTEGER	RO	操作状态：up(1), down(2), testing(3)
ifLastChange	TimeTicks	RO	接口进入当前状态的时间
ifInOctets	Counter	RO	接口收到的总字节数
ifInUcastPkts	Counter	RO	输入的单点传送分组数
ifInNUcastPkts	Counter	RO	输入的组播分组数

对　象	语　法	访问方式	功 能 描 述
ifInDiscards	Counter	RO	丢弃的分组数
ifInErrors	Counter	RO	接收的错误分组数
ifInUnknownPorotos	Counter	RO	未知协议的分组数
ifOutOctets	Counter	RO	通过接口输出的分组数
ifOutUcastPkts	Counter	RO	输出的单点传送分组数
ifOutNUcastPkts	Counter	RO	输出的组播分组数
ifOutDiscards	Counter	RO	丢弃的分组数
ifOutErrors	Counter	RO	输出的错误分组数
ifOutQLen	Gauge	RO	输出队列长度
ifSpecfic	OBJECT IDENTIFIER	RO	指向 MIB 中专用的定义

这组中的变量 ifNumber 是指网络接口数。另外还有一个表对象 ifTable，每个接口对应一个表项。该表的索引是 ifIndex，取值为 1 到 ifNumber 之间的数。ifType 是指接口的类型，每种接口都有一个标准编码。表 3-5 是几种常用接口的类型和编码。

表 3-5　几种常用接口的类型和编码

编　号	类　型	描　　述
1	other	其他接口
2	regular1822	ARPANET 主机和 IMP 间的接口协议
3	hdh1822	修订的 1822，使用同步链路
4	ddn-x25	为国防数据网定义的 x.25 接口
5	rfc877-x25	RFC 877 定义的 x.25，传送 IP 数据报
6	ethernetCsmacd	以太网 MAC 协议
7	iso88023Csmacd	IEEE 802.3MAC 协议
8	iso88024TokenBus	IEEE 802.4MAC 协议
9	iso88025TokenRing	IEEE 802.5MAC 协议
10	iso88026Man	IEEE 802.6DQDB 协议
11	starLan	1 Mb/s 双绞线以太网
12	proteon-10Mbit	10 Mb/s 光纤令牌环
13	proteon-80Mbit	80 Mb/s 光纤令牌环
14	hyperchannel	Network System 开发的 50 Mb/s 光缆 LAN
15	fddi	ANSI 光纤分布数据接口
16	lapb	X.25 数据链路层 LAP-B 协议
17	sdlc	IBM SNA 同步数据链路控制协议
18	ds1	1.544 Mb/s 的 DS-1 传输线接口
19	e1	2.048 Mb/s 的 E-1 传输线接口
20	basicISDN	192 kb/s 的 ISDN 基本速率接口

编　号	类　型	描　述
21	primaryISDN	1.544 或 2.048 Mb/s 的基本速率 ISDN 接口
22	propPointToPointSerial	专用串行接口
23	ppp	Internet 点对点协议
24	softwareLoopback	系统内的进程间通信
25	eon	运行于 IP 之上的 ISO 无连接协议
26	ethernet-3Mbit	3 Mb/s 以太网接口
27	nsip	XNS over IP
28	slin	Internet 串行线路接口协议
29	ultra	Ultra Network Tech.开发的高速光纤接口
30	ds3	44.736 Mb/s 的 DS-3 数字传输线路接口
31	sip	IP over SMDS
32	frame-relay	帧中继网络接口
33	rs232	RS-232-C 或 RS-232-D 接口
34	para	并行口
35	arcnet	ARCnetLAN
36	arcnetPlus	ARCnet Plus 局域网接口
37	atm	ATM 接口
38	miox25	X.25 和 ISDN 上的多协议连接
39	sonet	SONET 或 SDH 高速光纤接口
40	x25ple	X.25 分组层实体
41	sio8802llc	IEEE 802.2 LLC
42	localTalk	老式 Apple 网络接口规范
43	smdsDxi	SMDS 数据交换接口
44	frameRelayService	帧中继网络服务接口
45	v35	ITU-T V.35 接口
46	hssi	高速串行接口
47	hippi	高性能并行接口
48	modem	一般 Modem
49	sal5	ATM 适配层 5，提供简单服务
50	sonetPath	SONET 通道
51	sonetVT	SONET 虚拟支线
52	smdsIcip	SMDS 载波间接口
53	PropVirtual	专用虚拟接口
54	PropMultiplexor	专用多路器

ifPhysAddress 表示物理地址，其特点依赖于接口类型，例如局域网是 48 位的 IEEE MAC

地址，而 X.25 分组交换网是 X.121 建议规定的地址。

本组有两个关于接口状态的对象。ifAdminStatus 表示操作员说明的管理状态，而 ifOperStatus 表示接口的实际工作状态。这两个变量状态组合的含义如表 3-6 所示。

表 3-6　接　口　状　态

ifOperStatus	ifAdminStatus	含义
up(1)	up(1)	正常
down(2)	up(1)	故障
down(2)	down(2)	停机
testing(3)	testing(3)	测试

对象 ifSpeed 是一个只读的计量器，表示接口的比特速率。例如 ifSpeed 取值 10 000 000，表示 10 Mb/s。有些接口速率可根据参数变化，ifSpeed 的值反映了接口当前的数据速率。

接口组中的对象可用于故障管理和性能管理。例如可以通过检查进出接口的字节数或队列长度检测网络拥塞；可以通过接口状态获知工作情况；还可以统计出输入/输出的错误率：

输入错误率 = ifInErrors/(ifInUcastPkts + ifInNUcastPkts)
输出错误率 = ifOutErrors/(ifOutUcastPkts + ifOutNUcastPkts)

最后，该组可以提供接口发送的字节数和分组数，这些数据可作为计费的依据。

3.4.3　地址转换组

地址转换组(Address Translation Group)包含一个表(见图 3-22)，该表的一行对应系统的一个物理接口，表示网络地址到接口的物理地址的映像关系。MIB-2 中地址转换组的对象已被收编到各个网络协议组中，保留地址转换组仅仅是为了与 MIB-1 兼容。这种改变的理由有以下两点：

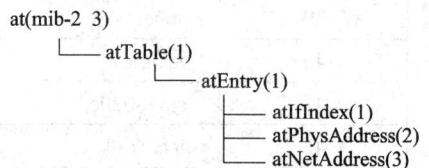

```
at(mib-2  3)
   └── atTable(1)
          └── atEntry(1)
                 ├── atIfIndex(1)
                 ├── atPhysAddress(2)
                 └── atNetAddress(3)
```

图 3-22　MIB-2 地址转换组

• 为了支持多协议节点。当一个节点支持多个网络层协议(例如 IP 和 IPX)时，多个网络地址可能对应一个物理地址，而该组只能把一个网络地址映像到一个物理地址。

• 为了表示双向映像关系。地址转换表只允许从网络地址到物理地址的映像，然而有些路由协议却要从物理地址到网络地址的映像。

3.4.4　IP 组

IP 组提供了与 IP 协议有关的信息。由于端系统(主机)和中间系统(路由器)都实现 IP 协议，而这两种系统中包含的 IP 对象又不完全相同，所以有些对象是任选的，这取决于是否与系统有关。

IP 组包含的对象如图 3-23 和表 3-7 所示。这些对象可分为 4 大类，包括有关性能和故障监控的标量对象以及 3 个表对象。下面分别讲述这些对象的语义和作用。

```
ip(mib-2 4)
            ├──── ipForwarding(1)
            ├──── ipDefaultTTL(2)
            ├──── ipInReceives(3)
            ├──── ipInHdrErrors(4)
            ├──── ipInAddrErrors(5)
            ├──── ipForwDatagrams(6)
            ├──── ipInUnknownProtos(7)
            ├──── ipInDiscards(8)
            ├──── ipInDelivers(9)
            ├──── ipOutRequests(10)
            ├──── ipOutDiscards(11)
            ├──── ipOutNoRoutes(12)
            ├──── ipOutReasmTimeout(13)
            ├──── ipOutReasmReqds(14)
            ├──── ipOutReasmOKs(15)
            ├──── ipOutReasmFails(16)
            ├──── ipFragOKs(17)
            ├──── ipFragFails(18)
            ├──── ipFragCreates(19)
            ├──── ipAddrTable(20)
            ├──── ipRouteTable(21)
            ├──── ipNetToMediaTable(22)
            └──── ipRoutingDiscards(23)

ipAddrTable(ip 20)
            └── ipAddrEntry(1)
                        ├──── ipAdEtnAddr(1)        本地主机IP地址
                        ├──── ipAdEtnIfIndex(2)     对应接口表的索引
                        ├──── ipAdEtnNetMask(3)     基本路由度量(整数)
                        ├──── ipAdEtnBcastAddr(4)   广播地址最低位
                        └──── ipAdEtnResamMaskSize(5)  重装配的最大数据报

ipRouteTable(ip 21)
            └── ipRouteEntry(1)
                        ├──── ipRouteDest(1)     目标IP地址
                        ├──── ipRouteIfIndex(2)  对应接口表的索引
                        ├──── ipRouteMetric1(3)  基本路由度量(整数)
                        ├──── ipRouteMetric2(4)  另外一种路由度量
                        ├──── ipRouteMitric3(5)  另外一种路由度量
                        ├──── ipRouteMetric4(6)  另外一种路由度量
                        ├──── ipRouteNextHop(7)  转发地址
                        ├──── ipRouteType(8)     路由类型，other(1)，invalid(2)，direct(3)，indirect(4)
                        ├──── ipRoutePoroto(9)   路由协议，例如ICMP、RIP、OSPF、BGP等
                        ├──── ipRouteAge(10)     路由更新时间间隔(秒)
                        ├──── ipRouteMask(11)    子网掩码
                        ├──── ipRouteMetric5(12) 另外一种路由度量
                        └──── ipRouteInfo(13)    指向MIB中其他地方定义的路由信息(对象标识符)

ipNetToMediaTable(ip 22)   IP地址与物理地址的转换
            └── ipNetToMediaEntry(1)
                        ├──── ipNetToMediaIfIndex(1)     对应接口表的索引
                        ├──── ipNetToMediaPhysAddress(2) 物理地址
                        ├──── ipNetToMediaNetAddress(3)  网络地址
                        └──── ipNetToMediaType(4)        映像类型，other(1)，invalid(2)，dynamic(3)，static(4)
```

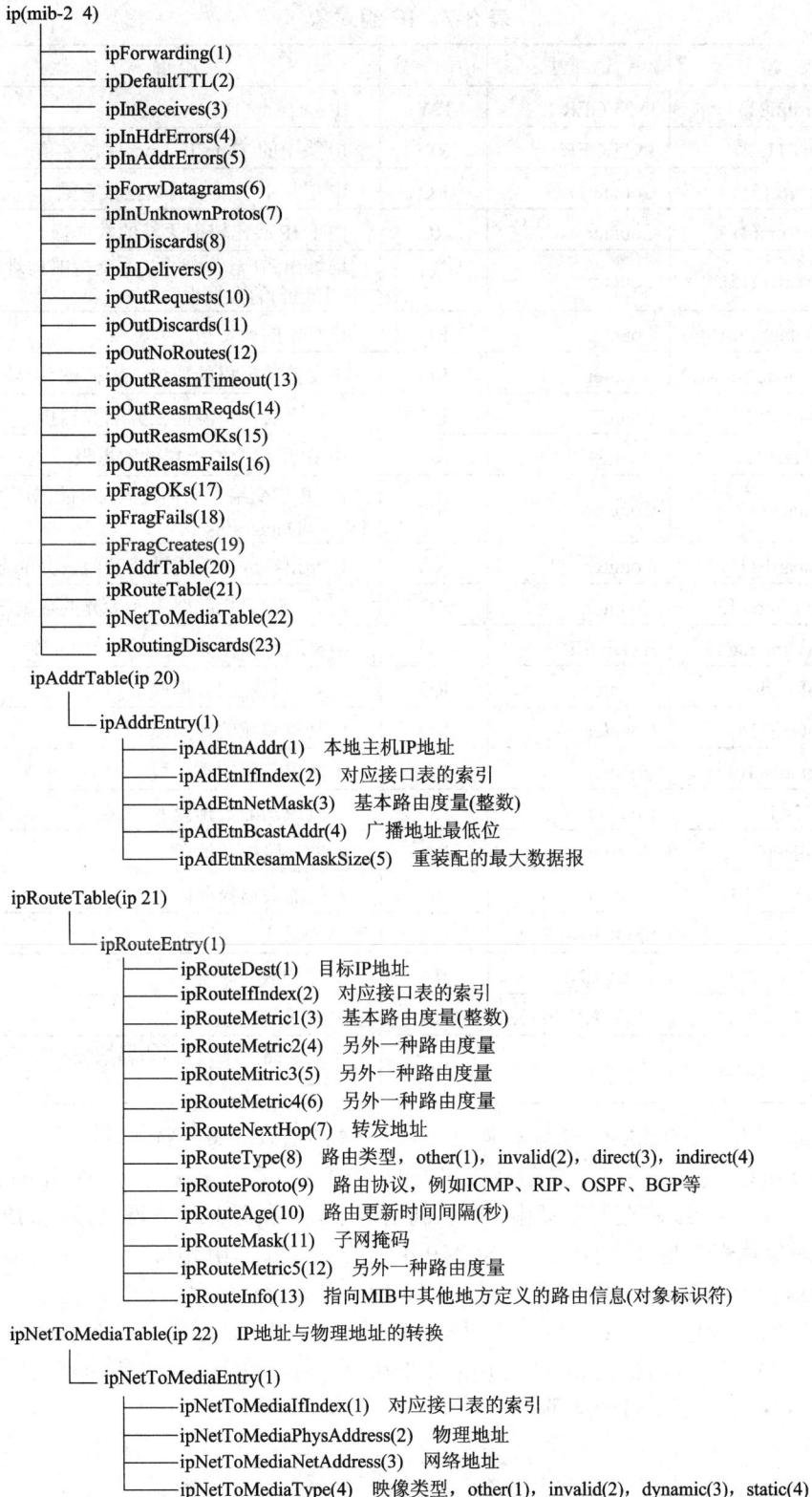

图 3-23　MIB-2 IP 组

表 3-7　IP 组对象

对　象	语　法	访问方式	功　能　描　述
ipForwarding(1)	INTEGER	RW	IP gateway(1),IP host(2)
ipDefaultTTL(2)	INTEGER	RW	IP 头中的 Time To Live 字段的值
ipInReceives(3)	Counter	RO	IP 层从下层接收的数据报总数
ipInHdrErrors(4)	Counter	RO	由于 IP 头出错而丢弃的数据报
ipInAddrErrors(5)	Counter	RO	地址出错(无效地址、不支持的地址和非本地主机地址)的数据报
ipForwDatagrams(6)	Counter	RO	已转发的数据报
ipInUnknownProtos(7)	Counter	RO	不支持数据报的协议，因而被丢弃
ipInDiscards(8)	Counter	RO	因缺乏缓冲资源而丢弃的数据报
ipInDelivers(9)	Counter	RO	由 IP 层提交给上层的数据报
ipOutRequests(10)	Counter	RO	由 IP 层交给下层需要发送的数据报，不包括 ipForwDatagrams
ipOutDiscards(11)	Counter	RO	在输出端因缺乏缓冲资源而丢弃的数据报
ipOutNoRoutes(12)	Counter	RO	没有到达目标的路由而丢弃的数据报
ipReasmTimeout(13)	INTEGER	RO	数据段等待重装配的最长时间(秒)
ipReasmReqds(14)	Counter	RO	需要重装配的数据段
ipReasmOKs(15)	Counter	RO	成功重装配的数据段
ipReasmFails(16)	Counter	RO	不能重装配的数据段
ipFragOKs(17)	Counter	RO	分段成功的数据段
ipFragFails(18)	Counter	RO	不能分段的数据段
ipFragCreates(19)	Counter	RO	产生的数据报分段数
ipAddrTable(20)	SEQUENCE OF	NA	IP 地址表
ipRouteTable(21)	SEQUENCE OF	NA	IP 路由表
ipNetToMediaTable(22)	SEQUENCE OF	NA	IP 地址转换表
ipRoutingDiscards(23)	Counter	RO	无效的路由项,包括为释放缓冲空间而丢弃路由项

　　IP 地址表(ipAddrTable)包含与本地 IP 地址有关的信息。每一行对应一个 IP 地址，由 ipAddrEntIf Index 作为索引项，其值与接口表的 ifIndex 一致。这反映了一个 IP 地址对应一个网络接口这一事实。在配置管理中，可以利用这个表中的信息检查网络接口的配置情况。该表中的对象属性都是只读的，所以 SNMP 不能改变主机的 IP 地址。

　　IP 路由表(ipRouteTable)包含关于转发路由的一般信息。表中的一行对应于一个已知的路由，由目标 IP 地址 ipRouteDest 索引。对于每一个路由，通向下一节点的本地接口由 ipRouteIf Index 表示，其值与接口表中的 if Index 一致。每个路由对应的路由协议由变量 ipRouteProto 指明，其值可能如下：

- other(1);
- local(2);
- netmgmt(3);

- icmp(4)；
- egp(5)；
- ggp(6)；
- hello(7)；
- rip(8)；
- is-is(9)；
- es-is(10)；
- ciscoIgrp(11)；
- bbnSpfIgp(12)；
- ospf(13)；
- bgp(14)。

以上值中有些是制造商专用的协议，例如 ciscoIgrp(CISCO 专用)。如果路由是人工配置，则 ipRouteProto 表示为 local。

路由表中的信息可用于配置管理。因为这个表中的对象是可读写的，所以可以用 SNMP 设置路由信息。这个表也可以用于故障管理。如果用户不能与远程主机建立连接，可检查路由表中的信息是否有错。

IP 地址转换表(ipNetToMediaTable)提供了物理地址和 IP 地址的对应关系。每个接口对应表中的一项。这个表与地址转换组语义相同。

另外，RFC 1354(1992 年 7 月)提出了代替 IP 路由表的新标准，叫做 IP 转发表。原来的 MIB-2 中的 IP 路由表只由一项 ipRouteDest 索引，因此对一个目标只能定义一个路由。RFC 1354 定义的转发表可以表示多路由的路由表，如图 3-24 所示。ipForward 中的 ipForwardNumber 是一个只读的计量器，它记录 IP 转发表的项数。ipForwardTable 的大部分对象与 ipRouteTable 的对象对应，有相同的语法和语义。增加的对象分别如下：

- ipForwardPolicy：表示路由选择策略。在 IP 网络中，路由策略是基于 IP 协议的服务类型，共有 8 个优先级和高低不同的延迟、吞吐率和可靠性。

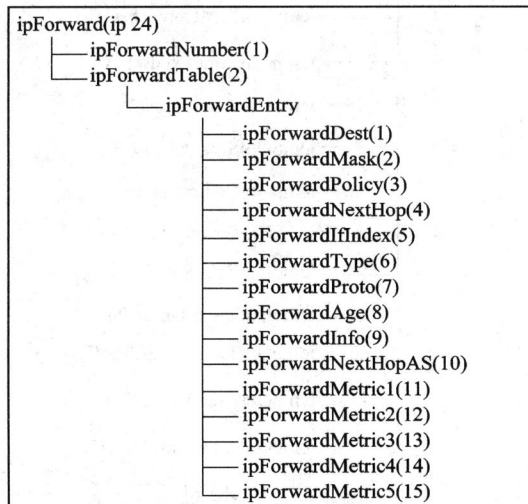

```
ipForward(ip 24)
    ——ipForwardNumber(1)
    ——ipForwardTable(2)
        ——ipForwardEntry
            ——ipForwardDest(1)
            ——ipForwardMask(2)
            ——ipForwardPolicy(3)
            ——ipForwardNextHop(4)
            ——ipForwardIfIndex(5)
            ——ipForwardType(6)
            ——ipForwardProto(7)
            ——ipForwardAge(8)
            ——ipForwardInfo(9)
            ——ipForwardNextHopAS(10)
            ——ipForwardMetric1(11)
            ——ipForwardMetric2(12)
            ——ipForwardMetric3(13)
            ——ipForwardMetric4(14)
            ——ipForwardMetric5(15)
```

图 3-24　IP 转发表

• ipForwardNextHopAS：下一个自治系统的地址。

如图 3-24 所示，IP 转发表由 4 个入口索引，因而对同一目标地址可根据不同的路由协议、不同的转发策略发送到不同的下一节点去。

3.4.5　ICMP 组

ICMP 是 IP 的伴随协议。所有实现 IP 协议的节点都必须实现 ICMP 协议。ICMP 组包含有关 ICMP 实现和操作的有关信息，如图 3-25 和表 3-8 所示。可以看出，这一组是有关各种接收的或发送的 ICMP 报文的计数器。

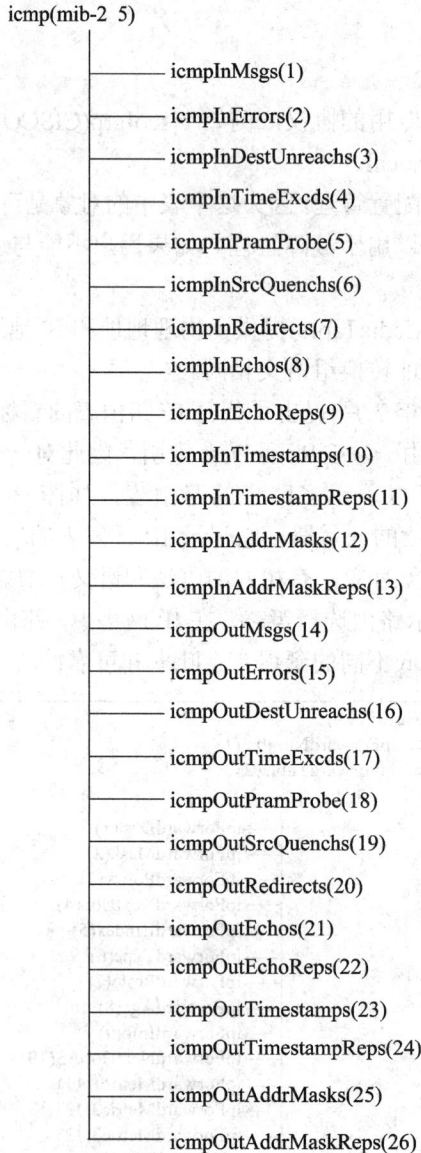

```
icmp(mib-2 5)
            ├──── icmpInMsgs(1)
            ├──── icmpInErrors(2)
            ├──── icmpInDestUnreachs(3)
            ├──── icmpInTimeExcds(4)
            ├──── icmpInPramProbe(5)
            ├──── icmpInSrcQuenchs(6)
            ├──── icmpInRedirects(7)
            ├──── icmpInEchos(8)
            ├──── icmpInEchoReps(9)
            ├──── icmpInTimestamps(10)
            ├──── icmpInTimestampReps(11)
            ├──── icmpInAddrMasks(12)
            ├──── icmpInAddrMaskReps(13)
            ├──── icmpOutMsgs(14)
            ├──── icmpOutErrors(15)
            ├──── icmpOutDestUnreachs(16)
            ├──── icmpOutTimeExcds(17)
            ├──── icmpOutPramProbe(18)
            ├──── icmpOutSrcQuenchs(19)
            ├──── icmpOutRedirects(20)
            ├──── icmpOutEchos(21)
            ├──── icmpOutEchoReps(22)
            ├──── icmpOutTimestamps(23)
            ├──── icmpOutTimestampReps(24)
            ├──── icmpOutAddrMasks(25)
            └──── icmpOutAddrMaskReps(26)
```

图 3-25　ICMP 组

表 3-8　ICMP 组对象

对　象	语　法	访问方式	功能描述
icmpInMsgs(1)	Counter	RO	接收的 ICMP 报文总数(以下为输入报文)
icmpInErrors(2)	Counter	RO	出错的 ICMP 报文数
icmpInDestUnreachs(3)	Counter	RO	目标不可送达型 ICMP 报文
icmpInTimeExcds(4)	Counter	RO	超时型 ICMP 报文
icmpInPramProbe(5)	Counter	RO	有参数问题型 ICMP 报文
icmpInSrcQuenchs(6)	Counter	RO	源抑制型 ICMP 报文
icmpInRedirects(7)	Counter	RO	重定向型 ICMP 报文
icmpInEchos(8)	Counter	RO	回声请求型 ICMP 报文
icmpInEchoReps(9)	Counter	RO	回声响应型 ICMP 报文
icmpInTimestamps(10)	Counter	RO	时间戳请求型 ICMP 报文
icmpInTimestampReps(11)	Counter	RO	时间戳响应型 ICMP 报文
icmpInAddrMasks(12)	Counter	RO	地址掩码请求型 ICMP 报文
icmpInAddrMaskReps(13)	Counter	RO	地址掩码响应型 ICMP 报文
icmpOutMsgs(14)	Counter	RO	输出的 ICMP 报文总数(以下为输出报文)
icmpOutErrors(15)	Counter	RO	出错的 ICMP 报文数
icmpOutDestUnreachs(16)	Counter	RO	目标不可送达型 ICMP 报文
icmpOutTimeExcds(17)	Counter	RO	超时型 ICMP 报文
icmpOutPramProbe(18)	Counter	RO	有参数问题型 ICMP 报文
icmpOutSrcQuenchs(19)	Counter	RO	源抑制型 ICMP 报文
icmpOutRedirects(20)	Counter	RO	重定向型 ICMP 报文
icmpOutEchos(21)	Counter	RO	回声请求型 ICMP 报文
icmpOutEchoReps(22)	Counter	RO	回声响应型 ICMP 报文
icmpOutTimestamps(23)	Counter	RO	时间戳请求型 ICMP 报文
icmpOutTimestampReps(24)	Counter	RO	时间戳响应型 ICMP 报文
icmpOutAddrMasks(25)	Counter	RO	地址掩码请求型 ICMP 报文
icmpOutAddrMaskReps(26)	Counter	RO	地址掩码响应型 ICMP 报文

3.4.6　TCP 组

　　TCP 组包含与 TCP 协议的实现和操作有关的信息(见图 3-26 和表 3-9)。这一组的前 3
项与重传有关。当一个 TCP 实体发送数据段后就等待应答并开始计时,如果超时后没有得
到应答,就认为数据段丢失了,因而要重新发送。该组对象 tcpRtoAlgorithem 说明计算重
传时间的算法,其值可取如下值。

　　• other(1):不属于以下 3 种类型的其他算法。

- constant(2)：重传超时值为常数。
- rsre(3)：这种算法根据通信情况动态地计算超时值，即把估计的周转时间(来回传送一周的时间)乘一个倍数，这个算法是美国军用 TCP 标准 MIL-STD-1778 定义的。
- vanj(4)：这是由 Van Jacobson 发明的一种动态算法，这种算法在网络周转时间变化较大时比前一种算法好。

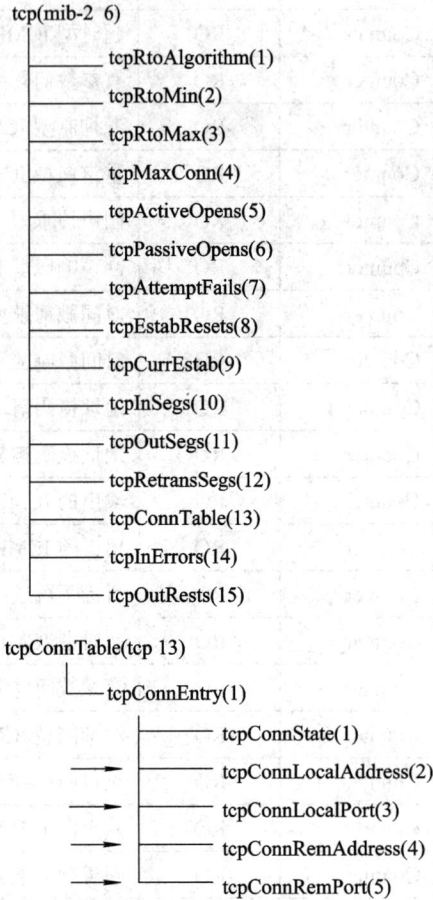

```
tcp(mib-2 6)
        ├──── tcpRtoAlgorithm(1)
        ├──── tcpRtoMin(2)
        ├──── tcpRtoMax(3)
        ├──── tcpMaxConn(4)
        ├──── tcpActiveOpens(5)
        ├──── tcpPassiveOpens(6)
        ├──── tcpAttemptFails(7)
        ├──── tcpEstabResets(8)
        ├──── tcpCurrEstab(9)
        ├──── tcpInSegs(10)
        ├──── tcpOutSegs(11)
        ├──── tcpRetransSegs(12)
        ├──── tcpConnTable(13)
        ├──── tcpInErrors(14)
        └──── tcpOutRests(15)

tcpConnTable(tcp 13)
        └──── tcpConnEntry(1)
                ├──── tcpConnState(1)
                ├──── tcpConnLocalAddress(2)
                ├──── tcpConnLocalPort(3)
                ├──── tcpConnRemAddress(4)
                └──── tcpConnRemPort(5)
```

图 3-26　TCP 组

TCP 组只包含一个连接表。TCP 的连接状态取自 MIL-STD-1778 标准的 TCP 连接状态图。变量 tcpConnState 可取下列值：

- closed(1)；
- listen(2)；
- synSent(3)；
- synReceived(4)；
- established(5)；
- finWait1(6)；
- finWait2(7)；
- closeWait(8)；

- lastAck(9)；
- closing(10)；
- timeWait(11)；
- deleteTCB(12)。

其中，最后一个状态表示终止连接。

表 3-9　TCP 组对象

对　象	语　法	访问方式	功　能　描　述
tcpRtoAlgorithm(1)	INTEGER	RO	重传时间算法
tcpRtoMin(2)	INTEGER	RO	重传时间最小值
tcpRtoMax(3)	INTEGER	RO	重传时间最大值
tcpMaxConn(4)	INTEGER	RO	可建立的最大连接数
tcpActiveOpens(5)	Counter	RO	主动打开的连接数
tcpPassiveOpens(6)	Counter	RO	被动打开的连接数
tcpAttemptFails(7)	Counter	RO	连接建立失败数
tcpEstabResets(8)	Counter	RO	连接复位数
tcpCurrEstab(9)	Gauge	RO	状态为 established 或 closeWait 的连接数
tcpInSegs(10)	Counter	RO	接收的 TCP 段总数
tcpOutSegs(11)	Counter	RO	发送的 TCP 段总数
tcpRetransSegs(12)	Counter	RO	重传的 TCP 段总数
tcpConnTable(13)	SEQUENCE OF	NA	连接表
tcpInErrors(14)	Counter	RO	接收的出错 TCP 段数
tcpOutRests(15)	Counter	RO	发出的含 RST 标志的段数

3.4.7　UDP 组

UDP 组类似于 TCP 组，它包含的对象都是必要的。这一组提供了关于 UDP 数据报和本地接收端点的详细信息。UDP 组对象表示在图 3-27 中。UDP 表相当简单，只有本地地址和本地端口两项。

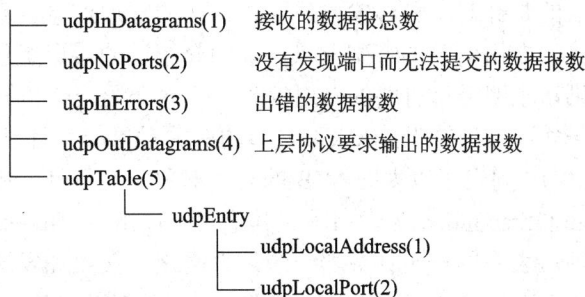

图 3-27　UDP 组

3.4.8　EGP 组

EGP 组(见图 3-28)提供了关于 EGP 路由器发送和接收的 EGP 报文的信息，以及关于 EGP 邻居的详细信息等。在 EGP 邻居表中，邻居状态 egpNeighState 可取的值有：

- idel(1)；
- acquisition(2)；
- down(3)；
- up(4)；
- cease(5)。

轮询模式 egpNeighMode 可取的值有 active(1)和 passive(2)两种。

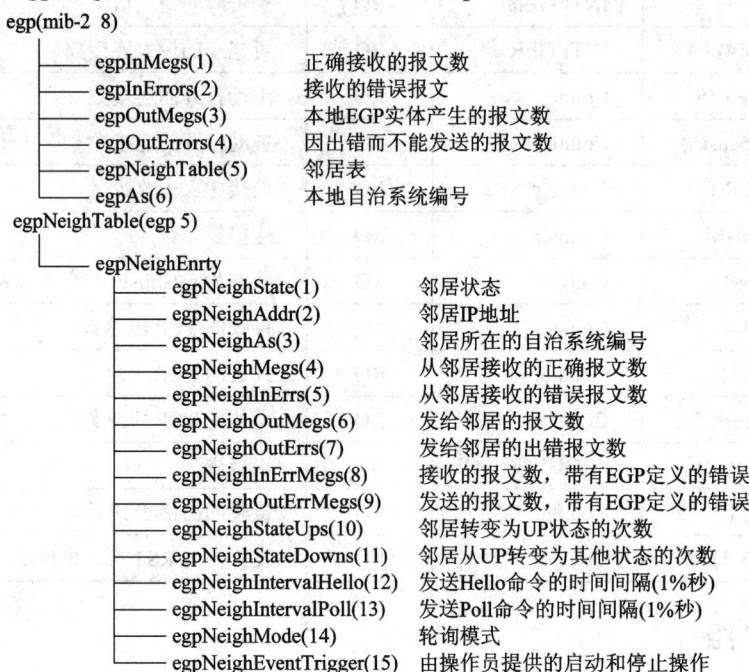

```
egp(mib-2  8)
    ├──── egpInMegs(1)              正确接收的报文数
    ├──── egpInErrors(2)            接收的错误报文
    ├──── egpOutMegs(3)            本地EGP实体产生的报文数
    ├──── egpOutErrors(4)          因出错而不能发送的报文数
    ├──── egpNeighTable(5)         邻居表
    └──── egpAs(6)                 本地自治系统编号
egpNeighTable(egp 5)
    └──── egpNeighEnrty
            ├──── egpNeighState(1)           邻居状态
            ├──── egpNeighAddr(2)            邻居IP地址
            ├──── egpNeighAs(3)              邻居所在的自治系统编号
            ├──── egpNeighMegs(4)           从邻居接收的正确报文数
            ├──── egpNeighInErrs(5)          从邻居接收的错误报文数
            ├──── egpNeighOutMegs(6)        发给邻居的报文数
            ├──── egpNeighOutErrs(7)         发给邻居的出错报文数
            ├──── egpNeighInErrMegs(8)       接收的报文数，带有EGP定义的错误
            ├──── egpNeighOutErrMegs(9)      发送的报文数，带有EGP定义的错误
            ├──── egpNeighStateUps(10)       邻居转变为UP状态的次数
            ├──── egpNeighStateDowns(11)     邻居从UP转变为其他状态的次数
            ├──── egpNeighIntervalHello(12)   发送Hello命令的时间间隔(1%秒)
            ├──── egpNeighIntervalPoll(13)    发送Poll命令的时间间隔(1%秒)
            ├──── egpNeighMode(14)          轮询模式
            └──── egpNeighEventTrigger(15)   由操作员提供的启动和停止操作
```

图 3-28　EGP 组

3.4.9　传输组

设置这一组的目的是针对各种传输介质提供详细的管理信息。事实上这不是一个组，而是一个联系各种接口专用信息的特殊节点。前面介绍过的接口组包含各种接口通用的信息，而传输组则提供与子网类型有关的专用信息。下面介绍一个传输组的例子。

RFC 1643 在传输节点下定义了以太网接口的有关对象，并且已经成为正式的 Internet 标准。图 3-29 和表 3-10 列出了以太网 MIB 的有关对象。在统计表中记录以太网通信的统计信息，这个表以 dot3StatsIndex 为索引项，其值与接口组的 ifIndex 相同，因而对应每个接口有一个统计表项。表中的一组计数器记录以太网接口接收和发送的各种帧数，包括正确的和错误的帧。冲突次数统计表可用于画有关各种冲突的直方图。图 3-30 给出了一个例子，可以看出 426 个帧经一次冲突而发送成功，318 个帧经两次冲突而发送成功，如此等等。dot3 MIB 的最后一部分是关于以太网接口测试的信息。目前定义了两种测试和两种错误。当管理站访问代理中的测试对象时，代理就完成对应的测试。

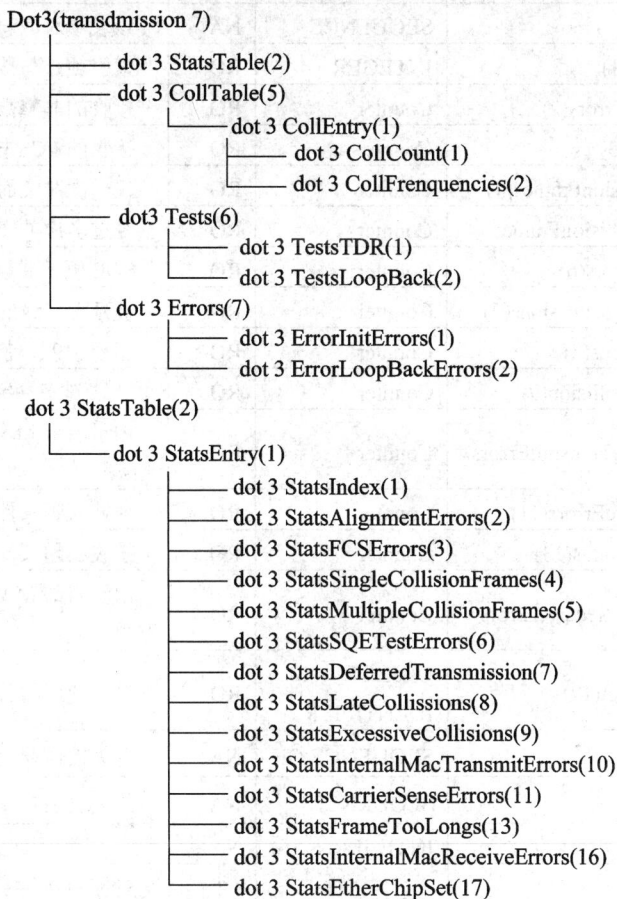

Dot3(transdmission 7)
├── dot 3 StatsTable(2)
├── dot 3 CollTable(5)
│   └── dot 3 CollEntry(1)
│   ├── dot 3 CollCount(1)
│   └── dot 3 CollFrenquencies(2)
├── dot3 Tests(6)
│   ├── dot 3 TestsTDR(1)
│   └── dot 3 TestsLoopBack(2)
└── dot 3 Errors(7)
        ├── dot 3 ErrorInitErrors(1)
        └── dot 3 ErrorLoopBackErrors(2)

dot 3 StatsTable(2)
└── dot 3 StatsEntry(1)
        ├── dot 3 StatsIndex(1)
        ├── dot 3 StatsAlignmentErrors(2)
        ├── dot 3 StatsFCSErrors(3)
        ├── dot 3 StatsSingleCollisionFrames(4)
        ├── dot 3 StatsMultipleCollisionFrames(5)
        ├── dot 3 StatsSQETestErrors(6)
        ├── dot 3 StatsDeferredTransmission(7)
        ├── dot 3 StatsLateCollissions(8)
        ├── dot 3 StatsExcessiveCollisions(9)
        ├── dot 3 StatsInternalMacTransmitErrors(10)
        ├── dot 3 StatsCarrierSenseErrors(11)
        ├── dot 3 StatsFrameTooLongs(13)
        ├── dot 3 StatsInternalMacReceiveErrors(16)
        └── dot 3 StatsEtherChipSet(17)

图 3-29　以太网 MIB

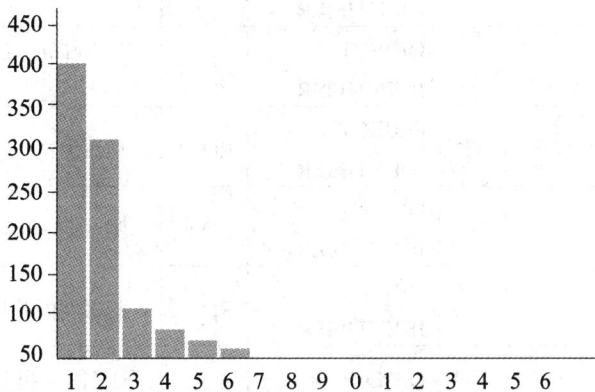

图 3-30　dot3 冲突统计表的直方图

表 3-10　以太网 MIB 对象

对　象	语　法	访问方式	功　能　描　述
dot3StatsTable	SEQUENCE OF	NA	IEEE 802.3 统计表
dot3StatsEntry	SEQUENCE	NA	该表项对应一个以太网接口
dot3StatsStatsIndex(1)	INTEGER	RO	索引项，与接口组索引相同
dot3StatsAlignmentErrors(2)	Counter	RO	接收的非整数个字节的帧数
dot3StatsFCSErrors(3)	Counter	RO	接收的 FCS 校验出错的帧数
dot3StatsSingleCollisionFrames(4)	Counter	RO	仅一次冲突而发送成功的帧数
dot3StatsMultipleCollisionFrames	Counter	RO	经过多次冲突而发送成功的帧数
dot3StatsSQETestErrors(6)	Counter	RO	SQE 测试错误报文产生的次数
dot3StatsDeferredTransmissions(7)	Counter	RO	被延迟发送的帧数
dot3StatsLateCollisions(8)	Counter	RO	发送 512 比特后检测到的冲突次数
dot3StatsExcessiveCollision(9)	Counter	RO	由于过多冲突而发送失败的帧数
dot3StatsInternalMacTransmitErrors	Counter	RO	由于内部 MAC 错误而发送失败的帧数
dot3StatsCarrierSenseErrors(11)	Counter	RO	载波监听条件丢失的次数
dot3StatsFrameTooLongs(13)	Counter	RO	接收的超长帧数
dot3StatsInternalMacReceiveErrors	Counter	RO	由于内部 MAC 错误而接收失败的帧数
dot3StatsEtherChipSet(17)	OBJECT IDENTIFIER	RO	接口使用的芯片
dot3CollTable(5)	SEQUENCE OF	NA	有关接口冲突直方图的表
dot3CollEntry(1)	SEQUENCE	NA	冲突表项
dot3CollCount(1)	INTEGER(1..16)	NA	共 16 种不同的冲突次数
dot3CollFrequencies(2)	Counter	RO	对应每种冲突次数而成功传送的帧数
dot3Tests(6)	OBJECT IDENTIFIER	RO	对接口的一组测试
dot3TestTDR(1)	OBJECT IDENTIFIER	RO	TDR(Time Domain Reflectometry) 测试
dot3TestLoopBack(2)	OBJECT IDENTIFIER	RO	环路测试
dot3Errors(7)	OBJECT IDENTIFIER	RO	测试期间出现的错误
dot3ErrorInitError(1)	OBJECT IDENTIFIER	RO	测试期间芯片不能初始化
dot3ErrorLoopBackError(2)	OBJECT IDENTIFIER	RO	在环路测试中接收的数据不正确

至此，本书讨论了 MIB-2 中除过第 9 组和第 11 组之外的 9 个功能组的管理对象。第 9 组是 CMOT 组，因为 CMOT 的开发陷于停顿状态，所以使用 CMOT 组对象还很遥远，就不讨论了。第 11 组 SNMP 组将在以后讨论。

习 题

1. Internet 网络管理框架由哪些部分组成？支持 SNMP 的体系结构由哪些协议层组成？

2. SNMP 环境中的管理对象是如何组织的？这种组织方式有什么意义？

3. MIB-2 中的应用类型有哪些？计数器类型和计量器类型有什么区别？

4. RFC 1212 给出的宏定义由哪些部分组成？试按照这个宏定义产生一个宏实例。

5. MIB-2 中的管理对象分为哪几个组？

6. 什么是标量对象？什么是表对象？标量对象和表对象的实例如何标识？

7. 为什么不能访问表对象和行对象？

8. 对象标识符是由什么组成的？为什么说对象的词典顺序对网络管理是很重要的？

9. 在自己的计算机上安装 SNMP 服务，浏览 MIB-2 和私有数据库的内容。

第4章 简单网络管理协议

从1990年开始，SNMP协议开发和成熟的过程长达十多年，其间产生了3个不同的版本和一系列RFC文档。这一章首先介绍SNMP协议的演变，这是使用各种SNMP应用软件时必须了解的内容，然后介绍SNMP协议的主要内容：SNMP协议数据单元、SNMP支持的操作以及SNMP的安全机制。

4.1 SNMP 的演变

4.1.1 SNMPv1

TCP/IP网络管理最初使用的是1987年11月提出的简单网关监控协议(Simple Gateway Monitoring Protocol，SGMP)，在此基础上改进成简单网络管理协议第一版(Simple Network Management Protocol，SNMPv1)，陆续公布在 1990 和 1991 年的几个 RFC(Request For Comments)文档中，即 RFC 1155(SMI)，RFC 1157(SNMP)，RFC 1212(MIB 定义)和 RFC 1213(MIB-2 规范)。由于其简单性和易于实现性，SNMPv1得到了许多制造商的支持和广泛的应用。

当初提出 SNMP 的目的是作为弥补网络管理协议发展阶段之间空缺的一种临时性措施。SNMP出现后显示了许多优点，主要是简单，容易实现，而且是基于人们熟悉的SGMP协议，已有相当多的操作经验。所以在 1988 年时，为了适应当时紧迫的网络管理需要，确定了网络管理标准开发的双轨制策略：

(1) SNMP 可以满足当前的网络管理需要，用于管理和配置简单的网络，并且在将来可以平稳地过渡到新的网络管理标准。

(2) OSI 网络管理(CMIP Over TCP/IP，CMOT)作为长期的解决办法，可以应付未来更复杂的网络配置，提供更全面的管理功能。但是此管理需要较长的开发过程以及开发商和用户接受的过程。

然而这个双轨制策略很快停止了实施，其原因主要是：

(1) 原来的想法是 SNMP 的 MIB 应该是 OSI MIB 的子集，以便顺利地过渡到 CMOT。但是 OSI 定义的管理信息库是相当复杂的面向对象模型，在此基础上实现 SNMP 几乎是不可能的。所以很快放弃了这个想法，让 SNMP 使用简单的标量 MIB。这样 SNMP 向 OSI 管理过渡就很困难了。

(2) OSI 系统管理标准和符合 OSI 标准的网络管理产品的开发进展缓慢，而在此期间 SNMP 却得到了制造商的广泛支持，出现了许多 SNMP 产品，并被广大用户接受。

4.1.2　SNMPv2

SNMP 虽然被广泛应用，但是 SNMP 没有实质性的安全设施，无数据源认证功能，不能防止偷听。面对这样不可靠的管理环境，许多制造商不得不废除了其中的 Set 命令，以避免网络配置被入侵者恶意窜改。这样，用户面临的只能是在很不完善的管理工具和遥遥无期的管理标准之间作出选择的两难处境。

为了修补 SNMP 的安全缺陷，1992 年 7 月出现了一个新标准——安全 SNMP(S-SNMP)，这个协议增强了安全方面的功能：

- 用报文摘要算法 MD5 保证数据完整性并进行数据源认证；
- 用时间戳对报文排序；
- 用 DES 算法提供数据加密功能。

但是 S-SNMP 没有改进 SNMP 在功能和效率方面的其他缺点。几乎与此同时有人又提出了另外一个协议 SMP(Simple Management Protocol)，这个协议由 8 个文件组成，它对 SNMP 的扩充表现在下列方面：

- 适用范围：SMP 可以管理任意资源，不仅是网络资源，还可用于应用管理、系统管理；可实现管理站之间的通信，也提供了更明确、更灵活的描述框架，可以描述一致性要求和实现能力。在 SMP 中管理信息的扩展性得到了增强。
- 复杂程度、速度和效率：保持了 SNMP 的简单性，更容易实现，并增强了数据块传送能力，因而速度和效率更高。
- 安全设施：结合了 S-SNMP 提供的安全功能。
- 兼容性：可以运行在 TCP/IP 网络上，也适合 OSI 系统和运行其他通信协议的网络。

在对 S-SNMP 和 SMP 讨论的过程中，Internet 研究人员之间达成了如下的共识：必须扩展 SNMP 的功能，并增强其安全性，使用户和制造商尽快从原来的 SNMP 过渡到第二代 SNMP。于是决定以 SMP 为基础开发 SNMP 第二版，即 SNMPv2。

IETF 组织了两个工作组：一个组负责协议功能和管理信息库的扩展，另一组负责 SNMP 的安全方面，1992 年 10 月正式开始工作。这两个组的工作进展非常快，功能组在 1992 年 12 月完成工作，安全组在 1993 年 1 月完成。1993 年 5 月发布了 12 个 RFC(1441～1452)文件作为草案标准。后来有一种意见认为 SNMPv2 基于参加者的高层管理框架和安全机制实现起来太复杂，对代理的配置很困难，限制了网络发现能力，失去了 SNMP 的简单性。又经过几年的实验和论证，后来决定丢掉安全功能，把增加的其他功能作为新标准颁布，并保留了 SNMPv1 的报文封装格式，因而叫做基于团体的 SNMP(Community-based SNMP)，简称 SNMPv2c。新的 RFC(1901～1908)文档在 1996 年 1 月发布。表 4-1 列出了有关 SNMPv2 和 SNMPv2c 的 RFC 文件。

表 4-1　有关 SNMPv2 和 SNMPv2c 的 RFC 文件

SNMPv2(1993.5)	名　　称	SNMPv2c(1996.1)
1441	SNMPv2 简介	1901
1442	SNMPv2 管理信息结构	1902
1443	SNMPv2 文本结构约定	1903
1444	SNMPv2 一致性声明	1904
1445	SNMPv2 高层安全模型	
1446	SNMPv2 安全协议	
1447	SNMPv2 参加者 MIB	
1448	SNMPv2 协议操作	1905
1449	SNMPv2 传输层映射	1906
1450	SNMPv2 管理信息库	1907
1451	管理进程间的管理信息库	
1452	SNMP 第一版和第二版网络管理框架共存	1908

4.1.3　SNMPv3

由于 SNMPv2 没有达到"商业级别"的安全要求(提供数据源标识、报文完整性认证、防止重放、报文机密性、授权和访问控制、远程配置和高层管理能力等)，所以 SNMPv3 工作组一直在从事新标准的研制工作，终于在 1999 年 4 月发布了 SNMPv3 新标准。

SNMPv3 工作组的目标是：产生一组必要的文档，作为下一代 SNMP 核心功能的单一标准。要求尽量使用已有的文档，使新标准能达到以下目的：

(1) 能够适应不同管理需求的各种操作环境；

(2) 便于已有的系统向 SNMPv3 过渡；

(3) 可以方便地建立和维护管理系统。

根据以上要求，工作组于 1998 年 1 月发表了 5 个文件，作为安全和高层管理的建议标准(Proposed Standard)，这 5 个文件分别是：

- RFC 2271：描述 SNMP 管理框架的体系结构；
- RFC 2272：简单网络管理协议的报文处理和调度；
- RFC 2273：SNMPv3 应用程序；
- RFC 2274：SNMPv3 基于用户的安全模型；
- RFC 2275：SNMPv3 基于视图的访问控制模型。

后来工作组在此基础上又进行了修订，并于 1999 年 4 月公布了一组文件，作为 SNMPv3 的新标准草案(DRAFT STANDARD)：

- RFC 2570：Internet 标准网络管理框架第三版引论；
- RFC 2571：SNMP 管理框架的体系结构(标准草案，代替 RFC 2271)；
- RFC 2572：简单网络管理协议的报文处理和调度系统(标准草案，代替 RFC 2272)；

- RFC 2573：SNMPv3 应用程序(标准草案，代替 RFC 2273)；
- RFC 2574：SNMPv3 基于用户的安全模型(USM)(标准草案，代替 RFC 2274)；
- RFC 2575：SNMPv3 基于视图的访问控制模型(VACM)(标准草案，代替 RFC 2275)；
- RFC 2576：SNMP 第一、二、三版的共存问题(标准建议，代替 RFC2089)。

另外，工作组对 SNMPv2 管理信息结构(SMIv2)的有关文件也进行了修订，并作为正式标准公布：

- RFC 2578：管理信息结构第二版(SMIv2) (正式标准 STD-58，代替 RFC 1902)；
- RFC 2579：对于 SMIv2 的文本约定(正式标准 STD-58，代替 RFC 1903)；
- RFC 2580：对于 SMIv2 的一致性说明(正式标准 STD-58，代替 RFC 1904)。

SNMPv3 不仅在 SNMPv2c 的基础上增加了安全和高层管理功能，而且能和以前的标准(SNMPv1 和 SNMPv2)兼容，也便于以后扩充新的模块，从而形成了统一的 SNMP 新标准。

2002 年，IETF 发布了 RFC 3411～3415，作为 SNMP 的正式标准(STD-62)代替了 1999 年的一组 RFC 文档(2571～2575)，并且用 RFC 3416～3418 代替了 RFC 1905～1907，对 SNMPv2 的协议操作、传输层映射和管理信息库进行了修订。另外，2003 年发布的 RFC 3584 代替了 RFC 2576，总结了自 SNMPv3 发布以来在管理系统开发实践中取得的经验。

4.2　SNMPv1 协议数据单元

4.2.1　SNMPv1 支持的操作

SNMP 仅支持对管理对象值的检索和修改等简单操作。具体地说，SNMP 实体可以对 MIB-2 中的对象执行下列操作：

- Get：用于检索管理信息库中标量对象的值；
- Set：用于设置管理信息库中标量对象的值；
- Trap：代理用陷入报文向管理站报告管理对象的状态变化。

SNMP 不支持管理站改变管理信息库的结构，即不能增加和删除管理信息库中的管理对象实例，例如不能增加或删除表中的行。一般来说，管理站也不能向管理对象发出执行一个动作的命令。管理站只能逐个访问管理信息库中的叶子节点，不能一次性访问一个子树，例如不能访问整个表的内容。从上一章看到，MIB-2 中的子树节点都是不可访问的。这些限制确实简化了 SNMP 的实现，但是也限制了网络管理的功能。

4.2.2　SNMP PDU 格式

RFC 1157 给出了 SNMPv1 协议的定义，是用 ASN.1 表示的。根据这个定义可以画出如图 4-1 所示的 SNMP 报文和 PDU 格式。在 SNMP 管理中，管理站和代理之间交换的管理信息构成了 SNMP 报文。报文由 3 部分组成，即版本号、团体名和协议数据单元(PDU)。报文头中的版本号是指 SNMP 的版本，RFC 1157 为第一版；团体名用于身份认证。SNMP

共有 5 种管理操作。管理站发出的 3 种请求报文 GetRequest、GetNextRequest 和 SetRequest 采用的格式是一样的，代理的应答报文格式只有一种 GetResponsePDU，从而减少了 PDU 的种类。

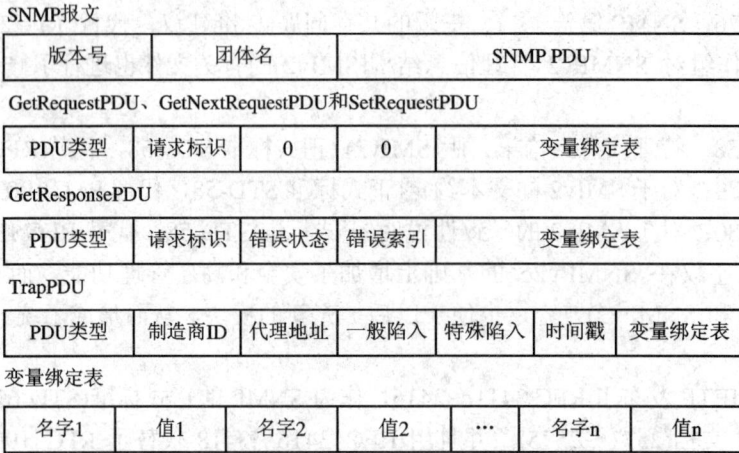

SNMP报文

版本号	团体名	SNMP PDU

GetRequestPDU、GetNextRequestPDU和SetRequestPDU

PDU类型	请求标识	0	0	变量绑定表

GetResponsePDU

PDU类型	请求标识	错误状态	错误索引	变量绑定表

TrapPDU

PDU类型	制造商ID	代理地址	一般陷入	特殊陷入	时间戳	变量绑定表

变量绑定表

名字1	值1	名字2	值2	…	名字n	值n

图 4-1　SNMP 报文和 PDU 格式

从图 4-1 看出，除过 Trap 之外的 4 种 PDU 格式是相同的，共有 5 个字段：

• PDU 类型：共有 5 种类型的 PDU。

• 请求标识(request-id)：赋予每个请求报文唯一的整数，用于区分不同的请求。在具体实现中请求多是在后台执行，当应答报文返回时要根据其中的请求标识与请求报文配对。请求标识的另一个作用是检测由不可靠的传输服务产生的重复报文。

• 错误状态(error-status)：表示代理在处理管理站的请求时可能出现的各种错误，共有 6 种错误状态，即 noError(0)、tooBig(1)、noSuchName(2)、badValue(3)、readOnly(4)、genError(5)。

对不同的操作，这些错误状态的含义不同。

• 错误索引(error-index)：当错误状态非 0 时指向出错的变量。

• 变量绑定表(variable-binding)：变量名和对应值的表，说明要检索或设置的所有变量及其值。在请求报文中，变量的值应为 0。

Trap 报文的格式与其他报文不同，它有下列字段：

• 制造商 ID(enterprise)：表示设备制造商的标识，与 MIB-2 对象 sysObjectID 的值相同。

• 代理地址(agent-addr)：产生陷入的代理的 IP 地址。

• 一般陷入(generic-trap)：SNMP 定义的陷入类型，共分 7 类，即 coldStart(0)、warmStart(1)、linkDown(2)、linkUp(3)、authenticationFailure(4)、egpNeighborLoss(5)、enterpriseSpecific(6)。

• 特殊陷入(specific-trap)：与设备有关的特殊陷入代码。

• 时间戳(time-stamp)：代理发出陷入的时间，与 MIB-2 中的对象 sysUpTime 的值相同。

4.2.3　报文应答序列

SNMP 报文在管理站和代理之间传送，包含 GetRequest、GetNextRequest 和 SetRequest

的报文由管理站发出，代理以 GetResponse 响应。Trap 报文由代理发给管理站，不需要应答。SNMP 报文发送和应答序列如图 4-2 所示。一般来说，管理站可连续发出多个请求报文，然后等待代理返回应答报文。如果在规定的时间内收到应答，则按照请求标识进行配对，亦即应答报文必须与请求报文有相同的请求标识。

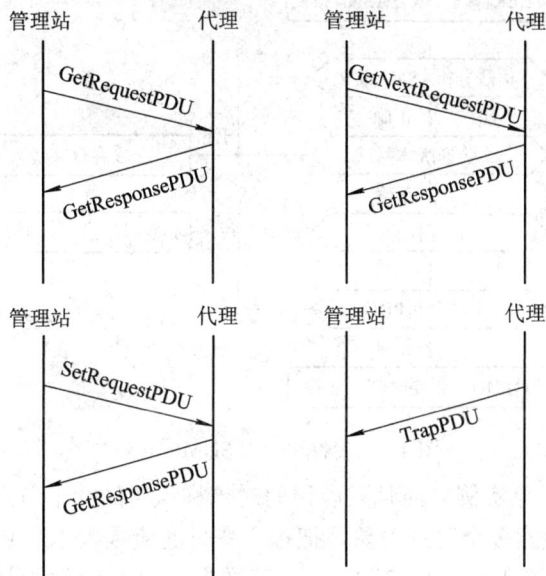

图 4-2　SNMP 报文发送和应答序列

4.2.4　报文的发送和接收

当一个 SNMP 协议实体(PE)发送报文时执行下面的过程：首先按照 ASN.1 的格式构造 PDU，交给认证进程；其次认证进程检查源和目标之间是否可以通信，如果检查通过，则把有关信息(版本号、团体名、PDU)组装成报文；最后经过 BER 编码，交传输实体发送出去，如图 4-3 所示。

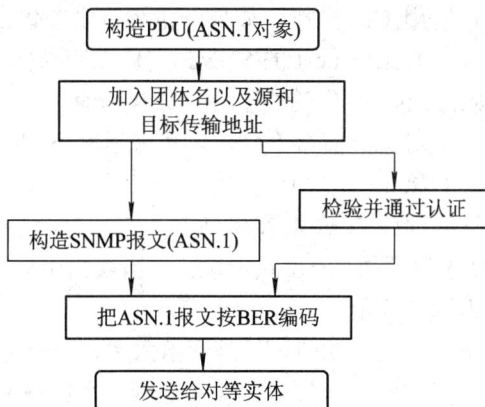

图 4-3　生成和发送 SNMP 报文

当一个 SNMP 协议实体接收到报文时执行下面的过程：首先按照 BER 编码恢复 ASN.1 报文，然后对报文进行语法分析、验证版本号和认证信息等；如果通过分析和验证，则分离出协议数据单元,并进行语法分析,必要时经过适当处理后返回应答报文。在认证检验失败时可以生成一个陷入报文,向发送站报告通信异常情况。无论何种检验失败,都丢弃报文。接收和处理 SNMP 报文如图 4-4 所示。

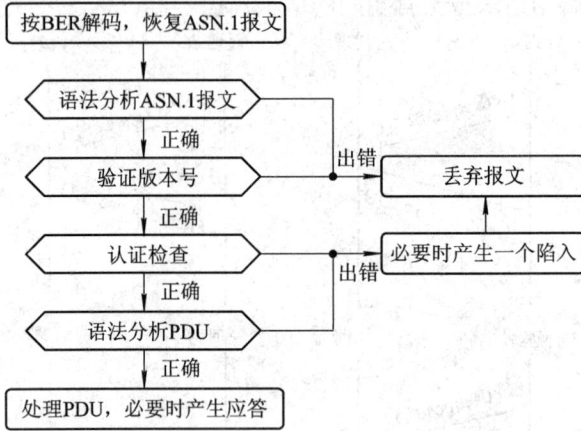

图 4-4　接收和处理 SNMP 报文

　　SNMP 操作访问对象实例,而且只能访问对象标识树的叶子节点。然而为了减少通信负载,一般希望一次检索多个管理对象,把多个变量的值装入一个 PDU。这时要用到变量绑定表。RFC 1157 建议在 Get 和 GetNext 协议数据单元中发送实体把变量置为 ASN.1 的 NULL 值,接收实体处理时忽略它,在返回的应答协议数据单元中设置为变量的实际值。

4.3　SNMPv1 的操作

4.3.1　检索简单对象

　　检索简单的标量对象可以用 Get 操作,如果变量绑定表中包含多个变量,一次还可以检索多个标量对象的值。接收 GetRequest 的 SNMP 实体以请求标识相同的 GetResponse 响应。特别要注意的是 GetResponse 操作的原子性:如果所有请求的对象值都可以得到,则给予应答;反之,只要有一个对象的值得不到,则可能返回下列错误条件之一:

　　• 变量绑定表中的一个对象无法与 MIB 中的任何对象标识符匹配,或者要检索的对象是一个数据块(子树或表),则没有对象实例生成。在这些情况下,响应实体返回的 GetResponse PDU 中错误状态字段置为 noSuchName,错误索引设置为一个数,指明有问题的变量。变量绑定表中不返回任何值。

　　• 响应实体可以提供所有要检索的值,但是变量太多,一个响应 PDU 装不下,这往往是由下层协议数据单元大小限制的。这时响应实体返回一个应答 PDU,错误状态字段置为 tooBig。

　　• 由于其他原因(例如代理不支持)响应实体至少不能提供一个对象的值,则返回的 PDU 中错误状态字段置为 genError,错误索引置一个数,指明有问题的变量。变量绑定表中不返回任何值。

　　SNMP PDU 接收处理逻辑如图 4-5 的示。

```
procedure receive-getrequest;
    begin
        if object not available for get then
            issue getresponse(noSuchName, index)
        else if generated PDU too big then
            issue getresponse(tooBig)
        else if value not retrievable for some other reason then
            issue getresponse(genError, index)
        else issue getresponse(variable bindings)
    end;
procedure receive-getnextrequest;
    begin
        if object not available for get then
            issue getresponse(noSuchName, index)
        else if generated PDU too big then
            issue getresponse(tooBig)
        else if value not retrievable for some other reason then
            issue getresponse(genError, index)
        else issue getresponse(variable bindings)
    end;
procedure receive-setrequest;
    begin
        if object not available for set then
            issue getresponse(noSuchName,index)
        else if inconsistent object value then
            issue getresponse(badValue,index)
        else if generated PDU too big then
            issue getresponse(tooBig)
        else if value not settable for some other reason then
            issue getresponse(genError,index)
        else issue getresponse(variable bindings)
    end;
```

图 4-5　SNMP PDU 接收处理逻辑

　　例 4.1　为了说明简单对象的检索过程，考虑图 4-6 的例子，这是 UDP 组的一部分。可以在检索命令中直接指明对象实例的标识符：

　　　　GetRequest(udpInDatagrams.0, udpNoPorts.0,

　　　　　　　　udpInErrors.0, udpOutDatagrams.0)

预期得到下面的响应：

　　　　GetResponse(udpInDatagrams.0 = 100, udpNoPorts.0 = 1, udpInErrors.0 = 2,

　　　　　　　　udpOutDatagrams.0 = 200)

```
udp(mib-2  7)
    |
    |—— udpInDatagrams(1)   接收的数据报总数      100
    |—— udpNoPorts(2)       无应用端口的数据报数    1
    |—— udpInErrors(3)      出错数据报数          2
    |—— udpOutDatagrams(4) 输出数据报数          200
    |—— udpTable(5)
```

图 4-6　检索简单对象的例子

　　GetNextRequest 的作用与 GetRequest 的作用基本相同，PDU 格式也相同，其处理逻辑和返回错误状态表示在图 4-5 中。唯一的差别是 GetRequest 检索变量名所指的是对象实例，而 GetNextRequest 检索变量名所指的是"下一个"对象实例。根据对象标识树的词典顺序，对于标量对象，对象标识符所指的下一实例就是对象的值。

　　例 4.2　用 GetNextRequest 命令检索图 4-6 中的 4 个值，直接指明对象标识符：

　　　　GetNextRequest(udpInDatagrams, udpNoPorts,

　　　　　　　　　　　udpInErrors, udpOutDatagrams)

得到的响应与上例是相同的：

　　　　GetResponse(udpInDatagrams.0 = 100, udpNoPorts.0 = 1,

　　　　　　　　　　udpInErrors.0 = 2, udpOutDatagrams.0 = 200)

可见标量对象实例标识符(例如 udpInDatagrams.0)总是紧跟在对象标识符(例如 udpInDatagrams)的后面。

　　例 4.3　如果代理不支持管理站对 udpNoPorts 的访问，则响应会不同。发出同样的命令：

　　　　GetNextRequest(udpInDatagrams,udpNoPorts,

　　　　　　　　　　　udpInErrors,udpOutDatagrams)

而得到的响应是

　　　　GetResponse(udpInDatagrams.0 = 100, udpInErrors.0 = 2,

　　　　　　　　　　udpInErrors.0 = 2, udpOutDatagrams.0 = 200)

这是因为变量名 udpNoPorts 和 udpInErrors 的下一个对象实例都是 udpInErrors.0 = 2。可见当代理收到一个 Get 请求时，如果能检索到所有的对象实例，则返回请求的每个值；另一方面，如果有一个值不能提供，则返回该实例的下一个值。

4.3.2　检索未知对象

　　GetNext 命令检索变量名指示的下一个对象实例，但是并不要求变量名是对象标识符，或者是实例标识符。例如 udpInDatagrams 是简单对象，它的实例标识符是 udpInDatagrams.0，而标识符 udpInDatagrams.2 并不表示任何对象。如果发出一个命令：

　　　　GetNextRequest(udpInDatagrams.2)

则得到的响应是

　　　　GetResponse(udpNoPorts.0 = 1)

这说明代理没有检查标识符 udpInDatagrams.2 的有效性，而是直接查找下一个有效的标识符，得到 udpInDatagrams.0 后返回了它的下一个对象实例。

　　例 4.4　利用 GetNext 的这个特性可以发现 MIB 的结构。例如管理站不知道 UDP 组有哪些变量，先试着发出命令：

　　　　GetNextRequest(udp)

得到的响应是

　　　　GetResponse(udpInDatagrams.0 = 100)

这样管理站就知道了 UDP 组的第一个对象，还可以继续照这样找到其他管理对象。

4.3.3　检索表对象

GetNext 可以有效地检索表对象。

例 4.5　考虑图 4-7 的例子，如果用下面的命令检索 ifNumber 的值：

　　　　GetRequest(1.3.6.1.2.1.2.1.0)

则得到的响应为

　　　　GetResponse(2)

据此，我们知道有两个接口。如果想知道每个接口的数据速率，则可以用下面的命令检索接口表的第五个元素：

　　　　GetRequest(1.3.6.1.2.1.2.2.1.5.1)

最后的 1 是索引项 ifIndex 的值。得到的响应是

　　　　GetResponse(100000000)

说明第一个接口的数据速率是 10 Mb/s。如果发出的命令是：

　　　　GetNextRequest(1.3.6.1.2.1.2.2.1.5.1)

则得到的是第二个接口的数据速率：

　　　　GetResponse(56000)

说明第二个接口的数据速率是 56 kb/s。

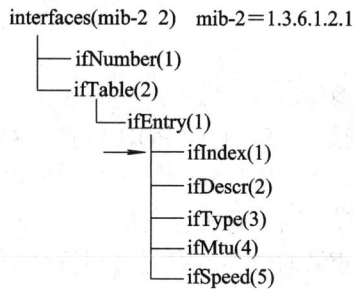

```
interfaces(mib-2  2)   mib-2＝1.3.6.1.2.1
    ├── ifNumber(1)
    └── ifTable(2)
            └── ifEntry(1)
              →     ├── ifIndex(1)
                    ├── ifDescr(2)
                    ├── ifType(3)
                    ├── ifMtu(4)
                    └── ifSpeed(5)
```

图 4-7　检索表对象的例子

例 4.6　考虑图 4-8 的表。假定管理站不知道该表的行数而想检索整个表，则可以连续使用 GetNext 命令：

　　　　GetNextRequest (ipRouteDest, ipRouteMetric1, ipRouteNextHop)

　　　　GetResponse(ipRouteDest.9.1.2.3 = 9.1.2.3,

　　　　　　　　ipRouteMetric1.9.1.2.3 = 3,

　　　　　　　　ipRouteNextHop.9.1.2.3 = 99.0.0.3)

以上是第一行的值，据此可以检索下一行：

　　　　GetNextRequest(ipRouteDest.9.1.2.3,

　　　　　　　　ipRouteMetric1.9.1.2.3, ipRouteNextHop.9.1.2.3)

　　　　GetResponse(ipRouteDest.10.0.0.51 = 10.0.0.51,

　　　　　　　　ipRouteMetric1.10.0.0.51 = 5,

　　　　　　　　ipRouteNextHop.10.0.0.51 = 89.1.1.42)

继续检索第三行和第四行：

GetNextRequest(ipRouteDest.10.0.0.51, ipRouteMetric1.10.0.0.51,

ipRouteNextHop.10.0.0.51)

GetResponse(ipRouteDest.10.0.0.99 = 10.0.0.99,

ipRouteMetric1.10.0.0.99 = 5,

ipRouteNextHop.10.0.0.99 = 89.1.1.42)

GetNextRequest(ipRouteDest.10.0.0.99, ipRouteMetric1.10.0.0.99,

ipRouteNextHop.10.0.0.99)

GetResponse(ipRouteDest.9.1.2.3 = 3,

ipRouteMetric1.9.1.2.3 = 99.0.0.3,

ipNetToMediaIfIndex.1.3 = 1)

至此我们知道该表只有 3 行,因为第四次检索已经检出了表外的对象。

ipRouteDest	IpRouteMetric1	ipRouteNextHop
9.1.2.3	3	99.0.0.3
10.0.0.51	5	89.1.1.42
10.0.0.99	5	89.1.1.42

图 4-8   检索表对象的例

4.3.4   表的更新和删除

Set 命令用于设置或更新变量的值。它的 PDU 格式与 Get 相同,但是在变量绑定表中必须包含要设置的变量名和变量值。对于 Set 命令的应答也是 GetResponse,同样是原子性的。如果所有的变量都可以设置,则更新所有变量的值,并在应答的 GetResponse 中确认变量的新值;如果至少有一个变量的值不能设置,则所有变量的值都保持不变,并在错误状态中指明出错的原因。Set 出错的原因与 Get 是类似的(tooBig、noSuchName 和 genError),然而若有一个变量的名字和要设置的值在类型、长度或实际值上不匹配,则返回错误条件badValue。Set 应答的逻辑也表示在图 4-5 中。

例 4.7   再一次考虑图 4-8 的表。如果想改变列对象 ipRouteMetric1 的第一个值,则可以发出命令:

SetRequest(ipRouteMetric1.9.1.2.3 = 9)

得到的应答是

GetResponse(ipRouteMetric1.9.1.2.3 = 9)

其效果是该对象的值由 3 变成了 9。

例 4.8   假定想增加一行,则可以发出下面的命令:

SetRequest(ipRouteDest.11.3.3.12 = 11.3.3.12,

ipRouteMetric11.3.3.12 = 9,

ipRouteNextHop.11.3.3.12 = 91.0.0.5)

对这个命令如何执行,RFC 1212 有 3 种解释:

（1）代理可以拒绝这个命令。因为对象标识符 ipRouteDest.11.3.3.12 不存在，所以返回错误状态 noSuchName。

（2）代理可以接受这个命令，并企图生成一个新的对象实例，但是发现被赋予的值不适当，因而返回错误状态 badValue。

（3）代理可以接受这个命令，生成一个新的行，使表增加到 4 行，并返回下面的应答：

> GetResponse(ipRouteDest.11.3.3.12 = 11.3.3.12,
>
> > ipRouteMetric11.3.3.12 = 9,
> >
> > ipRouteNextHop.11.3.3.12 = 91.0.0.5)

在具体实现中，这 3 种情况都是可能的。

例 4.9　假定原来是 3 行的表，现在发出下面的命令：

> SetRequest(ipRouteDest.11.3.3.12 = 11.3.3.12)

对于这个命令也有两种处理方法：

（1）由于变量 ipRouteDest 是索引项，所以代理可以增加一个表行，对于没有指定值的变量赋予默认值。

（2）代理拒绝这个操作。如果要生成新行，必须提供一行中所有变量的值。

采用哪一种方法也是由实现决定的。

例 4.10　如果要删除表中的行，则可以把一个对象的值置为 invalid：

> SetRequest(ipRouteType.7.3.5.3 = invalid)

得到的响应说明表中的行确已删除：

> GetResponse(ipRouteType.7.3.5.3 = invalid)

这种删除是物理的还是逻辑的，也是由实现决定的。在 MIB-2 中，只有两种表是可删除的：ipRouteTable 包含 ipRouteType，可取值 invalid；ipNetToMediaTable 包含 ipNetToMediaType，可取值 invalid。

SNMP 没有提供向管理对象发出动作命令的机制，但是可以利用 Set 命令对一个专用对象设置值，让这个专用对象的不同值代表不同的命令。例如建立一个 reBoot 对象，其可取值为 0 或 1，分别使代理系统启动和复位。

错误状态 readOnly 没有在任何应答报文中出现。实际上，这个错误条件在 SNMPv1 是没有用的。在以后的 SNMP 版本中用另外一个错误条件 notWritable 代替了它。

4.3.5　陷入操作

陷入是由代理向管理站发出的异步事件报告，不需要应答报文。SNMPv1 规定了 6 种陷入条件，另外还有设备制造商定义的陷入：

- coldStart：发送实体重新初始化，代理的配置已改变，通常是由系统失效引起的。
- warmStart：发送实体重新初始化，但代理的配置没有改变，这是正常的重启动过程。
- linkDown：链路失效通知，变量绑定表的第一项指明对应接口表的索引变量及其值。
- linkUp：链路启动通知，变量绑定表的第一项指明对应接口表的索引变量及其值。
- authenticationFailure：发送实体收到一个没有通过认证的报文。
- egpNeighborLoss：相邻的外部路由器失效或关机。

● enterpriseSpecific：由设备制造商定义的陷入条件，在特殊陷入(specific-trap)字段指明具体的陷入类型。

4.3.6　SNMP 功能组

SNMP 组包含的信息关系到 SNMP 协议的实现和操作。这一组共有 30 个对象，参见图 4-9。在只支持 SNMP 站管理功能或只支持 SNMP 代理功能的实现中，有些对象是没有值的。除过最后一个对象，这一组的其他对象都是只读的计数器。对象 snmpEnableAuthenTrap 可以由管理站设置，它指示是否允许代理产生"认证失效"陷入，这种设置优先于代理自己的配置。这样就提供了一种可以排除所有认证失效陷入的手段。

```
snmp(mib-2  11)

── snmpInPkts(1)      传输层实体提交给SNMP实体的报文数
── snmpOutPkts SNMP(2)        SNMP实体交给传输服务的报文数
── snmpInBadVersions(3)        接收的含有版本错误的报文数
── snmpInBadCommunityNames(4)        接收的含有团体名错误的报文数
── snmpInBadCommunityUses(5)        接收的含有团体操作错误的报文数
── snmpInASNParseErrs(6)        接收的含有ASN译码错误的报文数
── snmp(7)      未使用
── snmpInTooBigs(8)        接收的含有TooBig错误的报文数
── snmpInNoSuchNames(9)        接收的含有NoSuchName错误的报文数
── snmpInBadValues(10)        接收的含有BadValue错误的报文数
── snmpInReadOnlys(11)        接收的含有ReadOnly错误的报文数
── snmpInGenErrs(12)        接收的含有GenErr错误的报文数
── snmpInTotalReqVars(13)        成功检索的MIB对象数
── snmpInTotalSetVars(14)        成功设置的MIB对象数
── snmpInGetRequests(15)        接收和处理的Get请求数
── snmpInGetNexts(16)        接收和处理的GetNext请求数
── snmpInSetRequests(17)        接收和处理的Set请求数
── snmpInGetResponses(18)        接收和处理的GetResponse报文数
── snmpInTraps(19)        接收和处理的Trap报文数
── snmpOutTooBigs(20)        产生的含有TooBig错误的报文数
── snmpOutNoSuchNames(21)        产生的含有NoSuchName错误的报文数
── snmpOutBadValues(22)        产生的含有BadValue错误的报文数
── snmp (23)      未使用
── snmpOutGenErrs(24)        产生的含有GenErr错误的报文数
── snmpOutGetRequests(25)        产生的Get请求数
── snmpOutGetNexts(26)        产生的GetNext请求数
── snmpOutSetRequests(27)        产生的Set请求数
── snmpOutGetResponses(28)        产生的GetResponse报文数
── snmpOutTraps(29)        产生的Trap报文数
── snmpEnableAuthenTraps(30)        认证失效陷入工作(1)，认证失效陷入不工作(2)
```

图 4-9　MIB-2 SNMP 组

4.4　实现问题

人们通常希望购买的网络管理产品能够准确地统计和报告通过设备的各种数据包，也希望来自不同厂商的管理站和代理产品能够很好地配合。但是市场上的 SNMP 产品实现的 MIB-2 数据库和 SNMP 协议与标准不是完全一致的。客观的原因是 SNMP 强调简单性，而忽视了功能性。另外一个原因是商家对 SNMP 标准的理解不一致。

4.4.1　网络管理站的功能

在选择站管理产品时首先要关心它与标准的一致程度、与代理的互操作性，当然更要关心其用户界面，既要功能齐全，又要使用方便。更具体地说，对管理站应提出以下选择的标准：

- 支持扩展的 MIB：强有力的 SNMP 对管理信息库的支持必须是开放的。特别对于管理站来说，应该能够装入其他制造商定义的扩展 MIB。
- 图形用户接口：好的用户接口可以使网络管理工作更容易、更有效。通常要求具有图形用户界面，而且对网络管理的不同部分有不同的窗口。例如能够显示网络拓扑结构、设备的地理位置和状态信息，可以计算并显示通信统计数据图表，具有各种辅助计算工具等。
- 自动发现机制：要求管理站能够自动发现代理系统，能够自动建立图标并绘制出连接图形。
- 可编程的事件：支持用户定义的事件，以及出现这些事件时执行的动作。例如路由器失效时应闪动图标或改变图标的颜色，显示错误状态信息，向管理员发送电子邮件，并启动故障检测程序等。
- 高级网络控制功能：例如配置管理站使其可以自动地关闭有问题的集线器、自动地分离出活动过度频繁的网段等。这样的功能要使用 Set 操作。由于 SNMP 欠缺安全性，很多产品不支持 Set 操作，所以这种要求很难满足。
- 面向对象的管理模型：SNMP 其实不是面向对象的系统，但很多产品是面向对象的系统，也能支持 SNMP。
- 用户定义的图标：方便用户为自己的网络设备定义有表现力的图标。

4.4.2　轮询频率

SNMP 定义的陷入类型是很少的，虽然可以补充设备专用的陷入类型，但专用的陷入往往不能被其他制造商的管理站理解，所以管理站主要靠轮询收集信息。轮询的频率对管理的性能影响很大。如果管理站在启动时轮询所有代理，以后只是等待代理发来的陷入，这样就很难掌握网络的最新动态。例如不能及时了解网络中出现的拥塞。

因此需要一种能提高网络管理性能的轮询策略，以决定合适的轮询频率。通常轮询频率与网络的规模和代理的多少有关。而网络管理性能还取决于管理站的处理速度、子网数据速率、网络拥塞程度等众多的因素，所以很难给出准确的判断规则。为了使问题简化，假定管理站一次只能与一个代理作用，轮询只是采用 Get 请求/响应这种简单形式，而且管理站全部时间都用来轮询，于是有下面的不等式：

$$N \leqslant \frac{T}{\Delta}$$

其中：N 为被轮询的代理数；T 为轮询间隔；Δ 为单个轮询需要的时间。

Δ 与下列因素有关：

- 管理站生成一个请求报文的时间；
- 从管理站到代理的网络延迟；
- 代理处理一个请求报文的时间；
- 代理产生一个响应报文的时间；
- 从代理到管理站的网络延迟；
- 管理站处理一个响应报文的时间；
- 为了得到需要的管理信息，交换请求/响应报文的数量。

例 4.11　假设有一个 LAN，每 15 分钟轮询所有被管理设备一次(这在当前的 TCP/IP 网络中是典型的)，管理报文的处理时间是 50 ms，网络延迟为 1 ms (每个分组 1000 字节)，没有产生明显的网络拥塞，Δ 大约是 0.202 s，则

$$N \leqslant \frac{T}{\Delta} = 15 \times \frac{60}{0.202} < 4500$$

即管理站最多可支持 4500 个设备。

例 4.12　在由多个子网组成的广域网中，网络延迟更大，数据速率更小，通信距离更远，而且还有路由器和网桥引入的延迟，总的网络延迟可能达到半秒钟，Δ 大约是 1.2 s，于是有

$$N \leqslant \frac{T}{\Delta} = 15 \times \frac{60}{1.2} = 750$$

即管理站可支持的设备最多为 750 个。

这个计算关系到 4 个参数：代理数目、报文处理时间、网络延迟和轮询间隔。如果能估计出 3 个参数，就可计算出第 4 个。所以可以根据网络配置和代理数量确定最小轮询间隔，或者根据网络配置和轮询间隔计算出管理站可支持的代理设备数。最后，当然还要考虑轮询给网络增加的负载。

4.4.3　SNMPv1 的局限性

用户利用 SNMP 进行网络管理时一定要清楚 SNMPv1 本身的局限性：

- 由于轮询的性能限制，SNMP 不适合管理很大的网络。轮询产生的大量管理信息传送可能引起网络响应时间的增加。
- SNMP 不适合检索大量数据，例如检索整个表中的数据。
- SNMP 的陷入报文是没有应答的，管理站是否收到陷入报文，代理不得而知。这样可能丢掉重要的管理信息。
- SNMP 只提供简单的团体名认证，这样的安全措施是很不够的。
- SNMP 并不直接支持向被管理设备发送命令。
- SNMP 的管理信息库 MIB-2 支持的管理对象是很有限的，不足以完成复杂的管理功能。
- SNMP 不支持管理站之间的通信，而这一点在分布式网络管理中是很需要的。

以上局限性有很多在 SNMP 的第二版都有所改进。

4.5　SNMPv2 的管理信息结构

SNMPv2 的管理信息结构在总结 SNMP 应用经验的基础上对 SNMPv1 SMI 进行了扩充，提供了更精致更严格的规范，规定了新的管理对象和 MIB 的文档，可以说是 SNMPv1 SMI 的超集。SNMPv2 SMI 引入了 4 个关键的概念：对象的定义、概念表、通知的定义、信息模块。

4.5.1　对象的定义

与 SNMPv1 一样，SNMPv2 也是用 ASN.1 宏定义 OBJECT-TYPE 表示管理对象的语法和语义的，但是 SNMPv2 的 OBJECT-TYPE 增加了新的内容。图 4-10 列出了 SNMPv2 宏定义的主要部分，与 SNMPv1 的宏定义有以下差别。

```
OBJECT-TYPE MACRO::= BEGIN
TYPE NOTATION::="SYNTAX" Syntax
            UnitsPart
            "MAX-ACCESS"  Access
            "STATUS" Status
            "DESCRIPTION" Text
            ReferPart
            IndexPart
            DefValPart
VALUE NOTATION::=value (VALUE ObjectName)
END
```

图 4-10　SNMPv2 对象宏定义

(1) 数据类型：从表 4-2 可以看出，SNMPv2 增加了两种新的数据类型，即 Unsigned32 和 Counter64。Unsigned32 与 Gauge32 在 ASN.1 中是无区别的，都是 32 位的整数，但是在 SNMPv2 中语义不一样。Counter64 与 Counter32 一样，都表示计数器，只能增加，不能减少。当增加到 $2^{64}-1$ 或 $2^{32}-1$ 时回零，从头再增加。而且 SNMPv2 规定，计数器没有定义的初始值，所以计数器的单个值是没有意义的，只有连续两次读计数器得到的增加值才是有意义的。

表 4-2　SNMPv1 和 SNMPv2 的数据类型比较

数据类型	SNMPv1	SNMPv2
INTEGER$(-2^{31}\sim 2^{31}-1)$	√	√
Unsigned32$(0\sim 2^{32}-1)$		√
Counter32(最大值 $2^{32}-1$)	√	√
Counter64(最大值 $2^{64}-1$)		√
Gauge32(最大值 $2^{32}-1$)	√	√
TimeTicks(模 2^{32})	√	√
OCTET STRING(SIZE(0..65535))	√	√
IpAddress	√	√
OBJECT IDENTIFIER	√	√
Opaque	√	√

关于 Gauge32，SNMPv2 规范澄清了原来标准中一些含糊不清的地方。首先是在 SNMPv2 中规定 Gauge32 的最大值可以设置为小于 2^{32} 的任意正数 MAX(见图 4-11)，而在 SNMPv1 中 Gauge32 的最大值总是 $2^{32}-1$。显然这样规定更细致了，使用更方便了。其次是 SNMPv2 明确了当计量器达到最大值时可自动减少。而在 RFC 1155 中只是说计量器的值"锁定"(latch)在最大值，但是"锁定"的含义并没有定义，所以人们总是在"计量器达到最大值时是否可以减少"的问题上争论不休。

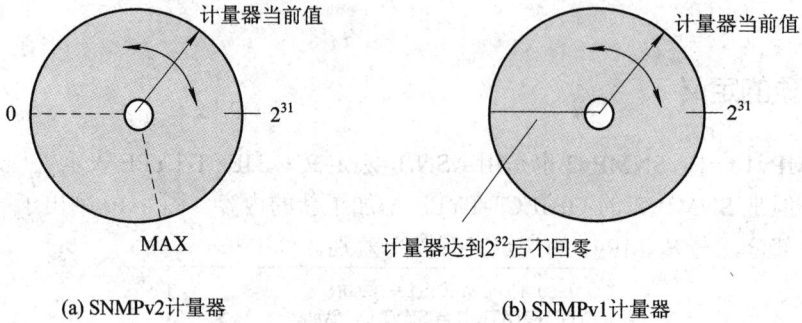

图 4-11　SNMPv1 计量器和 SNMPv2 计量器的比较

(2) UnitsPart：在 SNMPv2 的 OBJECT-TYPE 宏定义中增加了 UNITS 子句。这个子句用文字说明与对象有关的度量单位。当管理对象表示一种度量手段(例如时间)时这个子句是有用的。

(3) MAX-ACCESS 子句：类似于 SNMPv1 的 ACCESS 子句，说明最大的访问级别，与授权策略无关。SNMPv2 定义的访问类型中去掉了 write-only 类，增加了一个与概念行有关的访问类型 read-create，表示可读、可写、可生成。还增加了 accessible-for-notify 访问类，这种访问方式与陷入有关。例如下面是 SNMPv2 MIB 中关于陷入的定义，其中用到了 accessible-for-notify。

```
snmpTrapOID OBJECT-TYPE
    SYNTAX    OBJECT IDENTIFIER
    MAX-ACCESS    accessible-for-notify
    STATUS    current
    DESCRIPTION
        "The authoritative identification of the trap currently
        being sent.This variable occurs as the second varbind in
        every SNMPv2-Trap-PDU and InformRequest-PDU. "
    := {snmpTrap 1}
```

SNMPv2 的 5 种访问级别由小到大排列依次是：not-accessible、accessible-for-notify、read-only、read-write、read-create。

(4) STATUS 子句：这个子句是必要的，也就是说必须指明对象的状态。新标准去掉了 SNMPv1 中的 optional 和 mandatory，只有 3 种可选的状态。如果说明管理对象的状态是 current，则表示在当前的标准中是有效的。如果管理对象的状态是 obsolete，表示不必实现这种对象。状态 deprecated 表示对象已经过时了，但是为了与老的实现互操作，实现时还要支持这种对象。

4.5.2　表的定义

与 SNMPv1 一样，SNMPv2 的管理操作只能作用于标量对象，复杂的信息要用表来表示。按照 SNMPv2 规范，表是行的序列，而行是列对象的序列。SNMPv2 把表分为两类：

(1) 禁止删除和生成行的表。这种表的最高的访问级别是 read-write。在很多情况下这种表由代理控制，表中只包含 read-only 型的对象。

(2) 允许删除和生成行的表。这种表开始时可能没有行，由管理站生成和删除行。行数可由管理站或代理改变。

在 SNMPv2 表的定义中必须含有 INDEX 或 AUGMENTS 子句，但是只能有一个。INDEX 子句定义了一个基本概念行，而 INDEX 子句中的索引对象确定了一个概念行实例。与 SNMPv1 不同，SNMPv2 的 INDEX 子句中增加了任选的 IMPLIED 修饰符，从下面的解释中可以了解到这个修饰符的作用。假定一个对象的标识符为 y，索引对象为 i1, i2, …, iN，则对象 y 的一个实例标识符为

$$y.(i1).(i2).\cdots.(iN)$$

每个索引对象 i 的类型可能是：

- 整数：每个整数作为一个子标识符(仅对非负整数有效)。
- 固定长度的字符串：每个字节编码为一个子标识符。
- 有修饰符 IMPLIED 的变长度字符串：每个字节编码为一个子标识符，共 n 个子标识符。
- 无修饰符 IMPLIED 的变长度字符串：第一个子标识符是 n，然后是 n 个字节编码的子标识符，共 n+1 个子标识符。
- 有修饰符 IMPLIED 的对象标识符：对象标识符的 n 个子串。
- 无修饰符 IMPLIED 的对象标识符：第一个子标识符是 n，然后是对象标识符的 n 个子串。
- IP 地址：由 4 个子标识符组成。

禁止生成和删除行的表的一个例子表示在图 4-12 中。索引对象 petType 和 petIndex 作为一对索引，表的每一行有唯一的一对 petType 和 petIndex 的实例。图 4-13 画出了这种表的一个实例，只给出前 6 行的值。假定要引用第 2 行第 4 列的对象实例，则实例标识符为

$$A.1.4.3.68.79.71.5$$

其中的 3.68.79.71 是对"DOG"(无修饰符 IMPLIED 的变长度字符串)按照以上规则编码得到的 4 个子标识符。

AUGMENTS 子句的作用是代替 INDEX 子句，表示概念行的扩展。图 4-14 所示为这种表的一个例子，这个表是由 petTable 扩充的表。在扩充表中，AUGMENTS 子句中的变量(petEntry)叫做基本概念行，包含 AUGMENTS 子句的对象(moreEntry)叫做概念行扩展。这种设施的实质是在已定义的表对象的基础上通过增加列对象定义新表，而不必从头做起重写所有的定义。这样扩展定义的新表与全部定义的新表的作用完全一样，当然也可以再一次扩展，产生更大的新表。

```
petTable OBJECT-TYPE
    SYNTAX          SEQUENCE OF PetEntry
    MAX-ACCESS   not-accessible
    STATUS          current
    DESCRIPTION
        "The conceptual table listing the characteristics of all pets living at this agent."
    ::={A}
petEntry OBJECT-TYPE
    SYNTAX          PetEntry
    MAX-ACCESS   not-accessible
    STATUS          current
    DESCRIPTION
        "An entry( conceptual row) in the petTable. The Table is indexed by type of animal.
        Within each animal type , individual pets are indexed by a unique numerical sequence number."
    INDEX        {petType, petIndex}
    ::={petTable 1}
PetEntry SEQUENCE{
        petType                        OCTET STRING,
        petIndex                       INTEGER,
        petCharacteristic1            INTEGER,
        petCharacteristic2            INTEGER}
petType OBJECT-TYPE
    SYNTAX          OCTET STRING
    MAX-ACCESS    not-accessible
    STATUS          current
    DESCRIPTION
        "An auxiliary variable used to identify instances of the columnar object in  the petTable."
    ::= {petEntry 1}
petIndex   OBJECT-TYPE
    SYNTAX          INTEGER
    MAX-ACCESS    read-only
    STATUS          current
    DESCRIPTION
        "An auxiliary variable used to identify instances of the columnar object in the petTable."
    ::= {petEntry 2}
petCharacteristic1 OBJECT-TYPE
    SYNTAX          INTEGER
    MAX-ACCESS    read-only
    STATUS          current
    ::={petEntry3}
petCharacteristic2 OBJECT-TYPE
    SYNTAX          INTEGER
    MAX-ACCESS    read-only
    STATUS          current
    ::={petEntry 4}
```

图 4-12　禁止生成和删除行的表

petType(A.1.1)	petIndex(A.1.2)	petCharacteristicl(A.1.3)	petCharacteristic2(A.1.4)
DOG	1	23	10
DOG	5	16	10
DOG	14	24	16
CAT	2	6	44
CAT	1	33	5
WOMBAT	10	4	30
⋮	⋮	⋮	⋮

图 4-13　表索引的例

```
moreTable OBJECT-TYPE
    SYNTAX  SEQUENCE OF MoreEntry
    MAX-ACCESS  not-accessible
    STATUS  current
    DESCRIPTION
        "A table of additional pet objects."
        ::= {B}
moreEntry OBJECT-TYPE
    SYNTAX  MoreEntry
    MAX-ACCESS  not-accessible
    STATUS  current
    DESCRIPTION
        "Additional objects for a petTable entry."
    AUGMENTS  {petEntry}
    ::= {moreTable 1}
MoreEntry::=SEQUENCE{
            nameOfPet  OCTET STRING,
            dateOfLastVisit  DateAndTime}
nameOfPet OBJECT-TYPE
    SYNTAX  OCTET STRING
    MAX-ACCESS  read-only
    STATUS  current
    ::= {moreEntry 1}
dateOfLastVisit OBJECT-TYPE
    SYNTAX  DateAndTime
    MAX-ACCESS  read-only
    STATUS  current
    ::= {moreEntry 2}
```

图 4-14　扩充表的例

作为索引的列对象叫做辅助对象，是不可访问的。这个限制意味着：

(1) 读：SNMPv2 规定，读任何列对象的实例，都必须知道该对象实例所在行的索引对象的值，然而在已经知道辅助对象变量值的情况下读辅助变量的内容就是多余的了。

(2) 写：如果管理程序改变了辅助对象实例的值，则行的标识也改变了，然而这是不容许的。

(3) 生成：行实例生成时必须同时给一个列对象实例赋值，在 SNMPv2 中这个操作是由代理而不是由管理站完成的，详见下面的解释。

与 RMON 一样，SNMPv2 允许使用不属于概念行的外部对象作为概念行的索引，在这种情况下不能把索引对象限制为不可访问的(参见第 5 章)。

4.5.3　表的操作

允许生成和删除行的表必须有一个列对象，其 SYNTAX 子句的值为 RowStatus，MAX-ACCESS 子句的值为 read-write，这种列叫做概念行的状态列。状态列可取 6 种值：

- active(可读写)：被管理设备可以使用概念行。
- notInService(可读写)：概念行存在，但由于其他原因(下面解释)而不能使用。
- notReady(只读)：概念行存在，但因没有信息而不能使用。
- createAndGo(只写不读)：管理站生成一个概念行实例时先设置成这种状态，生成过程结束时自动变为 active，被管理设备就可以使用了。

• createAndWait(只写不读)：管理站生成一个概念行实例时先设置成这种状态，但不会自动变成 active。

• destroy(只写不读)：管理站需删除所有的概念行实例时设置成这种状态。

这 6 种状态中(除过 notReady)的 5 种状态是管理站可以用 Set 操作设置的状态，前 3 种可以是响应管理站的查询而返回的状态。图 4-15 显示了一个允许管理站生成和删除行的表，可以作为下面讨论的参考。

```
evalSlot OBJECT-TYPE
    SYNTAX  INTEGER
    MAX-ACCESS  read-only
    STATUS  current
    DESCRIPTION
        "Amanagement station should create
        new entries in evaluation table
        using this algorithm: first, issue a
        management protocol retrieval
        operation to determine the value of
        evalSlot; and, second, issue a
        management protocol set operation
        to create an instance of the
        evalStatus object setting its
        value to createAndGo(4)or
        createAndWait(5). if this latte
        operation succeed, then the
        management station may
        continue modifying the instance
        corresponding to the newly created
        conceptual row, without fear of
        collision with other management station."
    ::={eval 1}
evalTable OBJECT-TYPE
    SYNTAX  SEQUENCE OF EvalEntry
    MAX-ACCESS not-accessible
    STATUS  current
    DESCRIPTION
        "The (conceptual) evaluation table"
    ::={eval 2}
evalEntry OBJECT-TYPE
    SYHTAX  EvalEntry
    MAX-ACCESS  not-accessible
    STATUS  current
    DESCRIPTION
        "An entry in the evaluation table"
    INDEX {evalIndex}
    ::={evalTable 1}
EvalEntry SEQUENCE{
        evalIndex    Integer32
        evalString   DisplayString,
        evalValue    Integer32,
        evalStatus   RowStatus}
```

```
evalIndex OBJECT-TYPE
    SYNTAX   Integer32
    MAX-ACCESS  not-accessible
    STATUS  current
    DESCRIPTION
        "The auxiliary variable used for
        identify instance of the columnar
        object in the evaluation table."
    ::={evalEntry 1}
evalString OBJECT-TYPE
    SYNTAX  Displaystring
    MAX-ACCESS  read-create
    STATUS  current
    DESCRIPTION
        "The string to evaluate"
    ::={evalEntry 2}
evalValue OBJECT-TYPE
    SYNTAX  Integer32
    MAX-ACCESS  read-only
    STATUS  current
    DESCRIPTION
        "The value when evalString was last executed."
    DEFVAL{0}
    ::={evalEntry 3}
evalStatus OBJECT-TYPE
    SYNTAX  RowStatus
    MAX-ACCESS  read-create
    STATUS  current
    DESCRIPTION
        "The status column used for
        creating, modifying, and deleting
        instances of the columnar object
        in the evaluation table."
    DEFVAL {active}
    ::={evalEntry 4}
```

图 4-15 允许管理站生成和删除行的表

1．行的生成

生成概念行的过程可以分成以下 4 个步骤。

1) 选择索引对象的实例标识符

针对不同的索引对象可考虑用不同的方法选择实例标识符：

- 如果标识符语义明确，则管理站根据语义选择标识符，例如选择目标路由器地址。
- 如果标识符仅用于区分概念行，则管理站扫描整个表，选择一个没有使用的标识符。
- 由 MIB 模块提供一个或一组对象，辅助管理站确定一个未用的标识符。
- 管理站选择一个随机数作为标识符。

MIB 设计者可在后两种方法中选择，列对象多的大表，可考虑第三种，小表可考虑用第四种方法。

选择好索引对象的实例标识符后，管理站可以用两种方法产生概念行：一种是管理站通过事务处理(Transaction)一次性地产生和激活概念行；另一种是管理站通过与代理协商，合作生成概念行。下面仅就前一种方法说明管理站怎样产生和激活概念行，其中要用到"createAndGo"这种状态。

2) 管理站通过事务处理产生和激活概念行

首先管理站必须知道表中的哪些列需要提供值，哪些列不能或不必要提供值。如果管理站对表的列对象知之甚少，则可以用 Get 操作检查要生成的概念行的所有列，如果：

- 返回一个值，说明其他管理站已经产生了该行，返回第 1)步。
- 返回 noSuchInstance,说明代理实现了该列的对象类型，而且该列在管理站的 MIB 视图中是可访问的。如果该列的访问特性是"read-write"，则管理站必须用 Set 操作提供这个列对象的值。
- 返回"noSuchObject"，说明代理没有实现该列的对象类型，或者该列在管理站的 MIB 视图中是不可访问的，则管理站不能用 Set 操作生成该列对象的实例。

确定列要求后，管理站发出相应的 Set 操作，并且置状态列为"createAndGo"。代理根据 Set 提供的信息以及实现专用的信息，设置列对象的值，正常时返回 noError 响应，并且置状态列为"active"。如果代理不能完成必要的操作，则返回"inconsistentValue"，管理站根据返回信息确定是否重发 Set 操作。

3) 初始化非默认值对象

管理站用 Get 操作查询所有列，以确定是否能够或需要设置列对象的值。

- 如果代理返回一个值，表示代理实现了该列的对象类型，而且能够提供默认值。如果该列的访问特性是 read-write，则管理站可用 Set 操作改变该列的值。
- 如果代理返回 noSuchInstance，说明代理实现了该列的对象类型，该列也是管理站可访问的，但代理不提供默认值。如果列访问特性是"read-write"，则管理站必须以 Set 操作设置这个列对象的值。
- 如果代理返回 noSuchObject，说明代理没有实现该列的对象类型,或者该列是管理站不可访问的。则管理站不能设置该对象的值。
- 如果状态列的值是 notReady，则管理站应该首先处理其值为 noSuchInstance 的列，这一步完成后，状态列变成 notInService，则进行下一步。

4) 激活概念行

管理站对所有列对象实例满意后，用 Set 操作置状态列对象为 active。

- 如果代理有足够的信息使得概念行可用，则返回 noError。
- 如果代理没有足够的信息使得概念行可用，则返回 notInService。

至此，行的生成过程完成了。在具体实现时，如何设计行的生成算法，需要考虑很多因素。首先要解决的几个主要问题是：

- 表可能很大，一个 Set PDU 不能容纳行中的所有变量；
- 代理可能不支持表定义中的某些对象；
- 管理站不能访问表中的某些对象；
- 可能有多个管理站同时访问一个表；
- 生成操作不能被任意改变；
- 代理在行生成之前要检查是否出现 tooBig 错误；
- 概念行中可能同时有 read-only 和 read-create 对象。

解决这些问题的方法不同，就会有不同的行生成方案。另外希望实现的系统具有下列有用的特点：

- 应该容许在简单的代理系统上实现；
- 代理在生成行的过程中不必考虑行之间的语义关系；
- 不应为了生成行而增加新的 PDU；
- 生成操作应在一个事务处理中完成；
- 管理站可以盲目地接受列对象的默认值；
- 应该允许管理站查询列对象的默认值，并自主决定是否重写列对象的值；
- 有些表的索引可取唯一的任意值，对于这种表应该容许代理自主选择索引的值；
- 在行的生成过程中应容许代理自主选择索引值，这样可以减少管理站的负担，由管理站寻找一个未用的索引值可能更费事。

2. 概念行的挂起

当概念行处于 active 状态时，如果管理站希望概念行脱离服务，以便进行修改，则可以发出 Set 命令，把状态列由 active 置为 notInService。这时有两种可能：

- 若代理不执行该操作，则返回 wrongValue；
- 若代理可执行该操作，则返回 noError；

表定义中的 DESCRIPTION 子句需指明,在何种情况下可以把状态列置为 notInService。

3. 概念行的删除

管理站发出 Set 命令，把状态列置为 destroy，如果这个操作成功，概念行立即被删除。

4.5.4　通知和信息模块

SNMPv2 提供了通知类型的宏定义 NOTIFICATION-TYPE，用于定义异常条件出现时 SNMPv2 实体发送的信息。NOTIFICATION-TYPE 表示在图 4-16 中。任选的 OBJECT 子句定义了包含在通知实例中的 MIB 对象序列。当 SNMPv2 实体发送通知时这些对象的值被传送给管理站。DESCRIPTION 子句说明了通知的语义。任选的 REFERENCE 子句包含对其他 MIB 模块的引用。下面是按照这个宏写出的陷入的定义：

```
linkUp NOTIFICATION-TYPE
    OBJECT 〔ifIndex,ifAdminStatus,ifOperStatus〕
        STATUS    current
        DESCRIPTION
            "A linkUp trap signifies that the SNMPv2 entity,acting in an agent
            role,has detected that the ifOperStatus object for one of its
            communication links has transitioned out of the down state."
    ::= 〔snmpTraps 4〕
```

```
NOTIFICATION-TYPE MACRO::=BEGIN
TYPE NOTATION::=ObjectsPart
        "STATUS" Status
        "DESCRIPTION" Text
        ReferPart
VALUE NOTATION::=value(VALUE NotificationName)
ObjectsPart::="OBJECTS" "{"Objects"}"lempty
Objects::=Object | Object ", "Object
Object::=value(Name ObjectName)
Status::="current" | "deprecated" | "obsolete"
ReferPart::="REFERENCE"    Textlempty
Text::="" string""
END
```

图 4-16　NOTIFICATION-TYPE 宏定义

SNMPv2 还引入了信息模块的概念，用于说明一组有关的定义。信息模块共有以下 3 种：
- MIB 模块：包含一组有关的管理对象的定义。
- MIB 的一致性声明模块：使用 MODULE-COMPLIANCE 和 OBJECT-GROUP 宏来说明有关管理对象实现方面的最小要求。
- 代理能力说明模块：用 AGENT-CAPABILITIES 宏说明代理实体应该实现的能力。

4.5.5　SNMPv2 管理信息库

SNMPv2 MIB 扩展和细化了 MIB-2 中定义的管理对象，又增加了新的管理对象。下面介绍 SNMPv2 定义的各个功能组。

1. 系统组

SNMPv2 的系统组是 MIB-2 系统组的扩展，图 4-17 表示出这个组的管理对象。可以看出，这个组只是增加了与对象资源(Object Resource)有关的一个标量对象 sysORLastChange 和一个表对象 sysORTable，它仍然属于 MIB-2 的层次结构。表 4-3 解释了这个组新增加的对象。所谓对象资源，就是由代理实体使用和控制的、可以由管理站动态配置的系统资源。标量对象 sysORLastChange 记录着对象资源表中描述的对象实例改变状态(或值)

的时间。对象资源表是一个只读的表，每一个可动态配置的对象资源占用一个表项。

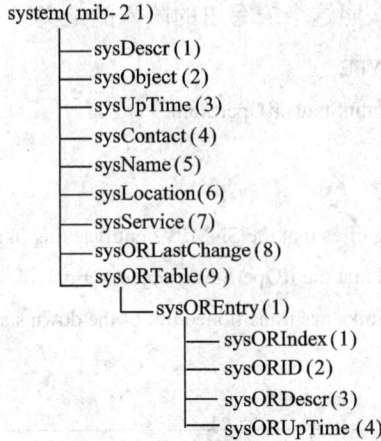

```
system( mib- 2 1)
      ├── sysDescr (1)
      ├── sysObject (2)
      ├── sysUpTime (3)
      ├── sysContact (4)
      ├── sysName (5)
      ├── sysLocation(6)
      ├── sysService (7)
      ├── sysORLastChange (8)
      └── sysORTable(9)
                └── sysOREntry (1)
                         ├── sysORIndex (1)
                         ├── sysORID (2)
                         ├── sysORDescr(3)
                         └── sysORUpTime (4)
```

图 4-17　SNMPv2 系统组

表 4-3　SNMPv2 系统组新增的对象

对　象	语　法	描　述
sysORLastChange	TimeStamp	sysORID 的任何实例的状态或值最近改变时 sysUpTime 的值
sysORTable	SEQUENCE OF	作为代理的 SNMPv2 实体中的可动态配置的对象资源表
sysORIndex	INTRGER	索引，唯一确定一个具体的可动态配置的对象资源
sysORID	OBJECT IDENTIFIER	类似于 MIB-2 中的 sysObjectID，表示这个实体的 ID
sysORDescr	DisplayString	对象资源的文字描述
sysORUpTime	TimeStamp	这个行最近开始作用时 sysUpTime 的值

2．SNMP 组

SNMP 组是由 MIB-2 的对应组改造而成的，有些对象被删除了，同时又增加了一些新对象，如图 4-18 所示。可以看出，新的 SNMP 组对象少了，去掉了许多对排错作用不大的变量。

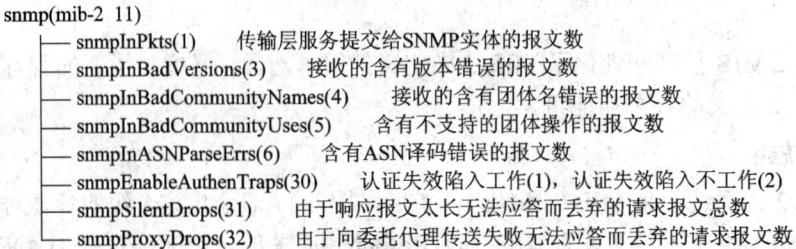

```
snmp(mib-2  11)
      ├── snmpInPkts(1)              传输层服务提交给SNMP实体的报文数
      ├── snmpInBadVersions(3)       接收的含有版本错误的报文数
      ├── snmpInBadCommunityNames(4)    接收的含有团体名错误的报文数
      ├── snmpInBadCommunityUses(5)     含有不支持的团体操作的报文数
      ├── snmpInASNParseErrs(6)      含有ASN译码错误的报文数
      ├── snmpEnableAuthenTraps(30)    认证失效陷入工作(1)，认证失效陷入不工作(2)
      ├── snmpSilentDrops(31)        由于响应报文太长无法应答而丢弃的请求报文总数
      └── snmpProxyDrops(32)         由于向委托代理传送失败无法应答而丢弃的请求报文数
```

图 4-18　改进的 SNMP 组

3．MIB 对象组

MIB 对象组为新组，包含的对象与管理对象的控制有关，分为两个子组，如图 4-19 所示。

```
snmpMIBObjects(snmpMIB 1)
    ├── snmpTrap(4)
    │        ├── snmpTrapOID(1)
    │        └── snmpTrapEnterprise(2)
    └── snmpSet(6)
             └── snmpSerialNo(1)
```

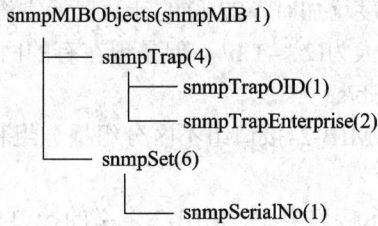

图 4-19　SNMP MIB 对象组

第一个子组 snmpTrap 由两个对象组成：

• snmpTrapOID：正在发送的陷入或通知的对象标识符，这个变量出现在陷入 PDU 或通知请求 PDU 的变量绑定表中的第二项。

• snmpTrapEnterprise：与正在发送的陷入有关的制造商的对象标识符，当 SNMPv2 的委托代理把一个 RFC1157 陷入 PDU 映像到 SNMPv2 陷入 PDU 时，这个变量出现在变量绑定表的最后。

第二个子组 snmpSet 仅有一个对象 snmpSerialNo，这个对象用于解决 Set 操作中可能出现的两个问题：

• 一个管理站可能向同一 MIB 对象发送多个 Set 操作，因此保证这些操作按照发送的顺序在 MIB 中执行是必要的，即使在传送过程中次序发生了错乱。

• 多个管理站对 MIB 的并发操作可能破坏了数据库的一致性和精确性。

解决这些问题的方法如下。snmpSerialNo 的语法是 TestAndIncr(文字约定为 0～2 147 483 647 之间的一个整数)，假设它的当前值是 K：如果代理收到的 Set 操作置 snmpSerialNo 的值为 K，则这个操作成功，响应 PDU 中返回 K 值，这个对象的新值增加为 $K+1(\bmod\ 2^{31})$；如果代理收到一个 Set 操作，置这个对象的值不等于 K，则这个操作失败，返回错误值 inconsistentValue。

之前说过 Set 操作具有原子性。所以要么全部完成，要么一个也不做。当管理站需要设置一个或多个 MIB 对象的值时，它首先检索 snmpSet 对象的值。然后管理站发出 Set 请求 PDU，变量绑定表中包含要设置的 MIB 变量及其值，也包含它检索到的 snmpSerialNo 的值。按照上面的规则 1，这个操作成功。如果有多个管理站发出的 Set 请求具有同样的 snmpSerialNo 值，则先到的 Set 操作成功，snmpSerialNo 的值增加后使其他操作失败。

4．接口组

MIB-2 定义的接口组经过一段时间的使用，发现有很多缺陷。RFC 1573 分析了原来的接口组没有提供的功能和其他不足之处。

(1) 接口编号：MIB-2 接口组定义变量 ifNumber 作为接口编号，而且是常数，这对于允许动态增加/删除网络接口的协议(例如 SLIP/PPP)是不合适的。

(2) 接口子层：有时需要区分网络层下面的各个子层，而 MIB-2 没有提供这个功能。

(3) 虚电路问题：对应一个网络接口可能有多个虚电路。

(4) 不同传输特性的接口：MIB-2 接口表记录的内容只适合基于分组传输的协议，不适合面向字符的协议(例如 PPP、EIA RS-232)，也不适合面向比特的协议(例如 DS1)和固定信息长度传输的协议(例如 ATM)。

(5) 计数长度：当网络速度增加时，32 位的计数器经常溢出回零。

(6) 接口速度：ifSpeed 最大为$(2^{32}-1)$b/s，但是现在有的网络速度已远远超过这个限制，例如 SONET OC-48 为 2.448 Gb/s。

(7) 组播/广播分组计数：MIB-2 接口组不区分组播分组和广播分组，但分别计数有时是有用的。

(8) 接口类型：ifType 表示接口类型，MIB-2 定义的接口类型不能动态增加，只能在推出新的 MIB 版本时再增加，而这个过程一般需要几年时间。

(9) ifSpecific 问题：MIB-2 对这个变量的定义很含糊。有的实现给这个变量赋予介质专用的 MIB 的对象标识符，而有的实现赋予介质专用表的对象标识符，或者是这种表的入口对象标识符，甚至是表的索引对象标识符。

根据以上分析，RFC 1573 对 MIB-2 接口组作了一些小的修改，主要是纠正了上面提到的有些问题。例如重新规定 ifIndex 不再代表一个接口，而是用于区分接口子层，而且不再限制 ifIndex 的取值必须在 1 到 ifNumber 之间。这样对应一个物理接口可以有多个代表不同逻辑子层的表行，还允许动态地增加/删除网络接口。RFC 1573 废除了有些用处不大的变量，例如 ifInNUcastPkts 和 ifOutNUcastPkts，它们的作用已经被接口扩展表中的新变量代替。由于变量 ifOutQLen 在实际中很少实现，也被废除了。变量 ifSpecific 由于前述原因也被废除了，它的作用已被 ifType 代替。同时把 ifType 的语法改变为 IANAifType，而这种类型可以由 Internet 编码机构(Internet Assigned Number Authorty)随时更新，从而不受 MIB 版本的限制。另外 RFC 1573 还对接口组增加了 4 个新表(见图 4-20)，下面介绍这 4 个新表的结构。

图 4-20　接口组增加的表

1) 接口扩展表

接口扩展表 ifXTable 的结构如图 4-21 所示。变量 ifName 表示接口名，表中可能有代表不同子层的多个行属于同一接口，它们具有同一接口名。下面的 4 个变量(ifInMulticastPkts、ifInBroadcastPkts、ifOutMulticastPkts 和 ifOutBroadcastPkts)代替了原表中的 ifInNUcastPkts 和 ifOutNUcastPkts，分别计数输入/输出的组播/广播分组数。紧接着的 8 个变量(6~13)是 64 位的高容量计数器，用于高速网络中的字节/分组计数。变量 ifLinkUpDownTrapEnable 分别用枚举整数值 enabled(1)和 disabled(2)表示使能/不使能 linkUp 和 linkDown 陷入。下一个变量 ifHighSpeed 是计量器，记录接口的瞬时数据速率(Mb/s)。如果它的值是 n，则表示接口当时的速率在[n-0.5，n+0.5]Mb/s 区间。对象 ifPromiscuousMode 具有枚举整数值 true(1)或 false(2)，用于说明接口是否接收广播和组播分组。最后一个变量 ifConnectorPresent 的类型与 ifPromiscuousMode 相同，它说明接口子层是否具有物理连接器。

```
ifXTable(1)
  └──── ifXEntry
              ├──── ifName(1)
              ├──── ifInMulticastPkts(2)
              ├──── ifInBroadcastPkts(3)
              ├──── ifOutMulticastPkts(4)
              ├──── ifOutBroadcastPkts(5)
              ├──── ifHCInOctets(6)
              ├──── ifHCInUcastPkts(7)
              ├──── ifHCInMulticastPkts(8)
              ├──── ifHCInBroadcastPkts(9)
              ├──── ifHCOutOctets(10)
              ├──── ifHCOutUcastPkts(11)
              ├──── ifHCOutMulticastPkts(12)
              ├──── ifHCOutBroadcastPkts(13)
              ├──── ifLinkUpDownTrapEnable(14)
              ├──── ifHighSpeed(15)
              ├──── ifPromiscuousMode(16)
              └──── ifConnectorPresent(17)
```

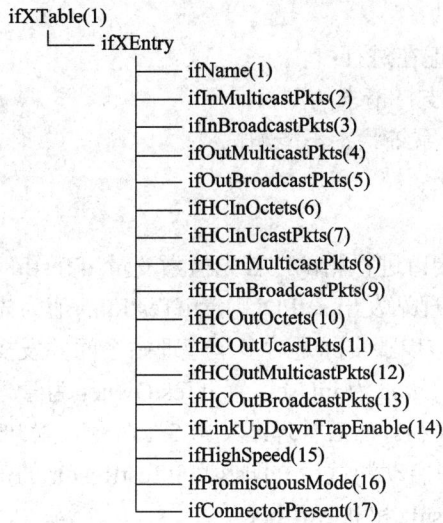

图 4-21　接口扩展表 ifXTable 的结构

2) 接口堆栈表

接口堆栈表(见图 4-22)说明接口表中属于同一物理接口的各个行之间的关系，指明哪些子层运行于哪些子层之上。该表中的一行定义了 ifTable 中两行之间的上下层关系：ifStackHigherLayer 表示上层行的索引值，ifStackLowerLayer 表示下层行的索引值，而 ifStackStatus 表示行状态，用于行的生成和删除。

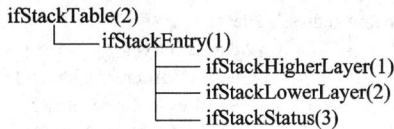

```
ifStackTable(2)
  └──── ifStackEntry(1)
                 ├──── ifStackHigherLayer(1)
                 ├──── ifStackLowerLayer(2)
                 └──── ifStackStatus(3)
```

图 4-22　接口堆栈表

3) 接口测试表

接口测试表(见图 4-23)的作用是由管理站指示代理系统测试接口的故障。该表的一行代表一个接口测试。其中的变量 ifTestId 表示每个测试的唯一标识符，变量 ifTestStatus 说明这个测试是否正在进行，可以取值 notInUse(1)或 inUse(2)，测试类型变量 ifTestType 可以由管理站设置，以便启动测试工作。这 3 个变量的值都与测试逻辑有关，测试结果由变量 ifTestResult 和 ifTestCode 给出，ifTestCode 返回有关测试结果的详细信息。

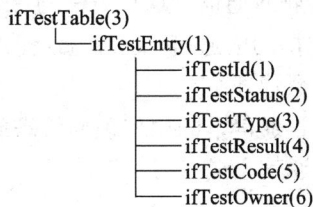

```
ifTestTable(3)
  └──── ifTestEntry(1)
                ├──── ifTestId(1)
                ├──── ifTestStatus(2)
                ├──── ifTestType(3)
                ├──── ifTestResult(4)
                ├──── ifTestCode(5)
                └──── ifTestOwner(6)
```

图 4-23　接口测试表

代理返回管理站的 ifTestResult 变量可能取下列值之一：

• none(1)：没有请求测试；

- success(2)：测试成功；
- inProgress(3)：测试正在进行；
- notSupported(4)：不支持请求的测试；
- unAbleRun(5)：由于系统状态不能测试；
- aborted(6)：测试夭折；
- failed(7)：测试失败。

管理站如果要对一个接口进行测试，首先检索变量 ifTestId 和 ifTestStatus 的值。如果测试状态是 notInUse，则管理站发出 setPDU，置 ifTestId 的值为先前检索的值。由于 ifTestId 的类型是 TestAndIncr，这一步骤实际是对多个管理站之间并发操作的控制。如果这一步成功，则由代理系统置 ifTestStatus 为 inUse，置 ifTestOwner 为管理站的标识字节串，于是该管理站得到了进行测试的权利。然后管理站发出 Set 命令，置 ifTestType 为 test_to_run，指示代理系统开始测试。代理启动测试后立即返回 ifTestResult 的值 inProgress。测试完成后，代理给出测试结果 ifTestResult 和 ifTestCode。

4) 接口接收地址表

接口接收地址表(见图 4-24)包含每个接口对应的各种地址(广播地址、组播地址和单地址)。这个表的第一个变量 ifRcvAddressAddress 表示接口接收分组的地址，第三个变量 ifRcvAddressType 表示地址的类型，可以取值 other(1)、volatile(2)或 nonVolatile(3)。所谓易失的(volatile)地址是系统断电后就丢失了，非易失的地址永远存在。变量 ifRcvAddressStatus 用于行的增加和删除。

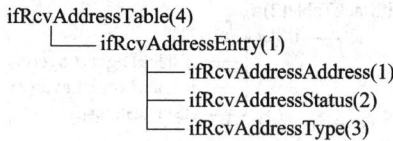

```
ifRcvAddressTable(4)
    └── ifRcvAddressEntry(1)
                    ── ifRcvAddressAddress(1)
                    ── ifRcvAddressStatus(2)
                    ── ifRcvAddressType(3)
```

图 4-24　接口接收地址表

4.6　SNMPv2 协议数据单元

SNMPv2 提供了 3 种访问管理信息的方法：
- 管理站和代理之间的请求/响应通信，这种方法与 SNMPv1 是一样的。
- 管理站和管理站之间的请求/响应通信，这种方法是 SNMPv2 特有的，可以由一个管理站把有关管理信息告诉另外一个管理站。
- 代理系统到管理站的非确认通信，即由代理向管理站发送陷入报文，报告出现的异常情况。SNMPv1 中也有对应的通信方式。

4.6.1　SNMPv2 报文

SNMPv2 PDU 封装在报文中传送，报文头提供了简单的认证功能，而 PDU 可以完成上面提到的各种操作。本节首先介绍报文头的格式和作用，然后讨论协议数据单元的结构。

SNMPv2 报文的结构分为 3 部分：版本号、团体名和作为数据传送的 PDU。这个格式与 SNMPv1 一样。版本号取值 0 代表 SNMPv1，取值 1 代表 SNMPv2。团体名提供简单的认证功能，与 SNMPv1 的用法一样。

SNMPv2 实体发送一个报文一般要经过下面 4 个步骤：

(1) 根据要实现的协议操作构造 PDU。

(2) 把 PDU、源和目标端口地址以及团体名传送给认证服务，认证服务产生认证码或对数据进行加密，返回结果。

(3) 加入版本号和团体名，构造报文。

(4) 进行 BER 编码，产生 0/1 比特串，发送出去。

SNMPv2 实体接收到一个报文后要完成下列动作：

(1) 对报文进行语法检查，丢弃出错的报文。

(2) 把 PDU 部分、源和目标端口号交给认证服务。如果认证失败，发送一个陷入，丢弃报文。

(3) 如果认证通过，则把 PDU 转换成 ASN.1 的形式。

(4) 协议实体对 PDU 作句法检查，如果通过，根据团体名和适当的访问策略作相应的处理。

4.6.2　SNMPv2 PDU

SNMPv2 共有 6 种协议数据单元，分为 3 种 PDU 格式，见图 4-25。注意 GetRequest、GetNextRequest、SetRequest、InformRequest 和 Trap 等 5 种 PDU 与 Response PDU 具有相同的格式，只是它们的错误状态和错误索引字段被置为 0，这样就减少了 PDU 格式的种类。

PDU类型	请求标识	0	0	变量绑定表

(a) GetRequest、GetNextRequest、SetRequest、InformRequest和Trap

PDU类型	请求标识	错误状态	错误索引	变量绑定表

(b) Response PDU

PDU类型	请求标识	非重复数N	最大后继数M	变量绑定表

(c) GetBulkRequest PDU

图 4-25　SNMPv2 PDU 格式

这些协议数据单元在管理站和代理系统之间或者是两个管理站之间交换，以完成需要的协议操作。它们的交换序列如图 4-26 和图 4-27 所示。下面解释管理站和代理系统对这些 PDU 的处理和应答过程。

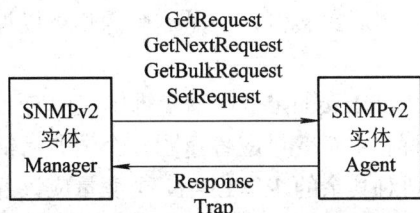

图 4-26　管理站和代理系统之间的通信

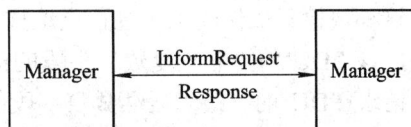

图 4-27　管理站和管理站之间的通信

1. GetRequest PDU

SNMPv2 对这种操作的响应方式与 SNMPv1 不同，SNMPv1 的响应是原子性的，即只要有一个变量的值检索不到，就不返回任何值。而 SNMPv2 的响应不是原子性的，允许部分响应，按照以下规则对变量绑定表中的各个变量进行处理：

• 如果该变量的对象标识符前缀不能与这一请求可访问的任何变量的对象标识符前缀匹配，则返回一个错误值 noSuchObject。

• 如果变量名不能与这一请求可访问的任何变量名完全匹配，则返回一个错误值 noSuchInstance。这种情况可能出现在表访问中：访问了不存在的行，或正在生成中的表行等。

• 如果不属于以上情况，则在变量绑定表中返回被访问的值。

• 如果由于任何其他原因而处理失败，则返回一个错误状态 genErr，对应的错误索引指向有问题的变量。

• 如果生成的响应 PDU 太大，超过了本地的或请求方的最大报文限制，则放弃这个 PDU，构造一个新的响应 PDU，其错误状态为 tooBig，错误索引为 0，变量绑定表为空。

改变 Get 响应的原子性为可以部分响应是一个重大进步。在 SNMPv1 中，如果 Get 操作的一个或多个变量不存在，代理就返回错误 noSuchName。剩下的事情完全由管理站处理：要么不向上层返回值；要么去掉不存在的变量，重发检索请求，然后向上层返回部分结果。由于生成部分检索算法的复杂性，很多管理站并不实现这一功能，因而就不可能与实现部分管理对象的代理系统互操作。

2. GetNextRequest PDU

在 SNMPv2 中，这种检索请求的格式和语义与 SNMPv1 基本相同，唯一的差别就是改变了响应的原子性。SNMPv2 实体按照下面的规则处理 GetNext PDU 变量绑定表中的每一个变量，构造响应 PDU：

• 对变量绑定表中指定的变量在 MIB 中查找按照词典顺序的后继变量，如果找到，返回该变量(对象实例)的名字和值。

• 如果找不到按照词典顺序的后继变量，则返回请求 PDU 中的变量名和错误值 endOfMibView。

• 如果出现其他情况使得构造响应 PDU 失败，则以与 GetRequest 类似的方式返回错误值。

3. GetBulkRequest PDU

这是 SNMPv2 对原标准的主要增强，目的是以最少的交换次数检索大量的管理信息，或者说管理站要求尽可能大的响应报文。对这个操作的响应，在选择 MIB 变量值时采用与 GetNextRequest 同样的原理，即按照词典顺序选择后继对象实例，但是这个操作可以说明多种不同的后继。

这种块检索操作的工作过程是这样的。假设 GetBulkRequestPDU 变量绑定表中有 L 个变量，该 PDU 的"非重复数"字段的值为 N，则对前 N 个变量应各返回一个词典后继。再设请求 PDU 的"最大后继数"字段的值为 M，则对其余的 R = L − N 个变量应该各返回最多 M 个词典后继。如果可能，总共返回 N + R × M 个值。GetBulkRequest 检索得到的值如图 4-28 所示。如果在任何一步查找过程中遇到不存在后继的情况，则返回错误值 endOfMibView。

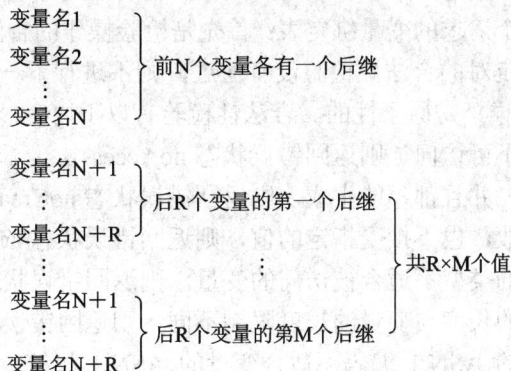

图 4-28　GetBulkRequest 检索得到的值

为了说明块检索的方法，让我们考虑一个例子，假设有表 4-4 所示的表。

表 4-4　例　表

ifIndex	ipNetToMediaNetAddress	ipNetToMediaPhysAddress	ipNetToMediaType
1	9.2.3.4	00 00 10 54 32 10	dynamic
1	10.0.0.51	00 00 10 01 23 45	static
2	10.0.0.15	00 00 10 98 76 54	dynamic

这个表的索引由前两个变量组成。如果管理站希望检索这个表的值和一个标量对象 sysUpTime 的值，则可以发出这样的请求：

GetBulkRequest[非重复数 = 1，最大后继数 = 2]

{sysUpTime，ipNetToMediaPhysAddress，ipNetToMediaType}

代理的响应是

Response((sysUpTime.0 = "123456"),

(ipNetToMediaPhysAddress.1.9.2.3.4 = "00 00 10 54 32 10"),

(ipNetToMediaType.1.9.2.3.4 = "dynamic"),

(ipNetToMediaPhysAddress.1.10.0.0.51 = "00 00 10 01 23 45"),

(ipNetToMediaType.1.10.0.0.51 = " static"))

管理站又发出下一个请求：

GetBulkRequest[非重复数 = 1，最大后继数 = 2]

{sysUpTime，ipNetToMediaPhysAddress.1.10.0.0.51,

ipNetToMediaType.1.10.0.0.51}

代理的响应是

Response((sysUpTime.0 = "123466"),

(ipNetToMediaPhysAddress.2.10.0.0.15 = " 00 00 10 98 76 54"),

(ipNetToMediaType.2.10.0.0.15 = "dynamic"),

(ipNetToMediaType.1.9.2.3.4 = "dynamic"),

(ipRoutingDiscards.0 = "2"))

4．SetRequest PDU

这个请求的格式和语义与 SNMPv1 的基本相同，差别是处理响应的方式不同。SNMPv2 实体分两个阶段处理这个请求的变量绑定表：首先是检验操作的合法性，然后再更新变量。如果至少有一个变量绑定对的合法性检验没有通过，则不进行下一阶段的更新操作。所以这个操作与 SNMPv1 一样，是原子性的。合法性检验有以下内容：

* 如果有一个变量不可访问，则返回错误状态 noAccess.。
* 如果变量不存在，并且都不能生成，则返回错误状态 noCreation。
* 如果变量不能修改，也不接受指定的值，则返回错误状态 notWritable。
* 如果要设置的值的类型不适合被访问的变量，则返回错误状态 wrongType。
* 如果要设置的值的长度与变量的长度限制不同，则返回错误状态 wrongLength。
* 如果要设置的值的 ASN.1 编码不适合变量的 ASN.1 标签，则返回错误状态 wrongEncoding。
* 如果指定的值在任何情况下都不能赋予变量，则返回错误状态 wrongValue。
* 如果变量不存在，也不能生成，则返回错误状态 noCreation。
* 如果变量不存在，只是在当前的情况下不能生成，则返回错误状态 inconsistantName。
* 如果变量存在，但不能修改，则返回错误状态 notWritable。
* 如果变量在其他情况下可以赋予指定的值，但当前不行，则返回错误状态 inconsistantValue。
* 如果为了给变量赋值而缺乏需要的资源，则返回错误状态 resourceUnavailable。
* 如果由于其他原因而处理变量绑定对失败，则返回错误状态 genErr。

如果对任何变量检查出上述任何一种错误，则在响应 PDU 变量绑定表中设置对应的错误状态，错误索引设置为问题变量的序号。使用如此之多的错误代码也是 SNMPv2 的一大进步，这使得管理站能了解详细的错误信息，以便采取纠正措施。

如果没有检查出错误，就可以给所有指定变量赋予新值。若有至少一个赋值操作失败，则所有赋值被撤销，并返回错误状态为 commitFailed 的 PDU，错误索引指向问题变量的序号。但是若不能全部撤销所赋的值，则返回错误状态 undoFailed，错误索引字段置 0。

5．Trap PDU

陷入是由代理发给管理站的非确认性消息。SNMPv2 的陷入采用与 Get 等操作相同的 PDU 格式，这一点也是与原标准不同的。TrapPDU 的变量绑定表中应报告下面的内容：

* sysUpTime.0 的值，即发出陷入的时间。
* snmpTrapOID.0 的值，这是 SNMPv2 MIB 对象组定义的陷入对象的标识符。
* 有关通知宏定义中包含的各个变量及其值。
* 代理系统选择的其他变量的值。

6．InformRequest PDU

这是管理站发送给管理站的消息，其 PDU 格式与 Get 等操作相同，变量绑定表的内容与陷入报文的一样。但是这个消息是需要应答的。所以管理站收到通知请求后首先要决定应答报文的大小，如果应答报文大小超过本地或对方的限制，则返回错误状态 tooBig。如果接收的请求报文不是太大，则把有关信息传送给本地的应用实体，返回一个错误状态为

noErr 的响应报文，其变量绑定表与收到的请求 PDU 相同。关于管理站之间通信的内容，SNMPv2 给出了详细的定义，见下一小节。

4.6.3 管理站之间的通信

SNMPv2 增加的管理站之间的通信机制是分布式网络管理所需要的功能特征，为此引入了通知报文 InformRequest 和管理站数据库(manager-to-manager MIB)。管理站数据库主要由 3 个表组成：

• snmpAlarmTable(报警表)：提供被监视的变量的有关情况，类似于 RMON 警报组的功能，但这个表记录的是管理站之间的报警信息。

• snmpEventTable(事件表)：记录 SNMPv2 实体产生的重要事件，或者是报警事件，或者是通知类型宏定义的事件。

• snmpEventNotifyTable(事件通知表)：定义了发送通知的目标和通知的类型。

由这 3 个表以及其他有关标量对象共同组成了 snmpM2M 模块，该模块表示了管理站之间交换的主要信息。

报警表如图 4-29 所示，它有 5 个变量，其解释分别如下，其他有关内容可参照 RMON 报警组的解释。

• snmpAlarmSampleType(4)：采样类型，可取 absoluteValue(1)和 deltaValue(2)两个值。

• snmpAlarmStartUpAlarm(6)：报警方式，可取 risingAlarm(1)、fallingAlarm(2)和 risingOrFallingAlarm(3)3 个值。

• snmpAlarmRisingEventIndex(9)：事件表索引，当被采样的变量超过上升门限时产生该事件。

• snmpAlarmFallingEventIndex(10)：事件表索引，当被采样的变量低于下降门限时产生该事件。

• snmpAlarmUnavailableEventIndex(11)：事件表索引，当被采样的变量不可用时产生该事件。

图 4-29 snmpAlarmTable

事件表共有 6 个变量，如图 4-30 所示。事件通知表有 4 个变量，如图 4-31 所示。这两个表已经对其中的变量作了解释。

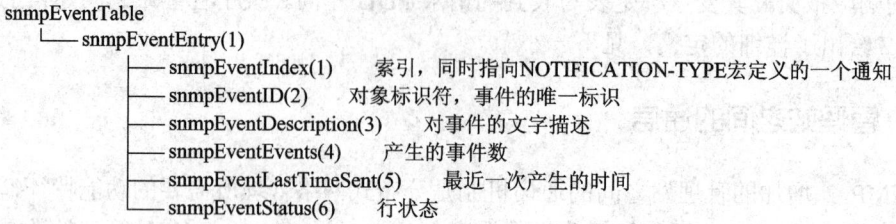

```
snmpEventTable
  └── snmpEventEntry(1)
          ├── snmpEventIndex(1)        索引,同时指向NOTIFICATION-TYPE宏定义的一个通知
          ├── snmpEventID(2)           对象标识符,事件的唯一标识
          ├── snmpEventDescription(3)  对事件的文字描述
          ├── snmpEventEvents(4)       产生的事件数
          ├── snmpEventLastTimeSent(5) 最近一次产生的时间
          └── snmpEventStatus(6)       行状态
```

图 4-30　事件表

```
snmpEventNotifyTable
  └── snmpEventNotifyEntry(1)
          ├── snmpEventNotifyIntervalRequested(1)       传送通知请求的时间间隔
          ├── snmpEventNotifyRetransmissionsRequested(2)  重传通知请求的次数
          ├── snmpEventNotifyLifetime(3)     事件保持时间,超时后行失效
          └── snmpEventNotifyStatus(4)       行状态
```

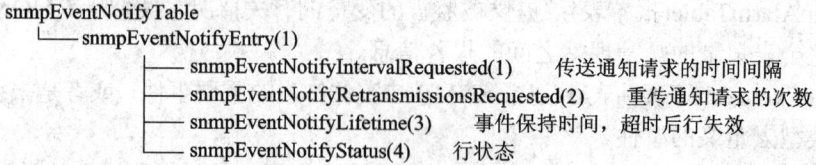

图 4-31　事件通知表

4.7　SNMPv3

4.7.1　SNMPv3 管理框架

在 RFC 2571 描述的管理框架中,以前叫做管理站和代理的东西现在统一叫做 SNMP 实体(SNMP Entity)。实体是体系结构的一种实现,由一个 SNMP 引擎(SNMP Engine)和一个或多个有关的 SNMP 应用(SNMP Application)组成。图 4-32 所示为 SNMP 实体的组成元素。

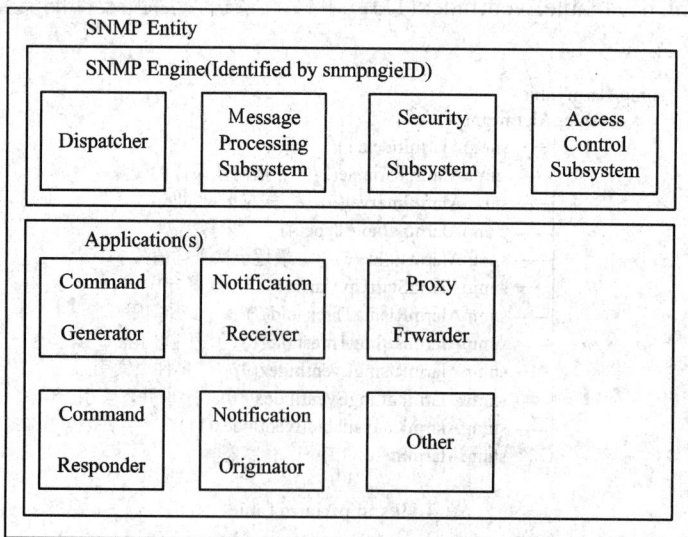

图 4-32　SNMP 实体的组成元素

4.7.2　SNMP 引擎

SNMP 引擎提供下列服务：

- 发送和接收报文；
- 认证和加密报文；
- 控制管理对象的访问。

SNMP 引擎有唯一的标识 snmpEngineID，这个标识在一个上层管理域中是无二义性的。由于 SNMP 引擎和 SNMP 实体具有一一对应的关系，所以 snmpEngineID 也是对应的 SNMP 实体的唯一标识。SNMP 引擎具有复杂的结构，它包含：

- 一个调度器(Dispatcher)；
- 一个报文处理子系统(Message Processing Subsystem)；
- 一个安全子系统(Security Subsystem)；
- 一个访问控制子系统(Access Control Subsystem)。

1．调度器

一个 SNMP 引擎只有一个调度器，它可以并发地处理多个版本的 SNMP 报文。调度器的功能包括：

- 向/从网络中发送/接收 SNMP 报文；
- 确定 SNMP 报文的版本，并交给相应的报文处理模块处理；
- 为接收 PDU 的 SNMP 应用提供一个抽象的接口；
- 为发送 PDU 的 SNMP 应用提供一个抽象的接口。

2．报文处理子系统

报文处理子系统由一个或多个报文处理模块(Message Processing Model)组成。每一个报文处理模块都定义了一种特殊的 SNMP 报文格式，它的功能是按照预定的格式准备要发送的报文，或者从接收的报文中提取数据，如图 4-33 所示。

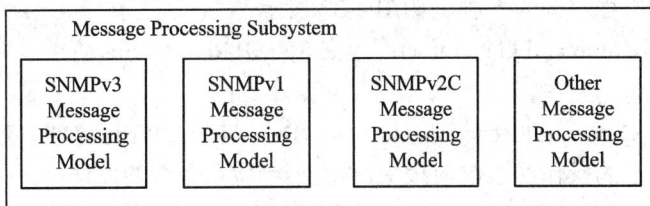

图 4-33　SNMP 报文处理子系统

这种体系结构允许扩充其他的报文处理模块，扩充的处理模块可以是企业专用的，也可以是以后的标准增添的。每一个报文处理模块都定义了一种特殊的 SNMP 报文格式，以便能够按照这种格式生成报文或从报文中提取数据。

3．安全子系统

安全子系统提供安全服务，例如报文的认证和加密。一个安全子系统可以有多个安全模块，以便提供各种不同的安全服务，如图 4-34 所示。

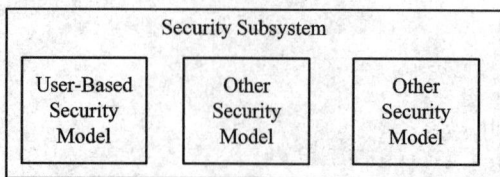

图 4-34　安全子系统

安全子系统由安全模型和安全协议组成。每一个安全模块定义了一种具体的安全模型，说明它可以防护的安全威胁、它提供安全服务的目标和使用的安全协议。而安全协议则说明了用于提供安全服务(例如认证和加密)的机制、过程，以及 MIB 对象。目前的标准提供了基于用户的安全模型(User-Based Security Model)。

4．访问控制子系统

访问控制子系统通过访问控制模块(Access Control Model)提供授权服务，即确定是否允许访问一个管理对象，或者是否可以对某个管理对象实施特殊的管理操作，如图 4-35 所示。每个访问控制模块都定义了一个具体的访问决策功能，用以支持对访问权限的决策。在应用程序的处理过程中，访问控制模块还可以通过已定义的 MIB 模块进行远程配置访问控制策略。SNMPv3 定义了基于视图的访问控制模型(View-Based Access，Control Model)。

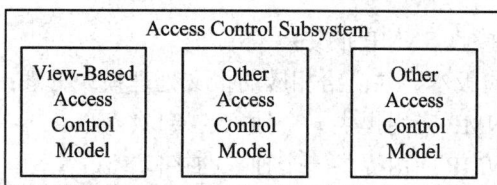

图 4-35　访问控制子系统

4.7.3　应用程序

SNMPv3 的应用程序分为 5 种，如图 4-32 所示。

• 命令生成器(Command Generator)：建立 SNMP Read/Write 请求，并且处理这些请求的响应。

• 命令响应器(Command Responder)：接收 SNMP Read/Write 请求，对管理数据进行访问，并按照协议规定的操作产生响应报文，返回给读/写命令的发送者。

• 通知发送器(Notification Originator)：监控系统中出现的特殊事件，产生通知类报文，并且要有一种机制，以决定向何处发送报文、使用什么 SNMP 版本和安全参数等。

• 通知接收器(Notification Receiver)：监听通知报文，并对确认型通知产生响应。

• 代理转发器(Proxy Forwarder)：在 SNMP 实体之间转发报文。

在 SNMP 的历史上使用的“proxy”一词有多种含义，但是在 RFC 2573 中则是专指转发 SNMP 报文，而不考虑报文中包含何种对象，也不处理 SNMP 请求，所以它与传统的 SNMP 代理(agent)是不同的。

这 5 种应用程序的抽象接口和操作过程就不叙述了，读者可参考有关文件。为了与以前版本对照，下面给出管理站和代理的组成。

4.7.4　SNMP 管理站和代理

一个 SNMP 实体包含一个或多个命令生成器以及通知接收器，这种实体传统上叫做 SNMP 管理站，如图 4-36 所示。

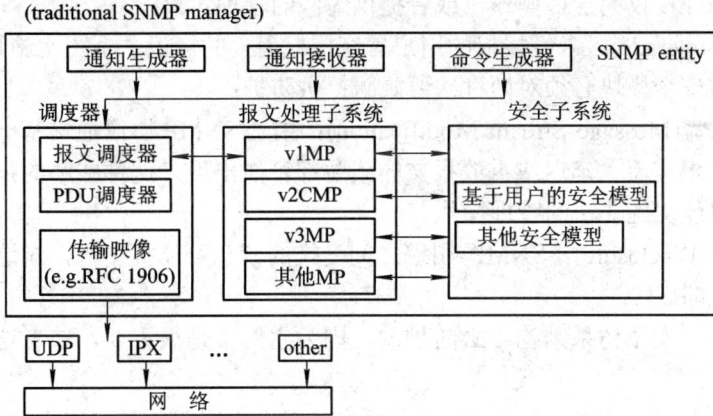

图 4-36　管理站

一个 SNMP 实体包含一个或多个命令响应器以及通知发送器，这种实体传统上叫做 SNMP 代理，如图 4-37 所示。

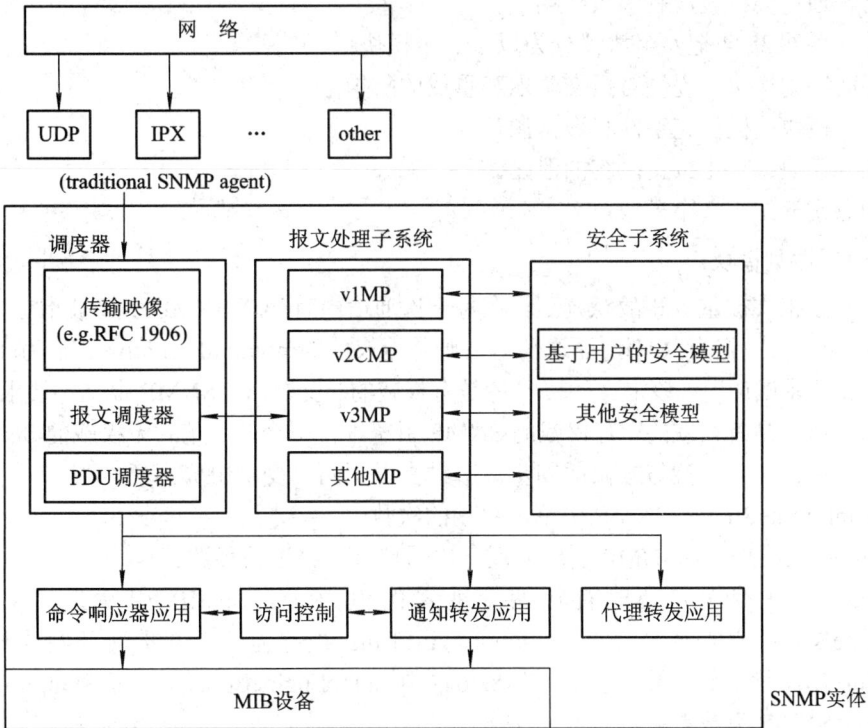

图 4-37　代理

4.7.5　基于用户的安全模型(USM)

SNMPv3 把对网络协议的安全威胁分为主要的和次要的两类。标准规定安全模块必须提供防护的两种主要威胁如下:

• 修改信息(Modification of Information): 某些未经授权的实体改变了进来的 SNMP 报文,企图实施未经授权的管理操作,或者提供虚假的管理对象。

• 假冒(Masquerade): 未经授权的用户冒充授权用户的标识,企图实施管理操作。

标准还规定安全模块必须对两种次要威胁提供防护:

• 修改报文流(Message Stream Modification): 由于 SNMP 协议通常基于无连接的传输服务,重新排序报文流、延迟或重放报文的威胁都可能出现。这种威胁的危害性在于通过报文流的修改可能实施非法的管理操作。

• 消息泄露(Disclosure): SNMP 引擎之间交换的信息可能被偷听,对这种威胁的防护应采取局部的策略。

有两种威胁是安全体系结构不必防护的,因为它们不是很重要,或者这种防护没有多大作用:

• 拒绝服务(Denial of Service): 因为在很多情况下拒绝服务和网络失效是无法区别的,所以可以由网络管理协议来处理,安全子系统不必采取措施。

• 通信分析(Traffic Analysis): 由第三者分析管理实体之间的通信规律,从而获取需要的信息。由于通常都是由少数管理站来管理整个网络的,所以管理系统的通信模式是可预见的,防护通信分析就没有多大作用了。

因此,RFC 2574 把安全协议分为以下 3 个模块:

• 时间序列模块: 提供对报文延迟和重放的防护。

• 认证模块: 提供完整性和数据源认证。

• 加密模块: 防止报文内容的泄露。

下面分别介绍这 3 个模块。

1. 时间序列模块

为了防止报文被重放和故意延迟,在每一次通信中有一个 SNMP 引擎被指定为是有权威的(authoritative,记为 AU),而通信对方则是无权威的(non-authoritative,记为 NA)。当 SNMP 报文要求响应时,该报文的接收者是有权威的。反之,当 SNMP 报文不要求响应时,该报文的发送者是有权威的。有权威的 SNMP 引擎维持一个时钟值,无权威的 SNMP 引擎跟踪这个时钟值,并保持与之松散同步。时钟由以下两个变量组成:

• snmpEngineBoots: SNMP 引擎重启动的次数。

• snmpEngineTime: SNMP 引擎最近一次重启动后经过的秒数。

SNMP 引擎首次安装时置这两个变量的值为 0。SNMP 引擎重启动一次,snmpEngineBoots 增值一次,同时 snmpEngineTime 被置为 0,并重新开始计时。如果 snmpEngineTime 增加到了最大值 2 147 483 647,则 snmpEngineBoots 加 1,而 snmpEngineTime 回 0,就像 SNMP 引擎重新启动过一样。

另外还需要一个时间窗口来限定报文提交的最大延迟时间,这个界限通常由上层管理模块决定，延迟时间在这个界限之内的报文都是有效的。在 RFC 2574 文件中，时间窗口定为 150 秒。

对于一个 SNMP 引擎，如果要把一个报文发送给有权威的 SNMP 引擎，或者要验证一个从有权威的 SNMP 引擎接收来的报文，则它首先必须"发现"有权威的 SNMP 引擎的 snmpEngineBoots 和 snmpEngineTime 值。发现过程是由无权威的 SNMP 引擎(NA)向有权威的 SNMP 引擎(AU)发送一个 Request 报文，其中：

　　　　msgAuthoritativeEngineID = AU 的 snmpEngineID
　　　　msgAuthoritativeEngineBoots = 0
　　　　msgAuthoritativeEngineTime = 0

而有权威的 SNMP 引擎返回一个 Report 报文，其中：

　　　　msgAuthoritativeEngineID = AU 的 snmpEngineID
　　　　msgAuthoritativeEngineBoots = snmpEngineBoots
　　　　msgAuthoritativeEngineTime = snmpEngineTime

于是，无权威的 SNMP 引擎把发现过程中得到的 msgAuthoritativeEngineBoots 和 msgAuthoritativeEngineTime 值存储在本地配置数据库中，分别记为 BootsL 和 TimeL。

当有权威的 SNMP 引擎收到一个认证报文时，从其中提取 msgAuthoritativeEngineBoots 和 msgAuthoritativeEngineTime 字段的新值，分别记为 BootsA 和 TimeA。如果下列条件之一成立，则认为该报文在时间窗口之外：

- BootsL 为最大值 2 147 483 647；
- BootsA 与 BootsL 的值不同；
- TimeA 与 TimeL 的值相差大于 +/−150 秒。

当无权威的 SNMP 引擎收到一个认证报文时，从其中提取 msgAuthoritativeEngineBoots 和 msgAuthoritativeEngineTime 字段的新值，分别记为 BootsA 和 TimeA。如果下列条件之一成立：

- BootsA 大于 BootsL；
- BootsA 等于 BootsL，而 TimeA 大于 TimeL。

则引起下面的重同步过程：

- 置 BootsL = BootsA；
- 置 TimeL = TimeA。

当无权威的 SNMP 引擎收到一个认证报文时，如果下列条件之一成立，则认为该报文在时间窗口之外：

- BootsL 为最大值 2 147 483 647；
- BootsA 小于 BootsL 的值；
- BootsA 与 BootsL 的值相等，而 TimeA 小于 TimeL 的值 150 秒。

值得注意的是，时间序列的验证必须使用认证协议，否则从报文中得到的 msgAuthoritativeEngineBoots 和 msgAuthoritativeEngineTime 就不可靠了。

2．认证模块

所谓 MAC，是指报文认证码(Message Authentication Code)。MAC 通常用于共享密钥

的两个实体之间,这里的 MAC 机制使用散列(Hash)函数作为密码,所以叫做 HMAC。HMAC 可以结合任何重复加密的散列函数,例如 MD5 和 SHA-1。可见 HMAC-MD5-96 认证协议就是使用散列函数 MD5 的报文认证协议,输出的报文摘要长度为 96 位。

1) HMAC-MD5-96协议

HMAC-MD5-96 是 USM 必须支持的第一个报文摘要认证协议。这个协议可以验证报文的完整性,还可以验证数据源的有效性。实现这个协议涉及下列变量:

- <userName>:表示用户名字的字符串。
- <authKey>:用户用于计算认证码的密钥,16 字节(128 位)长。
- <extendedAuthKey>:在 authKey 后面附加 48 个 0 字节,组成 64 个字节的认证码。
- <wholeMsg>:需要认证的报文。
- <msgAuthenticationParameters>:计算出的报文认证码。
- <authenticatedWholeMsg>:完整的认证报文。

计算报文摘要的过程如下:

(1) 把 msgAuthenticationParameters 字段置为 12 个 0 字节。

(2) 根据密键 authKey 计算 K1 和 K2:

① 在 authKey 后面附加 48 个 0 字节,组成 64 个字节的认证码 extendedAuthKey;

② 重复 0x36 字节 64 次,得到 IPAD;

③ 把 extendedAuthKey 与 IPAD 按位异或(XOR),得到 K1;

④ 重复 0x5C 字节 64 次,得到 OPAD;

⑤ 把 extendedAuthKey 与 OPAD 按位异或(XOR),得到 K2;

(3) 把 K1 附加在 wholeMsg 后面,根据 MD5 算法计算报文摘要。

(4) 把 K2 附加在第(3)步得到的结果后面,根据 MD5 算法计算报文摘要(16 字节),取前 12 个字节(96 位)作为最后的报文摘要,即报文认证码 MAC。

(5) 用第(4)步得到的 MAC 代替 msgAuthenticationParameters。

(6) 返回 authenticatedWholeMsg 作为被认证的报文。

为了说明 HMAC-MD5 算法,下面举出取自 RFC 2104 中的一个例子:

```
/* Function: hmac_md5*/
void
hmac_md5(text, text_len, key, key_len, digest)
unsigned char*    text;         /* pointer to data stream */
int    text_len;                /* length of data stream */
unsigned char*    key;          /* pointer to authentication key */
int    key_len;                 /* length of authentication key */
caddr_t        digest;          /* caller digest to be filled in */
{
    MD5_CTX context;
    unsigned char k_ipad[65];   /*inner padding key XORd with ipad*/
    unsigned char k_opad[65];   /* outer padding key XORd with opad*/
    unsigned char tk[16];
```

```
int i;
/* if key is longer than 64 bytes reset it to key = MD5(key) */
        if (key_len > 64) {
                MD5_CTX    tctx;
                MD5Init(&tctx);
                MD5Update(&tctx, key, key_len);
                MD5Final(tk, &tctx);
                key = tk;
                key_len = 16;
        }
        /* the HMAC_MD5 transform looks like:
         * MD5(K XOR opad, MD5(K XOR ipad, text))
         * where K is an n byte key
         * ipad is the byte 0x36 repeated 64 times
         * opad is the byte 0x5c repeated 64 times
         * and text is the data being protected
         */

        /* start out by storing key in pads */
        bzero( k_ipad, sizeof k_ipad);
        bzero( k_opad, sizeof k_opad);
        bcopy( key, k_ipad, key_len);
        bcopy( key, k_opad, key_len);

        /* XOR key with ipad and opad values */
        for (i = 0; i<64; i++) {
            k_ipad[i] ^= 0x36;
            k_opad[i] ^= 0x5c;
        }
                                                /* perform inner MD5 */
        MD5Init(&context);                      /* init context for 1st pass */
        MD5Update(&context, k_ipad, 64)  /* start with inner pad */
        MD5Update(&context, text, text_len);    /* then text of datagram */
        MD5Final(digest, &context);             /* finish up 1st pass */
                                                /* perform outer MD5    */
        MD5Init(&context);                      /* init context for 2nd pass */
        MD5Update(&context, k_opad, 64);/* start with outer pad */
        MD5Update(&context, digest, 16);        /* then results of 1st hash */
        MD5Final(digest, &context);             /* finish up 2nd pass */

}
```

下面是用实际的字符串进行测试的结果:

```
Test Vectors (Trailing '\0' of a character string not included in test):
key =                0x0b0b0b0b0b0b0b0b0b0b0b0b0b0b0b0b
key_len =    16 bytes
data =       "Hi There"
data_len =   8    bytes
digest = 0x9294727a3638bb1c13f48ef8158bfc9d

key =        "Jefe"
data =       "what do ya want for nothing?"
data_len =   28 bytes
digest = 0x750c783e6ab0b503eaa86e310a5db738

key =        0xAAAAAAAAAAAAAAAAAAAAAAAAAAAAAAAA
key_len =    16 bytes
data =       0xDDDDDDDDDDDDDDDDDDDD...
             ..DDDDDDDDDDDDDDDDDDDD...
             ..DDDDDDDDDDDDDDDDDDDD...
             ..DDDDDDDDDDDDDDDDDDDD...
             ..DDDDDDDDDDDDDDDDDDDD
data_len =   50 bytes
digest = 0x56be34521d144c88dbb8c733f0e8b3f6
```

2) HMAC-SHA-96认证协议

HMAC-SHA-96 是 USM 必须支持的第二个认证协议,与前一个协议不同的是它使用 SHA 散列函数作为密码,计算 160 位的报文摘要,然后截取前 96 位作为 MAC。这个算法使用的 authKey 为 20 个字节的认证码。

3. 加密模块

1) CBC-DES对称加密协议

CBC-DES 对称加密协议是为 USM 定义的第一个加密协议,以后还可以增加其他的加密协议。数据的加密使用 DES 算法,使用 56 位的密钥,按照 CBC(Cipher Block Chaining)模式对 64 位长的明文块进行替代和换位,最后产生的密文也被分成 64 位的块。在进行加密之前先要对用户的私有密钥(16 字节长)进行一些变换,产生数据加密用的 DES 密钥和初始化矢量(Initialization Vector, IV)。变换过程如下:

(1) 把 16 字节的私有密钥的前 8 个字节用做 DES 密钥。由于 DES 密钥只有 56 位长,所以每一字节的最低位被丢掉。

(2) 私有密钥的后 8 个字节作为预初始化矢量 pre-IV。

(3) 把加密引擎的 snmEngineBoots (4 字节长)和加密引擎维护的一个 32 位整数级联起来,形成 8 字节长的 salt。

(4) 对 salt 和 pre-IV 进行异或运算(XOR)，得到初始化矢量 IV。

(5) 对加密引擎维护的 32 位整数加 1，使得每一个报文用的 32 位整数都不同。

加密过程如下：

(1) 被加密的数据是一个字节串，其长度应该是 8 的整数倍，如果不是，则应附加上需要的数据，实际附加什么值则无关紧要。

(2) 明文被分成 64 位的块。

(3) 初始化矢量作为第一个密文块。

(4) 把下一个明文块与前面产生的密文块进行异或运算。

(5) 把第(4)步的结果进行 DES 加密，产生对应的密文块。

(6) 返回第(4)步，直到所有的明文块被处理完。

解密过程如下：

(1) 验证密文的长度，如果不是 8 字节的整数倍，则解密过程停止，返回一个错误。

(2) 解密第一个密文块。

(3) 把第(2)步的结果与初始化矢量进行异或，得到第一个明文块。

(4) 把下一个密文块解密。

(5) 把第(4)步的结果与前面的密文块进行异或运算，产生对应的明文块。

(6) 返回第(4)步，直到所有的密文块被处理完。

2) 密钥的局部化

用户通常使用可读的 ASCII 字符串作为口令字(password)，所谓的密钥局部化就是把用户的口令字变换成其与一个有权威的 SNMP 引擎共享的密钥。虽然用户在整个网络中可能只使用一个口令，但是通过密钥局部化以后，用户与每一个有权威的 SNMP 引擎共享的密钥都是不同的。这样的设计可以防止一个密钥值的泄露对其他有权威的 SNMP 引擎造成危害。

密钥局部化过程的主要思想是把口令字和相应的 SNMP 引擎标识作为输入，运行一个散列函数(例如 MD5 或 SHA)，得到一个固定长度的伪随机序列，作为加密密钥。其操作步骤如下：

(1) 首先把口令字重复级联若干次，形成 1 兆字节的位组串。这一步的目的是防止字典攻击。

(2) 对第(1)步形成的位组串运行一个散列函数，得到 Ku。

(3) 把相应的 SNMP 引擎的 snmpEngineID 附加在 Ku 之后，然后再附加上一个 Ku(即两个 Ku 中间夹着一个 snmpEngineID)，对整个字符串再一次运行散列函数，得到 64 位的 Kul，这就是用户和 SNMP 引擎共享的密钥。

下面给出的算法使用 MD5 作为散列函数(当然也可以用 SHA 作为散列函数)：

```
void password_to_key_md5(
    u_char *password,      /* IN */
    u_int   passwordlen,   /* IN */
    u_char *engineID,      /* IN   - pointer to snmpEngineID */
    u_int   engineLength,  /* IN   - length of snmpEngineID */
    u_char *key)           /* OUT - pointer to caller 16-octet buffer */
```

```
{
    MD5_CTX        MD;
    u_char         *cp, password_buf[64];
    u_long         password_index = 0;
    u_long         count = 0, i;

    MD5Init (&MD);          /* initialize MD5 */

/****************************************************/
/*         Use while loop until we've done 1 Megabyte        */
/****************************************************/
    while (count < 1048576) {
        cp = password_buf;
        for (i = 0; i < 64; i++) {
/*****************************************************/
/*         Take the next octet of the password, wrapping        */
/*         to the beginning of the password as necessary.       */
/*****************************************************/
            *cp++ = password[password_index++ % passwordlen];
        }
        MD5Update (&MD, password_buf, 64);
        count += 64;
    }
    MD5Final (key, &MD);              /* tell MD5 we're done */

/*****************************************************/
/*      Now localize the key with the engineID and pass          */
/*      through MD5 to produce final key                     */
/*      May want to ensure that engineLength <= 32,          */
/*      otherwise need to use a buffer larger than 64        */
/*****************************************************/
    memcpy(password_buf, key, 16);
    memcpy(password_buf+16, engineID, engineLength);
    memcpy(password_buf+16+engineLength, key, 16);

    MD5Init(&MD);
    MD5Update(&MD, password_buf, 32+engineLength);
    MD5Final(key, &MD);
    return;
}
```

3) 密钥的更新

密钥修改得越频繁，越不容易泄露，所以要经常(每天或每周)改变密钥的值。密钥更新算法定义在文本约定 KeyChange 中。假设有一个老密钥 keyOld 和一个单向散列算法 H(例如 MD5 或 SHA)，以及将要使用的新密钥 keyNew，则对其进行下面的步骤：

(1) 通过一个(伪)随机数产生器生成一个随机值 R。

(2) 把 R 和 keyOld 作为散列函数 H 的输入，计算出临时变量 T 的值。

(3) 对 T 和 keyNew 进行异或运算(XOR)，产生一个 delta。

(4) 把 R 和 delta 发送给一个远程引擎。

远程接收引擎执行相反的过程，由 keyOld、接收到的随机值 R 和 delta 计算出新密钥值：

(1) 把临时变量 T 初始化为 keyOld。

(2) 把 T 和接收到的随机值 R 作为散列算法 H 的输入，把计算结果作为新的 T 值。

(3) 把 T 与接收到的 delta 进行异或(XOR)，生成新密钥 keyNew。

如果窃听者得到了 R 和 delta，但是不知道老密钥 keyOld，他就无法计算新密钥。相反，如果 keyOld 被泄露，而且窃听者可以随时监视网络通信，获取每一个传送 R 和 delta 的报文，那他就能够不断计算出新的密钥，所以对待这样的攻击还是无能为力的。设计者建议：发送 R 和 delta 的报文要用老密钥进行加密。这样，窃听者就只能用被密钥保护的信息来确定该密钥的值了。

4.7.6　基于视图的访问控制模型(VACM)

当一个 SNMP 实体处理检索(Get、Get-next 等)或修改(Set)请求时都要检查是否允许访问指定的管理对象，以及是否允许执行请求的操作。另外，当 SNMP 实体生成通知报文时，也要用到访问控制机制，以决定把消息发送给谁。在 VACM 模型中要用到以下概念：

• SNMP 上下文(context)：简称上下文，是 SNMP 实体可以访问的管理信息的集合。一个管理信息可以存在于多个上下文中，而一个 SNMP 实体也可以访问多个上下文。在一个管理域中，SNMP 上下文由唯一的名字 contextName 标识。

• 组(group)：由二元组<securityModel, securityName>的集合构成。属于同一组的所有安全名 securityName 在指定的安全模型 securityModel 下的访问权限相同。组的名字用 groupName 表示。

• 安全模型(securityModel)：表示访问控制中使用的安全模型。

• 安全级别(securityLevel)：在同一组中的成员可以有不同的安全级别，即 noAuthNoPriv(无认证不保密)、authNoPriv(有认证不保密)和 authPriv(有认证要保密)。任何一个访问请求都有相应的安全级别。

• 操作(operation)：指对管理信息执行的操作，例如读、写和发送通知等。

1. 视图和视图系列

为了安全，我们需要把某些组(group)的访问权限制在一个管理信息的子集中。提供这种能力的机制就是 MIB 视图。视图限定了 SNMP 上下文中管理对象类型(或管理对象实例)的一个特殊集合。例如，对于一个给定的上下文，可以有一个视图包含了该上下文中的所有对象，另外还可以有其他一些视图，分别包含上下文中管理对象的不同子集。所以，一个组的访问权限不但被限制在一个(或几个)上下文中，而且还被限定在一个指定的视图中。

由于管理对象类型是通过树结构的对象标识符(Object Identifier)表示的，所以也可以把MIB 视图定义成子树的集合，每一个子树都属于对象命名树，叫做视图子树。简单的 MIB 视图可能只包含一个视图子树，而复杂的 MIB 视图可表示为多个视图子树的组合。

虽然任何管理对象的集合都可以表示为一些视图子树的组合，然而有时可能需要大量的视图子树来表示管理对象的集合。例如有时要表示 MIB 表中的所有列对象，而大量的列对象可能出现在不同的子树中。由于列对象的格式是类似的，所以可以把它们聚合成一个结构，叫做视图树系列(View Tree Family)。

视图树系列由一个对象标识符(叫做系列名)和一个比特串(叫做掩码)组成。掩码的每一位对应一个子标识符的位置，用于指明视图树系列名中的那些子标识符属于给定的系列。对于一个管理对象实例，如果下列两个条件都成立，则该对象实例属于视图树系列：

• 管理对象标识符至少包含了系列名包含的那些子标识符。

• 对应于掩码为 1 的位，管理对象标识符中的子标识符必须与系列名中的对应子标识符相匹配。

例如，若表示系列名的对象标识符为 1.3.6.1.2.1，系列掩码为 3F，则 MIB-2 中的任何对象都属于这个视图树系列。所以说，当系列掩码为全 1 时，视图树系列与系列名代表的子树相同。另外，当系列掩码的位数比视图树系列的子标识符少时，系列掩码可以用 1 补齐缺少的部分。

2．VACM MIB 的组成

VACM MIB 由以下几个表组成：

• vacmContextTable：这个表列出了本地可用的上下文的名字，该表只有一个列对象 vacmContextName，是一个只读的字符串。

• vacmSecurityToGroupTable：这个表把一个二元组<securityModel, securityName>映像为一个组名 groupName，如图 4-38 所示。其中，securityModel 和 securityName 是这个表的索引。

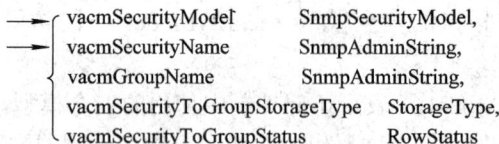

```
──→ ┌ vacmSecurityModel          SnmpSecurityModel,
──→ │ vacmSecurityName           SnmpAdminString,
     ┤ vacmGroupName             SnmpAdminString,
     │ vacmSecurityToGroupStorageType   StorageType,
     └ vacmSecurityToGroupStatus  RowStatus
```

图 4-38　vacmSecurityToGroupTable 的组成

• vacmAccessTable：这个表规定了各个组的访问权限，如图 4-39 所示。其中的表项由一个外部对象 groupName 以及该表中的 3 个对象 vacmAccessContextPrefix、vacmAccessSecurityModel 和 vacmAccessSecurityLevel 索引。这个表包含了 3 个视图：readView、writeView 和 notifyView，分别控制读、写和通知操作的访问权限。还有一个变量 vacmAccessContextMatch，指明 vacmAccessContextPrefix 与 contextName 的匹配方式：exact(1)表示完全匹配，prefix(2)表示前缀部分匹配。

```
──→┌ vacmAccessContextPrefix        SnmpAdminString,
──→│  vacmAccessSecurityModel        SnmpSecurityModel,
──→│  vacmAccessSecurityLevel        SnmpSecurityLevel,
    │  vacmAccessContextMatch         INTEGER
    │  vacmAccessReadViewName         SnmpAdminString,
    │  vacmAccessWriteViewName        SnmpAdminString,
    │  vacmAccessNotifyViewName       SnmpAdminString,
    │  vacmAccessStorageType          StorageType,
    └  vacmAccessStatus               RowStatus
```

图 4-39　vacmAccessTable 的组成

• vacmViewTreeFamilyTable：这个表指明了用于访问控制的视图树系列，表行由变量 vacmViewTreeFamilyViewName 和 vacmViewTreeFamilySubtree 索引，如图 4-40 所示。其中变量 vacmViewTreeFamilyType 指明对 MIB 对象的访问被允许还是被禁止：included(1)表示包含在内，即允许访问；excluded(2)表示排除在外，即禁止访问。

```
──→┌ vacmViewTreeFamilyViewName      SnmpAdminString,
──→│  vacmViewTreeFamilySubtree       OBJECT IDENTIFIER,
    │  vacmViewTreeFamilyMask          OCTET STRING,
    │  vacmViewTreeFamilyType          INTEGER,
    │  vacmViewTreeFamilyStorageType   StorageType,
    └  vacmViewTreeFamilyStatus        RowStatus
```

图 4-40　vacmViewTreeFamilyTable 的组成

3. 访问控制决策过程

访问控制过程如图 4-41 所示，对这个过程的解释如下：

(1) 访问控制服务的输入由下列各项组成：

(a) securityModel：使用的安全模型；

(b) securityName：请求访问的用户名；

(c) securityLevel：安全级别；

(d) viewType：视图的类型，例如读、写和通知视图；

(e) contextName：包含 variableName 的上下文；

(f) variableName：管理对象 OID，由 object-type 和 object-instance 组成。

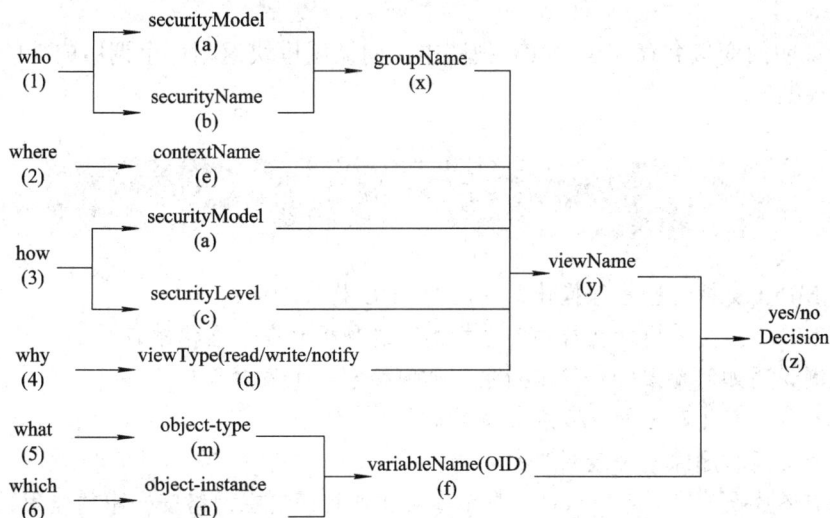

图 4-41　访问控制过程

(2) 把 securityModel(a)和 securityName(b)作为表 vacmSecurityToGroupTabl 的索引(a,b)，找到该表中的一行，得到组名 groupName(x)。

(3) 把 groupName(x)和 contextName(e)、securityModel(a)以及 securityLevel(c)作为表 vacmAccessTable 的索引(e, x, a, c)，找出其中的一个表行。

(4) 从上一步选择的表行中，根据 viewType(d)选择适当的 MIB 视图，用 viewName(y) 表示，再把 viewName(y)作为表 vacmViewTreeFamilyTable 的索引，选择定义了 variableNames 的表行的集合。

(5) 检查管理对象的类型和实例是否存在于得到的 MIB 视图中，从而作出访问决策(z)。
在处理访问控制请求的过程中，可能返回的状态信息如下：

(1) 从表 vacmContextTable 中查找由 contextName 表示的上下文信息。如果指定的上下文信息不存在，则向调用模块返回一个错误指示 noSuchContext。

(2) 通过表 vacmSecurityToGroupTable 把 securityModel 和 securityName 映像为组名 groupName。如果该表中不存在这样的组合，则向调用模块返回一个错误指示 noGroupName。

(3) 在表 vacmAccessTable 中查找变量 groupName、contextName、securityModel 和 securityLevel 的组合，如果这样的组合不存在，则向调用模块返回一个错误指示 noAccessEntry。

(4) 变量 viewType 的类型：
① 如果变量 viewType 是 read，则用 readView 检查访问权限；
② 如果变量 viewType 是 write，则用 writeView 检查访问权限；
③ 如果变量 viewType 是 notify，则用 notifyView 检查访问权限。
如果使用的视图是空的(viewName 长度为 0)，则向调用模块返回错误指示 noSuchView。

(5) 出错信息：
① 如果没有一个视图符合 viewType，则向调用模块返回错误指示 noSuchView；
② 如果说明的变量名 variableName 不存在于 MIB 视图中，则向调用模块返回错误指示 notInView；
③ 若说明的变量名存在于 MIB 视图中，向调用模块返回一个调用成功的状态信息 accessAllowed。

习　　题

1. SNMPv1 支持哪些管理操作？对应的 PDU 格式如何？
2. SNMPv1 报文采用什么样的安全机制？这种机制有什么优缺点？
3. 举例说明如何检索一个简单对象，如何检索一个表对象。
4. 怎样利用 GetNext 命令检索未知对象？
5. 如何更新和删除一个表对象？
6. 试描述数据加密、身份认证、数字签名和消息摘要在网络安全中的作用。这些安全工具能对付哪些安全威胁？

7. SNMPv2 对 SNMPv1 进行了哪些扩充？

8. SNMPv2 对计数器和计量器类型的定义作出了哪些改进？这些改进对网络管理有什么影响？

9. 举例说明不同类型的索引对象如何用做表项的索引。

10. 在表的定义中，AUGMENTS 子句的作用是什么？

11. 允许生成和删除的表与不允许生成和删除的表有什么区别？

12. 试描述生成表项的两种方法。

13. SNMPv2 管理信息库增加了哪些新的对象？

14. 试描述 SNMPv2 的 3 种检索操作的工作过程。

15. SNMPv2 的操作管理框架由哪些部分组成？它们对管理操作的安全有什么作用？

16. 管理站之间的通信有什么意义？需要哪些管理信息的支持？

17. 试描述 SNMPv2 加密报文的发送和接收过程。

18. SNMP 引擎是由哪些部分组成的？各部分的作用是什么？

19. 基于用户的安全模型可以防护哪些安全威胁？

20. 时间系列检验的工作原理是什么？这种检验不能防止哪些安全威胁？

21. HMAC-MD5-96 认证协议是怎样计算报文摘要的？试对其安全性进行分析。

22. SNMPv3 怎样进行密钥管理？

23. 视图是怎样定义的？在处理一个访问请求时怎样进行访问控制决策？

第 5 章　远程网络监视

　　远程网络监视是对 SNMP 标准的重要补充，是简单网络管理向互联网管理过渡的重要步骤。RMON 扩充了 SNMP 的管理信息库，可以提供有关互联网管理的主要信息，在不改变 SNMP 协议的条件下增强了网络管理的功能。

　　这一章首先介绍 RMON 的基本概念，然后讲述远程网络监视的两个标准 RMON1 和 RMON2 的管理信息库，以及这些管理对象在网络管理中的应用。

5.1　RMON 的基本概念

　　MIB-2 提供的只是单个设备的管理信息，例如进出某个设备的分组数或字节数，而不能提供整个网络的通信情况。用于监视整个网络通信情况的设备叫做网络监视器(Monitor)或网络分析器(Analyzer)、探测器(Probe)等。监视器观察 LAN 上出现的每个分组，并进行统计和汇总，给管理人员提供重要的管理信息，例如，出错统计数据(残缺分组数、冲突次数)，性能统计数据(每秒钟提交的分组数、分组大小的分布情况)等。监视器还能存储一些分组，供以后分析用。监视器也根据分组类型进行过滤并捕获特殊的分组。通常是每个子网配置一个监视器，并且与中央管理站通信，因此叫做远程监视器，如图 5-1 所示。监视器可以是一个独立设备，也可以是运行监视器软件的工作站或服务器。图中的中央管理站具有 RMON 管理能力，能够与各个监视器交换管理信息。RMON 探测器(RMON Probe)实现 RMON 管理信息库(RMON MIB)，并且与 SNMP 代理一样包含 MIB-2，另外还运行一个探测器进程，能够读/写本地的 RMON 数据库，并响应管理站的查询请求。以后一般把 RMON 探测器称为 RMON 代理。

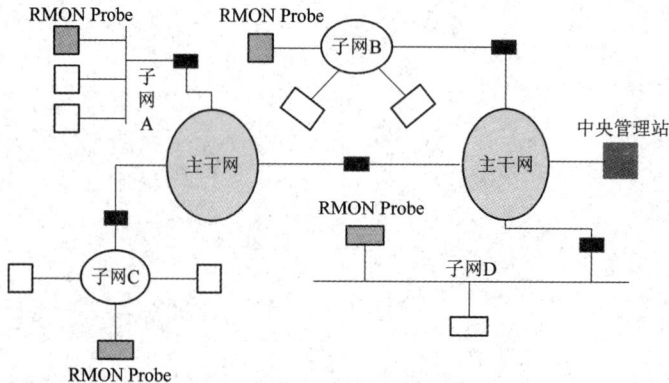

图 5-1　远程网络监视的配置

5.1.1　远程网络监视的目标

RMON 定义了远程网络监视的管理信息库，以及管理站与远程监视器的之间的接口。一般地说，RMON 的目标就是监视子网范围内的通信，从而减少管理站和被管理系统之间的通信负担。更具体地说，RMON 有下列目标：

• 离线操作：必要时管理站可以停止对监视器的轮询，有限的轮询可以节省网络带宽和通信费用。即使不受管理站查询，监视器也要持续不断地收集子网故障、性能和配置方面的信息，统计和积累数据，以便管理站查询时提供请求的管理信息。另外，在网络出现异常情况时监视器要及时报告管理站。

• 主动监视：如果监视器有足够的资源，通信负载也容许，监视器可以连续地或周期地运行诊断程序，收集并记录网络性能参数。在子网出现失效时通知管理站，给管理站提供有用的诊断信息。

• 问题检测和报告：如果主动监视消耗网络资源太多，监视器也可以被动地获取网络数据。可以配置监视器，使其连续观察网络资源的消耗情况，记录随时出现的异常条件(例如网络拥塞)，并在出现错误时通知管理站。

• 提供增值数据：监控器可以分析收集到的子网数据，从而减轻了管理站的计算任务。例如监视器可以分析子网的通信情况，计算出哪些主机通信最多，哪些主机出错最多等。这些数据的收集和计算由监视器来做，比由远处的管理站来做更有效。

• 多管理站操作：一个互联网可能有多个管理站，这样可以提高可靠性，或者分布地实现各种不同的管理功能。监视器可以配置得能够并发地工作，为不同的管理站提供不同的信息。

不是每一个监视器都能实现所有这些目标，但是 RMON 规范提供了实现这些目标的基础结构。

5.1.2　表管理原理

在 SNMPv1 的管理框架中，对表操作的规定是很不完善的，至少增加和删除表行的操作是不明确的。这种模糊性常常是读者提问的焦点和用户抱怨的根源。RMON 规范包含一组文本约定和过程化规则，在不修改、不违反 SNMP 管理框架的前提下提供了明确而规律的增加行和删除行操作。下面讲述关于表管理的文本约定和操作过程。

1. 表结构

在 RMON 规范中增加了两种新的数据类型，以 ASN.1 表示如下：

```
OwnerString ::= DisplayString，

EntryStatus ::= INTEGER{valid(1)， createRequest(2)，
                    underCreation(3)， invalid(4)}
```

在 RFC 1212 规定的管理对象宏定义中，DisplayString 被定义为长 255 个字节的 OCTET STRING 类型，这里又给这个类型赋予另外一个名字 OwnerString，从而赋予了新的语义。FC 1757 把这些定义叫做文本约定(textual convention)，其用意是增强规范的可读性。

在每一个可读/写的 RMON 表中都有一个对象，其类型为 OwnerString，其值为表行的所有人或创建者的名字，对象名以 Owner 结尾；RMON 的表中还有一个对象，其类型为 EntryStatus，其值表示行的状态，对象名以 Status 结尾，该对象用于行的生成、修改和删除操作。

RMON 规范中的表结构由控制表和数据表两部分组成，控制表定义数据表的结构，数据表用于存储数据。图 5-2 给出了这种表的一个例子。该控制表包含下面的列对象：

```
rm1ControlTable OBJECT-TYPE                    rm1DataTable OBJECT-TYPE
    SYNTAX  SEQUENCE OF rm1ControlEntry            SYNTAX  SEQUENCE OF rm1DataEntry
    ACCESS  not-accessible                         ACCESS  not-accessible
    STATUS  mandatory                              STATUS  mandatory
    DESCRIPTION                                    DESCRIPTION
      "A control table."                             "A data table."
    ::={exl 1}                                     ::={exl 2}
rm1ControlEntry OBJECT-TYPE                     rm1DataEntry OBJECT-TYPE
    SYNTAX  rm1ControlEntry                         SYNTAX  rm1DataEntry
    ACCESS  not-accessible                         ACCESS  not-accessible
    STATUS  mandatory                              STATUS  mandatory
    DESCRIPTION                                    DESCRIPTION
      "Defines a parameter that Controls             "A single data table entry."
       a set of data table entries."               INDEX  {rm1DataControlIndex, rm1DataIndex }
    INDEX  {rm1ControlIndex}                        ::={rm1DataTable 1}
    ::={rm1ControlTable 1}                      Rm1DataEntry ::=SEQUENCE{
rm1ControlEntry::=SEQUENCE{                         rm1DataControlIndex  INTEGER,
    rm1ControlIndex  INTEGER,                       rm1DataIndex  INTEGER,
    rm1ControlParameter Counter,                    rm1DataValue  Counter}
    rm1ControlOwner  OwnerString,
    rm1ControlStatus  RowStatus}               rm1DataControlIndex  OBJECT-TYPE
rm1ControlIndex  OBJECT-TYPE                        SYNTAX  INTEGER
    SYNTAX  INTEGER                                 ACCESS  read-only
    ACCESS  read-only                              STATUS  mandatory
    STATUS  mandatory                              DESCRIPTION
    DESCRIPTION                                       "The control set of identified by a value of this
      "The value of this object uniquely                index is the same control set identified by the same
       identifies this rm1ControlEntry."                value of rm1ControlIndex."
    ::={rm1ControlEntry 1}                          ::={rm1DataEntry 1}
rm1ControlParameter                            rm1DataIndex  OBJECT-TYPE
    SYNTAX  INTEGER                                 SYNTAX  INTEGER
    ACCESS  read-write                              ACCESS  read-only
    STATUS  mandatory                              STATUS  mandatory
    DESCRIPTION                                    DESCRIPTION
      "The value of this object characterizes        "An index that uniquely identifies a particular
       datatable rows associated with this entry."     entry among all data entries associated with
    ::={rm1ControlEntry 2}                            the same rm1ControlEntry."
rm1ControlOwner  OBJECT-TYPE                        ::={rm1DataEntry 2}
    SYNTAX  OwnerString                         rm1DataValue  OBJECT-TYPE
    ACCESS  read-write                              SYNTAX  Counter
    STATUS  mandatory                              ACCESS  read-only
    DESCRIPTION                                    STATUS  mandatory
      "The entry that configured this entry."       DESCRIPTION
      ::={rm1ControlEntry 3}                          "The value reported by this entry."
rm1ControlStatus  OBJECT-TYPE                       ::={rm1DataEntry 3}
    SYNTAX  EntryStatus
    ACCESS  read-write
    STATUS  mandatory
    DESCRIPTION
      "The status of this rm1ControlEntry."
    ::={rm1ControlEntry 4}
```

图 5-2　RMON 表的定义

• rmlControlIndex：唯一地标识 rmlControlTable 中的一行，该控制行定义了 rmlDataTable 中一个数据行集合，集合中的数据行由 rmlControlTable 的相应行控制。

• rmlControlParameter：控制参数应用于由控制行控制的所有数据行。通常有多个控制参数，而这个简单的表只有一个控制参数。

• rmlControlOwner：该控制行的主人或所有者。

• rmlControlStatus：该控制行的状态。

数据表由 rmlDataControlIndex 和 rmlDataIndex 共同索引。rmlDataControlIndex 的值与控制行的索引值 rmlControlIndex 相同，而 rmlDataIndex 的值唯一地指定了数据行集合中的某一行。图 5-3 给出了这种表的一个实例。图中的控制表有 3 行，因而定义了数据表的 3 个数据行集合，例如数据表中所有 rmlDataControlIndex 的值为 2 的行都由控制表的第 2 行控制，数据表中所有 rmlDataControlIndex 的值为 3 的行都由控制表的第 3 行控制。控制表第一行的所有者是 monitor，按照约定这是指代理本身。

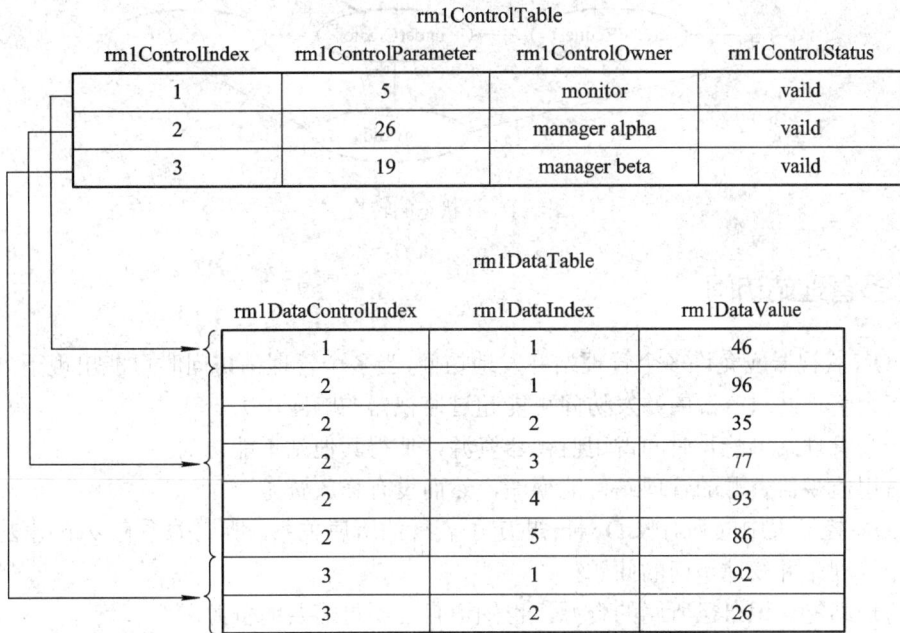

rm1ControlTable

rm1ControlIndex	rm1ControlParameter	rm1ControlOwner	rm1ControlStatus
1	5	monitor	vaild
2	26	manager alpha	vaild
3	19	manager beta	vaild

rm1DataTable

rm1DataControlIndex	rm1DataIndex	rm1DataValue
1	1	46
2	1	96
2	2	35
2	3	77
2	4	93
2	5	86
3	1	92
3	2	26

图 5-3　RMON 表的实例

2．增加行

管理站用 Set 命令在 RMON 表中增加新行，并遵循下列规则：

• 管理站用 SetRequest 生成一个新行，如果新行的索引值与表中其他行的索引值不冲突，则代理产生一个新行，其状态对象的值为 createRequest(2)。

• 新行产生后，由代理把状态对象的值置为 underCreation(3)。对于管理站没有设置新值的列对象，代理可以设置为默认值，或者让新行维持这种不完整状态，这取决于具体的实现。

• 新行的状态值保持为 underCreation(3)，直到管理站产生了所有要生成的新行。这时由管理站置每一新行状态对象的值为 valid(1)。

• 如果管理站要生成的新行已经存在，则返回一个错误。

以上算法的效果是，在多个管理站请求产生同一概念行时，仅最先到达的请求成功，其他请求失败。另外，管理站也可以把一个已存在的行的状态对象的值由 invalid 改写为 valid，恢复旧行的作用，这等于产生了一个新行。

3．删除行

只有行的所有者才能发出 SetRequest PDU，把行状态对象的值置为 invalid(4)，这样就删除了行。这是否意味着物理删除取决于具体的实现。

4．修改行

首先置行状态对象的值为 invalid(4)，然后用 SetRequest PDU 改变行中其他对象的值。图 5-4 给出了行状态的转换情况，图中的实线是管理站的作用，虚线是代理的作用。

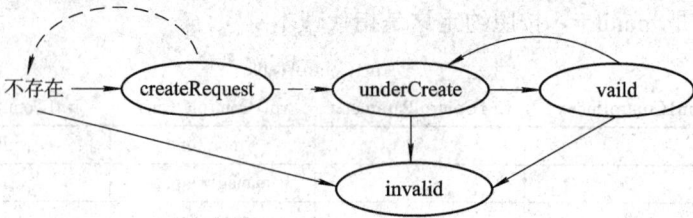

图 5-4　行状态的转换

5.1.3　多管理站访问

RMON 监视器应允许多个管理站并发地访问，当多个管理站访问时可能出现下列问题：
• 多个管理站对资源的并发访问可能超过监视器的响应能力。
• 一个管理站可能长时间占用监视器资源，使得其他站不能访问。
• 占用监视器资源的管理站可能崩溃，然而没有释放资源。

RMON 控制表中的列对象 Owner 规定了表行的所属关系，所属关系有以下用法，可以解决多个管理站并发地访问的问题：
• 管理站能认识自己所属的资源，也知道自己不再需要的资源。
• 网络操作员可以知道管理站占有的资源，并决定是否释放这些资源。
• 一个被授权的网络操作员可以自主决定是否释放其他操作员保有的资源。
• 如果管理站经过了重启动过程，它应该首先释放不再使用的资源。

RMON 规范建议，所属标志应包括 IP 地址，管理站名，网络管理员的名字、地点和电话号码等。所属标志不能作为口令或访问控制机制使用。在 SNMP 管理框架中唯一的访问控制机制是 SNMP 视阈和团体名。如果一个可读/写的 RMON 控制表出现在某些管理站的视阈中，则这些管理站都可以进行读/写访问。但是控制表行只能由其所有者改变或删除，其他管理站只能进行读访问。

为了提供共享的功能，监视器通常配置一定的默认功能。定义这些功能的控制行的所有者是监视器，所属标志的字符串以监视器名打头，管理站只能以读方式访问这些功能。

5.2　RMON 的管理信息库

RMON 规范定义了管理信息库 RMON MIB，它是 MIB-2 下面的第 16 个子树。RMON MIB 分为 10 组，如图 5-5 所示。存储在每一组中的信息都是监视器从一个或几个子网中统计和收集的数据。这 10 个功能组都是任选的，但实现时有下列连带关系：

- 实现报警组时必须实现事件组。
- 实现最高 N 台主机组时必须实现主机组。
- 实现捕获组时必须实现过滤组。

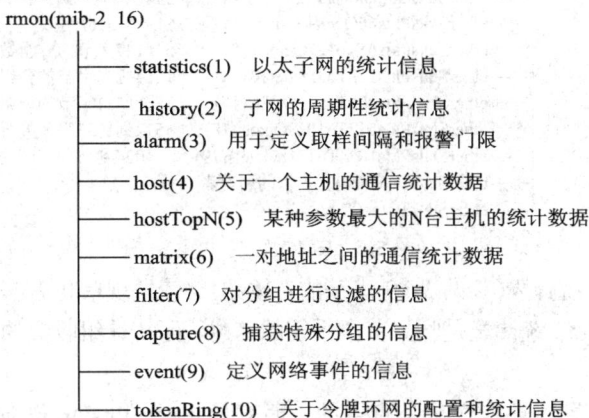

```
rmon(mib-2 16)
    ├── statistics(1)    以太子网的统计信息
    ├── history(2)       子网的周期性统计信息
    ├── alarm(3)         用于定义取样间隔和报警门限
    ├── host(4)          关于一个主机的通信统计数据
    ├── hostTopN(5)      某种参数最大的N台主机的统计数据
    ├── matrix(6)        一对地址之间的通信统计数据
    ├── filter(7)        对分组进行过滤的信息
    ├── capture(8)       捕获特殊分组的信息
    ├── event(9)         定义网络事件的信息
    └── tokenRing(10)    关于令牌环网的配置和统计信息
```

图 5-5　RMON MIB 子树

5.2.1　以太网的统计信息

RFC1757(Feb 1995)定义的 RMON MIB 主要包含以太网的各种统计数据，以及有关分组捕获、网络事件报警方面的信息。这一节介绍有关以太网的统计信息方面的内容。

1．统计组

统计组提供一个表，该表的每一行表示一个子网的统计信息。其中大部分对象是计数器，记录监视器从子网上收集到的各种不同状态的分组数。统计组的所有对象表示在图 5-6 中，并作了注释。其中两个不是计数器类型的变量解释如下：

- etherStatsIndex(1)：整数类型(1..65535)，表项索引，每一表项对应一个子网接口。
- etherStatsDataSource(2)：类型为对象标识符，表示监视器接收数据的子网接口。这个对象的值实际上是 MIB-2 接口组中的变量 ifIndex 的实例。例如，若该表项对应 1 号接口，则 etherStatsDataSource 的值是 ifIndex.1。这样就把统计表与 MIB-2 接口组联系起来了。

图 5-6 中的对准错误是指非整数字节的分组。这个组只有 3 个变量是可读/写的，即 etherStatsDropEvents、etherStatsOwer 和 etherStatsStatus。把这 3 个变量设置为不同的值，监视器就可以从不同的子网接口收集同样的信息。显然，这些子网必须是以太网。

把统计组与 MIB-2 接口组比较会发现，有些数据是重复的。但是统计组提供的信息分类更详细，而且是针对以太网特点设计的。

```
statistcs(rmon 1)
    └── etherStatsTable(1)
          └── etherStatsEntry(1)
   ────────────────►       ├── etherStatsIndex(1)          索引，对应一个子网
                           ├── etherStatsDataSource(2)      监视器接收数据的以太网接口
                           ├── etherStatsDropEvents(3)      因资源不足而丢弃的分组数
                           ├── etherStatsOctets(4)        接收到的字节总数
                           ├── etherStatsPkts(5)         接收到的分组总数
                           ├── etherStatsBroadcastPkts(6)     接收到的广播分组数
                           ├── etherStatsMulticastPkts(7)     接收到的组播分组数
                           ├── etherStatsCRCAlignErrors(8)      接收到的CRC出错或有对准错误的分组数
                           ├── etherStatsUndersizePkts(9)      不足64字节的分组数
                           ├── etherStatsOversizePkts(10)      大于1518字节的分组数
                           ├── etherStatsFragments(11)       不足64字节且CRC出错或有对准错误的分组数
                           ├── etherStatsJabbers(12)       大于1518字节且CRC出错或有对准错误的分组数
                           ├── etherStatsCollisions(13)        子网上发生冲突的次数
                           ├── etherStatsPkts64Octets(14)       长度为64字节的分组数
                           ├── etherStatsPkts65To127Octets(15)      65到127字节的分组数
                           ├── etherStatsPkts128To255Octets(16)      128到255字节的分组数
                           ├── etherStatsPkts256To511Octets(17)      256到511字节的分组数
                           ├── etherStatsPkts512To1023Octets(18)      512到1023字节的分组数
                           ├── etherStatsPkts1024To1518Octets(19)      1024到1518字节的分组数
                           ├── etherStatsOwer(20)       行的所有者
                           └── etherStatsStatus(21)       行的状态
```

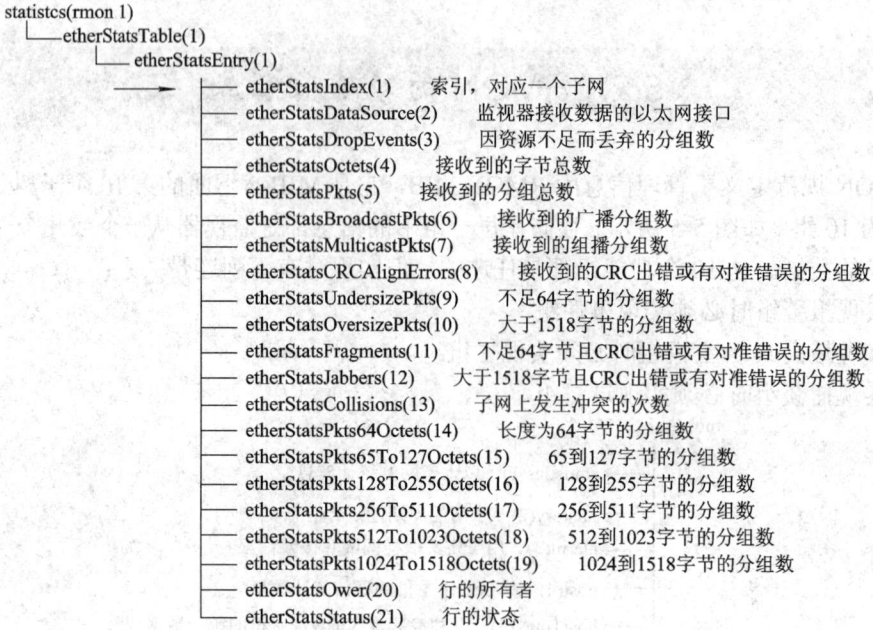

图 5-6　RMON 统计组

把统计组与 dot3 统计表(参见 3.4.9 小节的传输组)比较发现，也有些数据是相同的。但是统计的角度不一样。dot3 统计表是收集单个系统的信息，而统计组收集的是关于整个子网的统计数据。

这个组的很多变量对性能管理是有用的，而变量 etherStatsDropEvents、etherStatsCRC-AlignErrors 和 etherStatsUndersizePkts 则对故障管理有用。如果对某些出错情况要采取措施，可以对变量 etherStatsDropEvents、etherStatsCRCAlignErrors 或 etherStatsCollisions 分别设定门限值，超过门限后产生事件警报，后面将会详细讨论这个问题。

2．历史组

历史组存储的是以固定间隔取样所获得的子网数据。该组由历史控制表和历史数据表组成。控制表定义被取样的子网接口编号、取样间隔大小以及每次取样数据的多少，而据表则用于存储取样期间获得的各种数据。这个表的细节画在图 5-7 中，并加上了注释。

历史控制表定义的变量 historyControlInterval 表示取样间隔长度，取值范围为 1 至 3600 秒，默认值为 1800 秒。变量 historyControlBucketsGranted 表示可存储的样品数，默认值为 50。如果都取默认值，则每 1800 秒(30 分钟)取样一次，每个样品记录在数据表的一行中，只保留最近的 50 行。

数据表中包含与以太网统计表类似的计数器，提供关于各种分组的计数信息。与统计表的区别是这个表提供一定时间间隔之内的统计结果，这样可以做一些与时间有关的分析，例如可以计算子网利用率变量 etherHistoryUtilization。如果计算出取样间隔(Interval)期间收到的分组数 Packets 和字节数 Octets，则子网利用率可计算如下：

$$\text{Utilization} = \frac{\text{Packets} \times (96 + 64) + \text{Octets} \times 8}{\text{Interval} \times 10^7}$$

其中，10^7 表示数据速率为 10 Mb/s。以太网的帧间隔为 96 比特，帧前导字段 64 比特，所

以每个帧有 96 + 64 比特的开销。

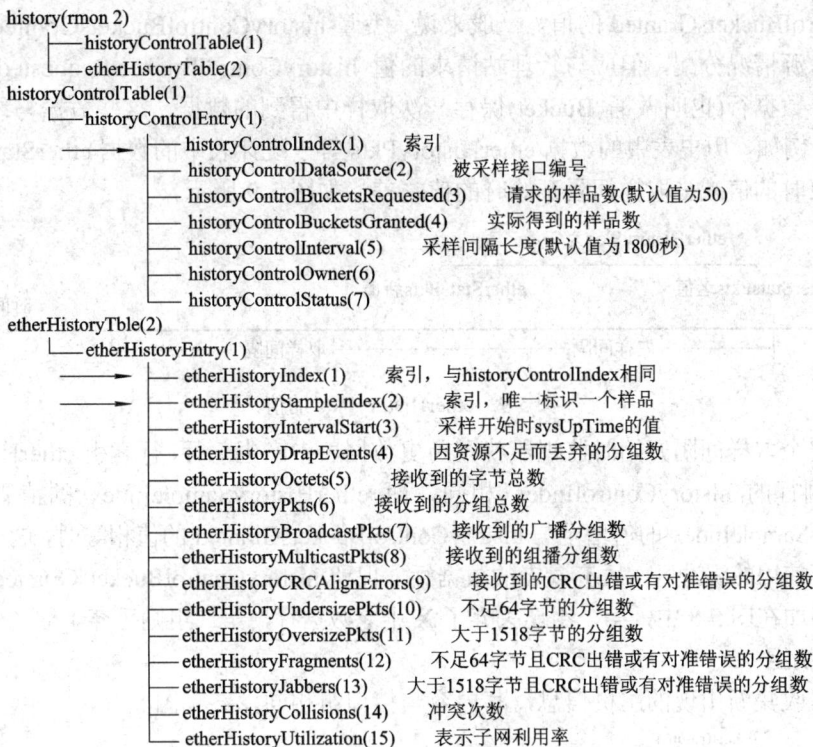

```
history(rmon 2)
    ├── historyControlTable(1)
    └── etherHistoryTable(2)
historyControlTable(1)
    └── historyControlEntry(1)
            ├── historyControlIndex(1)          索引
            ├── historyControlDataSource(2)      被采样接口编号
            ├── historyControlBucketsRequested(3)    请求的样品数(默认值为50)
            ├── historyControlBucketsGranted(4)    实际得到的样品数
            ├── historyControlInterval(5)        采样间隔长度(默认值为1800秒)
            ├── historyControlOwner(6)
            └── historyControlStatus(7)
etherHistoryTble(2)
    └── etherHistoryEntry(1)
            ├── etherHistoryIndex(1)          索引，与historyControlIndex相同
            ├── etherHistorySampleIndex(2)      索引，唯一标识一个样品
            ├── etherHistoryIntervalStart(3)    采样开始时sysUpTime的值
            ├── etherHistoryDrapEvents(4)       因资源不足而丢弃的分组数
            ├── etherHistoryOctets(5)          接收到的字节总数
            ├── etherHistoryPkts(6)           接收到的分组总数
            ├── etherHistoryBroadcastPkts(7)     接收到的广播分组数
            ├── etherHistoryMulticastPkts(8)     接收到的组播分组数
            ├── etherHistoryCRCAlignErrors(9)     接收到的CRC出错或有对准错误的分组数
            ├── etherHistoryUndersizePkts(10)    不足64字节的分组数
            ├── etherHistoryOversizePkts(11)     大于1518字节的分组数
            ├── etherHistoryFragments(12)        不足64字节且CRC出错或有对准错误的分组数
            ├── etherHistoryJabbers(13)         大于1518字节且CRC出错或有对准错误的分组数
            ├── etherHistoryCollisions(14)       冲突次数
            └── etherHistoryUtilization(15)      表示子网利用率
```

图 5-7　RMON 历史组

历史组控制表和数据表的关系参见图 5-8。控制表每一行有一个唯一的索引值，而各行的变量 historyControlDataSource 和 historyControlInterval 的组合值都不相同。这意味着对一个子网可以定义多个取样功能，但每个功能的取样区间应不同。例如 RMON 规范建议，对每个被监视的接口至少应有两个控制行，一个行定义 30 秒钟的取样周期，另一个行定义 30 分钟的取样周期。短周期用于检测突发的通信事件，而长周期用于监视接口的稳定状态。

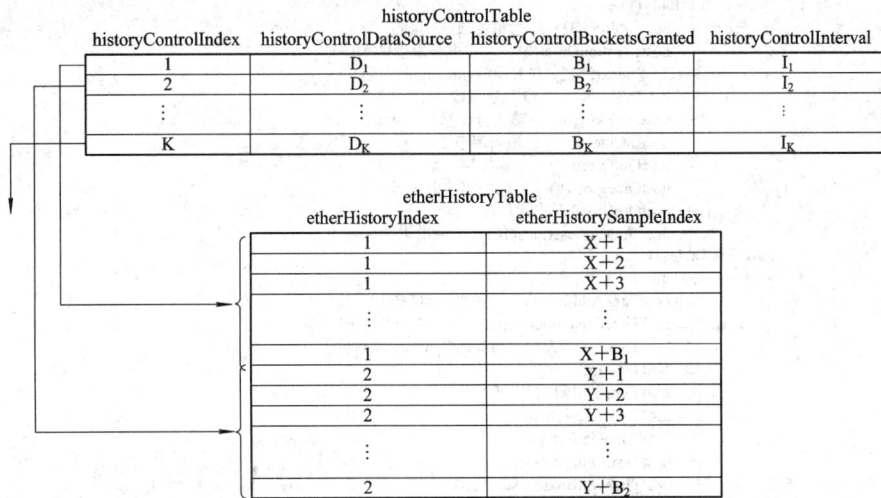

图 5-8　历史组控制表与数据表的关系

从图 5-8 可以看出，对应第 i 个(1≤i≤K)控制行有 B_i 个数据行，这里 B_i 是控制变量 B_i historyControlBucketsGranted 的值。一般来说，变量 historyControlBucketsGranted 的值由监视器根据资源情况分配，但应与管理站请求的值 historyControlBucketsRequested 相同或接近。每一个数据行(也叫做桶 Bucket)保存一次取样中得到的数据，这些数据与统计表中的数据有关。例如，历史表中的数据 etherHistoryPkts 等于统计表中的数据 etherStatsPkts 在取样间隔结束时的值减去取样间隔开始时的值之差，如图 5-9 所示。

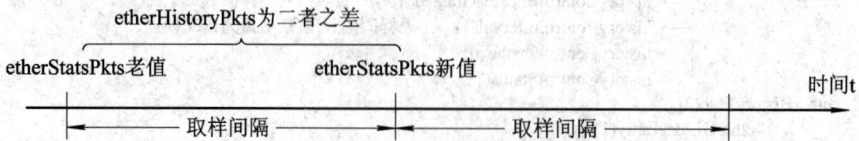

图 5-9　etherHistoryPkts 的值

当每一个取样间隔开始时监视器就在历史数据表中产生一行，行索引 etherHistoryIndex 与对应控制行的 historyControlIndex 相同，而 etherHistorySampleIndex 的值则加 1。当 etherHistorySampleIndex 的值增至与 historyControlBucketsGranted 的值相等时，这一组数据行就当做循环使用的缓冲区，丢弃最老的数据行，保留 historyControlBucketsGranted 各最新的数据行。例如在图 5-8 中，第一组已丢弃了 X 个老数据行，第二组则丢弃了 Y 个老数据行。

3. 主机组

主机组收集新出现的主机信息，其内容与接口组相同，参见图 5-10。

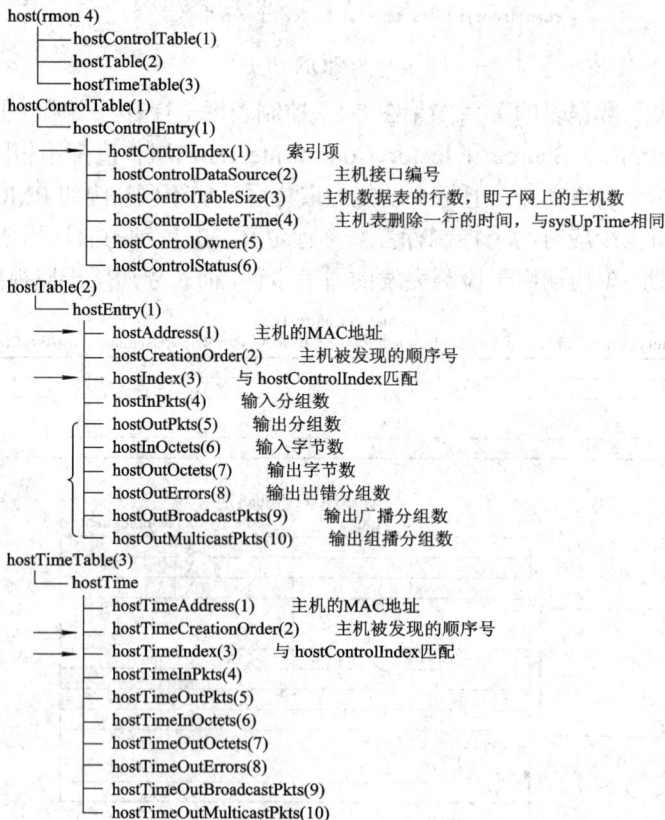

图 5-10　RMON 主机组

监视器观察子网上传送的分组，根据源地址和目标地址了解网上活动的主机，为每一个新出现(启动)的主机建立并维护一组统计数据。每一个控制行对应一个子网接口，而每一个数据行对应一个子网上的一个主机。这样主机表 hostTable 的总行数为

$$N = \sum_{i}^{k} N_i$$

其中：N_i 为控制表第 i 行 hostControlTableSize 的值；k 为控制表的行数；N 为主机表的行数；i 为控制表索引 hostControlIndex 的值。

例如在图 5-11 中，监视器有两个子网接口(k = 2)。子网 X 与接口 1 相连(对应的 hostControlIndex 值为 1)，有 3 台主机，所以该行的 hostControlTableSize 的值为 3(N_1 =3)；子网 Y 与接口 2 相连，有两台主机，所以对应子网 Y 的值是 hostControlIndex = 2(N_2 = 2)。

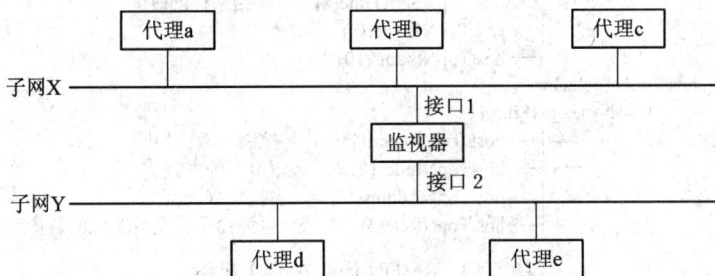

图 5-11　RMON 计数器配置例

主机数据表 hostTable 的每一行由主机 MAC 地址 hostAddress 和接口号 hostIndex 共同索引，记录各个主机的通信统计信息。当主机控制表配置好以后，监视器就开始检查各个子网上出现的分组。如果发现有新的源地址出现，就在主机数据表中增加一行，并且把 hostControlTableSize 的值增加 1。理想的情况是监视器能够保存接口上发现的所有主机的数据，但监视器的资源有限，有时不得不按先进先出的顺序循环使用已建立的数据行。当一个新行加入时，同一接口的一个老行被删除，与同一接口有关的行变量 hostCreationOrder 的值减 1，而新行的 hostCreationOrder 值为 N_i。

主机时间表 hostTimeTable 与 hostTable 内容相同，但是以发现时间 hostTimeCreationOrder 排序的，而不是以主机的 MAC 排序的。这个表有两种重要应用：

• 如果管理站知道表的大小和行的大小，就可以用最有效的方式把有关的管理信息装入 SNMP 的 Get 和 GetNext PDU 中，这样检索起来更快捷、更方便。由于该表是以 hostTimeCreationOrder 按由小到大的顺序排列的，所以应答的先后顺序不会影响检索的结果。

• 这个表的结构方便了管理站找出某个接口上最新出现的主机，而不必查阅整个表。

主机组的两个数据表实际上是同一个表的两个不同的逻辑视图，并不要求监视器实现两个数据重复的表。另外，这一组的信息与 MIB-2 的接口组是相同的，但是这个组的实现也许更有效：暂时不工作的主机并不占用监视器资源。

4. 最高 N 台主机组

这一组记录某种参数最大的 N 台主机的有关信息，这些信息的来源是主机组。在一个取样间隔中为一个子网上的一个主机组变量收集到的数据集合叫做一个报告。可见，报告

是针对某个主机组变量的，是那个变量在取样间隔中的变化率。最高 N 台主机组提供的是一个子网上某种变量变化率最大的 N 台主机的信息。这个组包含一个控制表和一个数据表，如图 5-12 所示。

```
hostTopN(rmon 5)
        ├──hostTopNControlTable(1)
        └──hostTopNTable(2)
hostTopNControlTable(1)
        └──hostTopNControlEntry(1)
                    ├──hostTopNControlIndex(1)      对应一个接口的索引
                    ├──hostTopNHostIndex(2)      匹配主机控制表的索引项
                    ├──hostTopNRateBase(3)      要采样的变量
                    ├──hostTopNTimeRemaining(4)      采样剩余时间(秒)
                    ├──hostTopNDutation(5)      采样间隔(秒)
                    ├──hostTopNRequestedSize(6)      请求的N值
                    ├──hostTopNGrantedSize(7)      实际的N值
                    ├──hostTopNStartTime(8)      开始采样的时间
                    ├──hostTopNOwner(9)
                    └──hostTopNStatus(10)
hostTopNTable(1)
        └──hostTopNEntry(1)
                    ├──hostTopNReport(1)      与控制表索引相同
                    ├──hostTopNIndex(2)      表示唯一的主机
                    ├──hostTopNAddress(3)      主机MAC地址
                    └──hostTopNRate(4)      采样区间内采样变量变化的数量
```

图 5-12　RMON 最高 N 台主机组

变量 hostTopNRateBase 为整数类型，可取下列值之一：

INTEGER { hostTopNInPkts(1)，

hostTopNOutPkts(2)，

hostTopNInOctets(3)，

hostTopNOutOctets(4)，

hostTopNOutErrors(5)，

hostTopNOutBroadcastPkts(6)，

hostTopNOutMulticastPkts(7)}

hostTopNRateBase 定义了要采样的变量，实际上就是主机组中统计的 7 个变量之一。数据表变量 hostTopNRate 记录的是上述变量的变化率。报告准备过程如下：开始时管理站生成一个控制行，定义一个新的报告，指示监视器计算一个主机组变量在取样间隔结束和开始时的值之差。取样间隔长度(秒)存储在变量 hostTopNDutation 和 hostTopNTimeRemaining 中。在取样开始后 hostTopNDutation 保持不变，而 hostTopNTimeRemaining 递减，记录采样剩余时间。当剩余时间减到 0 时，监视器计算最后结果，产生 N 个数据行的报告。报告由变量 hostTopNIndex 索引，N 个主机以计算的变量值递减的顺序排列。报告产生后管理站以只读方式访问。如果管理站需要产生新报告，则可以把变量 hostTopNTimeRemaining 置为与 hostTopNDutation 的值一样，这样原来的报告被删除，又开始产生新的报告。

5．矩阵组

这个组记录子网中一对主机之间的通信量，信息以矩阵的形式存储。矩阵组表示在图 5-13 中，并加上了注释。

```
matrix(rmon 6)
          ┌── matrixControlTable(1)
          ├── matrixSDTable(2)
          └── matrixDSTable(3)
matrixControlTable(1)
      └──matrixControlEntry(1)
 ──────────┌── matrixControlIndex(1)        索引
          ├── matrixControlDataSource(2)      标识一个接口
          ├── matrixControlTableSize(3)       数据表的行数
          ├── matrixControlLastDeleteTime(4)     在数据表中删除一行的时间
          ├── matrixControlDOwner(5)
          └── matrixControlStatus(6)
matrixSDTable(2)
       └──matrixSDEntry(1)
 ──────────┌── matrixSDSourceAddress(1)       源MAC地址
 ──────────├── matrixSDDestAddress(2)        目标MAC地址
 ──────────├── matrixSDIndex(3)         与控制索引相同
          ├── matrixSDPkts(4)        从源到目标的分组数
          ├── matrixSDOctets(5)       从源到目标的字节数
          └── matrixSDError(6)        从源到目标的错误分组数
matrixDSTable(3)
       └──matrixDSEntry(1)
 ──────────┌── matrixDSSourceAddress(1)       源MAC地址
 ──────────├── matrixDSDestAddress(2)        目标MAC地址
 ──────────├── matrixDSIndex(3)         与控制索引相同
          ├── matrixDSPkts(4)        从目标到源的分组数
          ├── matrixDSOctets(5)       从目标到源的字节数
          └── matrixDSError(6)        从目标到源的错误分组数
```

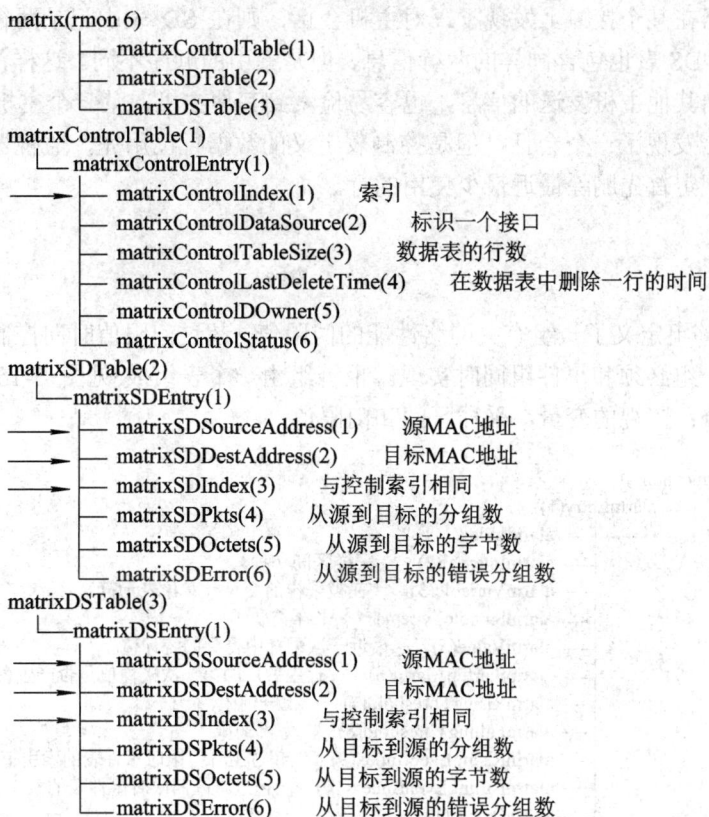

图 5-13　RMON 矩阵组

　　矩阵组由 3 个表组成。控制表的一行指明发现主机对会话的子网接口，其中的变量 matrixControlTableSize 定义了数据表的行数，而变量 matrixControlLastDeleteTime 说明数据表行被删除的时间，与 MIB-2 的变量 sysUpTime 相同。如果没有删除行，matrixControlLast-DeleteTime 的值为 0。

　　数据表分成源到目标(SD)和目标到源(DS)两个表，它们的行之间的逻辑关系表示在图 5-14 中。SD 表首先由 matrixSDIndex 索引，然后由源地址索引，最后由目标地址索引。而 DS 表首先由 matrixDSIndex 索引，然后由目标地址索引，最后由源地址索引。

图 5-14　matrixSDTable 表行和 matrixDSTable 表行之间的逻辑关系

如果监视器在某个接口上发现了一对主机会话，则在 SD 表中记录两行，每行表示一个方向的通信。DS 表也包含同样的两行信息，但是索引的顺序不同。这样，管理站可以检索到一个主机向其他主机发送的信息，也容易检索到其他主机向某一个主机发送的信息。

如果监视器发现了一个会话，但是控制表定义的数据行已用完，监视器就需要删除现有的行。标准规定首先删除最近最少使用的行。

5.2.2　报警

RMON 报警组定义了一组有关网络性能的门限值，超过门限值时向控制台产生报警事件。显然，这一组必须和事件组同时实现。报警组由一个表组成(见图 5-15)，该表的一行定义了一种报警：监视的变量、采样区间和门限值。

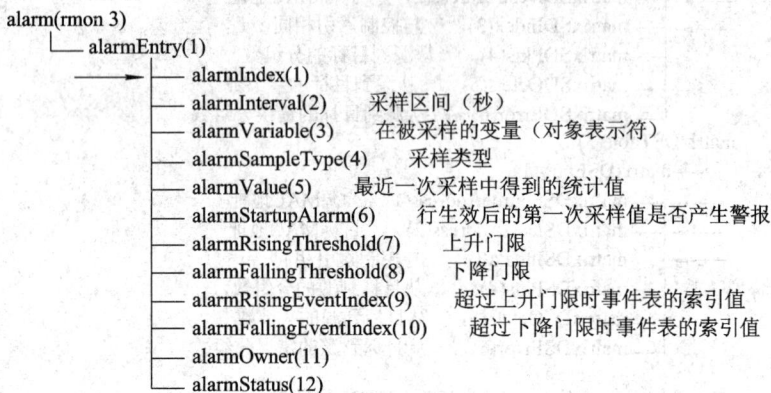

```
alarm(rmon 3)
  └── alarmEntry(1)
            ├── alarmIndex(1)
            ├── alarmInterval(2)           采样区间（秒）
            ├── alarmVariable(3)           在被采样的变量（对象表示符）
            ├── alarmSampleType(4)         采样类型
            ├── alarmValue(5)              最近一次采样中得到的统计值
            ├── alarmStartupAlarm(6)       行生效后的第一次采样值是否产生警报
            ├── alarmRisingThreshold(7)    上升门限
            ├── alarmFallingThreshold(8)   下降门限
            ├── alarmRisingEventIndex(9)   超过上升门限时事件表的索引值
            ├── alarmFallingEventIndex(10) 超过下降门限时事件表的索引值
            ├── alarmOwner(11)
            └── alarmStatus(12)
```

图 5-15　RMON 报警组

采样类型分为两种：absoluteValue(1)表示采样值直接与门限值比较；deltaValue(2)表示连续两次的采样值相减后与门限值比较，所以比较的是变化率，叫做增量报警。关于行生效后是否产生报警，alarmStartupAlarm 的取值有下面 3 种：

- risingAlarm(1)：该行生效后第一个采样值≥上升门限(RisingThreshold)，产生警报。
- fallingAlarm(2)：该行生效后第一个采样值≤下降门限(FallingThreshold)，产生警报。
- risingOrFallingAlarm(3)：该行生效后第一个采样值≥上升门限，或者≤下降门限，产生警报。

报警组定义了下面的报警机制：

(1) 如果行生效后的第一个采样值≤上升门限，而后来的一个采样值变得≥上升门限时，则产生一个上升警报。

(2) 如果行生效后的第一个采样值≥上升门限，且 alarmStartupAlarm=1 或 3，则产生一个上升警报。

(3) 如果行生效后的第一个采样值≥上升门限，且 alarmStartupAlarm=2，则当采样值落回上升门限后又变得≥上升门限时则产生一个上升警报。

(4) 产生一个上升警报后，除非采样值落回上升门限到达下降门限，并且再一次到达上升门限，将不再产生上升警报。

对下降报警的规则是类似的。这个规则的作用是避免信号在门限附近波动时产生很多报警，加重网络负载，该机制彼形象地叫做"迟滞"(hysteresis)机制。图 5-16 给出了一个报警的例子，本例中 alarmStartupAlarm=1 或 3，画星号的地方应产生警报。

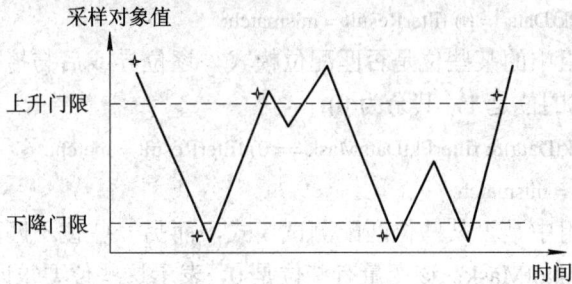

图 5-16　报警的例子

关于增量报警方式(采样类型为 deltaValue)，RMON 规范建议每个周期应采样两次，把最近两次采样值的和与门限比较，这样可以避免漏报超过门限的情况。试看下面的例子：

时间(秒)	0	10	20
观察的值	0	19	32
增量值	0	19	13

如果上升门限是 20，则不报警。但是按双重采样规则，每 5 秒观察一次，则有：

时间(秒)	0	5	10	15	20
观察的值	0	10	19	30	32
增量值	0	10	9	11	2

可见在 15 秒时连续两次取样的和是 20，已达到报警门限，应产生一个报警事件。

5.2.3　过滤和通道

过滤组提供一种手段，使得监视器可以观察接口上的分组，通过过滤选择出某种指定的特殊分组。这个组定义了两种过滤器：数据过滤器是按位模式匹配，即要求分组的一部分匹配或不匹配指定的位模式；而状态过滤器是按状态匹配，即要求分组具有特定的错误状态(有效、CRC 错误等)。各种过滤器可以用逻辑运算(AND、OR 等)来组合，形成复杂的测试模式。一组过滤器的组合叫做通道(channel)。可以对通过通道测试的分组计数，也可以配置通道使得通过的分组产生事件(由事件组定义)，或者使得通过的分组被捕获(由捕获组定义)。通道的过滤逻辑是相当复杂的，下面首先举例说明过滤逻辑。

1. 过滤逻辑

定义与测试有关的变量：

- input：被过滤的输入分组；
- filterPktData：用于测试的位模式；
- filterPktDataMask：要测试的有关位的掩码；
- filterPktDataNotMask：指示进行匹配测试或不匹配测试。

下面分步骤进行由简单到复杂的位模式配位测试。

(1) 测试输入分组是否匹配位模式，这需要进行逐位异或：

　　if(input ^ filterPktData == 0) filterResult = match;

(2) 测试输入分组是否不匹配位模式，这也需要逐位异或：

　　if(input ^ filterPktData != 0) filterResult = mismatch;

(3) 测试输入分组中的某些位是否匹配位模式，逐位异或后与掩码逐位进行逻辑与运算(掩码中对应要测试的位是 1，其余为 0)：

　　if((input^filterPktData)& filterPktDataMask == 0) filterResult = match;

　　else filterResult = mismatch;

(4) 测试输入分组中是否某些位匹配测试模式，而另一些位不匹配测试模式。这里要用到变量 filterPktDataNotMask。该变量有些位是 0，表示这些位要求匹配；有些位是 1，表示这些位要求不匹配：

　　relevant_bits_different = (input^filterPktData)& filterPktDataMask;

　　if ((relevant_bits_different & ~filterPktDataNotMask) == 0)

　　　　filterResult=successful_ match;

作为一个例子，假定希望过滤出的以太网分组的目标地址为 0xA5，而源地址不是 0xBB。由于以太网地址是 48 位，而且前 48 位是目标地址，后 48 位是源地址，所以有关变量设置如下：

　　filterPktDataOffset　　　　= 0

　　filterPktData　　　　　　= 0x0000000000A50000000000BB

　　filterPktDataMask　　　　= 0xFFFFFFFFFFFFFFFFFFFFFFFF

　　filterPktDataNotMask　　= 0x000000000000FFFFFFFFFFFF

其中，变量 filterPktDataOffset 表示分组中要测试部分距分组头的距离(其值为 0，表示从头开始测试)。

状态过滤逻辑是类似的。每一种错误条件是一个整数值，并且是 2 的幂。为了得到状态模式，只要把各个错误条件的值相加，这样就把状态模式转换成了位模式。例如，以太网有下面的错误条件：

　　0　分组大于 1518 字节

　　1　分组小于 64 字节

　　2　分组存在 CRC 错误或对准错误

如果一个分组错误状态值为 6，则它有后两种错误。

2．通道操作

通道由一组过滤器定义，被测试的分组要通过通道中有关过滤器的检查。分组是否被通道接受，取决于通道配置中的一个变量：

　　channelAcceptType ::= INTEGER {acceptMatched(1), acceptFailed(2)}

如果该变量的值为 1，则分组数据和分组状态至少要与一个过滤器匹配，则分组被接受；如果该变量的值为 2，则分组数据和分组状态与每一个过滤器都不匹配，则分组被接受。对于 channelAcceptType=1 的情况，可以用图 5-17 说明。

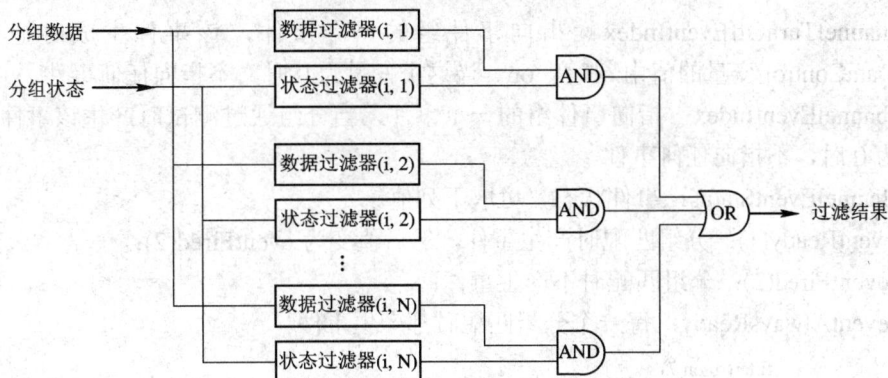

图 5-17　通道变量 channelAcceptType=1 的例子

与通道操作有关的变量如下：

- channelAcceptType：其值和过滤器集合决定是否接受分组；
- channelMatches：(计数器)对接受的分组计数；
- channelDataControl：控制通道开/关；
- channelEventStatus：当分组匹配时该变量指示通道是否产生事件，是否被捕获；
- channelEventIndex：产生的事件的索引。

根据这些变量的值，通道操作逻辑如下(result==1 表示分组通过检查，result==0 表示分组没有通过检查)：

```
if (((result==1)&&(channelAcceptType==acceptMatched))||
    ((result==0)&&(channelAcceptType==acceptFailed)))
{
    channelMatches = channelMatches+1;
    if (channelDataControl==ON)
    {
        if ((channelEventStatus!=eventFired)&&(channelEventIndex!=0))
            generateEvent( ) ;
        if   (channelEventStatus==eventReady)
            channelEventStatus=eventFired;
    }
}
```

3．过滤组结构

过滤组由两个控制表组成(见图 5-18)。过滤表 filterTable 定义了一组过滤器，通道表 channelTable 定义由若干过滤器组成的通道。

过滤组每一行定义一对数据过滤器和状态过滤器，变量 filterChannelIndex 说明该过滤器所属的通道。通道组每一行定义一个通道。通道组的有关变量解释如下：

- channelDataControl：通道开关，控制通道是否工作，可取值 on(1)/off(2)。
- channelTurnOnEventIndex：指向事件组的一个事件，该事件生成时把有关的 channelDataControl 变量的值由 on 变 off。当这个变量为 0 时，不指向任何事件。

• channelTurnOffEventIndex：指向事件组的一个事件，该事件生成时把有关的 channelDataControl 变量的值由 off 变 on。当这个变量为 0 时，不指向任何事件。

• channelEventIndex：指向事件组的一个事件，当分组通过测试时产生该事件。当这个变量为 0 时，不指向任何事件。

• channelEventStatus：事件状态，可取下列值。

◇ eventReady(1)：分组匹配时产生事件，然后值变为 eventFired(2)；

◇ eventFired(2)：分组匹配时不产生事件；

◇ eventAlwaysReady：每一个分组匹配时都产生事件。

```
filter(rmon 7)
    ├── filterTable(1)
    └── channelTable(2)
filtertable(1)
    └── filterEntry(1)
            ├── filterIndex(1)          索引，每行定义了一个过滤器
            ├── filterChannelIndex(2)       指向该过滤器所属的通道
            ├── filterPktDataOffset(3)      被测试数据距分组头的位移
            ├── filterPktData(4)        用于测试的位模式
            ├── filterPktDataMask(5)        位模式测试的掩码
            ├── filterPktDataNotMask(6)       位模式测试的相反掩码
            ├── filterPktStatus(7)       用于测试的状态模式
            ├── filterPktStatusMask(8)        状态测试的掩码
            ├── filterPktStatusNotMask(9)        状态测试的相反掩码
            ├── filterOwner(10)
            └── filterStatus(11)
channelTable(2)
    └── channelEntry(1)
            ├── channelIndex(1)         索引，定义一个通道
            ├── channelIfIndex(2)        说明监视器的接口
            ├── channelAcceptType(3)        通道接受类型
            ├── channelDataControl(4)        通道开关
            ├── channelTurnOnEventIndex(5)       事件组的eventIndex
            ├── channelTurnOffEventIndex(6)       事件组的eventIndex
            ├── channelEventIndex(7)        事件索引
            ├── channelEventStatus(8)        事件状态
            ├── channelMatches(9)        记录匹配分组数
            ├── channelDescription(10)        通道的文本描述
            ├── channelOwner(11)
            └── channelStatus(12)
```

图 5-18　RMON 过滤组

当变量 channelEventStatus 的值为 eventReady 时，如果产生了一个事件，则 channelEventStatus 的值自动变为 eventFired，再就不会产生同样的事件了。管理站响应事件通知后，可以恢复 channelEventStatus 的值为 eventReady，以便产生类似的事件。

5.2.4　包捕获和事件记录

1. 包捕获组

包捕获组建立一组缓冲区，用于存储从通道中捕获的分组。这个组由控制表和数据表组成，如图 5-19 所示。

```
capture(rmon 8)
        ├── bufferControlTable(1)
        └── captureBufferTable(2)
bufferControlTable(1)
        └── bufferControlEntry(1)
                ├── bufferControlIndex(1)          索引
                ├── bufferControlChannlelIndex(2)      指向一个通道
                ├── bufferControlFullStatus(3)      表示缓冲区是否用完
                ├── bufferControlFullAction(4)       表示缓冲区是否循环使用
                ├── bufferControlCaptureSliceSize(5)      被捕获分组可存入缓冲区中的最大字节数
                ├── bufferControlDownloadSliceSize(6)      单个SNMP PDU可从缓冲区取得的最大字节数
                ├── bufferControlDownloadOffset(7)        SNMP从缓冲区取得的第一个字节距分组头的位移
                ├── bufferControlMaxOctetsRequested(8)      请求的缓冲区大小
                ├── bufferControlMaxOctetsGtanted(9)      得到的缓冲区大小
                ├── bufferControlCapturePkts(10)       当前在缓冲区中的分组数
                ├── bufferControlTurnTime(11)       打开缓冲区的时间
                ├── bufferControlOwner(12)
                └── bufferControlStatus(13)
captureBufferTable(2)
        └── captureBufferEntry(1)
                ├── captureBufferControlIndex(1)      与控制表索引相同
                ├── captureBufferIndex(2)       缓冲区中分组的索引
                ├── captureBufferPacketID(3)       分组被捕获的顺序
                ├── captureBufferPacketData(4)      存储的分组数据
                ├── captureBufferPacketLength(5)      被接收的分组的长度
                ├── captureBufferPacketTime(6)       打开缓冲区的时间
                └── captureBufferPacketStatus(7)      分组的错误状态
```

图 5-19 RMON 包捕获组

变量 bufferControlFullStatus 表示缓冲区是否用完，可以取两个值：spaceAvailable(1)表示尚有存储空间，full(2)表示存储空间已占满。变量 bufferControlFullAction 表示缓冲区的两种不同用法，取值 lockWhenFull(1)表示缓冲区用完时不再接受新的分组，取值 wrapWhenFull(2)表示缓冲区作为先进先出队列循环使用。

还有一组参数说明分组在捕获缓冲区中如何存储，以及 SNMPGet 和 GetNext 如何从捕获缓冲区提取数据：

• bufferControlCaptureSliceSize(CS)：每个分组可存入缓冲区中的最大字节数。

• bufferControlDownloadSliceSize(DS)：缓冲区中每个分组可以被单个 SNMP PDU 检索的最大字节数。

• bufferControlDownloadOffset(DO)：SNMP 从缓冲区取得的第一个字节距分组头的位移。

• captureBufferPacketLength(PL)：被接收的分组的长度。

• captureBufferPacketData：存储的分组数据。

设 PDL 是 captureBufferPacketData 的长度，则下面的关系成立：

$$PDL = MIN(PL，CS)$$

显然，存储在捕获缓冲区中的分组数据既不能大于分组的实际长度，也不能大于缓冲区容许的最大长度。当 CS 大时，分组可全部进入缓冲区，当 PL 大时只有一个分组片存储在缓冲区中。无论是整个分组还是分组片，在缓冲区中都是以字节串(OCTET STRING)的形式存储的。如果这个字节串大于 SNMP 报文长度，检索时就只能装入一部分。标准提供了两个变量(DO 和 DS)帮助管理站分次分段检索捕获缓冲区中的数据。变量 DO 和 DS 都是可读/写的。通常管理站先设置 DO=0、DS=100，可以读出缓冲区的前 100 个字节。当然管理站也可以得到 PL 和分组的错误状态。如果有必要，再置 DO=100，再检索分组的下一部分。

2．事件组

事件组的作用是管理事件。事件是由 MIB 中其他地方的条件触发的，事件也能触发其他地方的作用。产生事件的条件在 RMON 其他组定义，例如报警组和过滤组都有指向事件组的索引项。事件还能使得这个功能组存储有关信息，甚至引起代理进程发送陷入消息。

事件组的对象表示在图 5-20 中。该组分为两个表：事件表和 log 表，前者定义事件的作用，后者记录事件出现的顺序和时间。事件表中的变量 eventType 表示事件类型，可以取 4 个值：none(1)表示非以下 3 种情况，log(2)表示这类事件要记录在 log 表中，snmp-trap(3)表示事件出现时发送陷入报文，最后，log-and-snmp-trap(4)是 2 和 3 两种作用同时发作。

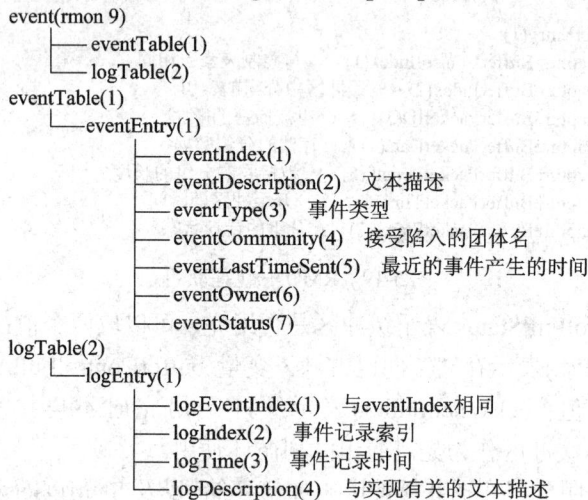

```
event(rmon 9)
    ├── eventTable(1)
    └── logTable(2)
eventTable(1)
    └── eventEntry(1)
            ├── eventIndex(1)
            ├── eventDescription(2)    文本描述
            ├── eventType(3)    事件类型
            ├── eventCommunity(4)    接受陷入的团体名
            ├── eventLastTimeSent(5)    最近的事件产生的时间
            ├── eventOwner(6)
            └── eventStatus(7)
logTable(2)
    └── logEntry(1)
            ├── logEventIndex(1)    与eventIndex相同
            ├── logIndex(2)    事件记录索引
            ├── logTime(3)    事件记录时间
            └── logDescription(4)    与实现有关的文本描述
```

图 5-20　RMON 事件组

5.3　RMON2 管理信息库

前面介绍的 RMON MIB 只能存储 MAC 层管理信息。从 1994 年开始对 RMON MIB 进行了扩充，使得能够监视 MAC 层之上的通信。这就是后来的 RMON2，同时把前一标准叫做 RMON1。这一节介绍 RMON2 的有关内容。

5.3.1　RMON2 MIB 的组成

RMON2 监视 OSI/RM 第 3 到第 7 层的通信，能对数据链路层以上的分组进行译码。这使得监视器可以管理网络层协议，包括 IP 协议。因而能了解分组的源和目标地址，能知道路由器负载的来源，使得监视的范围扩大到局域网之外。监视器也能监视应用层协议，例如电子邮件协议、文件传输协议、HTTP 协议等，这样监视器就可以记录主机应用活动的数据，可以显示各种应用活动的图表。这些对网络管理人员都是很重要的信息。另外，在网络管理标准中，通常把网络层之上的协议都叫做应用层协议，以后提到的应用层包含 OSI 的 5、6、7 层。

RMON2 扩充了原来的 RMON MIB，增加了 9 个新的功能组，如图 5-21 所示。

rmon (mib-2 16)
　—— protocolDir(11)
　—— protocolDist(12)
　—— addressMap(13)
　—— nlHost(14)
　—— nlMatrix(15)
　—— alHost(16)
　—— alMatrix(17)
　—— usrHistory(18)
　—— probeConfig(19)

图 5-21　RMON2 MIB

• 协议目录组(protocolDir)：提供表示各种网络协议的标准化方法，使得管理站可以了解监视器所在的子网上运行什么协议。这一点很重要，特别对于管理站和监视器来自不同制造商时是完全必要的。

• 协议分布组(protocolDist)：提供每个协议产生的通信统计数据，例如发送了多少分组、多少字节等。

• 地址映像组(addressMap)：建立网络层地址(IP 地址)与 MAC 地址的映像关系。这些信息在发现网络设备、建立网络拓扑结构时有用。这一组可以为监视器在每一个接口上观察到的每一种协议建立一个表项，说明其网络地址和物理地址之间的对应关系。

• 网络层主机组(nlHost)：这一组类似于 RMON1 的主机组，收集网上主机的信息，例如主机地址、发送/接收的分组/字节数等。但是与 RMON1 不同，这一组不是基于 MAC 地址，而是基于网络层地址发现主机。这样管理人员可以超越路由器看到子网之外的 IP 主机。

• 网络层矩阵组(nlMatrix)：记录主机对(源/目标)之间的通讯情况，收集的信息类似于 RMON1 的矩阵组，但是按网络层地址标识主机。其中的数据表分为 SD 表、DS 表和 TopN 表，与 RMON1 的对应表也是相似的。

• 应用层主机组(alHost)：对应每个主机的每个应用协议(指第三层之上的协议)在 alHost 表中有一个表项，记录有关主机发送/接收的分组/字节数等。这一组使用户可以了解每个主机上的每个应用协议的通信情况。

• 应用层矩阵组(alMatrix)：统计一对应用层协议之间的各种通信情况，以及某种选定的参数(例如交换的分组数/字节数)最大的(TopN)一对应用层协议之间的通信情况。

• 用户历史组(usrHistory)：按照用户定义的参数，周期性地收集统计数据。这使得用户可以研究系统中的任何计数器，例如关于路由器-路由器之间的连接情况的计数器。

• 监视器配置组(probeConfig)：定义了监视器的标准参数集合，这样可以提高管理站和监视器之间的互操作性，使得管理站可以远程配置不同制造商的监视器。

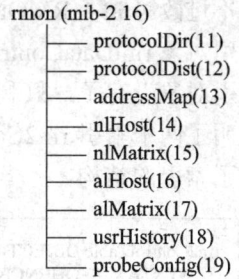

5.3.2　RMON2 增加的功能

RMON2 引入了两种与对象索引有关的新功能，增强了 RMON2 的能力和灵活性。下面介绍这两种新功能。

1. 外部对象索引

在 SNMPv1 管理信息结构的宏定义中，没有说明索引对象是否必须是被索引表的列对象。在 SNMPv2 的 SMI 中，已明确指出可以使用不是概念表成员的对象作为索引项。在这种情况下，必须在概念行的 DESCRIPTION 子句中给出文字解释，说明如何使用这样的外部对象唯一地标识概念行实例。

　　RMON2 采用了这种新的表结构，经常使用外部对象索引数据表，以便把数据表与对应的控制表结合起来。图 5-22 给出了这样的例子。这个例子与图 5-2 的 rm1 表是类似的，只不过改写成了 RMON2 的风格。在图 5-2 的 rm1 表中，数据表有两个索引对象。第一个索引对象 rmlDataControlIndex 只是重复了控制表的索引对象。在图 5-22 的数据表中，这个索引对象没有了，只剩下了唯一的索引对象 rm2DataIndex。但是在数据表的概念行定义中说明了两个索引 rm2ControlIndex 和 rm2DataIndex，同时在 rm2DataIndex 的描述子句中说明了索引的结构。

```
rm2ControlTable OBJECT-TYPE
    SYNTAX  SEQUENCE OF rm2ControlEntry
    ACCESS  not-accessible
    STATUS  mandatory
    DESCRIPTION
        "A control table."
    ::={exl 1}
rm2ControlEntry OBJECT-TYPE
    SYNTAX  rm2ControlEntry
    ACCESS  not-accessible
    STATUS  mandatory
    DESCRIPTION
        "Defines a parameter that Control
        a set of data table entries."
    INDEX  {rm2ControlIndex}
    ::={rm2ControlTable 1}
rm2ControlEntry::=SEQUENCE{
    rm2ControlIndex  INTEGER,
    rm2ControlParameter  Counter,
    rm2ControlOwner  OwnerString,
    rm2ControlStatus RowStatus}
    rm2ControlIndex  OBJECT-TYPE
    SYNTAX  INTEGER
    ACCESS  read-only
    STATUS  mandatory
    DESCRIPTION
        "The unique index for this
        rm2Control entry."
    ::={rm2ControEntry 1}
rm2ControlParameter
    SYNTAX  INTEGER
    ACCESS  read-write
    STATUS  mandatory
    DESCRIPTION
        "The value of this object characterizes
        data table rows associated with this entry."
    ::={rm2ControEntry 2}
rm2ControlOwner  OBJECT-TYPE
    SYNTAX  OwnerString
    ACCESS  read-write
    STATUS  mandatory
    DESCRIPTION
        "The entry that configured this entry."
    ::={rm2ControEntry 3}
rm2ControlStatus  OBJECT-TYPE
    SYNTAX  RowStatus
    ACCESS  read-write
    STATUS  mandatory
    DESCRIPTION
        "The status of this rm2Control entry."
    ::={rm2ControEntry 4}

rm2DataTable OBJECT-TYPE
    SYNTAX  SEQUENCE OF rm2DataEntry
    ACCESS  not-accessible
    STATUS  mandatory
    DESCRIPTION
        "A data table."
    ::={exl 2}
rm2DataEntry OBJECT-TYPE
    SYNTAX  Rm2DataEntry
    ACCESS  not-accessible
    STATUS  mandatory
    DESCRIPTION
        "A single data table entry."
    INDEX  {rm2ControlIndex, rm2DataIndex }
    ::={rm2DataTable 1}
rm2DataEntry ::=SEQUENCE{
    rm2DataIndex    INTEGER,
    rm2DataValue    Counter}
    rm2DataIndex  OBJECT-TYPE
    SYNTAX  INTEGER
    ACCESS  read-only
    STATUS  mandatory
    DESCRIPTION
        "The index that uniquely identifies a particular
        entry among all data entries associated with the
        same rm2ControlEntry."
    ::={rm2DataEntry 1}
rm2DataValue   OBJECT-TYPE
    SYNTAX  Counter
    ACCESS  read-only
    STATUS  mandatory
    DESCRIPTION
        "The value reported by this entry."
    ::={rmlDataEntry 2}
```

图 5-22　RMON2 的控制表和数据表

假设要检索第二控制行定义的第 89 个数据值，则可以给出对象实例标识 rm2DataValue.2.89。显然这样定义的数据表比 RMON1 的表少一个作为索引的列对象。另外 RMON2 的状态对象的类型为 RowStatus，而不是 EntryStatus。这是 SNMPv2 的一个文本约定，下一章还会遇到这个语法。

2．时间过滤器索引

网络管理应用需要周期地轮询监视器，以便得到被管理对象的最新状态信息。为了提高效率，一般会希望监视器每次只返回那些自上次查询以来改变了的值。SNMPv1 和 SNMPv2 中都没有直接解决这个问题的方法。然而 RMON2 的设计者却给出了一种新颖的方法，在 MIB 的定义中实现了这个功能。这个方法就是用时间过滤器进行索引。

RMON2 引入了一个新的文本约定：

```
TimeFilter ::= TEXTUAL-CONVENTION
    STATUS    CURRENT
    DESCRIPTION
      "..."
    SYNTAX    TimeTicks
```

类型为 TimeFilter 的对象专门用于表索引，其类型也就是 TimeTicks。这个索引的用途是使得管理站可以从监视器取得自从某个时间以来改变过的变量，这里的时间由类型为 TimeFilter 的对象表示。

为了说明时间过滤器的工作原理，考虑图 5-23 的例子。

```
fooTable OBJECT-TYPE                        fooTimeMark OBJECT-TYPE
    SYNTAX  SEQUENCE OF FoolEntry               SYNTAX  TimeFilter
    ACCESS  not-accessible                      ACCESS  not-accessible
    STATUS  current                             STATUS  current
    DESCRIPTION                                 DESCRIPTION
        "A control table."                          "A TimeFilter for this entry."
    ::={ex 1}                                   ::={fooEntry 1}
fooEntry OBJECT-TYPE                        fooIndex OBJECT-TYPE
    SYNTAX  Foo | Entry                         SYNTAX  INTEGER
    ACCESS  not-accessible                      ACCESS  not-accessible
    STATUS  current                             STATUS  current
    DESCRIPTION                                 DESCRIPTION
        "One row in fooTable."                      "Basic row index for this entry."
    INDEX  {fooTimeMark,fooIndex}               ::={fooEntry 2}
    ::={fooTable 1}                         fooCounts OBJECT-TYPE
FooEntry::=SEQUENCE{                            SYNTAX  Counter32
    fooTimeMark  TimeFilter,                    ACCESS  read-only
    fooIndex    INTEGER,                        DESCRIPTION
    fooCounts   Counter32 }                         "Current count for this entry."
                                                ::={fooEntry 3}
```

图 5-23　时间过滤器的例子

这个表 fooTable 有 3 个列对象：fooTimeMark 是时间过滤器(TimeFilter 类型)，fooIndex 是表的索引，fooCounts 是一个计数器。假设表索引仅取值 1 和 2，因而该表有两个基本行。图 5-24 给出了这个表的一个实现，分 6 个不同时刻表示出表的当前值。可以看出，监视器对每个基本行打上了该行计数器值改变时的时间戳。开始时间戳为 0，两个计数器的值都是 0。后来在 500 秒、900 秒和 2300 秒时，计数器 1 的值改变，在 1100 秒和 1400 秒时计数器 2 的值改变。如果管理站检索这个表，则发出下面的请求：

　　GetRequest(fooCounts . fooTimeMark 的值 . fooIndex 的值)

监视器按照下面的逻辑检查各个基本行：

　　if (timestamp-for-this-fooIndex≥fooTimeMark-value-in-Request)

在应答 PDU 中返回这个实例：

　　else　跳过这个实例

timestamp	fooIndex	fooCounts
0	1	0
0	2	0

(a) Time＝0

timestamp	fooIndex	fooCounts
500	1	1
0	2	0

(b) Time＝500

timestamp	fooIndex	fooCounts
900	1	2
0	2	0

(c) Time＝900

timestamp	fooIndex	fooCounts
900	1	2
1100	2	1

(d) Time＝1100

timestamp	fooIndex	fooCounts
900	1	2
1400	2	2

(e) Time＝1400

timestamp	fooIndex	fooCounts
2300	1	3
1400	2	2

(f) Time＝2300

图 5-24　时间过滤器索引的表

下面举例说明检索过程。假设管理站每 15 秒轮询一次监视器，nms 表示时间，分辨率为 1% 秒，于是有下列应答步骤。

(1) 在 nms = 1000 时，监视器开始工作，管理站第 1 次查询：

　　GetRequest(sysUpTime .0, fooCounts .0 .1, fooCounts .0 .2)

监视器在本地时间 600 时收到查询请求，计数器 1 在 500 时已变为 1，所以应答为

　　Response(sysUpTime .0 = 600, fooCounts .0 .1 = 1, fooCounts .0 .2 = 0)

(2) 在 nms = 2500 时(15 秒以后)，监视器第 2 次查询，欲得到自 600 以后改变的值：

　　GetRequest(sysUpTime .0, fooCounts .600 .1, fooCounts .600 .2)

监视器在本地时间 2100 时收到查询请求，计数器 1 在 900 时已变为 2，计数器 2 在 1100 时变为 1，后又在 1400 时变为 2，所以应答为

　　Response(sysUpTime .0 = 2100, fooCounts .600 .1 = 2, fooCounts .600 .2 = 2)

(3) 在 nms = 4000 时(15 秒以后)，监视器第 3 次查询，欲得到自 2100 以后改变的值：

　　GetRequest(sysUpTime .0, fooCounts .2100 .1, fooCounts .2100 .2)

监视器在本地时间 3600 时收到查询请求，计数器 1 的值已变为 3，计数器 2 无变化，所以应答为

　　Response(sysUpTime .0 = 3600, fooCounts .2100 .1 = 3)

(4) 在 nms = 5500 时(15 秒以后)，监视器第 4 次查询：

　　GetRequest(sysUpTime .0, fooCounts .3600 .1, fooCounts .3600 .2)

监视器在本地时间 5500 时收到查询请求，两个计数器均无变化，不返回新值：

　　Response(sysUpTime .0 = 5500)

可以看出，使用 TimeFilter 可以使管理站有效地过滤出最近变化的值。

5.4 RMON2 的应用

这一节重点介绍 RMON2 新功能的应用，主要是网络协议的表示方法、用户历史的定义方法和监视器的标准配置方法等。

5.4.1 协议的标识

任何一个网络都可能运行许多不同的协议，有些协议是标准的，有些是专用于某种特定产品的。一个网络运行的各个协议之间还有复杂的关系，例如可能同时运行多个网络层协议(IP、IPX)，一个 IP 协议有多个数据链路层协议的支持，而 TCP 协议和 UDP 协议同时运行于 IP 协议之上等。在远程网络监视中必须能够识别各种类型的网络协议，表示协议之间的关系，RMON2 提供了表示协议类型和协议关系信息的标准方法。

RMON2 用协议标识符和协议参数共同表示一个协议以及该协议与其他协议之间的关系。协议标识符是由字节串组成的分层的树结构，类似于 MIB 对象组成的树。RMON2 赋予每一个协议层 32 位的字节串，编码为 4 个十进制数，表示为[a.b.c.d]的形式，这是协议标识符树的节点。例如各种数据链路层协议被赋予下面的字节串：

```
ether2        =1[0.0.0.1]
llc           =2[0.0.0.2]
snap          =3[0.0.0.3]
vsnap         =4[0.0.0.4]
wgAssigned    =5[0.0.0.5]
anylink       = [1.0.a.b]
```

最后的 anylink 是一个通配符，可指任何链路层协议。有时监视器可以监视所有的 IP 数据报，而不论它是包装在什么链路层协议帧中，这时可以用 anylink 说明 IP 下面的链路层协议。

链路层协议字节串是协议标识符树的根，下面每个直接相连的节点是链路层协议直接支持的上层协议，或者说是直接包装在数据链路帧中的协议(通常情况下是网络层协议)。整个协议标识符树就是这样逐级构造的，如图 5-25 所示。这里表示的是以太网协议直接支持 IP 协议，UDP 运行于 IP 之上，最后，SNMP 报文封装在 UDP 数据报中传送。用文字表示就是 ether2 .ip .udp .snmp。

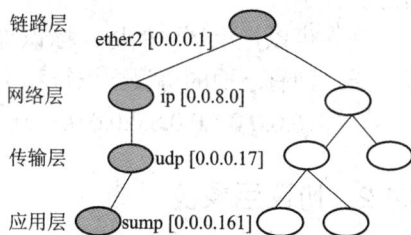

图 5-25 协议标识符树

RMON2 协议标识符和协议参数的格式如图 5-26 所示。开头有一个字节的长度计数字段 cnt，后续各层协议的子标识符字段。每层协议的子标识符都与上述链路层协议字节串相似，是 32 位，编码为 4 个十进制数。已知赋予以太 2 协议的字节串是[0.0.0.1]，以太网之上的协议的字节串形式为[0.0.a.b]，其中的 a 和 b 是以太 2 协议 MAC 帧中的类型字段的 16

位二进制数，这 16 位数用来表示 2 型以太网协议支持的上层协议。以太 2 规范为 IP 协议分配的字节串是[0.0.8.0]。与此类似，在 IP 头中的 16 位协议号表示 IP 支持的上层协议，IP 标准为 UDP 分配的编号是 17。UDP 为 SNMP 分配的端口号为 161。这样 4 层协议的字节串级联起来，前面加上 16 表示长度，就形成了完整的 SNMP 协议标识符：

16.0.0.0.1.0.0.8.0.0.0.0.0.17.0.0.0.161

(a) 一般格式

(b) 4 层协议的格式

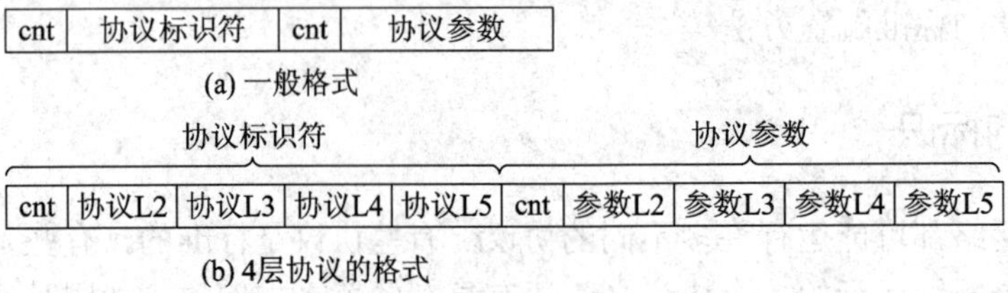

图 5-26　RMON2 协议标识符和协议参数的格式

应该强调的是对监视器能解释的每个协议都必须有一个协议标识符。假如有个监视器可以识别以太 2 帧、IP 和 UDP 数据报，以及 SNMP 报文，则 RMON2 MIB 中必须记录 4 个协议标识符：

ether2 (4.0.0.0.1)

ether2.ip (8.0.0.0.1.0.0.8.0)

ether2.ip.udp (12.0.0.0.1.0.0.8.0.0.0.0.17)

ether2.ip.udp.snmp (16.0.0.0.1.0.0.8.0.0.0.0.0.17.0.0.0.161)

从图 5-26 可以看出协议参数的格式：长度计数字段后跟各层协议的参数。参数的每一个比特定义了一种能力。例如最低两比特的含义分别如下：

(1) 比特 0: 表示允许上层协议 PDU 分段。例如上层报文可以分成若干 IP 数据报传送，则 IP 层的参数比特 0 的值为 1。

(2) 比特 1：表示可以为上层协议指定端口号。例如 TFTP(Trivial File Transfer Protocol) 协议，其专用端口号是 69。如果上层用户进程向端口 69 请求连接，TFTP 进程响应用户请求，派生出一个临时进程，并为其分配临时端口号，返回用户进程，用户就可以用 TFTP 传送文件了。

现在可以把上例中的协议标识符加上协议参数。如果表示 IP 之上的协议 PDU 可以分段传送，则有下面的协议标识符和协议参数串：

16.0.0.0.1.0.0.8.0.0.0.0.17.0.0.0.161.4.0.1.0.0

5.4.2　协议目录表

RMON2 协议目录表的结构如图 5-27 所示。其中的协议标识符 protocolDirID 和协议参数 protocolDirParameters 作为表项的索引，另外还为每个表项指定了一个唯一的索引 protocolDirLocalIndex，可由 RMON2 的其他组引用该表项。对另外 5 个变量解释如下：

• protocolDirDesc(4)：关于该协议的文字描述。

• protocolDirType(5)；协议类型是可扩展的，如果表中生成一个新项，所表示的协议是该协议的孩子；协议类型是具有地址识别能力的，如监控器可以区别源地址和目标地址，并分别对源和目标计数。

- protocolDirAddressMapConfig(6)：表示协议是否支持(网络层对数据链路层)地址映象。
- protocolDirHostConfig(7)：与网络层和应用层主机表有关。
- protocolDirMatrixConfig(8)：与网络层和应用层矩阵表有关。

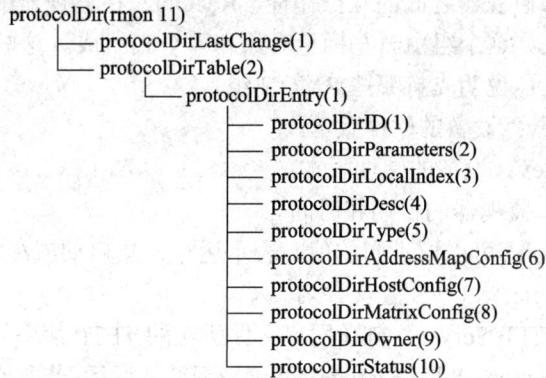

```
protocolDir(rmon 11)
      ├── protocolDirLastChange(1)
      └── protocolDirTable(2)
                └── protocolDirEntry(1)
                          ├── protocolDirID(1)
                          ├── protocolDirParameters(2)
                          ├── protocolDirLocalIndex(3)
                          ├── protocolDirDesc(4)
                          ├── protocolDirType(5)
                          ├── protocolDirAddressMapConfig(6)
                          ├── protocolDirHostConfig(7)
                          ├── protocolDirMatrixConfig(8)
                          ├── protocolDirOwner(9)
                          └── protocolDirStatus(10)
```

图 5-27　RMON2 协议目录表的结构

5.4.3　用户定义的数据收集机制

关于历史数据收集在 RMON1 中是预先定义的，在 RMON2 中可以由用户定义。下面介绍的用户历史收集组规定了定义历史数据的方法。

历史收集组由 3 级表组成。第一级是控制表 usrHistoryControlTable。这个表说明了一种采样功能的细节(采样的对象数、采样区间数和采样区间长度等)，它的一行定义了下一级的一个表。第二级是用户历史对象表 usrHistoryObjectTable，它也是一个控制表，说明采样的变量和采样类型，该表的行数等于上一级表定义的采样对象数。第三级表 usrHistoryTable 才是历史数据表，该表由第二级表的一行控制，记录着各个采样变量的值和状态，以及采样间隔的起止时间。用户历史收集组如图 5-28 所示。

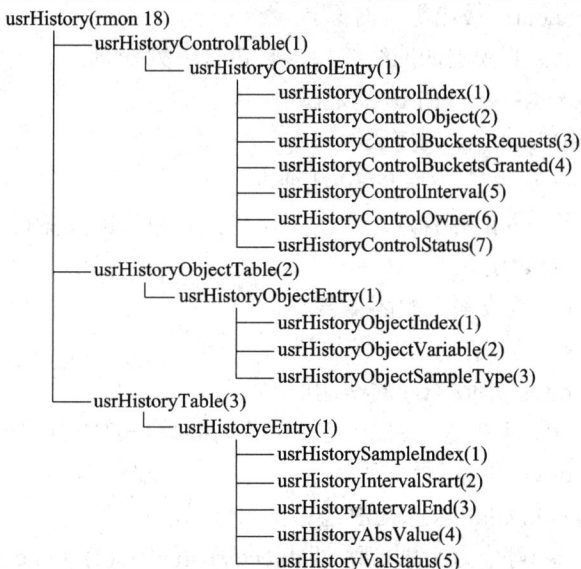

```
usrHistory(rmon 18)
      ├── usrHistoryControlTable(1)
      │         └── usrHistoryControlEntry(1)
      │                   ├── usrHistoryControlIndex(1)
      │                   ├── usrHistoryControlObject(2)
      │                   ├── usrHistoryControlBucketsRequests(3)
      │                   ├── usrHistoryControlBucketsGranted(4)
      │                   ├── usrHistoryControlInterval(5)
      │                   ├── usrHistoryControlOwner(6)
      │                   └── usrHistoryControlStatus(7)
      ├── usrHistoryObjectTable(2)
      │         └── usrHistoryObjectEntry(1)
      │                   ├── usrHistoryObjectIndex(1)
      │                   ├── usrHistoryObjectVariable(2)
      │                   └── usrHistoryObjectSampleType(3)
      └── usrHistoryTable(3)
                └── usrHistoryeEntry(1)
                          ├── usrHistorySampleIndex(1)
                          ├── usrHistoryIntervalSrart(2)
                          ├── usrHistoryIntervalEnd(3)
                          ├── usrHistoryAbsValue(4)
                          └── usrHistoryValStatus(5)
```

图 5-28　用户历史收集组

5.4.4　监视器的标准配置法

为了增强管理站和监视器之间的互操作性，RMON2 在监视器配置组中定义了远程配置监视器的标准化方法。这个组由一些标量对象和 4 个表组成。这些标量对象如下：

- probeCapabilities：说明支持哪些 RMON 组。
- probeSoftwareRev：设备的软件版本。
- probeHardwareRev：设备的硬件版本。
- probeDateTime：监视器的日期和时间。
- probeResetControl：可以取不同的值，表示运行、热启动或冷启动等。
- probeDownloadFile：自举配置文件名。
- probeDownLoadTFIPServer：自举配置文件所在的 TFTP 服务器地址。
- probeDownloadAction：若取值 imageValid(1)，则继续运行；若取值 downloadToPROM(2) 或 downloadToRAM(3)，则重启动，装入另外一个应用程序。
- probeDownloadStatus：表示不同的运行状态。

监视器配置组中的 4 个表是串行配置表、网络配置表、陷入定义表和串行连接表。串行配置表用于定义监视器的串行接口，它包含下列变量：

- serialMode：连接模式可以是直接连接或通过调制解调器连接。
- serialProtocol：数据链路协议可以是 SLIP 或其他协议。
- serialTimeout：终止连接之前等待的秒数。
- serialModemInitiString：用于初始化 Modem 的控制字符串。
- serialModemHangUpString：断开 Modem 连接的控制字符串。
- serialModemConnectResp：描述 Modem 响应代码和数据速率的 ASCII 串。
- serialModemNoConnectResp：由 Modem 产生的报告连接失效的 ASCII 串。
- serialDialoutTimeout：拨出等待时间。

网络配置表用于定义监视器的网络接口，它包含下列变量：

- netConfigIpAddress：接口的 IP 地址。
- netConfigSubnetMask：子网掩码。
- netDefaultGateway：默认网关的 IP 地址。

陷入定义表定义了陷入的目标地址等有关信息，它包含的变量如下：

- trapDestIndex：行索引。
- trapDestProtocol：接收陷入的团体名。
- trapDestAddress：传送陷入报文的协议。
- serialConnectIndex：接收陷入的站地址。

串行连接表存储与管理站建立 SLIP 连接需要的参数，其中有下列变量：

- serialConnectIndex：行索引。
- serialConnectDestIpAddress：SLIP 连接的 IP 地址。
- serialConnectType：可分为 4 种类型，即 direct(1)、modem(2)、switch(3)、modemSwitch(4)。
- serialConnectDialString：控制建立 Modem 连接的字符串。

- serialConnectSwitchconnectSeg：控制建立数据交换连接字符串。
- serialConnectDisconnectSeg：控制终止数据交换连接字符串。
- serialConnectSwitchResetSeg：使数据交换连接复位的字符串。

习　题

1. 为什么需要 RMON？网络监视器能提供哪些管理信息？
2. RMON 对表对象的管理作出了什么改进？
3. 试根据矩阵组定义的管理对象设计一个显示网络会话的工具。
4. 试写出产生下降报警的规则。
5. 举例说明 RMON 进行状态过滤的逻辑。
6. 试描述报警组、过滤组、事件组和包捕获组的关系。
7. RMON2 扩充了哪些功能组，它们的作用是什么？
8. 为什么要使用外部对象作为表的索引？
9. RMON2 如何标识协议之间的关系？
10. RMON 监视器如何配置？
11. 试把 RMON 对象划分到各个管理功能域。

第 6 章　SNMPc 网络管理软件的应用

SNMPc 是一个分布式网络管理平台，该软件具有良好的伸缩性、可扩展性和可靠性，以及较高的管理效率。通过 Windows 客户端控制台和 JAVA Web 控制台可以远程监控网络，扩大管理信息的共享范围，适合多用户管理。通过运行在多个计算机上的服务元素可以扩展功能，适用于任意规模的系统，最多可管理 25000 个网络设备。该软件还能有效地支持 SNMPv3 的安全特性，具有事件审计功能，可以设置冗余备份服务器，是一个可靠的网络管理系统。

6.1　SNMPc 简介

6.1.1　SNMPc 的特性

图 6-1 显示了 SNMPc 的各种用户界面。

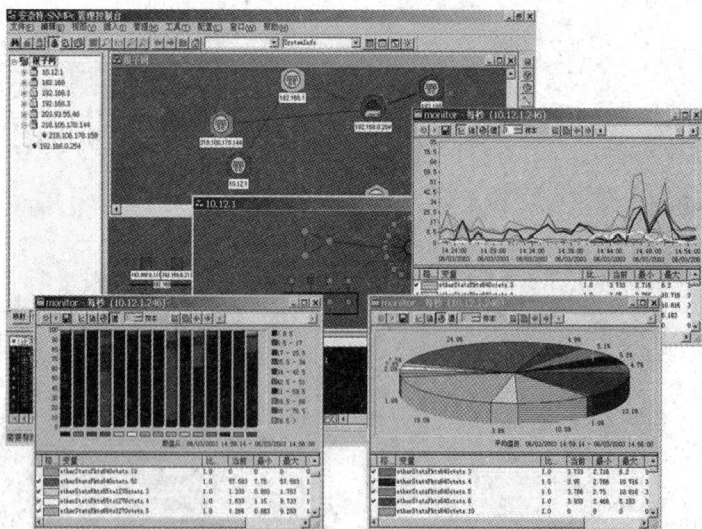

图 6-1　SNMPc 的各种用户界面

SNMPc 具有以下几方面的特点。

1. 易于使用和部署

SNMPc 安装简单，可以提供全面的中文操作，可以对系统、交换机、路由器等网络设备提供专门的菜单选项，直观易用。

2．冗余备份服务器

SNMPc 提供了冗余的备份服务器。两个 SNMPc 服务器，一个作为主服务器，另一个作为备份服务器，如果主服务器不能使用，仍可利用备份服务器继续监控网络。

3．高级网络拓扑结构图

SNMPc 支持多层次拓扑映射，每一个层次可以表示城市、建筑物或子网。通过导入地图或建筑物的平面位图，可以进行自动或手工布局，可以创建与实际网络结构十分近似的拓扑结构图，如图 6-2 所示。

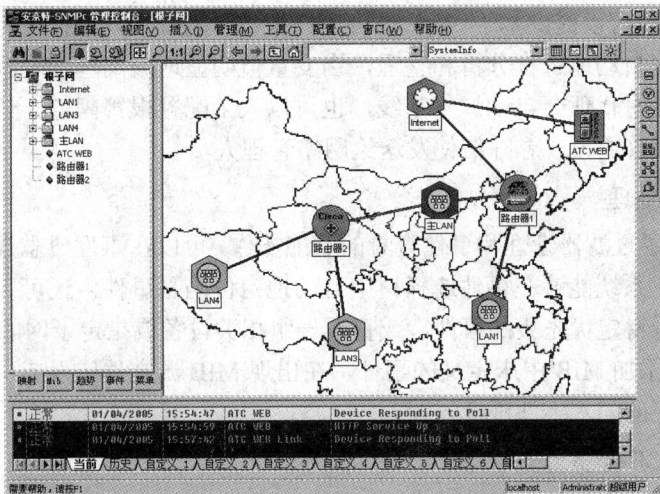

图 6-2　SNMPc 多层次网络拓扑结构图

SNMPc 能自动地布局网络拓扑结构，可以配置成树型、环型或总线型。每个映射对象使用专门的或用户选择的图标来表示，用对象的颜色来区分设备的状态。可以通过双击图标来启动任何设备的应用程序。

4．多厂商支持

SNMPc 可以管理任何厂商的集线器、交换机、路由器和其联网设备。SNMPc 提供 MIB 编译功能，可以对任何厂商的私有 MIB 进行管理。同时 SNMPc 还提供了自动面板生成器，可以自动地创建设备图标，并显示其端口的类型和数量。用户可以通过菜单对设备的图标进行修改。

5．安全性

SNMPc 支持 SNMPv3 的身份验证和加密功能，可以对不同的管理用户提供定制的管理视图和管理权限。

SNMPc 在重复登录尝试失败后将禁用控制台，以防止恶意破解用户密码。SNMPc 还可以设置用户密码的有效期限，可以禁止用户远程登录，可以对登录和注销操作生成事件日志，作为事后审计的依据。

SNMPc 可以跟踪对映射图形的编辑活动，可以记录由发现进程或控制台用户修改映射图形的各种事件，可以查看对象信息的变化情况以及用户的 IP 地址。这些手段进一步增强了系统的安全性。

6. 可伸缩的分布式结构

SNMPc 企业版采用分布式体系结构，具有高度的可伸缩性。SNMPc 支持分布的多域管理功能，每个服务器都可以导入一个或多个远程服务器的拓扑映射，提供对远程访问的支持。SNMPc 还可以通过 TCP/IP 连接从任何一台 Windows 工作站上运行远程控制程序。

SNMPc 采用分布式的轮询机制，每个轮询代理执行本地网络设备的发现和监控功能，以满足工作组、企业内部网或管理服务供应商的管理需求。

7. 预见性监控和报警

SNMPc 企业版可以提供基于 Web 的可用性报告。轮询代理监控所有的报表变量，并且对采集到的数据自动地进行分析和整理，当变量值明显地偏离基线时就产生报警信号。流量模型发生改变时代理会自动调整基线，也可以人工配置报警阈值。任何参数异于基线的事件均会通过报警通报或寻呼信使发送给网络管理人员。

8. 智能事件处理

SNMPc 提供了过滤器管理和事件查看的智能操作，可以在事件日志视图中直接添加或更改事件过滤器。系统能够在事件选择树中自动地定位陷入事件，还可以设置多重事件查看条件，可以查看特定优先级的事件，或查看一组相关设备或指定子网的全部事件。

SNMPc 可以添加 MIB 中未定义的事件，在出现 MIB 源文件错误或引入新的软件版本情况下可以对需要的陷入事件进行配置。

9. 增强的 TCP 服务监测

用户可以创建自定义的 TCP 服务描述信息，这种信息含有唯一的发送字符串和应答匹配字符串。每个描述信息对应于不同的 TCP 端口或不同的服务。

除过内置的 4 个 TCP 端口(Web、Ftp、Smtp、Telnet)外，SNMPc 对每个映射对象可以监控多达 16 个自定义 TCP 服务，从而提供对不同应用的实时监测。

10. 远程控制台

SNMPc 企业版利用远程控制台支持高速的远程访问，用户可以在任何一台 Windows 工作站上使用本地或远程 TCP/IP 连接来运行远程控制台程序，所有的 SNMPc 企业版具有的功能都可以在远程控制台上使用。

SNMPc 还支持基于 JAVA 的远程控制台。JAVA 远程控制台是专为低速 WAN 线路设置的，适合资源短缺的网络服务人员使用。JAVA 控制台的基本功能包括映射拓扑结构、事件日志查看和实时的 MIB 信息显示，在选定日历控制后也可以查看长期的趋势报告。JAVA 控制台还包括一个 JAVA 代理，通过 Telnet 可以配置 Cisco 设备。

11. 网络趋势报告

SNMPc 可以自动地将映射拓扑、趋势统计和事件日志输出到标准的数据库。在 SNMPc 企业版中，网络管理人员通过单击接口即可生成报告，还可以按每天、每周或每月自动生成统计报表。报表格式包括图形、柱状图、分布图和汇总表，并且可以输出到打印机、文件或 WEB 服务器等不同的目标。SNMPc 企业版也能将所有长期统计数据输出到标准的 ODBC 数据库，这样用户就可以用熟悉的工具(例如 Microsoft Access)来生成自定义的网络趋势报表。

12. 完善的网络设备管理

在 SNMPc 系统中，对管理菜单进行了专门设计，以满足对更多设备的管理。SNMPcv7 包括了对 Windows 和 Unix 系统服务器关键参数的监控，对系统性能可以进行实时统计或者进行长期趋势分析。对网管人员关心的网络参数可以设置阈值，当问题发生时，系统会自动通过 E-Mail 或寻呼系统通知网管人员。

13. 用户自定义的功能

SNMPc 通过定制表达式、数据表和菜单来简化任务。用 BitView 脚本工具和多种编程接口可以开发图形设备的视图。

14. 无人值守服务器

SNMPc 企业版可以作为 Windows 服务来运行，这种功能提供了在无人值守的服务器专用场所运行的能力。用户如果没有适当的权限，则不能停止也不能控制服务器。如果需要重新启动系统，管理服务也会自动地重新运行。

15. 支持管理服务提供商

SNMPc 的分布式轮询技术可以让管理服务提供商通过一个服务器来管理多个客户的网络，即使这些客户正在使用相同的私有 IP 地址段。客户也可以得到一个安全注册代码去查看自己的网络状态和趋势报告。管理服务提供商通过一个服务器可以管理多个客户，这样节约了成本，并降低了网络管理的复杂性。

6.1.2　SNMPc 的版本

SNMPc 有 3 个不同的版本，这些版本的区别总结在表 6-1 中。

表 6-1　SNMPc 的不同版本

功　能　项	企业版	远程访问扩展(RAX)	工作组版
SNMPv3	是		是
支持设备数量	25000	—	1000
扩展性	是	是	否
操作系统	XP/2000/NT	XP/2000/NT/ME/98	XP/2000/NT/ME/98
主备服务器	是	—	是
域管理	是	—	否
远程轮询器	是(1 个)	无限	否
远程控制器	是(1 个)	无限	否
JAVA 控制台	否	是	否
Web 趋势报告	是	—	否
打印趋势报告	是	—	否
ODBC 支持	是	—	否
可作为服务运行	是	—	否

(1) 企业版：适用于多用户环境的基本系统，包括 SNMPc 系统服务器，一个远程控制台和一个远程轮询代理。提供 500 节点、1000 节点或 25000 节点等 3 种版本。该系统可以由两个用户同时使用，一个在服务器上操作，另一个在远程控制台上操作。远程轮询功能 (Remote Poller)可以帮助管理人员轮询任意远程节点。

(2) 远程访问扩展：是企业版的可选组件。该选项使企业版可以拥有不受数量限制的远程控制台用户和远程轮询代理，同时还提供 JAVA 控制台支持。

(3) 工作组版：这是单用户版本，可以管理中小规模的网络。所有组件都集中在单一系统中运行，支持单一用户，提供 250 节点、500 节点或 1000 节点等 3 种版本。工作组版也提供基本的报表功能。

6.1.3　SNMPc 设备访问模式

SNMPc 支持各种设备访问模式，包括 TCP、ICMP (Ping)、SNMPv1、SNMPv2c 及 SNMPv3。下面简单地描述各种模式的功能。

(1) 无访问模式(仅对 TCP)：只用于对 TCP 服务的轮询，当 ICMP 或 SNMP 访问受防火墙限制时使用这种方式。

(2) ICMP (Ping)：这种方式用于那些不支持 SNMP，但是可以通过 Ping 程序进行探测的设备。

(3) SNMPv1 与 SNMPv2c：这种方式与当前大多数网络设备配置的 SNMP 代理协议相似。任何支持 SNMPv2c 的设备通常也支持 SNMPv1，SNMPc 能自动在两种模式之间自动切换，因此用户可以选择 SNMPv1 作为任何 SNMP 设备的访问模式。

(4) SNMPv3：SNMPv3 是安全的 SNMP 代理协议，支持身份验证和加密功能。使用 SNMPv3 是一个高级的课题，关于使用 SNMPv3 的更多信息，可以通过"帮助/帮助主题"菜单搜索设备访问模式。

6.2　SNMPc 的安装和使用

6.2.1　安装 SNMPc 服务器与本地控制台

(1) 以管理员权限登录 Windows。

(2) 在光驱中插入 SNMPc 安装盘，软件即开始自动安装。

(3) 安装程序显示 3 个按钮，对应于 3 种可安装的选项。在主 SNMPc 系统中，只需安装服务器组件，包括本地控制台与轮询代理，如图 6-3 所示。

(4) 按下"服务器"按钮，弹出安装目录，然后显示"发现种子"对话框。在此框中输入 SNMP 种子设备的 IP 地址(即本地地址)，如图 6-4 所示。

(5) 输入种子设备的子网掩码和团体名。

(6) 安装程序将继续在本地硬盘设备上安装 SNMPc。安装完毕后，退出 Windows 并重新启动计算机。

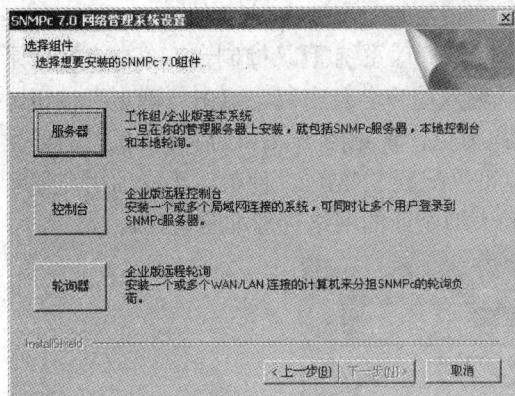

图 6-3　SNMPc 的安装选项　　　　　　　图 6-4　安装 SNMPc 服务器

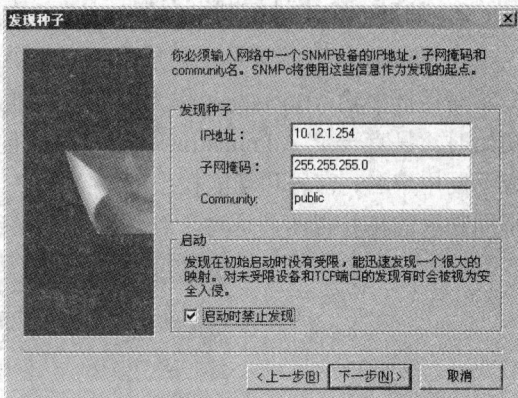

6.2.2　安装寻呼系统

SNMPc 包括 Air Messenger Pro 寻呼程序。若希望 SNMPc 对所发生事件进行寻呼，则需要安装此软件。

Air Messenger Pro 并不作为 SNMPc 常规组件进行安装。若需安装寻呼程序，使用"开始/程序/SNMPc 网络管理系统/安装 Air Messenger Pro"菜单。在 Air Messenger Pro 安装完毕之后，可以配置 SNMPc，以便在事件发生时通知呼叫器。

6.2.3　启动 SNMPc 服务器和本地控制台

要控制 SNMPc 任务，必须以网络管理员的身份登录 Windows。系统重新启动后，SNMPc 服务器及控制台软件就会自动启动，之后便可以自动登录了。

1. 禁用自动控制台登录

要禁用自动控制台启动及自动登录，可在 Windows 开始菜单中使用"程序/SNMPc 网络管理系统/配置任务"菜单。取消"自动注册用户"复选框，并点击"完成"按钮，如图 6-5 所示。

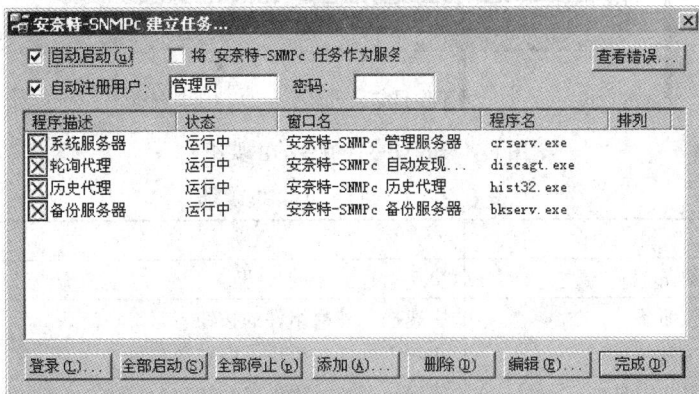

图 6-5　禁用自动控制台启动和登录

2．启动一个本地控制台会话

在 Windows 开始菜单中使用"程序/SNMPc 网络管理系统/登录控制台"菜单，在登录提示对话框中输入 localhost 作为服务器的地址，输入用户名及密码，点击"确定"按钮。初始时，只有一个 Administrator 用户，并且密码为空，参见图 6-6。以后可以根据需要生成不同用户名、密码和功能权限的个人账户。也可以配置 SNMPc，使得对不同的用户显示不同映射的拓扑视图，这对于管理服务提供商和大型企业的网络管理非常有用。

图 6-6　控制台启动和登录

6.2.4　使用控制台组件

图 6-7 和表 6-2 描述了 SNMPc 控制台的主要组件及其功能。

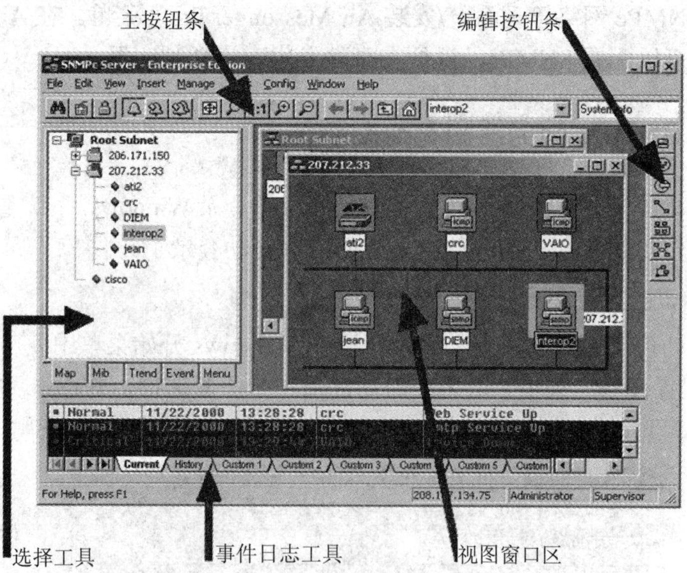

图 6-7　SNMPc 控制台的主要组件

表 6-2　控制台组件的功能

组　　件	功　　能
主按钮条	快速执行命令的按钮
编辑按钮条	快速插入映射组件的按钮
选择工具	选择不同功能模块中对象的标签
事件日志工具	显示经过滤的事件日志条目的标签
视图窗口区域	显示映射视图、Mib 表及 Mib 图等

1. 控制台按钮命令

图 6-8 描述了主按钮条与编辑按钮条中各个按钮的功能，每个按钮均有相应的主菜单项。

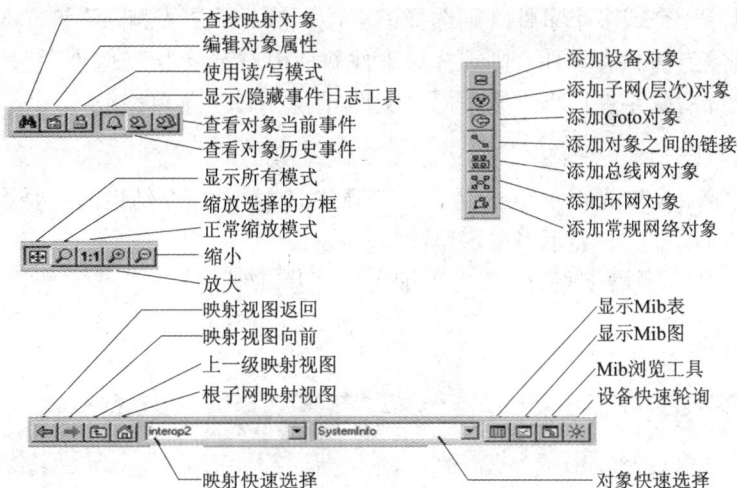

图 6-8　主按钮与编辑按钮选项

2. 选择工具

表 6-3 描述了选择工具(Selection Tool)的 5 种功能。若无法看到选择工具，可使用"视图/选择工具"菜单来显示。可以通过选择工具来操作几个数据库中的对象，或通过选择工具右方的拖动控制来改变窗口大小，也可以使用一项选择工具标签显示数据库树形控制。在选择树内部使用右键单击菜单，可以弹出与数据库相关的命令。

表 6-3　选择工具功能

选择标签	描　　　　述
映射(Map)	映射对象数据库，包括设备与子网
Mib	经编译的SNMP Mib、用户表格与用户Mib表达式
趋势(Trend)	定义长期轮询过程与定期报告的配置文件
事件(Event)	事件过滤器用于定义陷入事件
菜单(Menu)	显示管理、工具及帮助等用户菜单

3. 事件日志工具

事件日志工具(Event Log Tool)显示了被过滤的 SNMPc 事件日志视图。若无法看到事件日志工具，可以使用"视图/事件日志工具"菜单来显示。

(1) 选择"当前"标签(Current)来显示未知事件。这些事件在日志条目的左边用彩色图框标出。映射对象的颜色由未知事件的最高优先级决定。

(2) 选择"历史"标签(History)来显示所有事件，包括已知与未知事件。

(3) 选择"自定义"标签(Custom ×)中的一项，右键单击"过滤器视图"菜单，可以指定该标签显示何种视图。

(4) 双击事件条目，在映射视图窗口显示相应的设备图标。

(5) 若需快速查看某个设备，首先选择该设备，然后使用某一"查看事件"按钮，这样在查看窗口区的独立视窗中就可以显示该设备事件。

(6) 若需删除一个或多个事件，则选择该事件，然后单击"删除"键。

(7) 若需删除当前状态事件，则选择该事件并使用右键单击"确定"键。

(8) 若需全部清除事件日志，则使用"文件/清除事件"菜单。

4. 视图窗口区

视图窗口区(View Windows Area)是查看 SNMPc 映射及命令结果的主要界面，该区域使用多文档界面(MDI)来同时显示多个窗口。

可以通过"窗口/重叠""窗口/横向平铺"与"窗口/纵向平铺"来重新排列视图窗口区的显示顺序。

6.3 操作映射数据库

6.3.1 使用映射选择树

在控制台右侧定位选择工具，参见图 6-9。首先选择标有映射的标签。映射选择树显示了该映射中的所有图标，包括子网、设备及跳转等图标。在映射选择树中并不显示网络和链接。

(1) 右键单击子网图标左边的小框，打开或关闭选择树中的该级子网。

(2) 双击子网名称，在映射视图窗口区打开该级子网。

(3) 左键单击任何对象名称，选择该对象。可以使用 Shift 键与 Ctrl 键选择多个对象。

(4) 使用删除键，可以删除所选对象。

(5) 在打开两个子网层后，选择多个设备名称，然后拖动鼠标，可以将它们从一个子网移动至另一个子网。

(6) 右键单击设备图标或名称，查看可用的右键单击菜单。使用这些菜单可以编辑所选择对象的属性，可以显示表格，或运行其他定制菜单。

(7) 打开子网树，使用"插入/映射对象"菜单或编辑按钮条来添加图标对象至子网树。根据所显示对象的状态，每个映射选择树中的图标以不同颜色来显示。

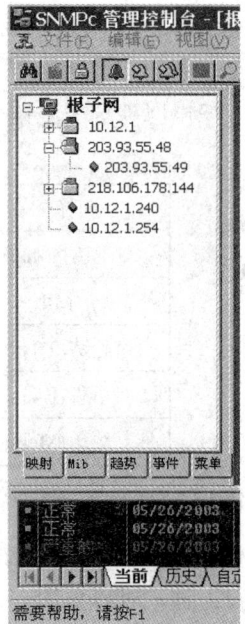

图 6-9　映射选择树

6.3.2 使用映射视图窗口

映射视图窗口通常是重叠窗口，它们显示在 SNMPc 的视图窗口区。这是主要区域，用户可以看到视图映射布局，并添加、删除或移动映射对象，参见图 6-10。

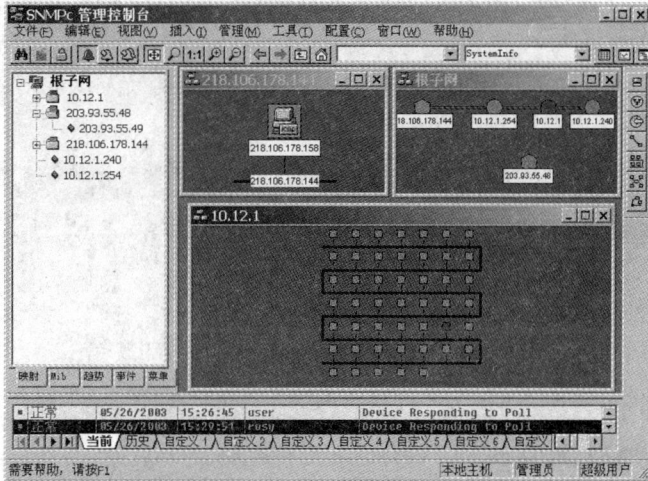

图 6-10　视图窗口区

视图窗口区显示了多个窗口，如果顶层窗口处于最大化状态，则将隐藏其他任何窗口。使用"窗口/平铺"菜单可以在视图窗口区显示所有窗口。

- 使用"视图/映射"或"视图/根子映射"菜单可以显示顶级映射。
- 双击映射选择树中的任一子网名称或映射视图中的子网图标，可以显示该子网的映射视图。
- 若要移动映射视图，右键单击视图中的任何地方，拖动鼠标以移动视图内容。
- 使用"放大/缩小"按钮可以扩大或缩小映射视图。使用"扫视/放大"按钮可以放大某一选定方框。选用 1：1 按钮可以设置为正常模式。
- 使用"查看全部"按钮可以锁定所选映射视图的全部状态。在这种状态下，将自动调整视图大小，使得所有图标均可见。若修改视图窗口大小，则内容也随之改变。若图标尺寸变得更小，则将隐藏图标与名称。若顶级映射变大，则将启动查看所有状态，这时用户仅能看到小图标。使用手工缩放按钮，可以缩放映射视图区域。
- 使用"前一视图"或"下一视图"按钮，可以在所选择的不同缩放级上进行移动。

6.3.3　移动映射对象

一般情况下，SNMPc 使用发现功能在逻辑拓扑结构中添加子网、设备、链接和网络。顶级包括所有路由设备与子网图标。第二层包括链接到各子网中的设备。顶级映射自动排列成星型结构。

移动对象时，映射对象放在最近的映射网格上，使用"配置/控制台选项"菜单，选择"显示网格"复选框以显示映射格点，在"网格间隔"编辑框可以设置网格大小。

1．在根子网中移动对象

因为发现代理将自动分配顶级映射，所以在手工更改根子网之前，需要更改发现工作的方式。使用"发现/轮询代理"菜单(见图 6-11)，执行下列步骤之一：

(1) 取消"启用发现"复选框。

(2) 在"布局"下拉菜单中选择"已发现的对象",这样,任何新发现的对象将添加到已发现的独立子网中。

(3) 在"布局"下拉菜单中选择"顶层/增加的",则任何新发现的对象将按照增量布局算法添加到网络中,不会打乱现有布局。

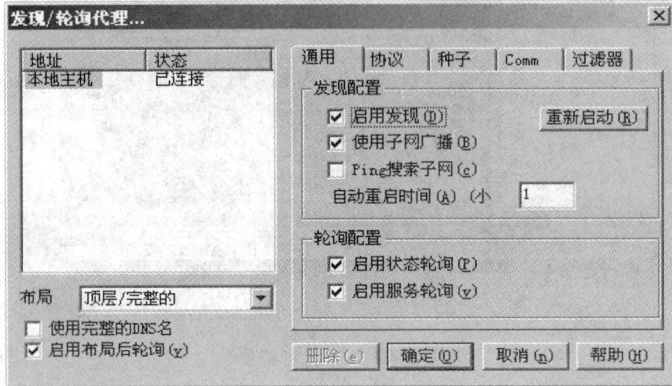

图 6-11　　"发现/轮询代理"菜单

若需移动顶级对象,只需选择映射视图中的一个或多个对象,然后拖动鼠标,所选择的对象将移动至新的位置。图 6-12 和图 6-13 分别显示了自动与手动排列的根子映射。

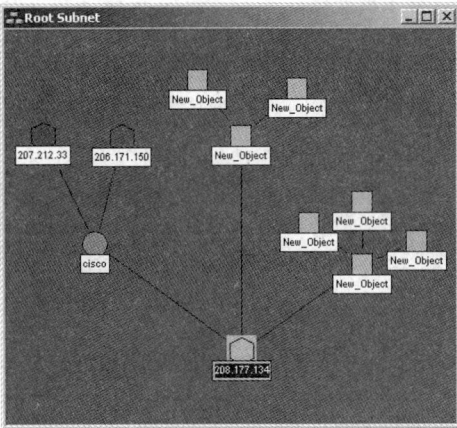

图 6-12　自动排列的根子映射　　　　　　图 6-13　手动排列的根子映射

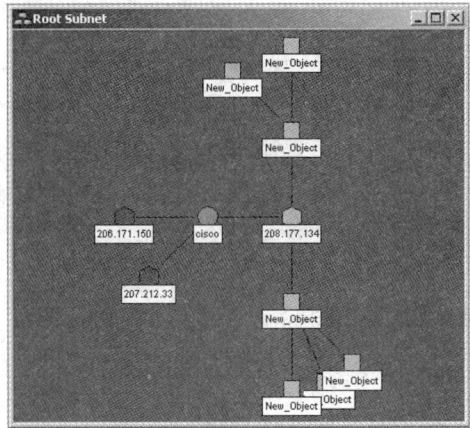

2．在子网中移动对象

可以添加单一端口设备至顶级子网的第二层。每个子网层包含总线网络,所有设备均可附加在上面。可以选择总线网络上的设备,并将其拖放至新位置。

若需要重新排列低层设备,最好更改总线网络为常规网络。若无法自动分配网络,用户可以在视图中的任何位置移动图标,也可通过用连接点更改网络形状。可以单击并拖动任何连接点或网络段,然后通过双击网络来添加或移动连接点。也可以通过删除附加的链接来断开对象与总线网络的链接。图 6-14 显示了子网层自动分配的情况,图 6-15 显示了子网络层手工分配的情况。

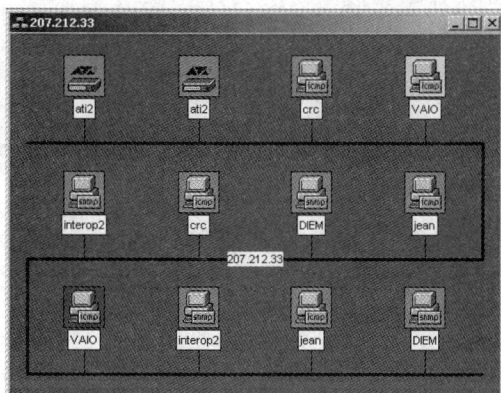

图 6-14　自动分配子网层　　　　　　　图 6-15　手动分配子网层

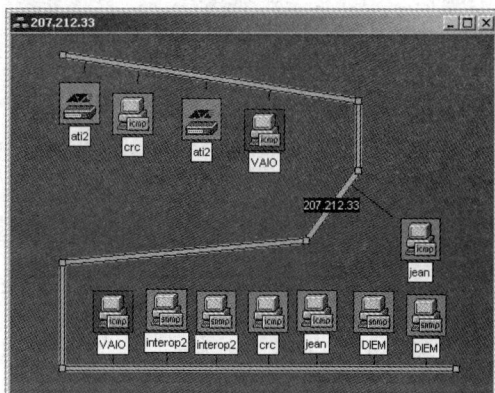

若需从一个子网向另一个子网移动对象，则操作如下：

(1) 使用"窗口/全部关闭"菜单移除所有视图窗口。

(2) 打开每个源及目标子网的映射视图。

(3) 使用"窗口/横向平铺"菜单使两个窗口完全可见。

(4) 滚动并缩放源映射，使希望移动的对象可见。

(5) 滚动并缩放目标映射，使得放置目标的位置可见。

(6) 单击图标选择源映射视图中的对象。

(7) 在源映射视图中拖动所选择对象至目标映射视图。

注意，若移动附加的对象，则所有链接将被删除。若需移动网络及所有链接的对象，则必须全部选择并移动。也可以使用编辑菜单(剪切/粘贴)来移动对象，但是这样无法移动链接或网络，而且所移动的对象也无法保持彼此之间的相对位置。

6.3.4　更改对象属性

(1) 使用"编辑/属性"菜单可以更改对象的属性，如图 6-16 所示。若要编辑多个对象，所有选择的对象必须是同一类型(子网、设备等)。

(2) 选择"标志"文本框中的对象名称。

(3) 在"类型"菜单中选择对象类型。

(4) 对于设备对象，在"地址"文本框中设置 IP 地址或 DNS 名称，也可以在 IP 地址后面连接一个 UDP 端口号。

(5) 对于 Goto 对象，在"地址"文本框中设置将要跳转的子网名称。

(6) 在"组"文本框中可以为一些相似的组设备设置别名。

(7) 对于图标类型对象(子网、设备、Goto)，可以在"图标"文本框中设置 auto.ico，这是根据设备类型自动选择的图标。

(8) 选择"访问"标签，可以配置设备、链接或网络对象的访问参数，如图 6-17 所示。对于访问参数的描述，参见表 6-4。

(9) 若需更改访问参数，首先在"属性"表中选择参数名称。所选择的参数名称在"名称"框中显示，而其值显示在"值"菜单中。

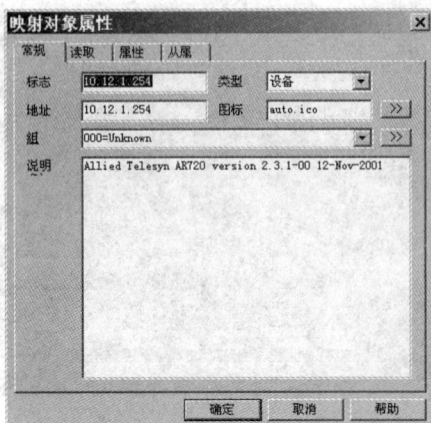

图 6-16　映射对象属性(常规)　　　　　图 6-17　映射对象属性(访问)

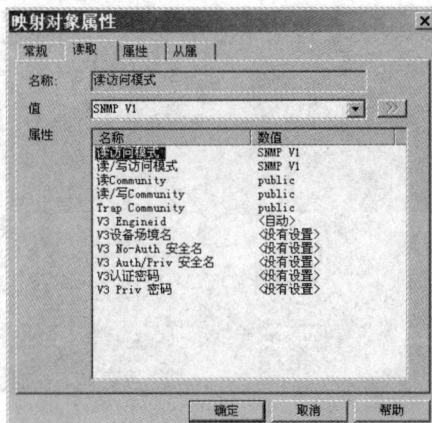

表 6-4　设备访问参数

参　数	描　述
只读访问模式	用于轮询及 SNMP 只读等操作。对非 SNMP 设备选用 ICMP(Ping)；对标准 SNMP 设备选择 SNMPv1；对轮询到的只有 TCP 服务的设备选择 NONE(仅用于 TCP)
读/写访问模式	用于 SNMP 写操作。对标准 SNMP 设备选择 SNMPv1。使用 SNMPc 框架按钮条(左边第三个按钮)的读/写按钮，也可以通过控制台(非轮询操作)强制将此模式用于读写等操作
只读	当使用只读访问模式时，Community 名用于 SNMPv1/v2c 操作
读/写 Community	当使用读/写访问模式时，Community 名用于 SNMPv1/v2c 操作
Trap Community	Community 名预期接收一个 SNMPv1/v2c 陷入帧，用于匹配从一个映射对象发出的 Trap
v3 Engineid	SNMPv3 引擎标识符(自动检测)
v3 设备上下文名	SNMPv3 设备上下文名称(正常情况下为空)
v3 No-Auth 验证名	SNMPv3 安全名，用于无验证、不保密访问模式
v3 Auth/Priv 安全名	SNMPv3 安全名，用于认证或加密
v3 Auth 密码	SNMPv3 密码用于认证
v3 Priv 密码	SNMPv3 密码使用加密

(10) 在"值"下拉式菜单中，选择其中的某个值，或输入新的值。

(11) 编辑多个对象时，表示不同对象的不同值的访问参数以####显示。更改这些属性将设置所有选择的对象的新值。

(12) 选择"属性"标签，可以设置与类型相关的属性，如图 6-18 所示。对于所有与类型相关的对象属性的完整描述参见表 6-5。

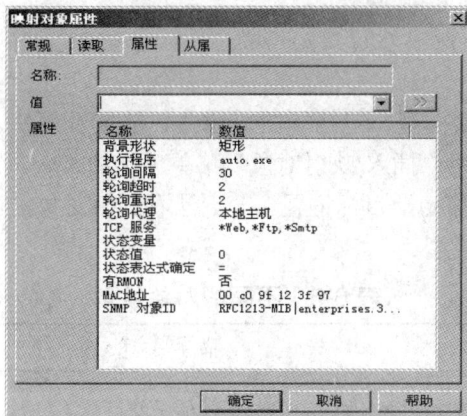

图 6-18　映射对象属性(属性)

表 6-5　设备属性参数

对　象	属性名称	描　　述
S、G、D	背景形状	图标背景,是四方形、圆形、六边形、八边形或菱形
S	位图	背景位图
S	位图比例	背景位图图像扩展比例(更大扩展)
L	链接名称	正常情况下隐藏链接名
D	执行程序	双击设备程序。包括下列任一指定程序参数:　$a(IP地址)、$n(节点名称)、$g(读Community)、$s(设置Community)、$w(控制台窗口数)
D、L、N	轮询间隔	两次轮询之间的秒数
D、L、N	轮询超时	轮询发出后的等待秒数
D、L、N	轮询重试	单一轮询失败后重试次数
D、L、N	轮询代理	轮询此对象的代理的IP地址。除非正在使用远程轮询代理,否则设为本地地址
D、L、N	TCP服务	列出要轮询的TCP服务名
D、L、N	状态变量	实例轮询,确定设备状态的SNMP变量(与仅轮询设备响应相反)。例如,ifOperStatus.3
D、L、N	状态值	与所返回的状态变量值相比较的数值
D、L、N	状态确定表达式	比较状态值与返回的状态变量的表达式(<, >, <=, >=, =, !=)
D、L、N	有RMON	设置为真,以启动RMON工具
D、L	MAC地址	主要设备的MAC地址或链接的MAC地址
D、L、N	SNMP 对象ID	只读,SNMP对象的系统对象标识符

　　注:D 表示设备,L 表示链接,N 表示环或总线网络,S 表示子网,G 表示 Goto。

　　(13) 若需更改访问参数,首先在属性表中选择参数名称。所选的参数名称在"名称"框中显示,而其当前值显示在"值"菜单中。

　　(14) 在"值"下拉式菜单中选择其中的某个值或输入新值。注意,"值"菜单并不需要显示该属性的所有可能值。使用>>按钮可显示所选属性的扩展值。

6.3.5　添加映射对象

　　SNMPc 支持几种对象类型，包括子网、设备、链接及网络。若需添加对象，首先打开映射视图窗口，然后使用"插入/映射对象"菜单项中的某一项或编辑按钮条。图标按钮添加完毕后，需要将它们移动至目标位置。若无法看到新对象，则使用"查看全部"按钮。表 6-6 描述了不同的对象类型。

表 6-6　不同的对象类型

类型	描　　述
子网	子网图标包括其他映射层、可能包括其他子网： • 双击子网图标，打开下一层视图窗口； • 使用父窗口按钮，向上跳转一层至父级子窗口视图； • 使用根子网按钮，打开顶映射级视图
设备	设备图标代表一个被轮询的设备，包括SNMP与Ping轮询设备： • 当添加设备对象时，需要在所显示的属性对话框中设置设备地址。可以在地址后面附加可选的UDP端口：x.x.x.Port。 • 然后选择读取标签，设置只读访问模式与读/写访问模式等参数。对于非SNMP设备使用ICMP(ping)(或用NONE若只想轮询TCP服务)，对于常规SNMP设备使用SNMP V1。对于SNMP V1设备，还必须设置只读Community与读/写Community参数，使Community名称有效。 • 最后，选择属性标签，设置适当的轮询间隔、轮询超时及轮询重试等属性参数
链接	链接对象是两个图标对象(子网、设备、goto)之间的联系。可以轮询链接对象，这样，用户可以为设备对象随意设置IP地址与访问/轮询属性。但是，默认链接下，链接的轮询间隔设置为零，它无法轮询。为了添加一个或多个链接对象，首先选择两个或多个设备对象及随意一个单一网络或网络对象，然后按下编辑按钮条下的链接按钮
网络	存在几种类型的网路对象，它们有不同的布局风格： • 总线网络自动布局总线配置中的网络及附加链接/图标。 • 环状网络自动布局环状中的附加对象。 • 可以手工配置常规网络对象。双击常规网络对象以创建连接点。双击现有的连接点以移动它。单击连接点对象或网络片段，将其拖动至映射视图中。 • 也可以轮询网络对象，但是默认值下轮询间隔设置成零(非轮询)。 使用编辑按钮条中的添加网路按钮，添加网络。若首次选择几个图标对象，SNMPc还将添加图标与新网络之间的链接
Goto	Goto对象就像一个子网，用户可以双击它以打开新的映射视图窗口。但是，Goto对象显示了一个在地址字段中命名的映射子网。若需创建一个打开根子映射的Goto，则让地址字段为空白

6.4　查看 Mib 数据

6.4.1　使用 Mib 选择树

(1) 首先选择一个或多个 SNMP 设备对象。

(2) 在控制台窗口左侧定位选择树。按下"Mib"标签来激活 Mib 选择树。此树显示了所有经过编译的标准 Mib 与私有 Mib。

(3) 打开管理子树(mgmt)，显示标准的 Mib 元素。打开私有子树(private)，显示销售商指定的 Mib 元素，参见图 6-19。注意，每个设备支持一个标准的与一个私有的 Mib 子集。由用户确定设备支持哪个 Mib 表。

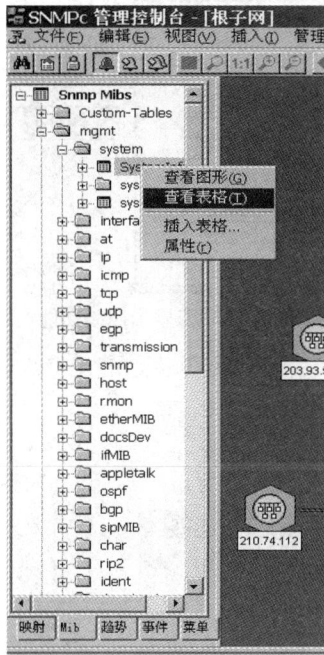

图 6-19　查看 Mib 选择树

(4) 打开子树元素，直至看见一个或多个列表项。这些是最常用的 Mib 表定义。

(5) 右键单击其中一个表项名，使用"查看表格"或"查看图形"菜单项，以表格或图形方式显示所选择的表项。

6.4.2　使用管理菜单

选择一个或多个 SNMP 设备，然后使用"管理"或右键菜单，以各种格式显示常用的 SNMP Mib 表。注意，并非所有设备都部署有 Mib 表项。

管理菜单项实际上是由外部配置文件定制的客户菜单。用户也可以添加定制菜单以显示某一表格。如果网络中设备类型较少，则可以添加定制的菜单项来显示设备制造商专用的 Mib 表。这样只需通过右键菜单就可以显示 Mib 信息而不必搜索整个 Mib 树。关于定制菜单项的更多信息，可使用选择工具中的菜单标签，然后按下 F1 键以获取帮助。

6.4.3　表显示元素

图 6-20 描述了表显示控制功能。

(1) 若需启动图形显示，首先选择一个或多个行、列或单元，然后使用显示图形(Show Graph)按钮。

(2) 若需更改表单元并对设备执行 Set 操作，则首先定位可设置的单元(以蓝色显示)，双击该单元，使其成为编辑模式。直接在单元中输入新值(或从下拉式菜单中选择)，然后按下"√"编辑控制按钮；若需取消 Set 操作，则按下"×"编辑控制按钮。

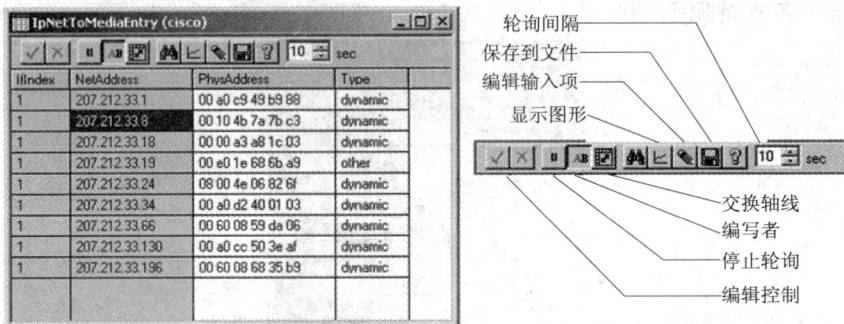

图 6-20　表显示控制功能

6.4.4　图显示元素

图 6-21 描述了图形显示控制功能。

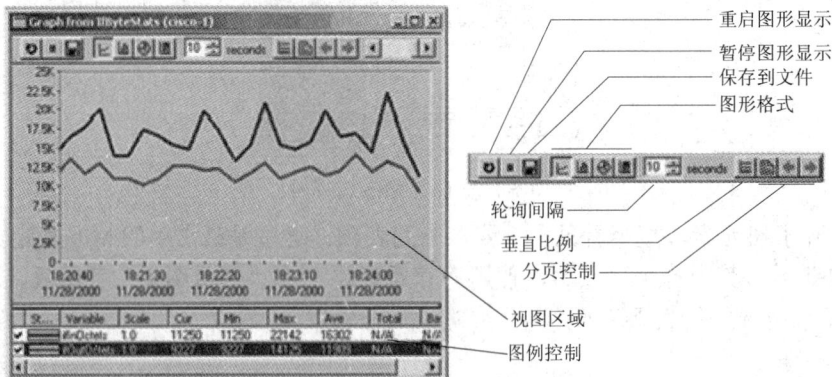

图 6-21　图形显示控制功能

1. 图形格式

图6-22显示了四种图形格式：曲线图、直方图、饼图与分布图。注意，直方图与饼图用于显示平均值。

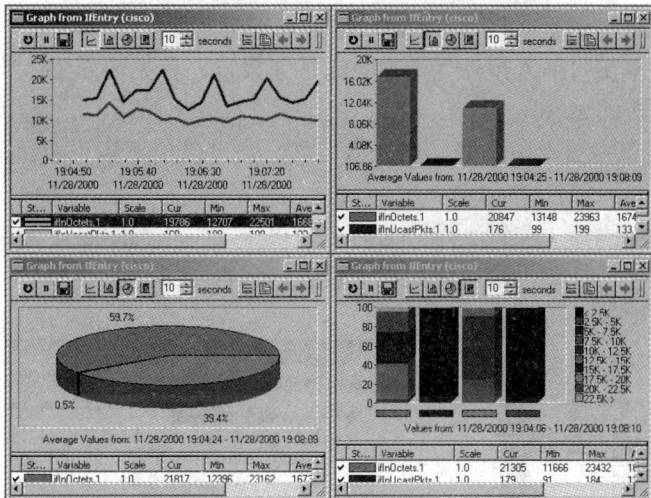

图 6-22　四种图形格式

2．图形分页控制

图形显示方式难以同时查看多个变量。使用分页按钮可以启用所有变量或仅显示第 1 页的 8 个变量。使用前一页及下一页等按钮可以启用前页或后页变量。

3．图例控制(Legend Control)

图例控制显示了所有变量的名称与数据汇总，包括当前值、最小值、最大值及平均值。

- 拖动图例控制顶部条，使控制器变得更大或更小。
- 双击左边的复选标记，启用或禁用变量。
- 使用右键菜单中的属性选项，设置变量的属性及扩展比例。
- 双击图形视图区域(View Area)，以显示或隐藏图例控制。

6.5　保存长期统计数据

SNMPc 趋势报告可以长期保存 SNMP 表和轮询中得到的统计数据。每个趋势报告保存一个 SNMP 表，至多可以保存十台设备的数据。且可以为任何变量手工设置阈值警报，以便在该变量到达指定值时生成事件。数据可以在一个或多个轮询代理系统中以私有数据库形式保存，在特定的日期可以被下载到图形窗口中查看。

在 SNMPc 企业版中，可以自动地把趋势报告输出到打印机、文本文件、Web HTML 文档或 ODBC 数据库。报告生成周期可以是一个小时、一天、一周或一个月。

6.5.1　创建新报告

创建新报告的步骤如下：

- 通过映射选择树或映射视图窗口，选择一个或多个设备对象。
- 在控制台左边定位选择工具。若无法看见选择工具，使用"视图/选择工具"菜单显示它。

- 选择"趋势"标签,打开 SNMPc 趋势报告组名称。
- 使用右键单击"插入报告"菜单以添加新报告,参见图 6-23。
- 输入新报告的名称。
- 在 Mib 表下拉菜单中选择一个表格名称。也可以按下箭头按钮,选择任何标准的或私有的 Mib 表。
- 设置轮询间隔为 1 分钟。用户若有多个报告,将轮询间隔设置为 10 分钟。
- 单击"确定"按钮,保存使用标准设置的报告,参见图 6-24。

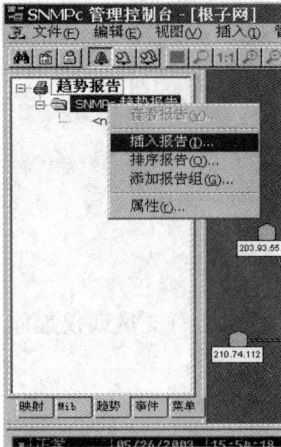

图 6-23　趋势报告

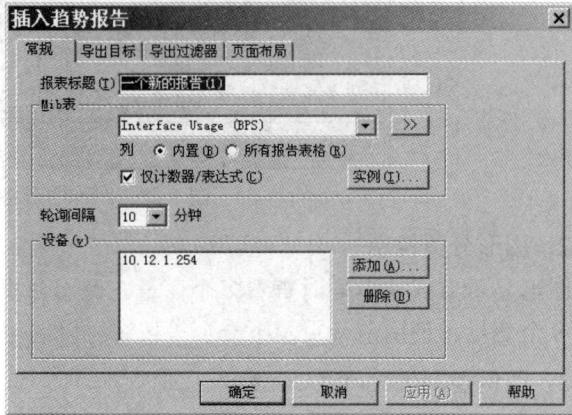

图 6-24　插入趋势报告

6.5.2　在图形窗口中查看趋势数据

在图形窗中查看趋势数据的操作步骤如下:

- 假定设置轮询间隔为 1 分钟,保存某些数据为 10 分钟。
- 右键单击"趋势报告"选择树中的新报告名称,使用"属性"菜单。
- 使用"查看报告"菜单。
- 选择当前日期与"单个合并图形",这样可以在一个图中查看所有数据,参见图 6-25。
- 按下"确定"按钮。首先显示一些过程对话框,然后在常规 SNMPc 图形窗口中显示报告数据。

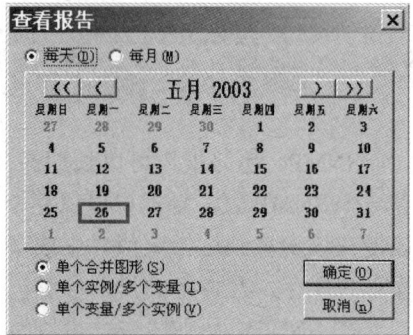

图 6-25　查看报告

6.5.3　查看 Web 报告

SNMPc 企业版可以把趋势报告数据自动导出到不同的目标中,最常见的导出目标是 HTML 文件,该文件可以通过 Web 浏览器查看。

1. 设置 WEB 目录

设置 WEB 目录的操作步骤如下:

● 使用 "配置/趋势报告" 菜单。

● 在 "WEB 设置/目录" 文本框中输入目录名称,使得 SNMPc 与 Web 服务器均可访问此目录。

● SNMPc Web 报告将导出至名为 "趋势报告" 的子目录中,而 HTML 主文件将命名为reportGroups.html,参见图 6-26。

2. 设置报告导出时间表

设置报告导出时间表的操作步骤如下:

● 按下选择工具中的 "趋势报告" 标签。

● 右键单击报告名称,使用 "属性" 菜单。

● 选择 "导出目标" 标签。

● 选择 "至 WEB 服务器"。

● 选中 "每小时" 复选框。

● 按下 "确定" 按钮,参见图 6-27。

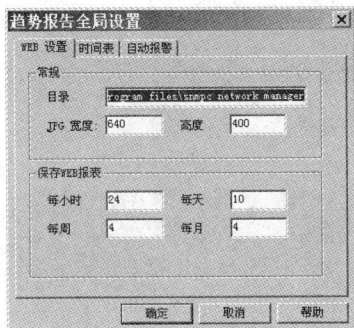

图 6-26　趋势报告全局设置

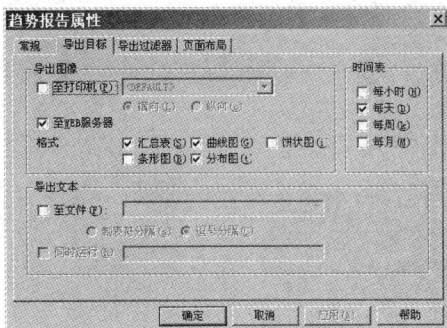

图 6-27　趋势报告属性

Web 报告将会以每小时为周期导出数据。等待几个小时,然后使用 "工具/WEB 报告" 菜单在 Web 浏览器中查看 Web 报告。图 6-28 所示为 SNMPc 每小时 Web 报告的示例。注意,所有垂直缩放比例均标准化为每秒值。

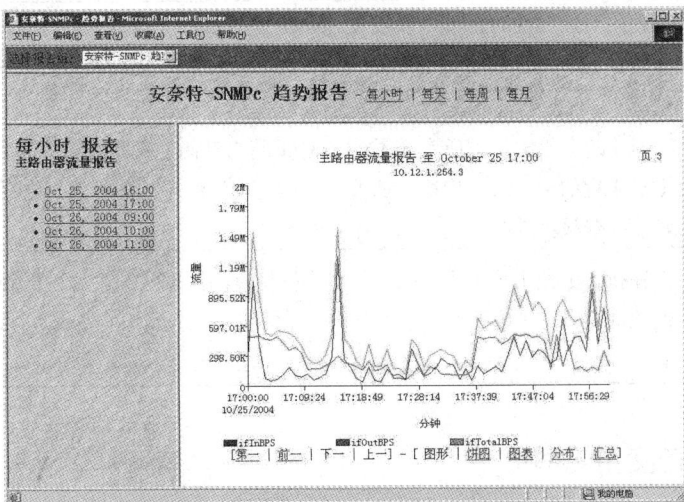

图 6-28　SNMPc 每小时 Web 报告的示例

6.5.4 限制保存实例

正常情况下，代理将轮询趋势报告表中每个有效变量的实例。为了限制所轮询的实例，选择趋势选择树中的报告名称，使用右键单击"属性"菜单，然后按下"实例"按钮：

• 选择所显示表的一个或多个行，然后按下"添加"按钮，将其添加至左侧的实例树中。

• 在实例树中，选择一个或多个标签，然后按下"包括"或"不包括"按钮。

• 对于每个包括的实例，使用"编辑"按钮设置"实例名"与"手动报警/阈值"，参见图6-29。

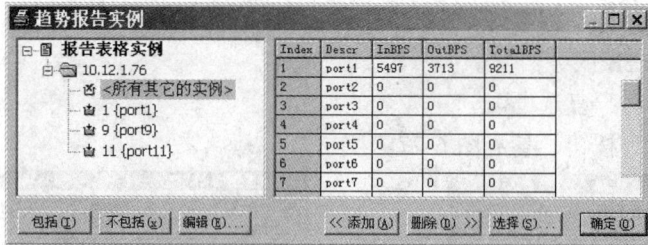

图 6-29 趋势报告实例

6.6 设置报警阈值

当轮询的 SNMP 变量值达到某一标准时，可以生成阈值报警。SNMPc 支持 3 种不同的阈值报警机制，具体描述如表 6-7 所示。

表 6-7 阈值报警机制

报警类型	描述
状态变量轮询	使用对象属性对话框可以设置 SNMP 变量及其实例得到实时轮询(轮询间隔属性为秒)。这种机制用于紧急状态轮询，例如轮询 UPS 电池失效、磁盘满或链接失败等情况
自动趋势基线	对于趋势报告中的所有变量，SNMPc 将自动确定其基线值，这个值是经过学习周期后设置的，并进行周期性调整。若所轮询的值超过基线的一定百分比，则轮询代理将生成报警
手动趋势阈值	在报告中使用手工阈值报警，以设置特定的测试状态。这种机制常用于监视线路的应用变量。在这种情况下，报警状态将涉及一个较长的轮询周期(比如，10 分钟内超过 80%)

6.6.1 设置状态变量轮询

设置状态变量轮询的操作步骤如下：

• 在映射选择树或映射视图窗口右键单击 SNMP 设备、链接或网络对象，选择"属性"菜单。映射对象属性如图 6-30 所示。

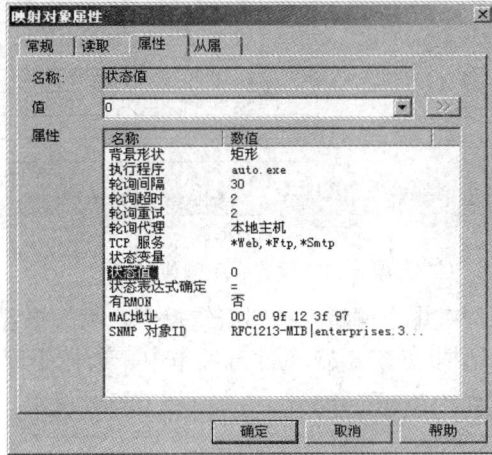

图 6-30　映射对象属性

• 确保地址字段设置成有效的 IP 地址。可以在地址后添加 UDP 端口号：例如 a.b.c.d.端口号。

• 选择"访问"标签。

• 对于常规 SNMPv1 设备，设置只读访问模式为 SNMPv1，然后设置"读 Community"为有效的团体名。

• 选择"属性"标签。

• 设置"轮询间隔"为两次轮询之间的秒数。

• 设置"状态变量"为一个实例的整型 SNMP 变量(比如 ifOperStatus.3)。

• 设置"状态值"为要比较的数值(或从下拉菜单中选择一个别名)。

• 设置"状态 OK 表达式"来测试性能，以确定是否通过状态测试。在"值"下拉式菜单选择可能的测试。

6.6.2　配置自动报警

使用"配置/趋势报告"菜单，选择"自动报警"标签。在该对话框中，可以设置自动化报警算法的参数。一般情况下，设置为默认值就可以了，用户可做的事情只是通过取消"启用自动化报警"复选框来禁用自动报警。

6.6.3　设置手工阈值报警

首先必须为一套设备创建报告和 Mib 表。在趋势选择树中选择报告名称，右键单击"属性"菜单，然后点击"实例"按钮：

• 选择表的一个或多个行，然后按下"添加"按钮，将其添加至左侧的实例树中。

• 在实例树中，选择一个或多个标签(包括<所有其他实例>)，然后按下"包括"或"不包括"按钮，参见图 6-31。

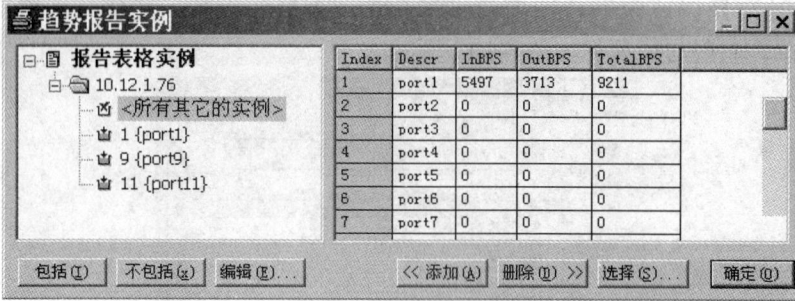

图 6-31   设置手工阈值报警

- 对于每个包括的实例，用"编辑"按钮编辑每个变量的报警阈值。
- 在"实例编辑"对话框(见图 6-32)的底部菜单中，选择变量名称。

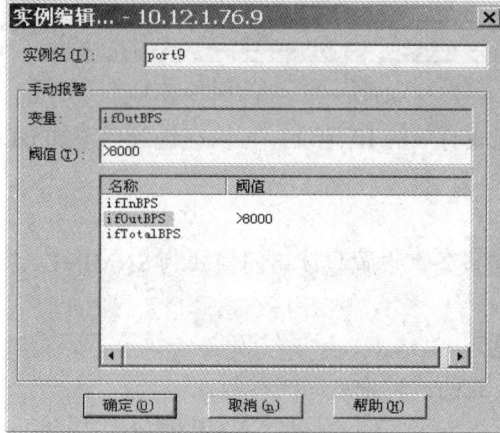

图 6-32   "实例编辑"对话框

- 在"阈值"编辑框中，输入简单的表达式，这种表达式是一个操作符(>, <, =, >=, <=, !=)与数值常数的组合。
- 用户也可以在"实例名"编辑框中随意输入一个变量名称，这样可以确定阈值所指的对象。
- 按下"确定"按钮。对于实例树中所有手工报警的实例，用户将在图标旁看到一个红色感叹号。

6.7   轮询 TCP 应用服务

SNMPc 可以轮询定制的 TCP 应用服务和 4 个内置的 TCP 应用服务(FTP、SMTP、WEB 和 TELNET)。SNMPc 轮询代理能自动地检查在设备上存在的内置 TCP 服务并轮询这些服务。

使用"发现/轮询代理"对话框的"协议"选项卡来启用对 4 个内置 TCP 服务的轮询，如图 6-33 所示。

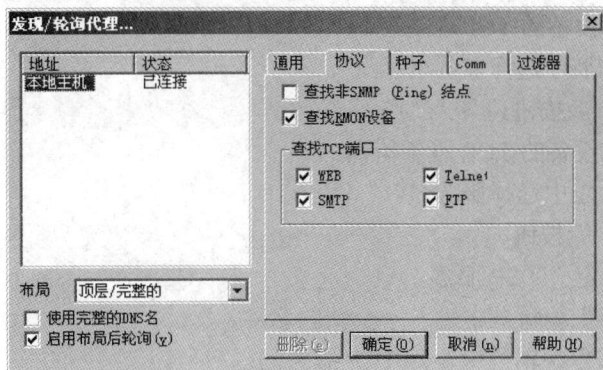

图 6-33　"发现/轮询代理"对话框

6.7.1　启用对 TCP 服务的轮询

在映射视图中右击设备对象，打开属性菜单中的"属性"选项卡，选择 TCP 服务属性。

- 使用"值"下拉式菜单选择一个 TCP 服务(*Ftp、*Telnet、*Smtp、*Web 或自定义名)。
- 要选择多个服务，直接在值编辑框中输入服务名称，用逗号分隔，例如："*Ftp、*Web"。
- 也可以双击 TCP 服务属性，参见图 6-34，或使用"添加>>"按钮选择多个服务。

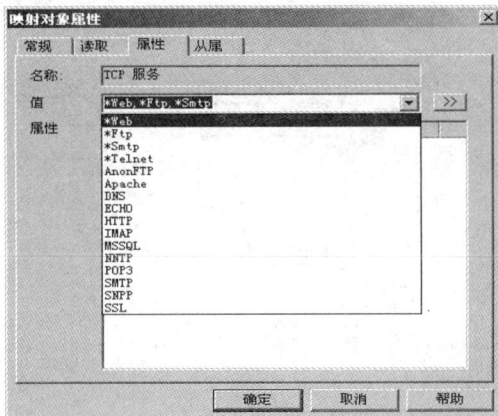

图 6-34　映射对象属性

6.7.2　自定义 TCP 服务

自定义 TCP 服务可以对应用服务器提供灵活的轮询，例如：

- 可以选择对 TCP 服务发送一个文本字符串并且和一个文本模式作比较。
- 对每个映射对象可以自定义 16 个不同的 TCP 服务。
- SNMPc 中可以自定义的 TCP 服务的总量没有限制。
- 在"映射对象属性"对话框中双击"TCP 服务属性"，或点击">>"按钮编辑自定义 TCP 服务，显示"轮询服务"对话框。使用"轮询服务"对话框上面部分的"添加"和"删除"按钮来管理设备的轮询。

步骤 1：启用对设备的 TCP 服务轮询。

• 在全部服务列表中选择服务名。

• 点击"添加>>"按钮。

步骤 2：禁用对设备的 TCP 服务轮询。

• 在轮询服务列表中选择服务名。

• 点击"删除<<"按钮。

步骤 3：添加自定义 TCP 服务。

• 在"服务名称"编辑框中输入一个新的名称。

• 在"TCP 端口"编辑框中输入 TCP 服务的端口号。

• 在"发送字符串"编辑框中输入要发送的一段文字。

• 在"期望的字符串"编辑框中输入与服务响应匹配的字符串模型，可以使用 ASCII 文本和"＊"通配符。

• 点击"添加"按钮，参见图 6-35。

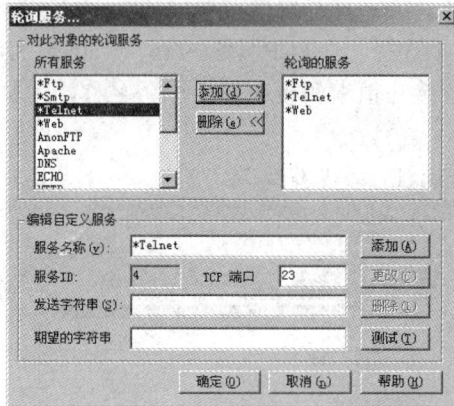

图 6-35　轮询服务对话框

步骤 4：删除自定义的 TCP 服务。

• 在全部服务列表中选择要删除的服务。

• 点击"删除<<"按钮。

步骤 5：修改自定义的 TCP 服务。

• 在"所有服务"列表中选择服务名。

• 修改"服务名称""TCP 端口""发送字串"或"期望的字符串"编辑框。

注意，服务名称前带星号的是内置的服务，不能修改或删除。对这些服务的轮询使用简单的面向连接的形式。

6.8　发送电子邮件或寻呼

这一节描述当设备无法正常工作时，如何呼叫 SNMPc 管理员，或者向其发送电子邮件。

步骤 1：在 Air Messenger Pro 中添加管理员用户。

要使用寻呼，首先必须启动 Air Messenger Pro，添加名称为"管理员"的用户。配置并测试 Air Messenger Pro 调制解调器/呼叫器，确认可以发送寻呼。

步骤 2：设置电子邮件/寻呼全局事件参数。

- 使用"配置/事件设置"菜单，参见图 6-36。
- 在"SMTP 服务器地址"中设置电子邮件服务器的 IP 地址。
- 在电子邮件发件人地址中设置服务器的电子邮件地址(例如：snmpc@alliedtelesis.com.cn)。
- 选择寻呼程序(Air Messenger Pro 或 Notify!Connect)。
- 选择"启用追踪历史日志"复选框。当已经验证电子邮件可用时，可以禁用此选项。

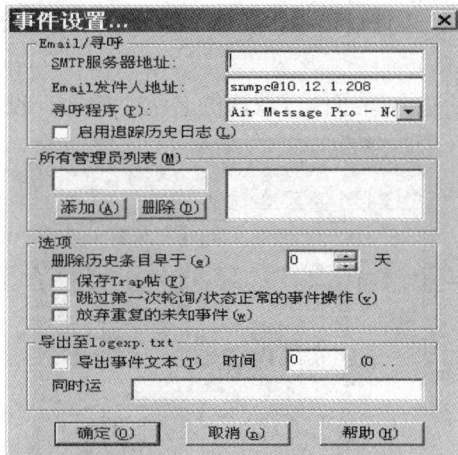

图 6-36　"事件设置"菜单

步骤 3：设置管理员联系信息。

- 使用"配置/用户配置文件"菜单。
- 选择管理员用户，然后按下"修改"按钮，出现图 6-37 所示的"编辑用户属性"对话框。

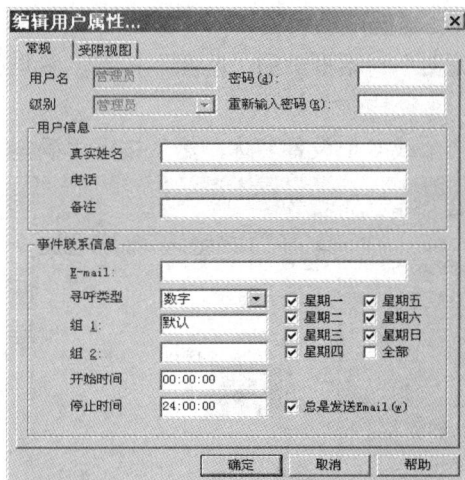

图 6-37　"编辑用户属性"对话框

- 在"E-mail"文本框中输入电子邮件地址。
- 选择"寻呼类型"(数值或字母数字)。

- 设置希望发送电子邮件与寻呼的日期与时间。
- 使用"组 1"与"组 2"文本框，可以为多用户设置两个别名，其中组 1 为默认值。

步骤 4：添加 pollDeviceDown 的事件过滤器。

- 在控制台左边定位 SNMPc 选择工具。若无法看到，则使用"视图/选择工具"来显示它。
- 在选择工具中选择"事件"标签。
- 打开"Snmpc-Status-Polling"子树，其中包括所有与轮询相关的事件操作。
- 打开"pollDeviceDown"子树，其中包括所有与设备宕机有关的事件过滤器。
- 右键单击默认(Default)事件过滤器，使用"插入事件过滤器"选项，添加新的事件过滤器，参见图 6-38。
- 在"常规"标签中，输入新事件过滤器的名称。例如，设置名称为主路由器宕机。

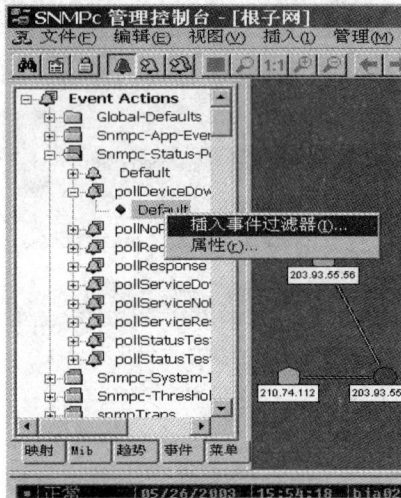

图 6-38　插入事件过滤器

步骤 5：选择与事件过滤器匹配的设备。

- 选择"添加事件过滤器"对话框中的"匹配"标签，参见图 6-39。
- 按下"添加"按钮。
- 使用选择树来选择一个或多个设备名称，然后按下"确定"按钮。

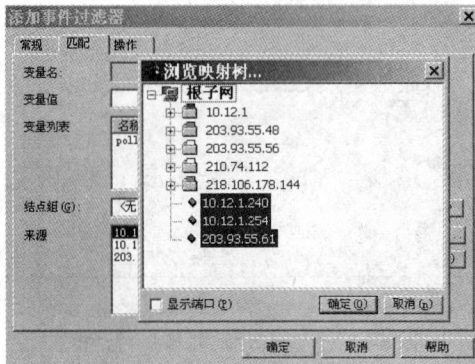

图 6-39　选择与事件过滤器匹配的设备

步骤 6：设置电子邮件/寻呼事件。

• 选择"添加事件过滤器"对话框中的"操作"标签，参见图 6-40。

• 在"寻呼组"下拉菜单中选择"默认"值，以发送寻呼给所有组 1 或组 2 中的用户。

• 在"Email 组"下拉菜单中选择"默认"值，以发送电子邮件给所有组 1 或组 2 中的用户。

• 按下"确定"按钮，保存新过滤器。

图 6-40　设置电子邮件/寻呼事件

步骤 7：测试新事件过滤器。

• 在选择工具中选择"映射"标签，然后选择与新事件过滤器匹配的某一设备。

• 使用"工具/陷入(Trap)发送器"菜单，参见图 6-41。

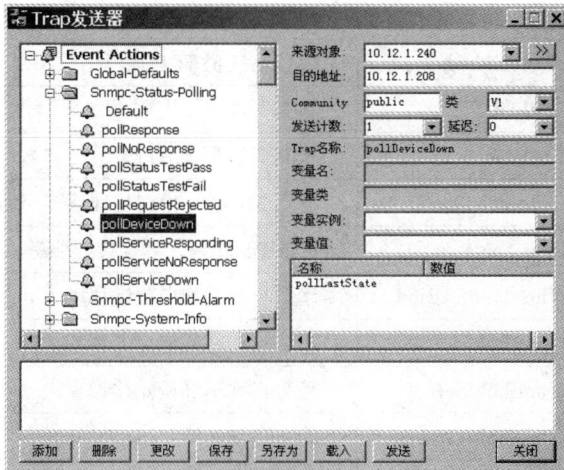

图 6-41　测试新事件过滤器

• 陷入发送工具在左边显示了事件操作树。打开"Snmpc-Status-Polling"子树，然后选择 pollDeviceDown 事件。

• 按下"发送"按钮。

• 关闭陷入发送器，查看 SNMPc 事件日志工具(在控制台较低部分)。若无法看到事件日志工具，使用"视图/事件日志工具"菜单来显示它。

計算機網絡管理

• 选择事件日志工具中的"历史"标签，看到一个节点的设备关闭事件为红色，以及关于电子邮件操作的一些诊断信息，参见图 6-42。

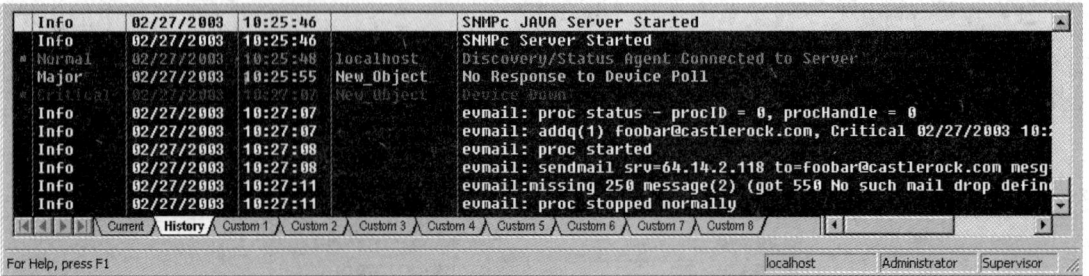

Info	02/27/2003	10:25:46		SNMPc JAVA Server Started
Info	02/27/2003	10:25:46		SNMPc Server Started
Normal	02/27/2003	10:25:48	localhost	Discovery/Status Agent Connected to Server
Major	02/27/2003	10:25:55	New_Object	No Response to Device Poll
Critical	02/27/2003	10:27:07	New_Object	Device Down
Info	02/27/2003	10:27:07		evmail: proc status – procID = 0, procHandle = 0
Info	02/27/2003	10:27:07		evmail: addq(1) foobar@castlerock.com, Critical 02/27/2003 10:2
Info	02/27/2003	10:27:08		evmail: proc started
Info	02/27/2003	10:27:08		evmail: sendmail srv=64.14.2.118 to=foobar@castlerock.com mesg=
Info	02/27/2003	10:27:11		evmail:missing 250 message(2) (got 550 No such mail drop define
Info	02/27/2003	10:27:11		evmail: proc stopped normally

Current / History / Custom 1 / Custom 2 / Custom 3 / Custom 4 / Custom 5 / Custom 6 / Custom 7 / Custom 8 /

For Help, press F1   localhost   Administrator   Supervisor

图 6-42   SNMPc 事件日志

我们以 pollDeviceDown 事件为例，介绍了对事件发送寻呼的方法，这对其他类型事件的操作是类似的。表 6-8 描述了一些通用的 SNMPc 事件及其发生的条件。

表 6-8   通用的 SNMPc 事件及其发生的条件

事件子树	陷入名称	描 述
SNMPc 状态轮询	pollDeviceDown	设备对三个连续轮询序列无响应
	pollNoResponse	设备无法对一个轮询序列作出响应
	pollRequestRejected	设备拒绝 sysObjectId.0 或者用户设置的状态轮询变量
	pollResponse	设备对轮询序列作出响应
	pollServiceDown	三次连续尝试后无法连接至 TCP 端口
	pollServiceNoResponse	一次尝试后无法连接至 TCP 端口
	pollServiceResponding	可以连接至 TCP 端口
	pollStatusTestFail	状态变量测试失败
	pollStatusTestPass	状态变量测试通过
SNMPc 系统信息	pollAgentConnect	建立 SNMPc 轮询代理连接至服务器
	pollAgentDisconnect	SNMPc 轮询代理连接至服务器丢失
SNMPc 阈值报警	alarmAutoThresholdExpand	趋势自动基线向更高移动
	alarmAutoThresholdReduce	趋势自动基线向更低移动
	alarmAutoThresholdSet	趋势自动基线初始化设置
	alarmAutoThresholdTrigger	趋势自动基线超出
	alarmManualThresholdTrigger	趋势手工报警超过阈值
	alarmManualThresholdReset	在受到触发后，趋势手工报警不再通过阈值测试
SNMP 陷入	authenticationFailure	通过非法途径(错误的 Community 名称)中的设备生成陷入
	coldStart	设备重新启动后生成陷入
	linkDown	当连接失败时设备生成陷入
	linkUp	当关闭的连接恢复时，设备生成陷入

6.9 网络发现疑难解答

6.9.1 正常的发现映射布局

发现工具根据拓扑结构创建了一个双层 IP 子网。在顶级上，发现过程添加了所有的多端口设备(路由器)，以及每个 IP 子网的图标。在每个路由器之间添加链接对象，该对象连接至各个子网。映射自动排列成星状结构。

在设备 IP 地址与子网掩码的基础上，每个子网图标下的第二层添加了所有的单端口设备和 ICMP(Ping)设备，总线网络添加至每个子网层，同时，子网内的所有设备连接到这个网络。

使用根子网按钮，可以显示顶级映射视图。用户应该可看到 SNMP 设备图标与子网图标的混合排列，它们都连接成星型拓扑结构。双击每个子网图标，应该可以看到一个总线网络，该网络连接了所有的设备，它们呈网格结构。

图 6-43 所示为小型网络的示例，包括顶级与子网映射。注意，一些设备具有销售商指定的图标，而另一些采用通用图标。

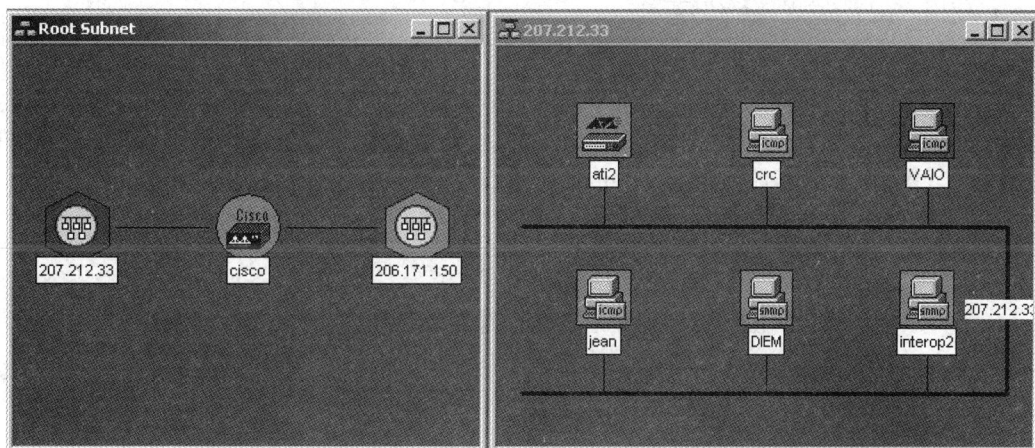

图 6-43 小型网络的示例

6.9.2 失败征兆与解决方案

发现代理使用试探法来发现网络设备，这意味着不同机器运行的结果可能有差异。存在这些差异有许多原因，包括广播响应(缓冲溢出、冲突)丢失、轮询丢失、响应缓慢等，这完全是正常的。然而，有一些永久性失败情况需要加以考虑。下列情况是典型的发现失败征兆：

- 经过几分钟等待后，仍无设备添加到映射。
- 顶层映射仅包括子网图标，但是无链接。

- 一些 SNMP 设备或所有 SNMP 设备被作为 Ping 图标添加到较低层子网。
- 无法发现所有预期的网络设备。

下面介绍这些问题的解决方法。

1．发现代理无法连接至服务器

查看事件日志工具的当前图标，滚动至事件日志顶部，应该看到一个条目，其描述为：发现/状态代理连接至服务器(Connected to Server)。此外，使用"配置/发现/轮询"菜单，应该在左边看到一个输入项，显示系统 IP 地址及状态为"已连接"。若上述两项均不出现，那就说明发现代理没有正确连接至服务器。

SNMPc 使用 TCP/IP 在不同组件之间进行通信。出现这种情况可能是与系统中运行的其他软件冲突。寻找相关的管理应用程序或 Windows 服务，然后停止它们(比如 Windows SNMP Trap Service)。尝试在包含更少软件的系统中安装 SNMPc，这样有助于确定冲突软件。这是非常罕见的失败情况。

2．团体名不正确或被遗漏

每个 SNMPv1 设备使用一个只读的团体名进行 SNMP 访问。设备安装时，典型情况下团体名是 public，但是大多数情况下网络管理员可以更改该团体名。此外，在网络上可以使用许多不同团体名。

- 确定网络设备中使用何种团体名；
- 使用"配置/发现/轮询"菜单；
- 在代理列表中选择系统地址；
- 按下 Comm 按钮；
- 对于每个团体名，按下"添加"按钮，将 SNMPv1 设置为只读访问模式与读/写访问模式，将只读 Community 与读/写 Community 设置成有效的团体名；
- 按下"确定"按钮，参见图 6-44；
- 使用"文件/复位"菜单来删除已发现的映射，然后开始重新发现。

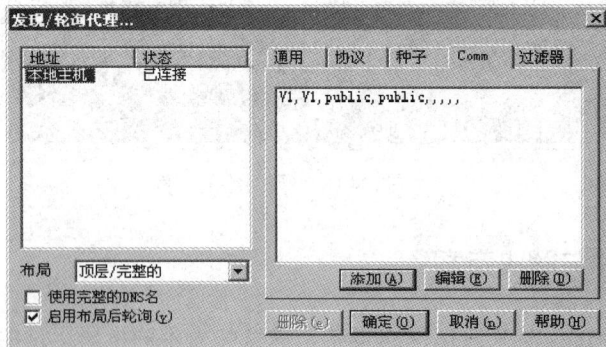

图 6-44　添加团体名

3．SNMP 设备访问控制列表

许多 SNMP 设备均有访问控制列表(Access Control List，ACL)。ACL 中列出了一系列 IP 地址，设备可以通过这些 IP 地址接收 SNMP 的请求。这是销售商指定的安全特征，它使用终端或 Telnet 会话进行配置。至少需要访问每台发现种子设备，检查该设备是否拥有一个 ACL，而且本地的 SNMPc 系统地址是否在其中。为了完成网络发现，必须添加本地系统地址至网络的所有 ACL 中。

4．防火墙防碍了 SNMP 操作

许多网络通过防火墙设备来防止恶意入侵。通过防火墙时堵塞 SNMP 通信是极为常见的，因为 SNMP 操作可以关闭并重新配置设备。若网络中有多个防火墙，需要确保 SNMPc 系统可以通过这些防火墙发送并接收 SNMP 信息。一般通过协议过滤器并配合访问控制列表来实现。防火墙配置通过终端或 Telnet 会话来完成。

5．种子地址丢失

SNMPc 通过下载种子设备信息(地址、路由、ARP 列表)和广播来发现设备。但是许多设备禁止向本地 LAN(子网直接广播)之外的网络发送广播。为了解决这个问题，需要添加更多的网络路由器作为种子地址。

- 使用"配置/发现/轮询"菜单；
- 在代理列表中选择系统地址；
- 点击"种子"标签；
- 对于每个新种子，在各自文本框中输入 IP 地址与子网掩码，然后按下"添加"按钮，如图 6-45 所示；
- 点击"通用"标签，然后按下"重新启动"按钮；
- 点击"确定"按钮。在这种情况下无需重新启动映射。

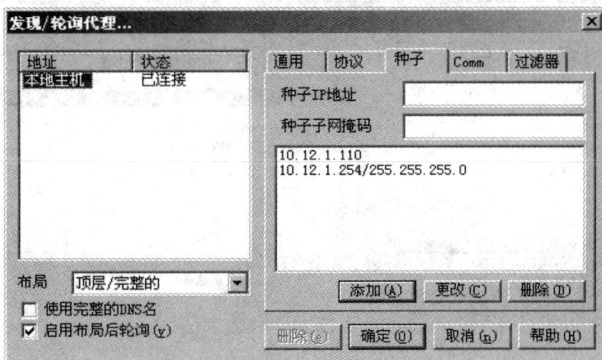

图 6-45　添加种子地址

6．广播包丢失

在许多情况下，网络发现可以发挥作用，但是所发现的设备没有预期的多。许多设备无法在 SNMP ARP 列表中显示，因此它们只能通过广播进行发现。由于缓冲溢出、冲突等因素，可能丢失许多广播响应。

若需解决这一问题，可以对子网中的每个可能地址启动连续性轮询。使用"配置/发现/轮询"菜单并选择"Ping 搜索子网"复选框，然后按下"重新启动"按钮。

注意，SNMPc 仅轮询已发现的子网而不是指定的范围，若需发现更多子网，请按照前一部分的说明添加更多种子地址。

7. 限制发现范围

若网络较大，但仅希望管理其中较小部分，则需要设置发现地址范围过滤器。发现过滤器只需指定所包括的区域。因此，若设置发现过滤器，其设置数量必须足够多，以覆盖希望发现的所有地址。

地址范围过滤器以点分制表示，后面带有星号与数字范围说明。除非最后一个元素为星号，否则必须有四个以点隔离的元素。下面是一些有效的示例：

207.*
207.212.33.*
207.100-211.*
198.*.*.22-88

限制发现范围的操作如下：
- 使用"配置/发现/轮询"菜单。
- 在代理列表中选择系统地址。
- 点击"过滤器"标签。
- 在"地址范围"文本框中输入过滤器，然后按下"添加"按钮，参见图 6-46。
- 重复上述步骤，添加其他过滤器。
- 按下"确定"按钮。
- 使用"文件/复位"菜单删除当前映射，然后通过新过滤器重新启动发现功能。

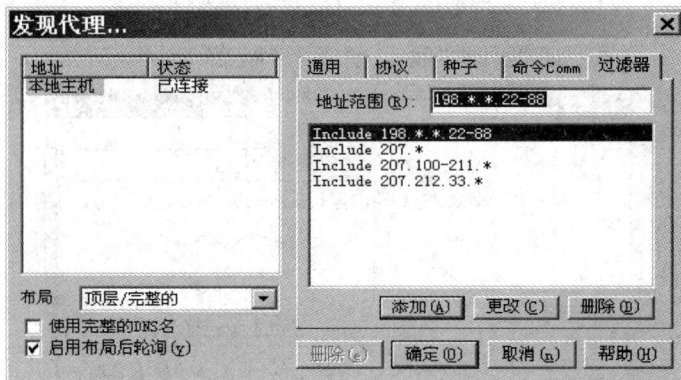

图 6-46　限制发现范围

8. 停止发现自动布局

无需人工介入，添加新设备时，发现功能将不断地重新布局顶级映射。为了控制发现布局，使用"配置/发现/轮询"菜单，然后执行下列操作：
- 取消"启用发现"复选框，禁止进一步的发现。
- 在"布局"下拉式列表中选择"已发现的对象"，这样可以把任何新对象添加到指定的子网中、而不是添加到顶级映射中。
- 在"布局"下拉式列表中选择"顶层/增加的"，这样可以使用增量布局算法把任何新发现的对象添加至顶层，而且不会扰乱现有的布局。

6.10 使用控制台

只能在企业版中使用远程控制台。若已习惯在单机配置下使用 SNMPc 企业版，则需要通过远程工作站登录。用户可以通过一些运行 TCP/IP 并连接到网络的工作站登录。但是，控制台实际上对带宽要求较高，无法在速度低的拨号网络中流畅运行。建议通过局域网或 T1 快速线路进行远程登录。

6.10.1 安装远程控制台

执行下列步骤，在计算机上安装 SNMPc 企业远程控制台：

- 将 SNMPc 光盘放入 CD-ROM 驱动器中。
- 直接打开光盘，双击 SNMPc6_CN，软件即自动开始安装。
- 在组件选择对话框中，按下控制台按钮。
- 安装程序将在计算机上继续安装 SNMPc 企业远程控制台。一旦安装完毕，即可登录至运行 SNMPc 的企业服务器上。在 Windows 开始菜单中，选择"程序/SNMPc 网络管理系统/远程登录"菜单。输入服务器 IP 地址，然后按下"确定"按钮，就可以登录到服务器，并可以远程执行任何控制台操作。

企业版基础系统仅允许一个远程登录会话。但是，可以在多个系统中安装远程控制台，任何时候只能有一台登录。若需同时运行多个远程控制台，必须拥有远程访问扩展许可证。一旦拥有许可证，则使用"配置/软件许可码"菜单，在所提供的文本框中添加许可证。

6.10.2 安装 JAVA 控制台

JAVA 控制台需求如下：

- 必须运行 Windows NT、XP 或 Windows 2000 下的 SNMPc 服务器。
- 只能在远程访问扩展中运行 JAVA 控制台，这是 SNMPc 企业版的可选组件。
- 在不具有 JAVA 1.3 插件的浏览器中，将无法操作 SNMPc JAVA 控制台。在 Web 浏览器中首次装载 SNMPc JAVA 控制台时，需要下载并安装可兼容的 JAVA 1.3 插件。
- 必须在 SNMPc 企业版服务器系统中运行 Web 服务器。

安装 JAVA 控制台需执行如下步骤：

步骤 1：安装并启用 Web 浏览器应用程序。

步骤 2：创建 JAVA 控制台组件目录，通过该目录可以访问 Web 服务器。

步骤 3：复制如下 JAVA 控制台组件至上述步骤 2 所创建的目录。

    <snmpc>\java\crc.jar

    <snmpc>\java\default.html

    <snmpc>\java\manual

其中，<snmpc>是 SNMPc 安装目录。

步骤 4：启动 SNMPc 服务器，使用"配置/软件许可码"菜单。确定许可证类型是无限制的局域网控制台/JAVA，否则，在所提供的文本框中输入远程访问扩展。如果有一条消息发送至历史事件日志，则表明已启动 JAVA 服务器。

步骤 5：在任何系统下使用 Web 浏览器，输入 SNMPc JAVA 控制台起始页 URL：http://a.b.c.d/snmpcjavadir/default.html。在这里，a.b.c.d 是 SNMPc 服务器系统的 IP 地址，snmpcjavadir 是放置 JAVA 控制台组件的目录。Web 浏览器将执行 JAVA 控制台。

JAVA 控制台提供了有限的功能，并且是只读的。这是为在低速线路中偶尔进行 SNMPc 访问而设计的。运行 JAVA 控制台帮助菜单，以了解如何使用 JAVA 用户界面，参见图 6-47。

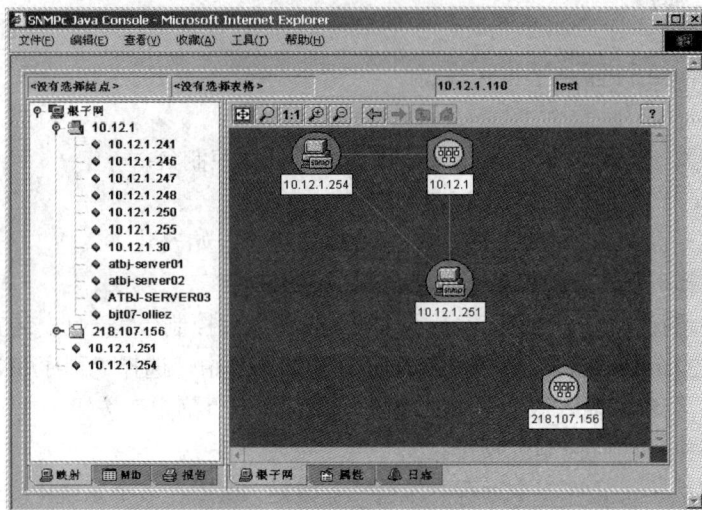

图 6-47　SNMPc JAVA 控制台

6.10.3　限制 JAVA 控制台访问

通过编辑 SNMPc.ini 文件可以限制连接至 SNMPc 的地址。SNMPc.ini 文件位于安装 SNMPc 的目录。在[Server]部分添加下面的行：

　　　AcceptAddrs = a.b.c.d, aa.bb.cc.dd, ...

其中，a.b.c.d 与 aa.bb.cc.dd 是可接受的客户机地址。可以按需要添加许多地址，各地址之间采用逗号隔开，但必须是 IP 地址，不能是域名。

第 7 章　网络分析系统

> 　　科来网络分析系统是一种优秀的网络分析产品，它可以安装在手提电脑上，在任何有问题的地方采集网络数据包并进行实时的故障诊断，也可以通过回放由数据包组成的存档文件，实现对网络历史问题的回溯分析。

7.1　科来网络分析系统简介

　　科来网络分析系统能够针对各种网络问题，制定对症下药的网络管理解决方案，帮助企业把网络故障和安全风险降到最低，使得网络性能得到提升。

7.1.1　科来网络分析系统的特性

　　科来网络分析系统的界面如图 7-1 所示，该分析系统具有如下一些特性和功能。

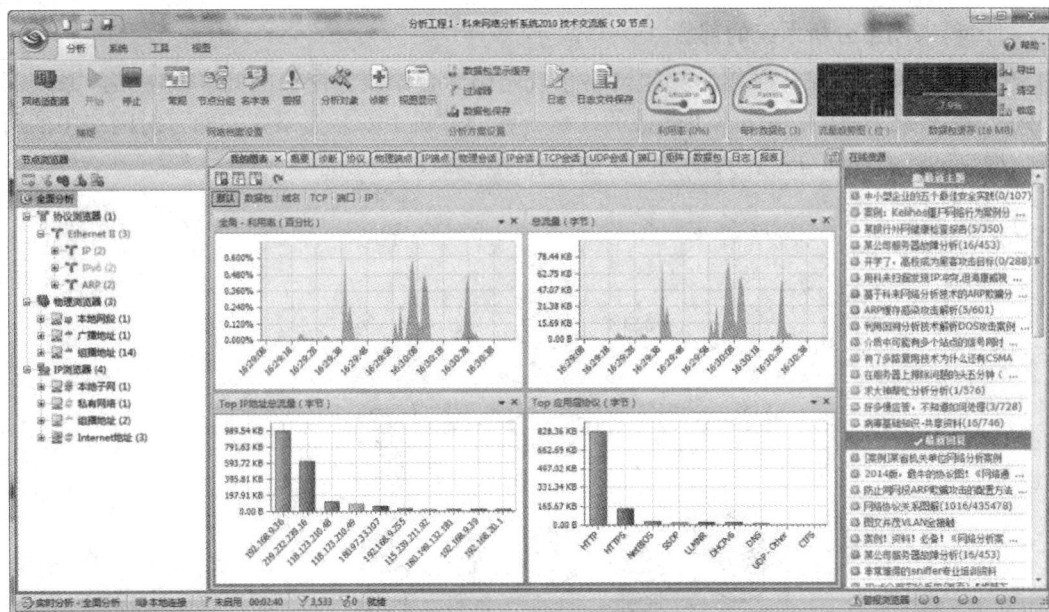

图 7-1　科来网络分析系统的界面

(1) 友好的用户界面。科来网络分析系统采用简洁、直观的界面把网络信息统计和诊断结果呈现给用户。在自定义图表、专家诊断、概要统计、协议统计和节点统计等视图上提供了详细的网络故障、性能分析和安全数据信息，让管理人员可以快速发现并解决网络中的问题。

(2) 方便部署。科来网络分析系统可以部署在内网中，也可以部署在内网与外网之间的界面上，它能够跨 VLAN 进行数据监测，不需要安装到每一台机器上，只需安装在一台管理机器上即可以对局域网进行监视和分析。管理人员可以根据需要来决定系统的安装位置。

(3) 网络档案功能。网络档案用于保存某个特定网络的配置信息。在不同的网络位置进行实时抓包分析，可以为每个网络创建对应的网络档案。用户可以自行定义和配置网络档案，还可以添加、编辑、删除或者复制网络档案，直接调用新的网络档案进行网络分析。

(4) 灵活的分析方案。系统提供了多样化的网络分析解决方案。所有的分析方案均提供相同的视图呈现，但是根据不同的设置，其诊断和统计的网络事件和分析对象有所不同。用户可以根据分析需求自行添加、删除或编辑分析方案，以达到更具针对性的分析目的。

(5) 专家诊断功能。在无需人工参与的情况下，专家诊断功能可以实时诊断出网络中的故障，并自动告诉用户发生故障的原因和推荐的解决方案。系统的诊断视图采用 3 个分隔的子窗口，显示不同的数据信息，用户可以直观地看到每个诊断事件的详细描述。

(6) 丰富的诊断工具。科来网络分析系统装备了丰富的网络诊断工具，如过滤器、常规网络分析视图、科来 ping 工具、MAC 地址扫描器、科来数据包播放器和科来数据包生成器等网络监视和故障诊断的工具。

7.1.2　科来网络分析系统的部署和安装

1. 科来网络分析系统的部署

(1) 在共享式网络中部署。如果网络系统是由一台集线器连接的共享式网络，系统部署则非常方便。只需在集线器上连接的任意一台计算机上安装该系统，即可对网络中的所有数据包进行捕获和分析。共享式网络的拓扑结构如图 7-2 所示。

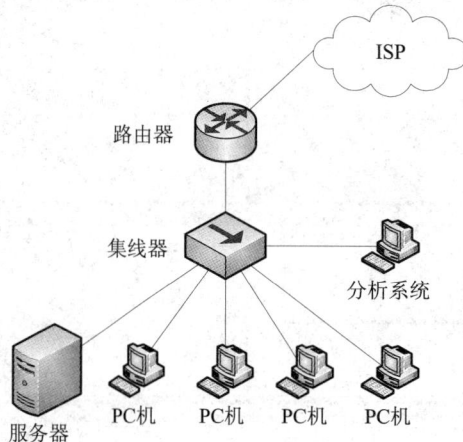

图 7-2　共享式网络的拓扑结构

（2）在交换式网络中部署。当公司系统是由一台交换机连接的网络时，由于交换机转发机制的原因，在一台计算机上部署的系统不会接收到网络中的所有数据包。这时可以在交换机上配置端口镜像，将该系统部署在镜像端口上，这样就可以对网络中的所有数据包进行捕获和分析。

有些交换机不具备管理功能，不能够通过端口镜像来实现网络监控分析，在这种情况下，可串接一个分接器(Tap)或者集线器(Hub)来进行系统部署。串接 Tap 的方案如图 7-3 所示。

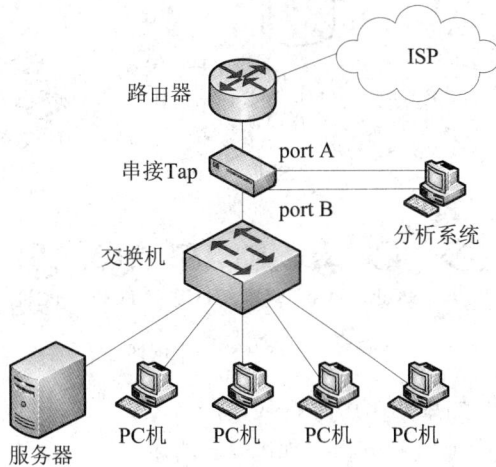

图 7-3　串接 Tap 的方案

串接 Tap 时需在管理机上安装双网卡，并且管理机不能上网，仅能对网络信息进行捕获和分析。如需上网，需另外安装网卡，因此该种方式成本较高。

串接 Hub 的方案如图 7-4 所示，将管理机连接在集线器上，这样就可以对网络中的信息进行捕获和分析，但是在网络流量大时对传输性能会有影响。这种方式成本较低。

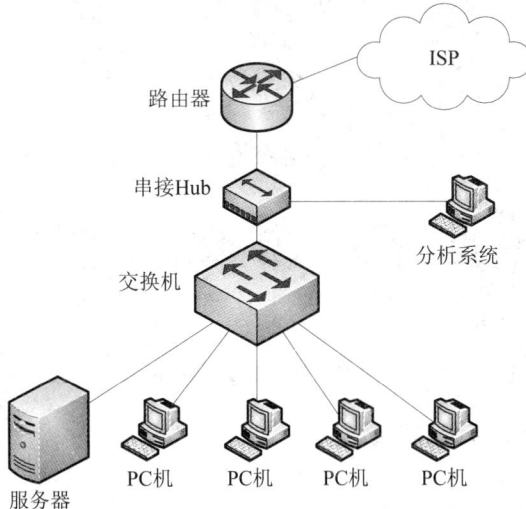

图 7-4　串接 Hub 的方案

(3) 对网络进行定点分析的部署方法。在互联规模较大、拓扑结构较复杂的网络中，一般的做法是对网络中一个特定的部分进行分析和检测。这种情况下可以把网络分接器或集线器串接在网络的特定部分，这样就可以方便地进行局部数据的捕获和分析，如图 7-5 所示。

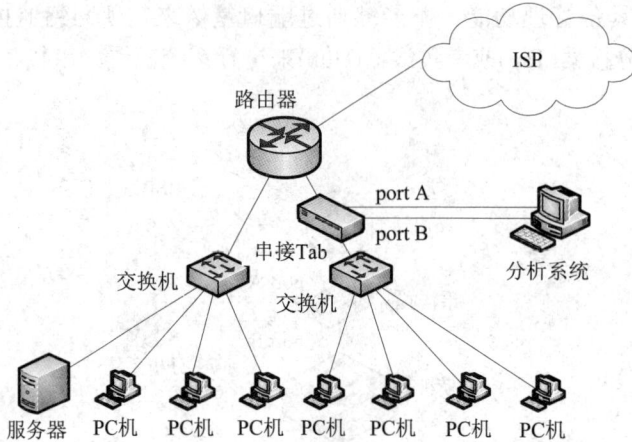

图 7-5　定点分析一个网段

(4) 使用代理服务器。如果网络中存在代理服务器，只需将该系统部署在代理服务器上即可对网络中的数据进行捕获和分析，如图 7-6 所示。

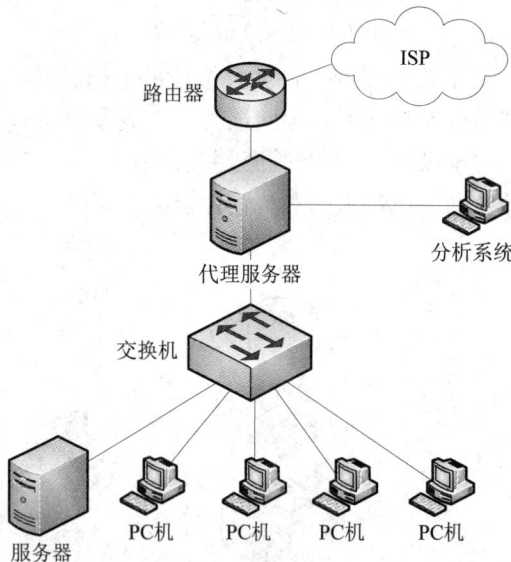

图 7-6　使用代理服务器

2. 科来网络信息分析系统的安装

1) 安装步骤

首先以管理员权限登录 Windows，并下载科来网络分析系统。下载完成后，双击安装文件，出现如图 7-7 所示的安装界面。(下载网址：http://www.colasoft.com.cn/download/capsa.php。)

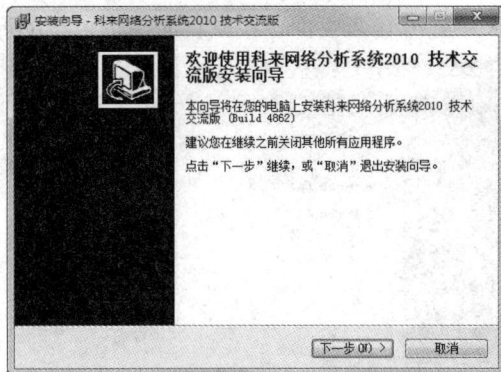

图 7-7　安装界面

点击"下一步"继续安装，出现选择安装组件的窗口，如图 7-8 所示。

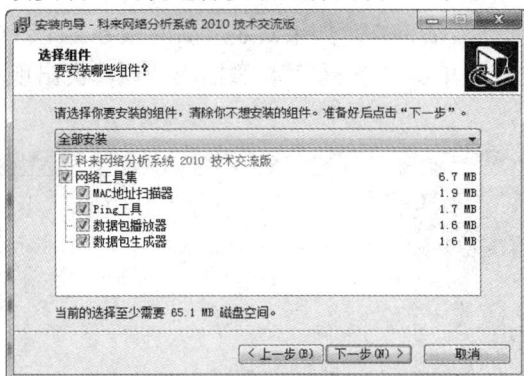

图 7-8　选择安装组件

选择所有组件，并点击"下一步"，直到出现"安装完成"按钮，点击后即完成安装过程。

2) 软件的激活和授权

产品激活是验证产品授权的措施，是保护合法用户使用权益的有效手段，产品激活后才能正常使用。一个产品授权只能绑定在一台服务器(或 PC)上。系统提供两种激活方式：在线激活和授权文件激活。激活步骤如下。

在产品安装完成后，会弹出"科来产品激活向导"对话框，如图 7-9 所示。

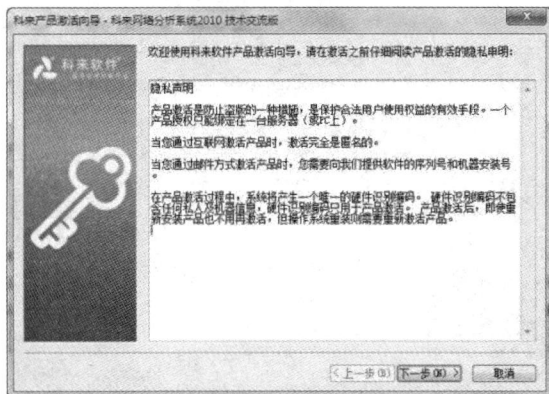

图 7-9　科来产品激活向导

单击"下一步"，进入序列号输入页面，在此页面中输入产品序列号，如图 7-10 所示。

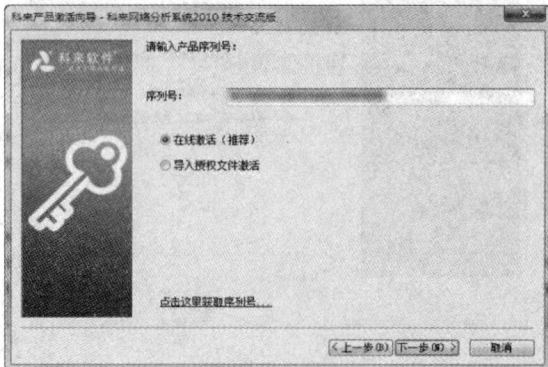

图 7-10　输入产品序列号

同时，用户还需要选择激活方式。如果安装产品的服务器(或 PC)能够连接到互联网，请选择"在线激活"。选择后单击"下一步"，激活成功后，会出现"产品激活成功"的提示信息，如图 7-11 所示。

图 7-11　使用在线激活成功

如果选择"导入授权文件激活"，单击"下一步"，进入授权文件激活界面，如图 7-12 所示。

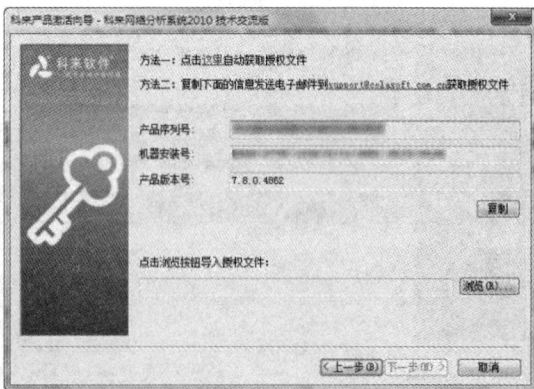

图 7-12　授权文件激活界面

有两种方法可以获取授权文件：

方法一，适用于安装产品的服务器(或 PC)能够连接到互联网但是无法正常在线激活的情况。点击对话框中的链接，进入 Web 页面，将激活信息保存为授权文件。

方法二，适用于安装产品的服务器(或 PC)没有连接到互联网的情况。用户要将"产品序列号"和"产品安装号"发送到 support@colasoft.com.cn 邮箱，返回的授权文件里面包含产品激活号，用户将激活号输入到指定地方，即可完成产品激活。

导入授权文件后，单击"下一步"，产品进行离线激活，激活成功后，出现的提示信息如图 7-13 所示。

图 7-13　使用授权文件激活成功

3) 系统启动方式

安装完成后，可以在桌面和开始菜单上建立系统快捷方式。也可以在开始菜单上选择"运行"，直接输入命令 csnas 或者 csnas.exe 来启动程序。

科来网络分析系统的启动界面如图 7-14 所示。

图 7-14　科来网络分析系统的启动界面

7.1.3　分析方案

在图 7-14 所示的系统界面上，包括如下一些选项。

1．选择分析模式

(1) 实时分析。实时分析就是指对当前选定的网络适配器上所捕获的数据包进行分析。实时分析提供了直观的适配器流量现状显示。

(2) 回放分析。回放分析是指对之前保存的数据包进行回溯分析。回放分析时，可选择本地磁盘中一个或多个数据包文件，系统会将这些文件添加到回放分析数据包列表中。

2．选择网络适配器

开始分析任务之前，必须选择网络适配器。系统会自动获取主机上所有网卡的相关信息并列表显示。网卡的显示内容为：网卡名称、IP 地址、传输速度、总数据包个数、每秒位数(b/s)、每秒数据包数(p/s)以及利用率等。

3．选择分析方案

针对不同的网络业务应用问题，科来网络分析系统 2010 提供了多样化的分析方案。分析方案由若干分析设置组合而成，包括数据统计设置、分析模块设置、诊断设置、日志设置、警报设置、图表设置等。对于每一次分析任务，用户都可以根据分析需求自行定义、添加、删除或编辑分析方案，以达到更具针对性地分析目的。

系统默认提供 7 个常规的分析方案：

(1) 全面分析。全面分析方案对网络对象进行精细的分析，包括物理地址、IPv4 地址、物理地址分组、IPv4 地址分组、协议、物理流、IPv4 流、TCP 流、UDP 流，以及每个物理地址、IPv4 地址、物理地址分组、IPv4 地址分组的协议明细和流量，并且能够自动诊断和分析网络故障事件，创建警报，自定义绘制报表和图表。

(2) 高性能分析。高性能分析方案是针对大流量网络环境而提供的快速流量统计分析方案，以较高的性能分析网络中的主要对象，包括物理地址、IPv4 地址、物理地址分组、IPv4 地址分组、协议、物理流、IPv4 流、TCP 流和 UDP 流，以及每个对象的流量，并绘制用户选定的图表和报表。

(3) 安全分析。安全分析方案对网络系统进行安全评估和攻击检测，发现潜藏的安全隐患，并以多种方式报告给网络管理者。

安全分析又分为安全综合分析和应用层安全分析两种，前者分析各个协议层的安全事件，而后者针对 HTTP 协议、POP3 和 SMTP 协议、DNS 协议以及 FTP 协议分析其安全性。

(4) DNS 应用分析。DNS 应用分析方案主要分析 DNS 网络应用，诊断 DNS 网络应用的故障、性能并保存 DNS 日志记录。

(5) HTTP 应用分析。HTTP 应用分析方案主要分析 HTTP 网络应用的数据流量、客户端和服务器的流量统计、诊断 HTTP 网络应用的故障，并分析其性能。

（6）邮件应用分析。邮件高级分析方案主要用于 SMTP 和 POP3 协议的流量统计与故障诊断。

（7）FTP 应用分析。FTP 应用分析方案主要针对 FTP 网络应用进行流量统计、日志记录与故障诊断。

统计分析对网络进行实时监控、实时分析，并将统计结果自动展现在各个视图中。用户可以对统计分析结果进行复制、导出、打印、生成日志和生成报表等各种操作。

在科来网络分析系统 2010 中，网络计数器多达上百种，增加了网络错误的检测，增加了数据包大小分布的统计，加强了利用率的分析，增加了协议树的拓展分析，增加了图形化统计。

统计分析包括：

• 概要统计：提供了近百个统计计数器，快照功能允许用户对特定时段的数据变化进行比较。每个网络协议和网络端点都有自己的概要统计，用户可以开启多个窗口，比较不同协议或端点之间的概要统计。

• 端点统计：以独立的视图分别展现物理地址和 IP 地址的通信信息。通过网络端点统计分析功能，用户可以快速查找定位通信量最大的 IP 端点和物理端点。系统还支持每个网络协议的端点流量的统计排名，例如用户可以知道使用 HTTP 协议流量最大的前 5 个 IP 端点。

• 协议统计：用不同的色彩，按照网络协议封装顺序给用户展现每个协议的统计信息。除了全局的协议统计，还可提供每个网络端点下的协议统计数据。

• 会话统计：根据物理地址、IP 地址、TCP 连接、UDP 会话来统计网络中的会话信息，并在子窗口中显示当前选定会话的数据包等信息。通过查看每条会话，我们可以知道其源地址、目标地址、收发的各个数据包以及数据包的大小等信息。

• 矩阵统计：可对网络中通信的节点和会话进行详细统计，用户可以通过不同的统计类型来查看矩阵视图，此外，用户还能自定义显示选项。

• 图表统计：为用户提供灵活的图表自定义功能，用户可以创建各种类型的图表，除了全局图表，也支持每个协议和网络端点的图表数据采集和显示。

• 报表统计：自动生成多种类型的报表，包括概要统计、诊断统计、TOP N 统计等。用户可以选择报表选项。生成报表后，用户还可以将生成的报表以 html、pdf 及 mht 格式保存到磁盘中。

7.1.4　系统界面

科来网络分析系统的主界面包含系统主菜单、功能区、节点浏览器、主视图区、警报浏览器和分析状态栏等几个部分，下面对这个界面作简要介绍。

当用户选择好网络适配器并设置了分析方案后，点击界面中的"开始"按钮(见图7-14)，将进入分析系统主界面，如图 7-15 所示。

系统主菜单

功能区

节点浏览器

主视图区

警报浏览器

分析状态栏　　　　　　　　　　　　　警报浏览器按钮

图 7-15　科来网络分析系统主界面

1. 系统主菜单

用户点击窗口左上角的圆形按钮 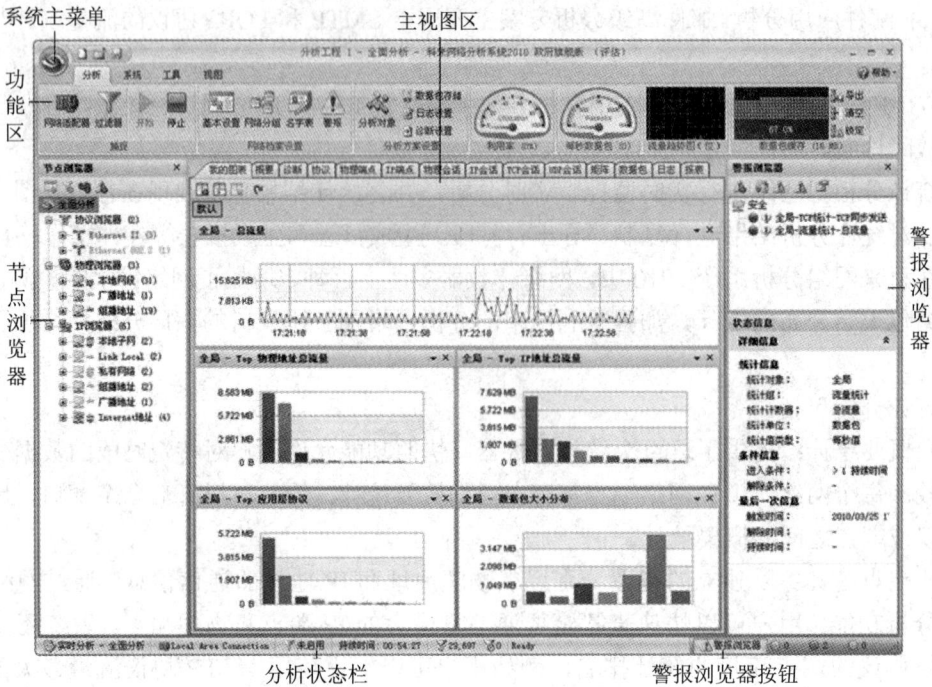，即可打开系统主菜单界面，如图 7-16 所示。

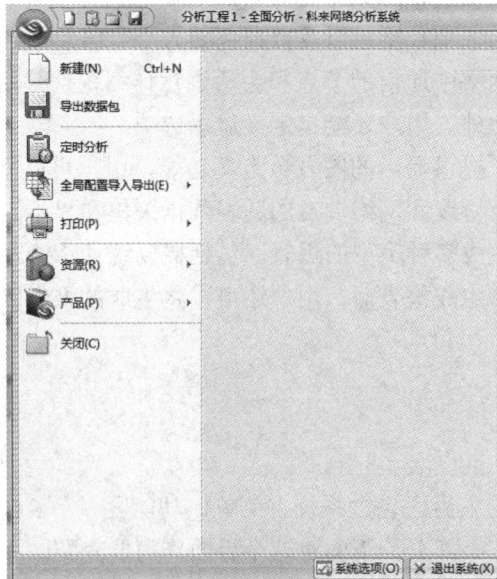

图 7-16　系统主菜单

　　系统主菜单包括新建、导出数据包、定时分析、全局配置导入导出、打印、资源、产品和关闭等选项。各选项功能如表 7-1 所示。

表 7-1 各 选 项 功 能

选　　项	快捷键	功 能 描 述
新建	Ctrl + N	创建一个新的数据分析工程
导出数据包		将缓存中的数据包导出至本地磁盘
定时分析		设定时间，自动开始捕获数据并进行分析
全局配置导入导出		导入/导出系统全局配置，包括用户自定义方案和网络档案等
打印	Ctrl + P	打印当前的工程视图的数据
资源		快速访问科来官网以及 CSNA 网络分析社区
产品		产品注册、激活更新检查等
关闭		关闭当前分析工程，返回到系统引导界面
最近打开的数据包文件		显示最近使用过的数据包文件，以便于用户快速打开
系统选项		系统常见选项及解码器设置
退出系统		退出程序

2．全局功能区

全局功能区如图 7-17 所示，这些是对网络数据包进行捕获和分析时所使用的功能按钮，其中有分析、系统、工具和视图 4 个标签。分析标签中主要包含分析工程中相关信息的设置和修改；系统标签中主要包含系统全局配置菜单及关于系统版本和授权等信息；工具标签主要用于添加和配置网络分析辅助工具，如 ping 工具、数据包播放器等；视图标签用于对系统信息的表现方式进行修改和设置。

图 7-17 全局功能区

1）分析标签

分析标签包含 6 个部分。

（1）捕捉部分中有 4 个按钮：网络适配器、过滤器、开始和停止。网络适配器按钮用于选择和确认捕获数据的网络适配器；过滤器按钮用于启用过滤功能，显示符合条件的捕获数据包；开始和停止两个按钮用于控制数据捕获和分析的过程。在开始捕获当前的工程数据包之后，系统将对之前的所有捕获数据进行清空，然后重新开始捕获数据。

（2）网络档案设置部分包括基本设置、网络分组和名字表等。

（3）分析方案设置部分包括分析对象、数据包存储、日志设置、诊断设置。

数据包存储部分是对数据包和日志文件的保存进行设置，这些功能要在开始分析任务之前配置完毕。对正在运行的分析工程，如果更改数据包缓存的大小，将会清空数据包缓存中的所有数据包。

(4) 仪表盘部分显示当前网络的实际利用率和正在运行的分析工程的每秒数据包个数。

(5) 流量趋势图实时显示当前网络流量趋势。

(6) 数据包缓存部分直观地显示当前捕捉的数据包对缓存的占用情况。可以对数据包缓存进行导出、清空和锁定等操作。如果要修改当前正在运行的分析工程的数据包缓存，可点击"清空"按钮。在将当前数据包缓存中的所有数据包清空后，再进行重新捕获和分析。

2) 系统标签

系统标签如图 7-18 所示。

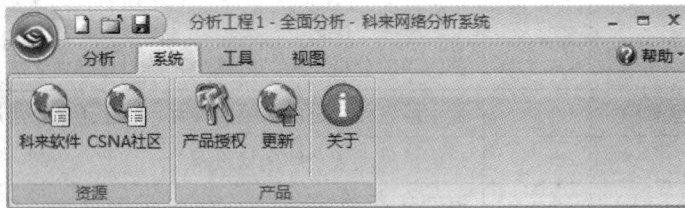

图 7-18　系统标签

在系统标签中包括资源和产品两部分。这两部分是用于访问科来官方网站和 CSNA 网络分析社区的快捷按钮，以及对于产品的授权号码和更新软件的检查按钮，用于查看当前软件版本等相关信息。

3) 工具标签

工具标签如图 7-19 所示。

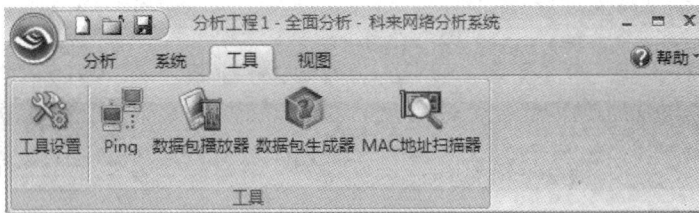

图 7-19　工具标签

工具标签中包含科来网络分析系统自带的网络分析小工具：Ping 工具、数据包播放器、数据包生成器和 MAC 地址扫描器等。这些工具可以用于对特殊网络状况进行分析和检测。

4) 视图标签

视图标签如图 7-20 所示。

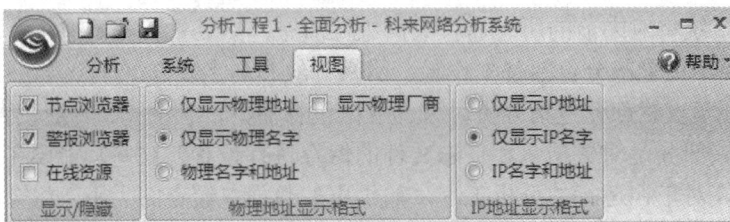

图 7-20　视图标签

视图标签中包括三个部分：显示/隐藏、物理地址显示格式和 IP 地址显示格式。

显示/隐藏部分用于选择是否显示或隐藏节点浏览器/警报浏览器以及在线资源窗口。

物理地址显示格式部分用于设置物理地址显示格式，包括仅显示物理地址、仅显示物理名字、物理名字和地址以及显示物理厂商。

IP 地址显示格式部分用于设置节点 IP 地址的显示方式，包括仅显示 IP 地址、仅显示 IP 名字、IP 名字和地址 3 个选项。

3．节点浏览器

科来网络分析系统的节点浏览器界面如图 7-21 所示。

节点浏览器是科来网络分析系统的特色功能之一，其快速的节点定位和数据过滤功能使得用户可以非常方便地进行故障分析，极大程度地提高了网络分析的效率。其最大的用途，就是能快速地选择需要查看的节点，查看该节点对应的网络数据。用户可以很方便地定位到整个网络，也可以定位到某个 IP 段，或是某个 IP 地址。右边的视图区会根据选择的节点显示相关的数据信息。

在节点浏览器中每个节点前面均有一个小图标，该小图标可显示节点的地址类型。

节点浏览器支持键盘上的方向键操作，可以使用向上或者向下箭头选择数据包，用向左或者向右箭头收缩或者展开相应节点。

节点浏览器中最上方有一个工具栏，如图 7-22 所示。

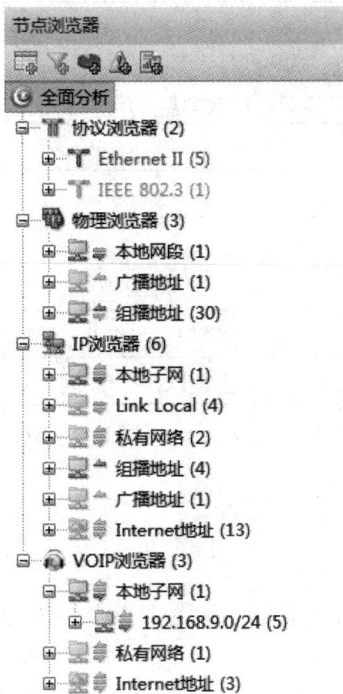

图 7-21　科来网络分析系统的节点浏览器界面

图 7-22　节点浏览器工具栏

工具栏中的 5 个按钮从左至右分别是添加到名字表、添加到过滤器、生成图表、生成警报、生成报表按钮。

4．警报浏览器

警报浏览器主要提供实时的全局警报，以醒目的方式提醒管理员当前发生的事件，并在主视图右下角最小化显示当前触发的警报数量。用户还可以自定义警报功能，从其他几个视图中选择需要的网络对象进行警报创建。系统默认情况下，并不提供任何警报预设。用户可根据实际的网络运行环境和要求创建所需要的警报。警报浏览器窗口如图 7-23 所示。

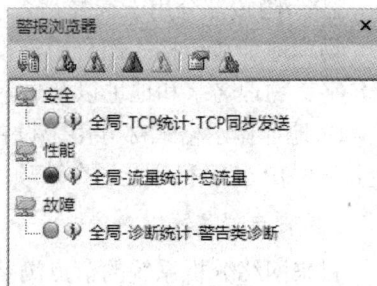

科来网络分析系统的警报类型分为安全警报、性能警报和故障警报 3 类。所有警报按照树状方式统计并显示在警报浏览器窗口中。在该区域，可以对已创建的警报进行修改、解除和创建新的警报等操作。

图 7-23　警报浏览器窗口

在警报浏览器标题栏下方，是警报统计管理区工具栏，工具栏功能从左至右分别是：显示切换、生成警报、删除警报、已触发警报、已解除警报、属性和警报设置按钮。警报浏览器按钮的功能描述如表 7-2 所示。

表 7-2　警报浏览器按钮的功能描述

按钮名称	功 能 描 述
显示切换	警报统计管理区支持分层显示和平铺显示： 分层显示：按照节点浏览器的分层结构进行节点分层； 平铺显示：将所有节点平铺于浏览器中，依次显示所有节点
生成警报	创建新的警报
删除警报	删除已创建的警报
已触发警报	点击该按钮可查看已经触发的警报
已解除警报	点击该按钮可查看已经解除的警报
属性	点击该按钮可查看并修改选中的警报属性(双击选中的警报也可查看该警报的属性)
警报设置	点击该按钮可对警报进行启用/禁用、导入/导出、添加/删除等操作

当警报浏览器最小化时，会将警报浏览器放入状态栏右下角，如图 7-24 所示。

图 7-24　警报浏览器最小化

这时若点击图 7-24 中的"警报浏览器"，即可弹出警报浏览器，点击右边的颜色小圆圈，即可弹出警报触发的说明窗口。

5．状态栏

分析状态栏如图 7-25 所示。

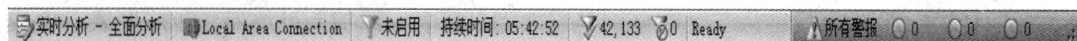

图 7-25　分析状态栏

状态栏中最左方是当前网络分析工程的基本情况和分析方案名称，通过它可以快速了解当前分析的方案。

左边第二个按钮是选择适配器按钮，此处显示当前分析工程中所使用的网络适配器，对已经选用的网络适配器和可以选用的适配器均有所显示。点击它可以方便地对当前所使用的适配器进行查看、更改和启用。

左边第三个按钮是过滤按钮，它显示了当前分析工程是否启用了过滤器。当启用过滤器时，过滤器按钮为点亮状态，未启用时，过滤器按钮为灰色状态。

持续时间部分显示了当前工程中已经持续捕获和分析的时间。

持续时间部分的右边显示的是捕获状态，它显示了在当前分析工程中所捕获的数据包个数以及过滤的数据包个数。

6．系统选项

系统选项功能用于系统常规设置和解码器设置，如果需要更改某些设置，可以单击系统左上角的主菜单按钮，打开系统菜单，在该菜单的右下角，单击"系统选项"按钮(参见图 7-16)，打开"系统选项"对话框。

1) 解码器选项

图 7-26 所示为"系统选项"中"解码器"的内容，其中显示了科来网络分析系统所支持的所有协议解码模块，可以对其选择和组合，进行解码分析。默认情况下，系统开启所有的解码模块对数据包进行解码分析。

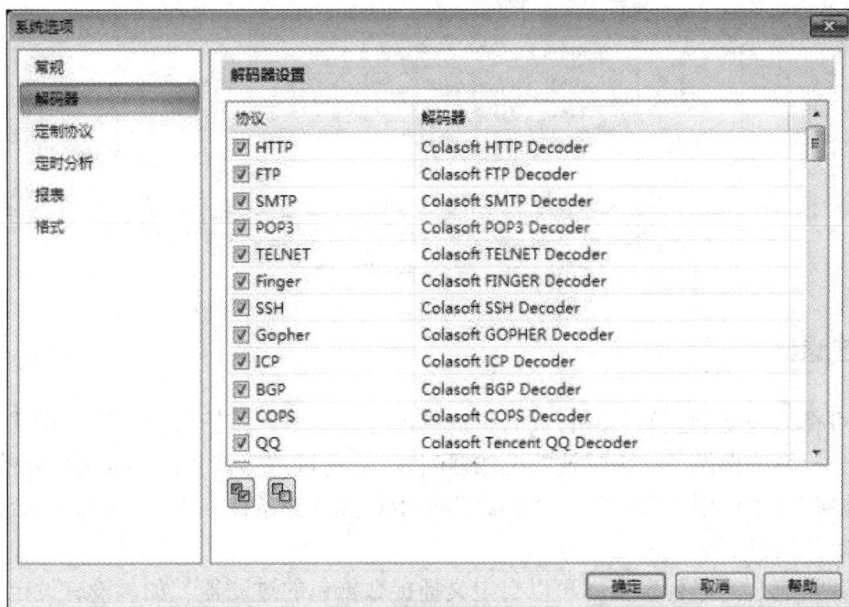

图 7-26　系统选项中"解码"器的内容

2) 定制协议

对一个目标网络进行分析时，允许用户根据自己的需要定义未知协议。自定义的协议和被系统支持的所有协议均可以在协议视图中被统计和分析出来。用户可以通过图 7-27 所示的示例格式自行定制协议。

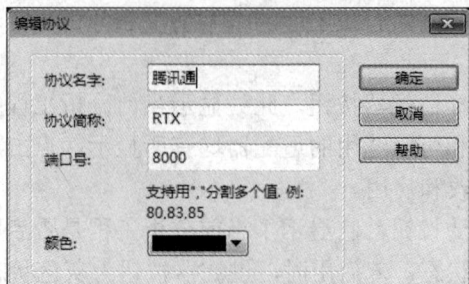

图 7-27   自定义协议示例

3) 定时分析

当需要对目标网络在特定的时间段内进行数据分析时，可以添加定时分析任务，当达到指定时间时，系统自动开始进行数据捕捉并分析。

在系统选项对话框中，选择"定时分析"，并点击"添加"按钮，即可打开定时分析设置窗口，如图 7-28 所示。

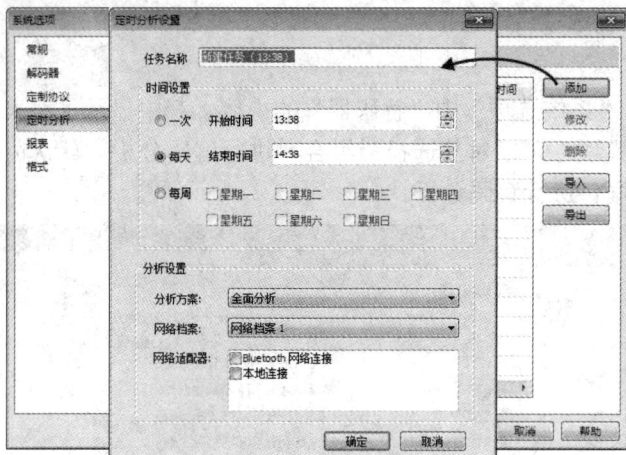

图 7-28   定时分析设置窗口

7.1.5 过滤器

用户可在系统功能区的"分析"页面中，单击"过滤器"按钮打开过滤器设置对话框。科来网络分析系统提供了一个默认的过滤器列表。这些过滤器都是以协议为条件的过滤器，每个过滤器都可以使用"接收"和"拒绝"来指定其过滤条件。也可以随意组合其中的过滤器来制定数据包的捕获范围。

通过数据包过滤器列表页面可以自定义捕捉数据包的过滤器。如果没有设定过滤器，科来网络分析系统将捕捉和分析所有数据包。

过滤器在科来网络分析系统中被分为简单过滤器和高级过滤器。用户可以通过设置 IP、端口、协议、数据包值等条件来过滤数据包。在过滤器列表中，可以通过"接受""排除"等逻辑关系来组合过滤设置。

设置过滤器是改变捕获数据范围的重要手段。通过过滤器，可以只捕获所需的特定数据包，把重要的数据分离出来。这样，用户就可以只关注存在网络故障或网络攻击的数据信息,而不用在大量的数据中逐个寻找。

如果用户感兴趣,可以设定查找病毒的过滤器,或者设定查找 BT 数据包的过滤器。按照直观性,把过滤器的设置又分为"简单过滤器"和"高级过滤器"。由于高级过滤的筛选条件多于简单过滤,所以简单过滤器可以转换为高级过滤器,而高级过滤器转换为简单过滤器将会丢失一些筛选条件。

1. 使用简单过滤器

在图 7-17 所示的界面中,点击"过滤器"按钮,可启用过滤器,并进入过滤器设置对话框。其中,数据包过滤器的设置页面如图 7-29 所示。

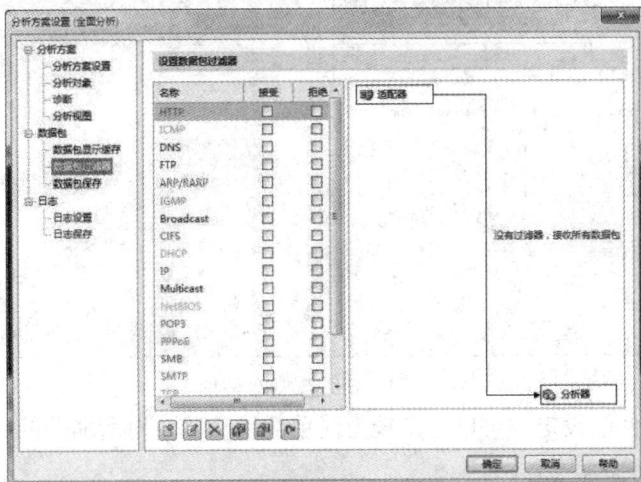

图 7-29　数据包过滤器设置页面

在图 7-29 所示的对话框中,可以在左边的过滤器默认列表中选择需要使用的过滤器,用右边的"接受"或者"拒绝"复选框来指定其逻辑关系,也可以选择多个过滤器来随意组合数据包的捕获范围。选定一个过滤器双击,即可进入过滤器的编辑界面。简单过滤器的设置页面如图 7-30 所示。

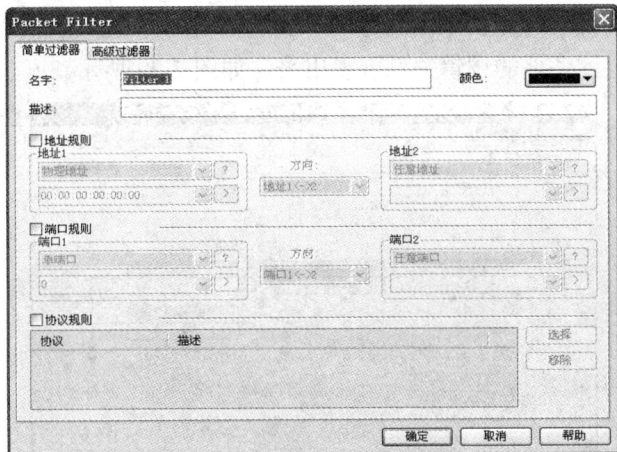

图 7-30　简单过滤器设置页面

简单过滤器可以使用一些常用的条件对数据包进行筛选和过滤,例如 IP 地址、MAC

地址、端口号和协议等。也可以设定数据包的传输方向，例如地址 1→地址 2、地址 2→地址 1 或者地址 1↔地址 2 等，从而更加具体和精确地进行数据筛选和过滤。

对于端口号的过滤条件设定，与地址设定方式相同。

点击"协议规则"并点击"选择"按钮，即可打开协议规则对话框，如图 7-31 所示。在协议过滤方式中，系统提供了完整的协议树展示结构，可以选择一种或多种协议作为过滤条件。在选择协议时，可以采用协议类型的列表方式或分层方式来显示，以便于对协议进行选择和设定协议过滤条件。

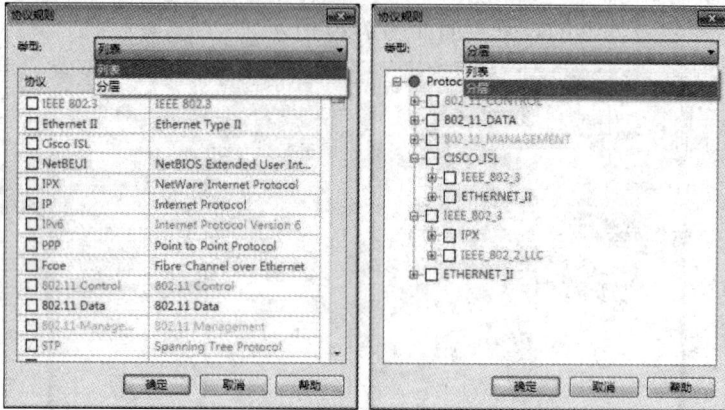

图 7-31　协议规则对话框

通过对这些条件的设定，可以定义较为简单的过滤器，对所捕获的数据进行选择。

2．使用高级过滤器

点击图 7-30 中的"高级过滤器"选项卡，可打开"高级筛选"对话框。

简单过滤器通过使用 IP 地址、端口号等对数据包进行过滤。高级过滤器增加了数据包值、数据包大小和数据包模式配置三个筛选条件，并且提供了多种逻辑关系组合条件对数据包进行筛选。

在高级过滤器中，系统提供了一个过滤关系图，从过滤关系图可以非常直观地看到系统对数据包的过滤情况。过滤关系图通过网卡到达主机的路径，非常精确和直观地将网络管理人员所设定的过滤条件的逻辑关系展现出来，如图 7-32 所示。

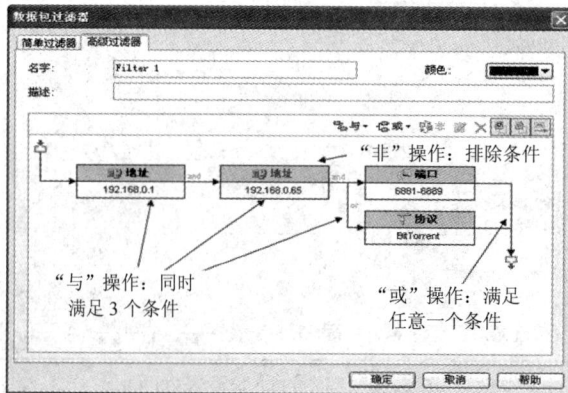

图 7-32　高级过滤器设置页面

在图 7-32 所示的高级过滤器设置页面中，有一个过滤工具条，该过滤工具条可以将所设定的过滤条件进行各种逻辑组合。

过滤工具条上的按钮功能如表 7-3 所示。

表 7-3　过滤工具条上的按钮功能

命　令	功 能 描 述
与(and)	提供"与"关系，必须同时满足关联的两个条件
或(or)	提供"或"关系，至少要满足其中一个条件
非(Not)	提供"否"关系，满足条件与设定的条件相反
Edit	编辑选择的过滤器设置
Delete	删除选择的过滤条件
显示图标	显示过滤器图标
显示细节	显示过滤器详细信息
运行	开始过滤

在创建高级过滤器时，可以通过过滤器的工具条组合各种条件，图 7-32 是一个监测某段网络范围的使用 BT 的过滤器设置。

第一个条件：满足一个网段范围，192.168.0.1～192.168.0.200；

第二个条件：排除一个 IP：192.168.0.65；

第三个条件：满足其中一种条件，使用 BitTorrent 协议，或者端口范围为 6881～6889 的数据包。

在设置的每个过滤条件中，单击右键，有相关的属性设置，可以编辑或删除过滤条件，可以新增过滤条件，可以显示或隐藏过滤条件的细节信息等。

除了使用过滤条件逻辑组合以外，高级过滤器还可以通过更为精准的条件进行过滤：

(1) 使用数据包值进行过滤。科来网络分析系统的高级过滤器中，可以设定数据包值的规则来对经过网络适配器的数据包进行过滤。设定数据包值规则的窗口如图 7-33 所示。

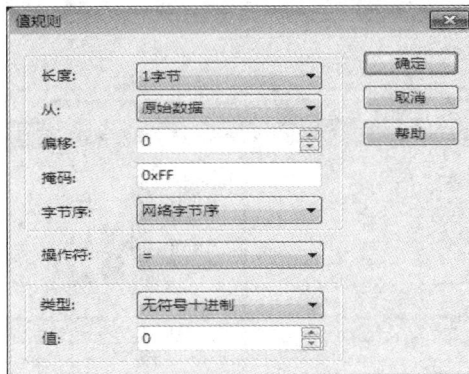

图 7-33　设定数据包值规则的窗口

(2) 使用数据包大小进行过滤。可以设定数据包的大小来对经过网络适配器的数据包进行过滤。设定数据包大小规则的窗口如图 7-34 所示。

(3) 通过数据包内容进行过滤。可以设定具体数据包的内容来对数据包进行过滤，设定数据包内容规则的窗口如图 7-35 所示。

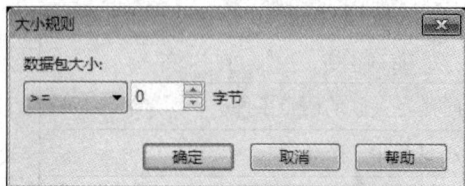

图 7-34　设定数据包大小规则的窗口

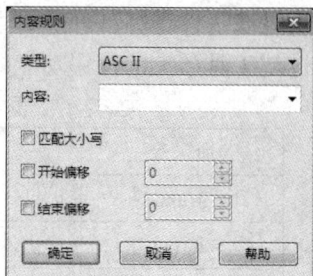

图 7-35　设定数据包内容规则的窗口

7.2　常规分析视图

图表可以使得分析结果更为直观，更易于发现问题和故障。科来网络分析系统提供了"我的图表"功能，让统计分析数据的展现更为直观易读。系统所提供的视图有折线图、柱状图、面积图、饼图等多种形式。除了系统所提供的内建图表形式以外，系统还提供了自定义图表功能。网络管理人员可以根据需要，对自己所关心的网络数据选择合适的图表形式来帮助查看网络数据的现状和走势情况。

7.2.1　我的图表

我的图表如图 7-36 所示。

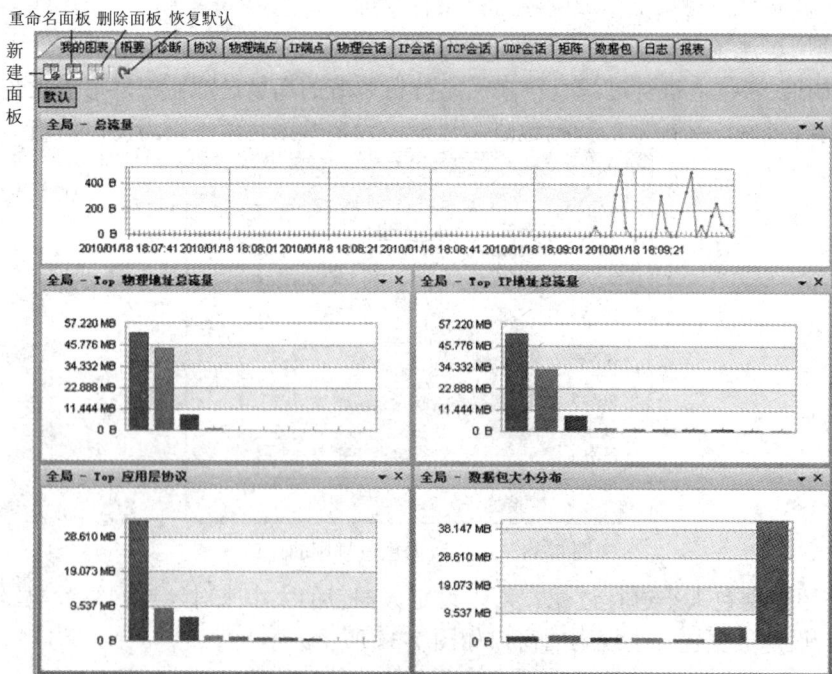

图 7-36　我的图表

在图 7-36 所示的图表中，其标签栏下面有个图标工具栏，从左至右 4 个按钮的各功能分别是新建面板、重命名面板、删除面板、恢复默认，如表 7-4 所示。

表 7-4　我的图表工具栏功能描述

功能名称	功 能 描 述
新建面板	在图表视图中新建图标面板，可以自定义新建的图表布局显示以及选择图表类型
重命名面板	重命名新建的图表面板
删除面板	删除图表面板
恢复默认	删除新建的图表面板及视图，恢复系统初始的图表视图

点击图表视图工具栏中的"新建面板"按钮，输入面板标题，指定图标布局方式，可新建一图表面板。在新建的图表面板中，可以创建各种类型的图表，如图 7-37 所示。

图 7-37　新建图表

在图 7-37 所示的窗口中，可设定图表名称和计数器类型。建立图表之后，如果需要更改图表类型，可以在图表显示区打开右键菜单，在右键菜单中选择适当的图表类型或者图例类型，以及刷新时间等选项。右键菜单功能如表 7-5 所示。

表 7-5　右键菜单功能

功能名称	具 体 描 述
暂停刷新	暂停刷新图表信息
图例	点击此按钮可隐藏和开启图例，图例即为图表的统计对象
柱状图	点击此按钮，图表则以柱状图显示
饼图	点击此按钮，图表则以饼图显示
显示标题	显示图表的标题及 X 轴和 Y 轴标题
Top 数量	选择图表显示的 TOP N 数量，系统默认 TOP 10
采样值	选择图表显示的采样值类型，有统计值和最后一秒值两种类型
刷新时间	选择期望的采样间隔，分别为：1 秒、5 秒、10 秒、30 秒、1 分钟、10 分钟、30 分钟、1 小时
保存图表	导出图表显示区的所有数据，以*.emp、*.bmp、*.png 这三种格式保存到本地磁盘，方便作为历史记录查看和保存

针对网络中不同节点的性质，图表功能为不同的网络节点提供了多种数据类型的统计。其具体图表功能描述如表 7-6 所示。

表 7-6　图表功能描述

图表	描　　述
采样图表	包括：警报统计、诊断统计、流量统计、数据包大小分布、地址统计、协议统计、数据流统计、TCP 分析、DNS 分析、HTTP 分析、FTP 分析等多种采样图表类型。通过这些信息，可以直观地看出网络的工作状态是否合理、网络流量是否过大、网络广播流量是否异常、是否存在广播风暴、网络中数据包的大小分布是否合理、是否存在碎片攻击等可疑行为
TOP 图表	针对网络中的物理地址总流量、物理地址接收流量、物理地址发送流量、IP 地址总流量、IP 地址发送流量、IP 地址接收流量、远程 IP 地址总流量、远程 IP 地址发送流量、远程 IP 地址接收流量以及物理地址组、IP 地址组等流量参数建立 TOP N 统计图表，并且可分别按数据包及字节数两种单位统计，系统默认统计值为 TOP 10，用户可以自定义统计的 TOP 数量。通过这些信息，可以确定网络中排名 TOP 10 的主机的工作状态是否处于异常或繁忙状态

在"我的图表"中，同时提供了概要视图、诊断视图、协议视图、物理端点视图、IP 端点视图、物理会话视图、IP 会话视图、TCP 会话视图、UDP 会话视图、端口视图、矩阵视图、数据包视图、日志视图和报表视图等 14 个视图查看方式，可对当前捕获的网络数据从不同的方面进行分析。下面对主要的几个视图作简要介绍。

7.2.2　诊断视图

诊断视图主要提供专家诊断功能，系统将诊断的网络事件按 OSI 模型分层显示，实时报告网络中出现的错误和故障，并分析故障原因，准确定位故障点的位置，提供有关故障的专家建议。通过查看诊断视图，用户不必了解数据包的详细内容，便可以从专家诊断模块中获得网络内部的错误和故障分析结果。

系统提供的诊断视图分隔成 3 个子窗口，包括诊断分层、诊断发生的地址以及详细的事件描述窗口。如果在诊断分层窗口中选择了某个事件，系统自动过滤出触发该事件的主机地址，在事件窗口中显示该事件的详细描述。用户可以直观地看到每个诊断信息是由哪些主机触发的，从而快速分析各种网络故障的原因。诊断视图如图 7-38 所示。

图 7-38　诊断视图

　　诊断模块可以分别按照 OSI 七层协议和类型对错误信息进行分组，目前的产品支持四个层次的故障诊断：应用层、传输层、网络层和数据链路层；而故障信息按类型则分为故障、性能以及安全 3 种，用户可以分别查看不同协议层或不同类型下都有哪些网络故障。

　　网络错误和故障都有安全级别的划分，有的是普通信息通知，有的是严重的错误警告，当前划分了 4 种安全级别，如表 7-7 所示。

表 7-7　安全级别描述

安全级别	图标	描　　　　述
信息	🕊	普通信息通知，只是用来记录某个事件，并没有网络错误
注意	❗	对网络事件或特定事件进行提示，需要用户引起重视的内容
警告	⚠	对错误或故障进行警告提示，用户应该及时处理
错误	❌	对严重错误或严重故障进行提示，需要用户及时处理

7.2.3　协议视图

　　科来网络分析系统将捕获的所有网络通信协议按实际封装顺序层次化地展现给用户，不同的协议赋予不同的色彩。除了全局的协议统计，还提供每个网络对象的协议统计数据。通过协议视图对各协议占用的网络流量进行统计，用户可以看出当前网络中占用流量最多的协议，即占用流量最多的服务类型，这样就可以帮助用户排查网络速度慢、邮件蠕虫病毒攻击、网络时断时续以及用户无法上网等网络故障。

　　协议统计视图采用树状层级方式显示网络中所使用的全部协议。系统提供详细的协议参数统计，包括通信流量、数据包个数、每秒字节数、每秒比特数等多种参数。有线网络数据捕获分析的协议视图界面如图 7-39 所示。

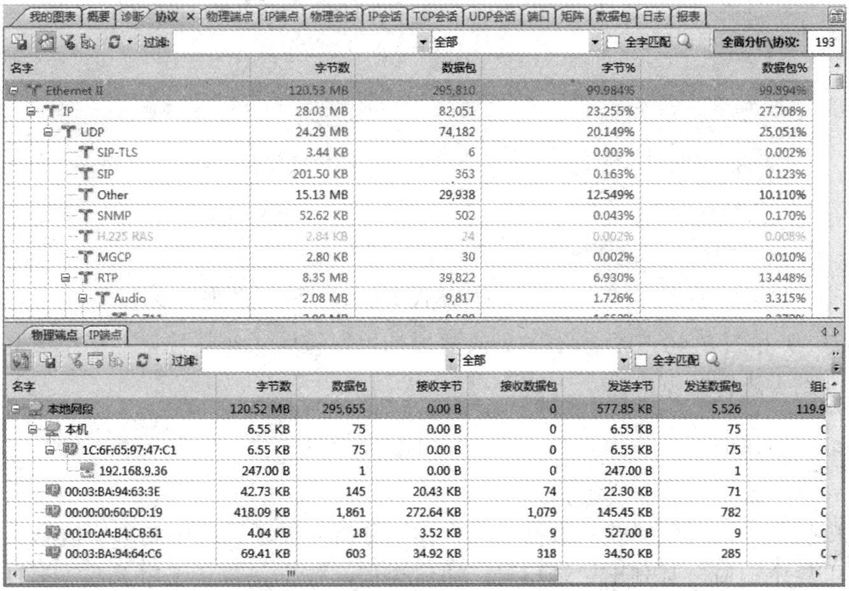

图 7-39　有线网络数据捕获分析的协议视图界面

在协议视图工具栏从左至右的功能分别是导出、细节显示、添加到过滤器、定位到节点浏览器、刷新、过滤、全部和全字匹配。其具体功能描述如表 7-8 所示。

表 7-8　视图工具栏功能描述

功能名称	具 体 描 述
导出	导出协议列表显示区的所有数据，以 csv 保存到本地磁盘，方便作为历史记录查看和保存
细节显示	IP/MAC 端点分隔窗口显示的开关按钮，点击此按钮可显示/隐藏协议的详细端点信息
添加到过滤器	选中某个具体的协议将其添加到过滤器，生成新的过滤器
定位到节点浏览器	选中某个具体协议，点击此按钮，直接定位到节点浏览器中，查看该协议的其他详细信息
刷新	根据选择的浏览器类型和协议刷新
过滤	过滤条件输入，可输入任意条件快速查找数据
全部	在此下拉菜单中指定具体的参数有利于更快地查找数据，提高搜索效率
全字匹配	在遇到与搜索条件完全匹配的词时，才会作为搜索结果显示，可以使搜索结果更加准确。系统默认未启用全字匹配

无线网络数据捕获分析的协议视图界面如图 7-40 所示。

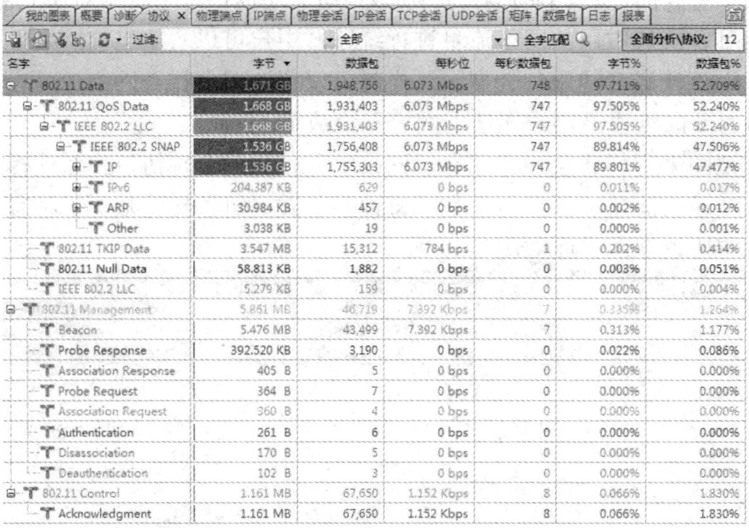

名字	字节	数据包	每秒位	每秒数据包	字节%	数据包%
802.11 Data	1.671 GB	1,948,756	6.073 Mbps	748	97.711%	52.709%
802.11 QoS Data	1.668 GB	1,931,403	6.073 Mbps	747	97.505%	52.240%
IEEE 802.2 LLC	1.668 GB	1,931,403	6.073 Mbps	747	97.505%	52.240%
IEEE 802.2 SNAP	1.536 GB	1,756,408	6.073 Mbps	747	89.814%	47.506%
IP	1.536 GB	1,755,303	6.073 Mbps	747	89.801%	47.477%
IPv6	204.387 KB	629	0 bps	0	0.011%	0.017%
ARP	30.984 KB	457	0 bps	0	0.002%	0.012%
Other	3.038 KB	19	0 bps	0	0.000%	0.001%
802.11 TKIP Data	3.547 MB	15,312	784 bps	1	0.202%	0.414%
802.11 Null Data	58.813 KB	1,882	0 bps	0	0.003%	0.051%
IEEE 802.2 LLC	5.279 KB	159	0 bps	0	0.000%	0.004%
802.11 Management	5.861 MB	46,719	7.392 Kbps	7	0.335%	1.264%
Beacon	5.476 MB	43,499	7.392 Kbps	7	0.313%	1.177%
Probe Response	392.520 KB	3,190	0 bps	0	0.022%	0.086%
Association Response	405 B	5	0 bps	0	0.000%	0.000%
Probe Request	364 B	7	0 bps	0	0.000%	0.000%
Association Request	360 B	4	0 bps	0	0.000%	0.000%
Authentication	261 B	6	0 bps	0	0.000%	0.000%
Disassociation	170 B	5	0 bps	0	0.000%	0.000%
Deauthentication	102 B	3	0 bps	0	0.000%	0.000%
802.11 Control	1.161 MB	67,650	1.152 Kbps	8	0.066%	1.830%
Acknowledgment	1.161 MB	67,650	1.152 Kbps	8	0.066%	1.830%

图 7-40　无线网络捕获分析的协议视图界面

在图 7-39 和图 7-40 中，所有的列表字段均可以按照大小排序，点击字段名即可根据该字段从小到大进行数据排序，方便查看。

7.2.4　端口视图

在端口视图中，对所捕获的数据包进行详细分析，展示网络中的端口信息，如图 7-41 所示。对于每个端口，都列出了端口号、协议类型、数据包数量、字节数等多种参数，并在下方的窗口中显示出当前选定端口关联的 TCP 会话或者 UDP 会话。

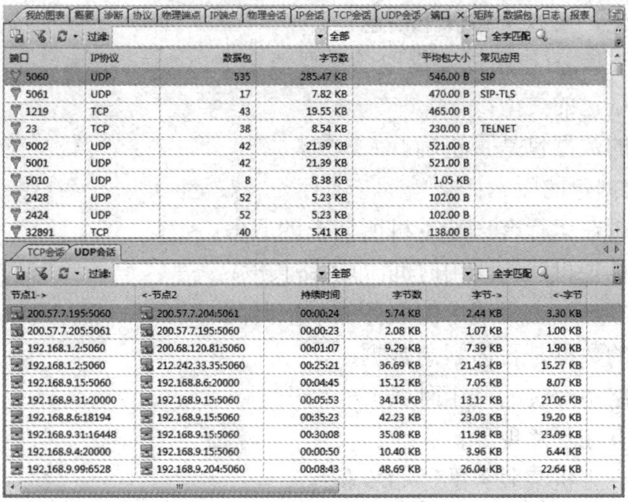

图 7-41　端口视图

7.2.5　数据包视图

　　数据包视图主要帮助网络管理人员查看数据包解码的相关内容。数据包解码是网络分析的高级应用，主要用于快速定位可疑的网络数据包。

　　数据包解码由概要解码、字段解码、十六进制解码组成。概要解码是自动进行的，用户也可以选择概要解码的协议层，帮助用户快速定位可疑的网络数据包，用户还可以选择单个数据包进行详细解码，详细解码字段可以和数据包原始数据互动，即便是精心伪造的网络攻击、欺骗数据包，在这种模式下也无所遁形。数据包视图如图 7-42 所示。

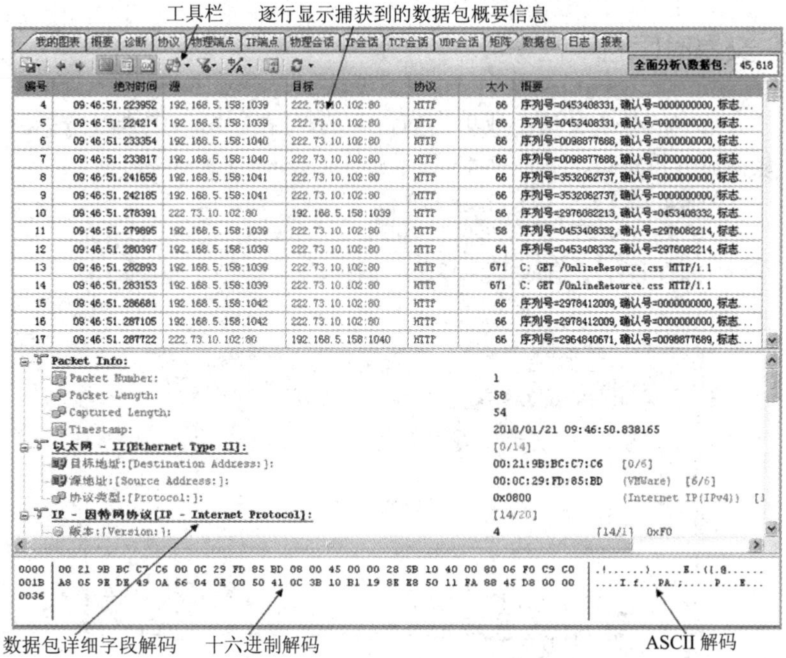

工具栏　　　逐行显示捕获到的数据包概要信息

数据包详细字段解码　　十六进制解码　　　　　　　　　　　ASCII 解码

图 7-42　数据包视图

通过数据包解码，可以了解以下信息：

- 数据包的概要信息(作用以及提取的重要值)；
- 网络中的数据包的类型；
- 网络中传输的数据包是否正确；
- 网络中 IP 数据包的版本；
- 目标主机是否在运行客户端主机所请求的服务；
- 源主机到目标主机间的路由时间(即链路长度)；
- 目标主机对客户端主机请求的服务的响应时间；
- 网络中传输的数据是否为紧急数据；
- 数据包在网络中经过的路由跳数；
- 网络中是否存在环路现象；
- 用户访问目标主机某服务的原始步骤；
- 是否存在伪造数据包，即不正常的数据通信。

7.3　TCP 数据流分析

TCP 数据流分析根据 TCP 会话的特征和通信状态，详细分析 TCP 的传输性能。当网络发生传输性能下降或基于 TCP 的网络应用发生故障时，这个功能可以起到非常关键的诊断作用。

双击 TCP 会话视图中的任意一条 TCP 会话，将弹出新的 TCP 数据流分析窗口。TCP 数据流分析包括 TCP 交易时序图和 TCP 交易统计图两种。

7.3.1　TCP 交易时序图

双击 TCP 会话中的某条会话，或单击右键，选择"在新窗口中查看数据流信息"，将弹出新的 TCP 数据流分析窗口，如图 7-43 所示。

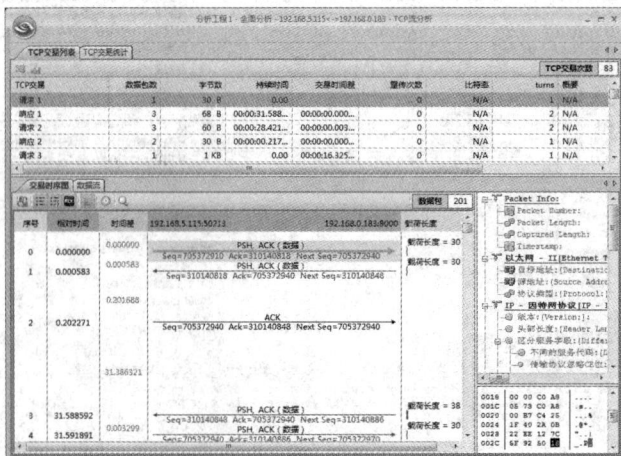

图 7-43　TCP 交易时序图

　　TCP 流分析对话框包括 TCP 交易列表、交易时序图以及数据包解码 3 部分。

　　(1) TCP 交易列表。以客户端或服务器的一次交易为一行显示，一次交易由一个或多个数据包组成。统计字段包括：数据流名称、数据包数、字节数、持续时间(交易时间)、重传次数等。

　　(2) 交易时序图。在交易列表中选择相应的交易时，时序图将以阴影部分显示此次交易的时序图。在交易时序图下方有一个交易时序图工具栏，其功能说明如表 7-9 所示。

表 7-9　交易时序图工具栏功能说明

按钮或图标	名　　称	说　　明
☰	显示序列号	单击此按钮，时序图中将显示每一次交易的序列号
⇥	显示下一个序列号	单击此按钮，显示交易的下一个序列号
ACK	显示确认号	按此按钮，将显示流中每一次交易的确认号
▬	显示流负载	单击此按钮，将显示流中每一个数据包所承载的数据净载荷
🔍	查找	数据包内容查找，可以按 ASCII 码或十六进制等方式查找
🕐	设定相对时间	相对时间设置按钮，可以设置数据流中任意一个数据包的时间为相对时间点
🔢	数据包序号/原始编号	单击此按钮，时序图以原始数据包编号和数据序号切换显示

　　(3) 数据包解码。见图 7-43 的右下部分，它显示了分组的有关信息。

7.3.2　TCP 交易统计图

　　TCP 交易统计图详细地统计出一次 TCP 交易的通信数据，并以图形化显示关键交易参数的时间比例，能够帮助用户快速分析网络传输性能及网络应用故障。TCP 交易统计视图如图 7-44 所示。

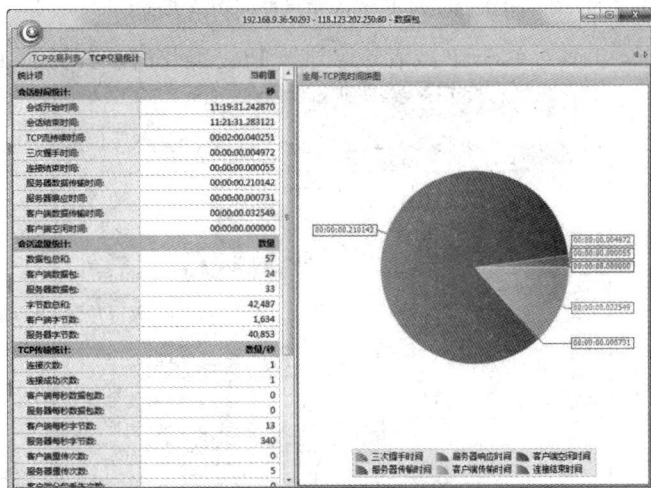

图 7-44　TCP 交易统计视图

7.4 网络工具的使用

科来网络分析工具提供了四个网络管理和分析的工具：Ping 工具、MAC 地址扫描器、数据包播放器、数据包生成器。

7.4.1 Ping 工具

科来 Ping 工具是科来网络分析系统免费提供的一个 Windows 界面的 Ping 工具，可以从工具栏的"科来 Ping 工具"来打开该工具，还可以在开始菜单中选择科来网络分析系统工具集来启动该工具。

科来 Ping 工具既可以对一个 IP 地址或者一个域名进行 Ping 操作，也可以同时对多个 IP 地址、多个域名进行 Ping 操作。当输入多个 IP 地址或者域名时，需使用空格分开，然后点击输入框右侧的"开始 Ping"按钮即可开始进行 Ping 操作。科来 Ping 工具默认初始界面如图 7-45 所示。

图 7-45　科来 Ping 工具默认初始界面

当使用科来 Ping 工具对单个 IP 或者域名进行 Ping 操作时，其界面如图 7-46 所示。

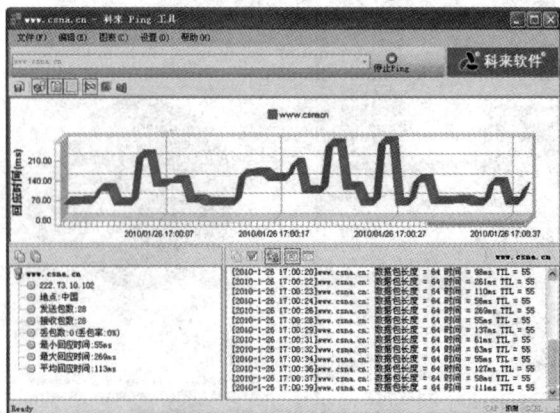

图 7-46　Ping 单个目标

当使用科来 Ping 工具对多个 IP 地址或者域名进行 Ping 操作时，在视图中采用不同的颜色分别标示出不同的数据包，其界面如图 7-47 所示。

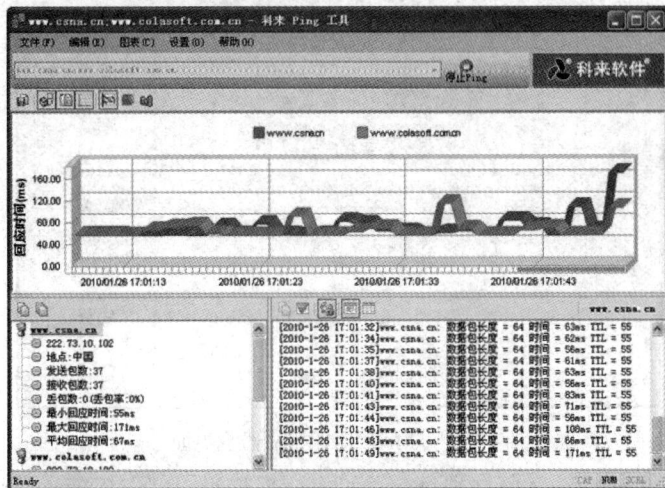

图 7-47　Ping 多个目标

科来 Ping 工具允许用户更改 Ping 操作的各种参数，可以打开设置对话框，对各种参数进行修改，如图 7-48 所示。

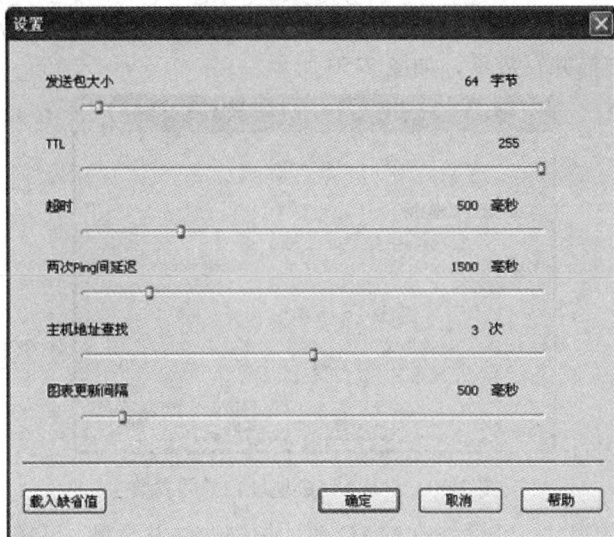

图 7-48　Ping 参数设置对话框

7.4.2　MAC 地址扫描器

MAC 地址扫描器是自动检测网络中 IP 与 MAC 地址对应关系的扫描工具，点击工具栏的"MAC 地址扫描器"即可进入其操作界面。还可以在开始菜单中选择 Colasoft MAC Scanner Pro→科来 MAC 地址扫描器专业版来运行该工具。

科来 MAC 地址扫描器的设计完全遵循 Windows 界面风格，其主界面如图 7-49 所示。界面分为扫描视图和数据库视图两个视图。

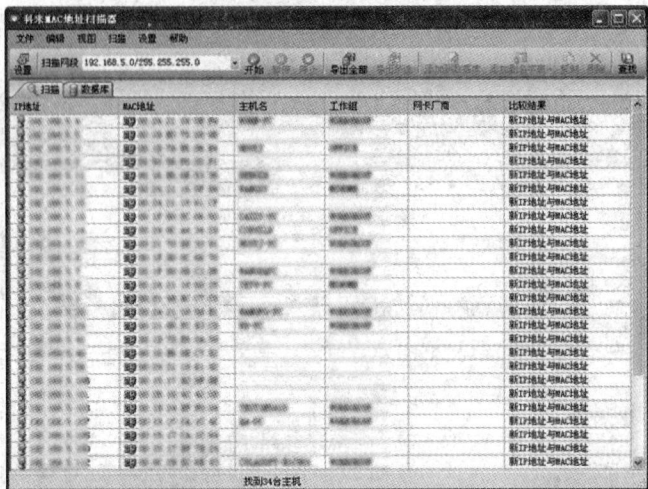

图 7-49　MAC 地址扫描器主界面

扫描视图包括 IP 地址、MAC 地址、主机名、工作组、网卡厂商、比较结果 6 列选项，如果扫描结果中存在一个 MAC 地址对应多个 IP 地址的情况，MAC 地址扫描器会自动识别并按照其对应关系正确显示，同时在底部的状态栏中可以显示出此次共扫描到多少台主机。

根据不同的网络分析需求，可以对扫描的并发数进行自定义。单击设置按钮，在弹出的对话框中可调整扫描并发数量，如图 7-50 所示。

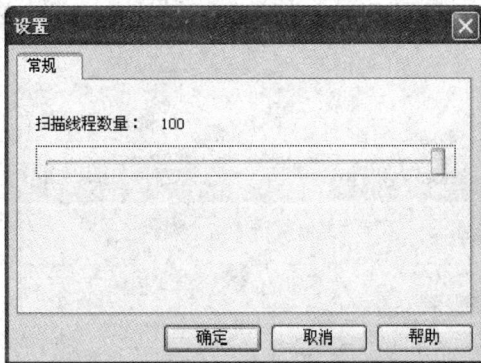

图 7-50　设置 MAC 地址扫描并发数

拖动图 7-50 中的滑块，可以修改 MAC 地址扫描的并发数量，可在 1～100 之间进行修改，默认使用最大并发数量 20。

在调整好扫描线程数后，在图 7-49 中点击选择网段右边的下拉列表框，选择一个需要扫描的网段，并单击开始按钮，系统就会开始扫描目标网段中的 MAC 地址。可在扫描过程中点击暂停和终止按钮来控制扫描过程的进度。

7.4.3　数据包播放器

科来数据包播放器是科来网络分析系统提供的数据包回放工具，它可以将科来网络分析系统的数据包文件和原始数据包文件进行回放，以重现网络的通信情况。数据包播放器可以通过开始菜单启动，其方法是选择科来网络分析系统程序菜单→科来网络分析系统工具集→科来数据包播放器；也可以通过在开始→运行中输入"pktplayer"命令并回车来运行。科来数据包播放器界面如图 7-51 所示。

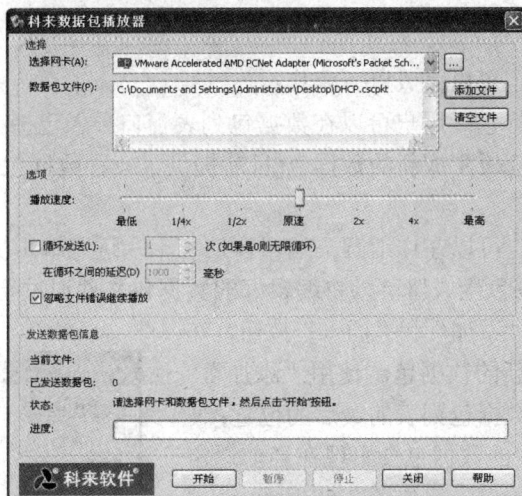

图 7-51　科来数据包播放器界面

在图 7-51 所示的播放器界面中，可以选定播放的网卡。点击最右边的选择按钮会弹出"选择网卡"的对话框，在对话框中选择所要使用的网络适配器。

点击"添加文件"按钮，用以添加播放的数据包文件。科来网络分析系统可以支持 14 种数据包格式。

7.4.4　数据包生成器

科来数据包生成器是科来网络分析系统提供的一个强大的数据包生成工具，它可以对科来网络分析系统捕获的数据包进行编辑以及生成新的数据包文件。当需要对网络中指定部位和指定功能/性能进行查看、检测、调试时，可使用该工具生成一个特殊的数据包，以实现所要求的目的。

启动数据包生成器后，其界面如图 7-52 所示。

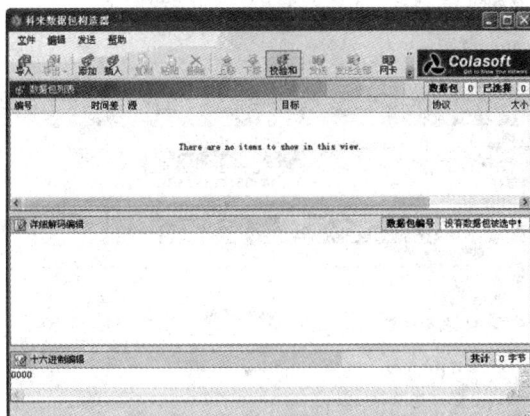

图 7-52　科来数据包生成器界面

图 7-52 所示的科来数据包生成器界面由数据包列表、详细解码编辑和十六进制编辑三个窗口构成。用户可以在数据包列表窗口中选择一个或多个数据包文件通过下面的两个编辑窗口进行详细编辑。三个窗口的大小可以任意调整。

1. 添加数据包

使用数据包生成器，可以完成以下操作：

• 添加和插入新数据包：用户可以在数据包列表窗口导入已捕获的数据包，也可以使用数据包生成器提供的模板生成新的数据包(目前提供了 4 种数据包模板：ARP、IP、TCP、UDP)。

• 编辑数据包：用户可以在详细解码编辑窗口和十六进制编辑窗口编辑数据包。

• 发送数据包：数据包生成器可以将编辑好的数据包文件通过指定的网卡发送到网络。

可点击工具栏中的"添加"和"插入"按钮，在数据包列表窗口中添加新的数据包。使用"添加"，新建的数据包会出现在数据包列表的最后的位置；使用"插入"按钮，则新建的数据包会出现在当前选定的数据包前面。添加数据包窗口如图 7-53 所示。

在这个窗口中，选择模板选项用来为用户提供 ARP、IP、TCP、UDP 四种常见的数据包模板，用户可以在新建数据包时选择用哪个模板；时间差选项用于设定新添加的数据包的 delt 时间。

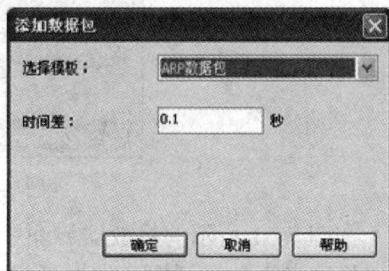

图 7-53　添加数据包窗口

除了使用数据包模板添加新的数据包以外，用户还可以向数据包生成器直接导入网络中捕获的数据包。

数据包生成器可以导入外部的数据包文件。

2. 编辑数据包

在科来数据包生成器中，可以在详细解码编辑或者十六进制编辑两个编辑窗口中编辑数据包。在详细解码编辑窗口，数据包生成器已经将所选数据包文件进行解码，用户可以很方便地在详细解码编辑窗口中直接编辑，如图 7-54 所示。

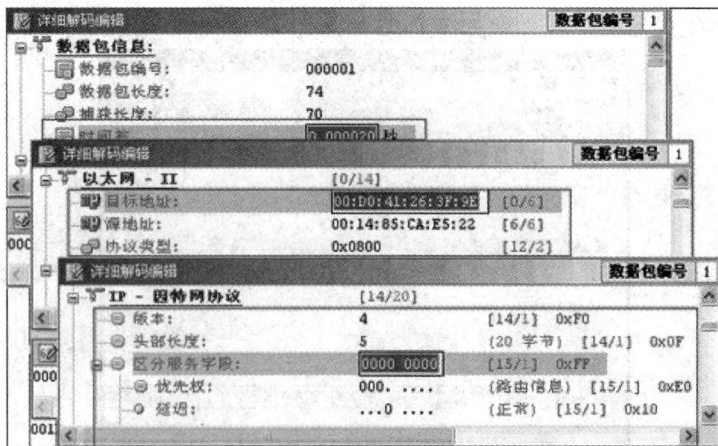

图 7-54　编辑数据包

在详细解码编辑窗口编辑数据包时，必须根据数据包中字段的标准来编辑，若输入错误的值，可使用 Esc 键取消，否则该字段编辑无效。

3．发送数据包

在数据包生成器中，可以在数据包列表窗口选择部分或者全部数据包通过指定的网卡发送到网络。选择发送数据包按钮，系统将弹出发送选择的数据包的设置对话框，如图 7-55 所示。

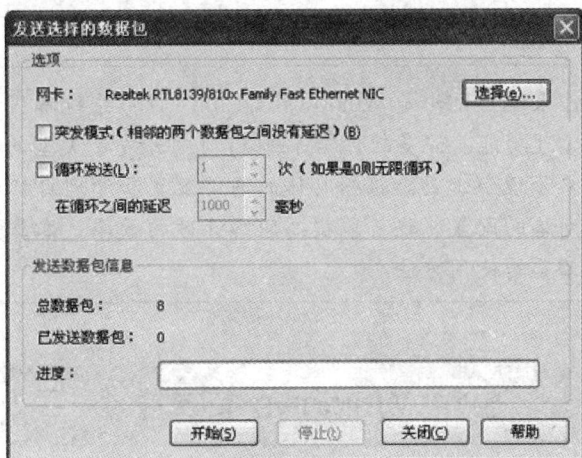

图 7-55　发送选择的数据包

发送数据包时，需选择相应的网卡来对数据包进行发送。发送数据包的选项有突发模式(忽略数据包之间的 delt 时间，实现快速发送)和循环发送模式(设置循环次数和循环之间的间隔)两种。

在发送数据包设置对话框的下方，可以清楚地了解当前发送数据包的信息，比如发送的总数据包数、已发送数据包数以及发送进度，如图 7-56 所示。

图 7-56　当前发送数据包的信息

从图 7-56 可以看出，总共需发送 480 个数据包，8*60 表示 8 个数据包循环发送了 60 次，发送进度以进度条来表示。

第8章　网络管理工具

常用的网络操作系统，无论是 Windows 或 Linux 操作系统都提供了一组实用程序来实现网络配置和管理功能。许多软件/硬件制造商则开发了大型的网络管理平台，也提供一些免费的网络管理小工具。根据具体的网络配置和管理目标选择适当的网管工具，不但可以优化网络的配置，还可以提高网络管理的效率。本章介绍常用的网络管理命令和网络管理工具的使用方法。

8.1　Wnidows 管理命令

Windows 操作系统提供了一组实用程序来实现简单的网络配置和管理功能，这些实用程序通常以 DOS 命令的形式出现。用键盘命令来显示和改变网络配置，感觉就像直接操控硬件一样，不但操作简单方便，而且效果立刻显现；不但能详细了解网络的配置参数，而且提高了网络管理的效率，所以掌握常用的网络管理命令是网管人员的基本技能，这要求他们必须坚持使用，才能灵活操作。

Windows 操作系统的网络管理命令通常以 exe 文件的形式存储在 system 32 目录中，在开始菜单中运行命令解释程序"cmd.exe"就进入 DOS 命令窗口，可以执行任何实用程序。下面的例子都是在 DOS 窗口中运行的。

8.1.1　ipconfig

ipconfig 命令是常用的 Windows 实用程序，可以显示所有网卡的 TCP/IP 配置参数，可以刷新动态主机配置协议(DHCP)和域名系统(DNS)的设置。ipconfig 的语法如下：

　　　ipconfig [/all] [/renew[Adapter]] [/release[Adapter]] [/flushdns] [/displaydns] [/registerdns]
[/showclassid Adapter] [/setclassid Adapter [ClassID]]

对一些命令参数解释如下：

• /?：显示帮助信息，对本章中的其他命令有同样作用。

• /all：显示所有网卡的 TCP/IP 配置信息。如果没有该参数，则只显示各个网卡的 IP 地址、子网掩码和默认网关地址。

• /renew [Adapter]：更新网卡的 DHCP 配置，如果使用标识符 Adapter 说明了网卡的名字，则只更新指定网卡的配置，否则就更新所有网卡的配置。这个参数只能用于动态配置 IP 的计算机。

- /release[Adapter]：向 DHCP 服务器发送 DHCP Release 请求，释放网卡的 DHCP 配置参数和当前使用的 IP 地址。
- /flushdns：刷新客户端 DNS 缓存的内容。在 DNS 排错期间，可以使用这个命令丢弃动态添加的缓存项。
- /displaydns：显示客户端 DNS 缓存的内容，该缓存中包含从本地主机文件中添加的预装载项，以及最近通过名字解析查询得到的资源记录。DNS 客户端服务使用这些信息可快速处理经常出现的名字的查询。
- /registerdns：刷新所有 DHCP 租约，重新注册 DNS 名字。在不重启计算机的情况下，可以利用这个参数来排除 DNS 名字注册中的故障，解决客户机和 DNS 服务器之间的手工动态更新问题。可以利用"高级 TCP/IP 设置"来注册本地连接的 DNS 后缀，如图 8-1 所示。
- /showclassid Adapter：显示网卡的 DHCP 类别 ID。利用通配符"*"代替标识符 Adapter，可以显示

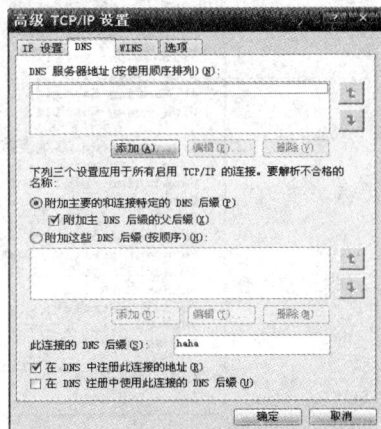

图 8-1　　"高级 TCP/IP 设置"对话框

所有网卡的 DHCP 类别 ID。这个参数仅适用于自动配置 IP 地址的计算机。可以根据某种标准把 DHCP 客户机划分成不同的类别，以便于管理。例如，把移动客户划分到租约期较短的类，固定客户划分到租约期较长的类。

- /setclassid Adapter[ClassID]：对指定的网卡设置 DHCP 类别 ID。如果未指定 DHCP 类别 ID，则会删除当前的类别 ID。

如果 Adapter 名称包含空格，则要在名称两边使用引号。网卡名称中可以使用通配符星号"*"，例如，Local*可以代表所有以字符串 Local 开头的网卡，而*Con*可以表示所有包含字符串 Con 的网卡。

ipconfig 命令使用户可以明确区分 DHCP 或自动专用 IP 地址(APIPA)配置的参数，举例如下：

(1) 如果要显示所有网卡的基本 TCP/IP 配置参数，输入

　　ipconfig

(2) 如果要显示所有网卡的完整 TCP/IP 配置参数，输入

　　ipconfig /all

(3) 如果仅更新本地连接的网卡由 DHCP 分配的 IP 地址，输入

　　ipconfig /renew "Local Area Connection"

(4) 在排除 DNS 名称解析故障时，如果要刷新 DNS 解析器缓存，输入

　　ipconfig /flushdns

(5) 如果要显示名称以 Local 开头的所有网卡的 DHCP 类别 ID，输入

　　ipconfig /showclassid Local*

(6) 如果要将"本地连接"网卡的 DHCP 类别 ID 设置为 TEST，输入

　　ipconfig /setclassid "Local Area Connection" TEST

图 8-2 所示为 ipconfig/all 命令显示的网络配置参数，其中列出了主机名、网卡物理地

址、DHCP 租约期、DHCP 分配的 IP 地址、子网掩码、默认网关和 DNS 服务器的 IP 地址等参数。图 8-3 所示为 ipconfig/showclassid 命令显示的"本地连接"的类别标识。

```
C:\Documents and Settings\Administrator>ipconfig/all

Windows IP Configuration

    Host Name . . . . . . . . . . . . : x4ep512rdszujzp
    Primary Dns Suffix  . . . . . . . :
    Node Type . . . . . . . . . . . . : Unknown
    IP Routing Enabled. . . . . . . . : Yes
    WINS Proxy Enabled. . . . . . . . : Yes

Ethernet adapter 本地连接:

    Connection-specific DNS Suffix  . :
    Description . . . . . . . . . . . : SiS 900-Based PCI Fast Ethernet Adapter
    Physical Address. . . . . . . . . : 00-03-0D-07-03-7F
    DHCP Enabled. . . . . . . . . . . : Yes
    Autoconfiguration Enabled . . . . : Yes
    IP Address. . . . . . . . . . . . : 100.100.17.24
    Subnet Mask . . . . . . . . . . . : 255.255.255.0
    Default Gateway . . . . . . . . . : 100.100.17.254
    DHCP Server . . . . . . . . . . . : 192.168.254.10
    DNS Servers . . . . . . . . . . . : 218.30.19.40
                                        61.134.1.4
    Lease Obtained. . . . . . . . . . : 2009年1月5日 8:10:14
    Lease Expires . . . . . . . . . . : 2009年1月5日 12:10:14
```

图 8-2　ipconfig/all 命令显示的网络配置参数

```
C:\Documents and Settings\Administrator>ipconfig /showclassid 本地连接

Windows IP Configuration

DHCP Classes for Adapter "本地连接":

    DHCP ClassID Name . . . . . . . . : 默认路由和远程访问类别
    DHCP ClassID Description  . . . . : 远程访问客户端的用户类别

    DHCP ClassID Name . . . . . . . . : 默认 BOOTP 的类别
    DHCP ClassID Description  . . . . : BOOTP 客户端的用户类别
```

图 8-3　ipconfig/showclassid 命令显示的"本地连接"的类别标识

8.1.2　ping

ping 命令通过发送 ICMP 回声请求报文来检验与另外一个计算机的连接。这是一个用于排除连接故障的测试命令，如果不带参数则显示帮助信息。ping 命令的语法如下：

ping [-t] [-a] [-n Count] [-l Size] [-f] [-i TTL] [-v TOS] [-r Count] [-s Count] [{-j HostList | -k HostList}] [-w Timeout] [TargetName]

对以上命令参数解释如下：

• -t：持续发送回声请求直至输入 Ctrl + Break 或 Ctrl + C 被中断，前者显示统计信息，后者不显示统计信息。

• -a：用 IP 地址表示目标，进行反向名字解析，如果命令执行成功，则显示对应的主机名。

• -n Count：说明发送回声请求的次数，默认为 4 次。

• -l Size：说明回声请求报文的字节数，默认是 32，最大为 65 527。

• -f：在 IP 头中设置不分段标志，用于测试通路上传输的最大报文长度。

• -i TTL：说明 IP 头中 TTL 字段的值，通常取主机的 TTL 值，对于 Windows XP 主机，这个值是 128，最大为 255。

• -v TOS：说明 IP 头中 TOS(Type of Service)字段的值，默认是 0。

• -r Count：在 IP 头中添加路由记录选项，Count 表示源和目标之间的跃点数，其值在 1～9 之间。

• -s Count：在 IP 头中添加时间戳选项，用于记录达到每一跃点的时间，Count 的值在 1～4 之间。

• -j HostList：在 IP 头中使用松散源路由选项，HostList 指明中间节点(路由器)的地址或名字，最多 9 个，用空格隔开。

• -k HostList：在 IP 头中使用严格源路由选项，HostList 指明中间节点(路由器)的地址或名字，最多 9 个，用空格隔开。

• -w Timeout：指明等待回声响应的时间(μs)，如果响应超时，则显示出错信息"Request timed out"，默认超时间隔为 4 s。

• TargetName：用 IP 地址或主机名表示目标设备。

使用 ping 命令必须安装并运行 TCP/IP 协议。可以使用 IP 地址或主机名来表示目标设备。如果 ping 一个 IP 地址成功，而 ping 对应的主机名失败，则可以断定名字解析有问题。无论名字解析是通过 DNS、NetBIOS 或是本地主机文件，都可以用这个方法进行故障诊断，举例如下：

(1) 如果要测试目标 10.0.99.221 并进行名字解析，输入

    ping -a 10.0.99.221

(2) 如果要测试目标 10.0.99.221，发送 10 次请求，每个响应为 1 000 字节，则输入

    ping -n 10 -l 1 000 10.0.99.221

(3) 如果要测试目标 10.0.99.221，并记录 4 个跃点的路由，则输入

    ping -r 4 10.0.99.221

(4) 如果要测试目标 10.0.99.221，并说明松散源路由，则输入

    ping -j 10.12.0.1 10.29.3.1 10.1.44.1 10.0.99.221

图 8-4 所示为 ping www.163.com.cn 命令的结果。

```
C:\Documents and Settings\Administrator>ping www.163.com.cn

Pinging www.163.com.cn [219.137.167.157] with 32 bytes of data:

Reply from 219.137.167.157: bytes=32 time=29ms TTL=54
Reply from 219.137.167.157: bytes=32 time=29ms TTL=54
Reply from 219.137.167.157: bytes=32 time=29ms TTL=54
Reply from 219.137.167.157: bytes=32 time=29ms TTL=54

Ping statistics for 219.137.167.157:
    Packets: Sent = 4, Received = 4, Lost = 0 (0% loss),
Approximate round trip times in milli-seconds:
    Minimum = 29ms, Maximum = 29ms, Average = 29ms
```

图 8-4　ping www.163.com.cn 命令的结果

8.1.3　arp

arp 命令用于显示和修改地址解析协议(ARP)缓存表的内容，缓存表项是 IP 地址与网卡地址对。计算机上安装的每个网卡各有一个缓存表。如果使用不含参数的 arp 命令，则显

示帮助信息。arp 命令的语法如下：

　　　arp [-a[InetAddr] [-N IfaceAddr]] [-g [InetAddr] [-N IfaceAddr]] [-d InetAddr [IfaceAddr]] [-s InetAddr

EtherAddr [IfaceAddr]]

对以上命令参数解释如下：

• -a [InetAddr] [-N IfaceAddr]：显示所有接口的 ARP 缓存表。如果要显示特定 IP 地址的 ARP 表项，则使用参数 InetAddr；如果要显示指定接口的 ARP 缓存表，则使用参数-N IfaceAddr。这里，N 必须大写，InetAddr 和 IfaceAddr 都是 IP 地址。

• -g [InetAddr] [-N IfaceAddr]：与参数-a 相同。

• -d InetAddr [IfaceAddr]：删除由 InetAddr 指示的 ARP 缓存表项。要删除特定接口的 ARP 缓存表项，使用参数 IfaceAddr 指明接口的 IP 地址。要删除所有 ARP 缓存表项，使用通配符"*"代替参数 InetAddr。

• -s InetAddr EtherAddr [IfaceAddr]：添加一个静态的 ARP 表项，把 IP 地址 InetAddr 映射到物理地址 EtherAddr。参数 IfaceAddr 指定了接口的 IP 地址。

IP 地址 InetAddr 和 IfaceAddr 用点分十进制表示。物理地址 EtherAddr 由 6 个字节组成，每个字节用两个十六进制数表示，字节之间用连字符"-"分开，例如 00-AA-00-4F-2A-9C。

用参数-s 添加的 ARP 表项是静态的，不会由于超时而被删除。如果 TCP/IP 停止运行，ARP 表项都被删除。为了生成一个固定的静态表项，可以在批文件中加入适当的 ARP 命令，并在机器启动时运行批文件，举例如下：

(1) 要显示 ARP 缓存表的内容，输入

　　arp -a

(2) 要显示 IP 地址为 10.0.0.99 的接口的 ARP 缓存表，输入

　　arp -a -N 10.0.0.99

(3) 要添加一个静态表项，把 IP 地址 10.0.0.80 解析为物理地址 00-AA-00-4F-2A-9C，则输入

　　arp -s 10.0.0.80 00-AA-00-4F-2A-9C

图 8-5 所示为使用 arp 命令添加一个静态表项的例子。

图 8-5　使用 arp 命令添加一个静态表项的例子

8.1.4　netstat

netstat 命令用于显示 TCP 连接、计算机正在监听的端口、以太网统计信息、IP 路由表、IPv4

统计信息(包括 IP、ICMP、TCP 和 UDP 等协议)、IPv6 统计信息(包括 IPv6、ICMPv6、TCP over IPv6、UDP over IPv6 等协议)等。如果不使用参数，则显示活动的 TCP 连接。netstat 命令的语法如下：

netstat [-a] [-e] [-n] [-o] [-p Protocol] [-r] [-s] [Interval]

对以上参数解释如下：

• -a：显示所有活动的 TCP 连接，以及正在监听的 TCP 和 UDP 端口。

• -e：显示以太网统计信息，例如，发送和接收的字节数、出错的次数等。这个参数可以与-s 参数联合使用。

• -n：显示活动的 TCP 连接，地址和端口号以数字形式表示。

• -o：显示活动的 TCP 连接以及每个连接对应的进程 ID。在 Windows 任务管理器中可以找到与进程 ID 对应的应用。这个参数可以与 -a、-n 和 -p 联合使用。

• -p Protocol：用标识符 Protocol 指定要显示的协议，可以是 TCP、UDP、TCPv6 或者 UDPv6。如果与参数-s 联合使用，则可以显示协议 TCP、UDP、ICMP、IP、TCPv6、UDPv6、ICMPv6 或 IPv6 的统计数据。

• -s：显示每个协议的统计数据。默认情况下，统计 TCP、UDP、ICMP 和 IP 协议发送和接收的数据包、出错的数据包、连接成功或失败的次数等。如果与-p 参数联合使用，可以指定要显示统计数据的协议。

• -r：显示 IP 路由表的内容，其作用相当于路由打印命令 route print。

• Interval：说明重新显示信息的时间间隔，按 Ctrl+C 键则停止显示。如果不使用这个参数，则只显示一次。

netstat 显示的统计信息分为 4 栏或 5 栏，解释如下：

(1) Proto，表示协议的名字(如 TCP 或 UDP)。

(2) Local Address，本地计算机的地址和端口。通常显示本地计算机的名字和端口名字(如 ftp)，如果使用了-n 参数，则显示本地计算机的 IP 地址和端口号。如果端口尚未建立，则用"*"表示。

(3) Foreign Address，远程计算机的地址和端口。通常显示远程计算机的名字和端口名字(如 ftp)，如果使用了-n 参数，则显示远程计算机的 IP 地址和端口号。如果端口尚未建立，则用"*"表示。

(4) State，表示 TCP 连接的状态，用下面的状态名字表示。

CLOSE_WAIT：收到对方的连接释放请求。

CLOSED：连接已关闭。

ESTABLISHED：连接已建立。

FIN_WAIT_1：已发出连接释放请求。

FIN_WAIT_2：等待对方的连接释放请求。

LAST_ACK：等待对方的连接释放应答。

LISTEN：正在监听端口。

SYN_RECEIVED：收到对方的连接建立请求。

SYN_SEND：已主动发出连接建立请求。

TIMED_WAIT：等待一段时间后将释放连接。

举例如下：

(1) 要显示以太网的统计信息和所有协议的统计信息，则输入

　　netstat -e -s

(2) 要显示 TCP 和 UDP 协议的统计信息，则输入

　　netstat -s -p tcp udp

(3) 要显示 TCP 连接及其对应的进程 ID，每 4 s 显示一次，则输入

　　nbtstat -o 4

(4) 要以数字形式显示 TCP 连接及其对应的进程 ID，则输入

　　nbtstat -n -o

图 8-6 所示为命令 netstat-o 4 显示的统计信息，每 4 s 显示一次，直到输入 Ctrl + C 结束。

```
C:\Documents and Settings\Administrator>netstat -o 4

Active Connections

  Proto  Local Address          Foreign Address        State       PID
  TCP    x4ep512rdszwjzp:1172   121.11.159.208:http    SYN_SENT    1572

Active Connections

  Proto  Local Address          Foreign Address        State       PID
  TCP    x4ep512rdszwjzp:1173   121.11.159.208:http    SYN_SENT    1572

Active Connections

  Proto  Local Address          Foreign Address        State       PID
  TCP    x4ep512rdszwjzp:1173   121.11.159.208:http    SYN_SENT    1572

Active Connections

  Proto  Local Address          Foreign Address        State         PID
  TCP    x4ep512rdszwjzp:1176   124.115.3.126:http     ESTABLISHED   3096
  TCP    x4ep512rdszwjzp:1178   124.115.6.52:http      ESTABLISHED   3096
  TCP    x4ep512rdszwjzp:1179   124.115.6.52:http      ESTABLISHED   3096
  TCP    x4ep512rdszwjzp:1180   124.115.6.52:http      ESTABLISHED   3096
  TCP    x4ep512rdszwjzp:1182   124.115.3.126:http     ESTABLISHED   3096
  TCP    x4ep512rdszwjzp:1183   124.115.6.52:http      ESTABLISHED   3096
  TCP    x4ep512rdszwjzp:1184   124.115.6.52:http      ESTABLISHED   3096
  TCP    x4ep512rdszwjzp:1185   222.73.73.173:http     ESTABLISHED   3096
  TCP    x4ep512rdszwjzp:1186   222.73.78.14:http      SYN_SENT      3096
```

图 8-6　命令 netstat-o 4 显示的统计信息

8.1.5　tracert

tracert 命令与 UNIX 中的 traceroute 命令的功能相同，都是确定到达目标的路径，并显示通路上每一个路由器的 IP 地址。tracert 通过多次向目标发送 ICMP 回声(echo)请求报文，每次增加 IP 头中 TTL 字段的值，就可以确定到达各个路由器的时间。显示的地址是路由器接近源的这一边的端口地址。tracert 命令的语法如下：

　　tracert [-d] [-h MaximumHops] [-j HostList] [-w Timeout] [TargetName]

对以上参数解释如下：

* -d：不进行名字解析，显示中间节点的 IP 地址，这样可以加快跟踪的速度。

* -h　MaximumHops：说明地址搜索的最大跃点数，默认值是 30。

* -j　HostList：说明发送回声请求报文要使用 IP 头中的松散源路由选项，标识符 HostList 列出必须经过的中间节点的地址或名字，最多可以列出 9 个中间节点，各个中间节点用空格隔开。

* -w Timeout：说明等待 ICMP 回声响应报文的时间(μs)，如果接收超时，则显示星号

"*"，默认超时间隔是 4 s。

　　• TargetName：用 IP 地址或主机名表示的目标。

　　这个诊断工具通过多次发送 ICMP 回声请求报文来确定到达目标的路径，每个报文中的 TTL 字段的值都是不同的。通路上的路由器在转发 IP 数据报之前先要对 TTL 字段减一，如果 TTL 的值为 0，则路由器就向源端返回一个超时(Time Exceeded)报文，并丢弃原来要转发的报文。在 tracert 第一次发送的回声请求报文中置 TTL=1，然后每次加 1，这样就能收到沿途各个路由器返回的超时报文，直至收到目标返回的 ICMP 回声响应报文。如果有的路由器不返回超时报文，那么这个路由器就是不可见的，显示列表中用星号 "*" 表示。

　　举例如下：

　　(1) 要跟踪到达主机 corp7.microsoft.com 的路径，则输入

　　　　tracert corp7.microsoft.com

　　(2) 要跟踪到达主机 corp7.microsoft.com 的路径，并且不进行名字解析，只显示中间节点的 IP 地址，则输入

　　　　tracert -d corp7.microsoft.com

　　(3) 要跟踪到达主机 corp7.microsoft.com 的路径，并使用松散源路由，则输入

　　　　tracert -j 10.12.0.1 10.29.3.1 10.1.44.1 corp7.microsoft.com

　　图 8-7 所示为 tracert www.163.com.cn 命令显示的路由跟踪列表。

```
C:\Documents and Settings\Administrator>tracert www.163.com.cn

Tracing route to www.163.com.cn [219.137.167.157]
over a maximum of 30 hops:

  1    26 ms    15 ms    11 ms  100.100.17.254
  2    <1 ms    <1 ms    <1 ms  254-20-168-128.cos.it-comm.net [128.168.20.254]

  3    <1 ms    <1 ms    <1 ms  61.150.43.65
  4    <1 ms    <1 ms    <1 ms  222.91.155.5
  5    <1 ms    <1 ms    <1 ms  125.76.189.81
  6     1 ms    <1 ms    <1 ms  61.134.0.13
  7    28 ms    28 ms    28 ms  202.97.35.229
  8    28 ms    29 ms    29 ms  61.144.3.17
  9    29 ms    29 ms    32 ms  61.144.5.9
 10    32 ms    32 ms    32 ms  219.137.11.53
 11    29 ms    29 ms    28 ms  219.137.167.157

Trace complete.
```

图 8-7　tracert www.163.com.cn 命令显示的路由跟踪列表

8.1.6　pathping

　　pathping 命令结合了 ping 和 tracert 两个命令的功能，可以显示通信线路上每个子网的延迟和丢包率。pathping 命令在一段时间内向通路中的各个路由器发送多个回声请求报文，然后根据每个路由器返回的数据包计算统计结果。由于 pathping 命令显示了每个路由器(或链路)丢失数据包的程度，所以用户可以据此确定哪些路由器或者子网存在通信问题。pathping 命令的语法如下：

　　　　pathping [-n] [-h MaximumHops] [-g HostList] [-p Period] [-q NumQueries [-w Timeout] [-T] [-R]

　　[TargetName]

　　以上参数解释如下：

　　• -n：不进行名字解析，以加快显示速度。

- -h MaximumHops：说明了搜索目标期间的最大跃点数，默认为 30。
- -g HostList：在发送回声请求报文时使用松散源路由，标识符 HostList 列出了中间节点的名字或地址。最多可以列出 9 个中间节点，用空格分开。
- -p Period：说明两次 ping 之间的时间间隔(ms)，默认为 1/4 s。
- -q NumQueries：说明发送给每个路由器的回声请求报文的数量，默认为 100 个。
- -w Timeout：说明每次等待回声响应的时间，默认为 3 s。
- -T：对发送的回声请求数据包附加上第二层优先标志(如 802.1p)。这样可以测试出不具备区分第二层优先级能力的设备，这个开关用于测试网络连接提供不同服务质量(QoS)的能力。
- -R：确定通路上的设备是否支持资源预约协议(RSVP)，这个开关用于测试网络连接提供不同服务质量(QoS)的能力。
- TargetName：用 IP 地址或名字表示的目标。

pathping 命令的参数对大小写是敏感的，所以 T 和 R 必须大写。为了防止网络拥塞，ping 的频率不能太快，这样也可以防止突发性丢包。

当使用 -p Period 参数时，对每一个中间节点一次只发送一个回声请求包，对同一节点，两次 ping 之间的时间间隔是 Period 乘以跃点数。

当使用 -w Timeout 参数时，多个回声请求包并行地发出，因此标识符 Timeout 规定的时间并不受 Period 规定的时间限制。

IEEE 802.1p 标准使得局域网交换机具有以优先级区分信息流的能力，向支持声音、图像和数据的综合业务迈进了一步。802.1p 定义了 8 种不同的优先级，分别用于支持时间关键的通信(如 RIP 和 OSPF 的路由更新报文)、延迟敏感的应用(如交互式语音和视频)、可控负载的多媒体流、重要的 SAP 数据以及尽力而为(best-effort)的通信等。符合 802.1p 规范的交换机具有多队列缓冲硬件，可以对较高优先级的分组进行快速处理，使得这些分组能够越过低级别分组迅速通过交换机。

在传统的单一缓冲区交换机中，当信息传输出现拥塞时，所有分组将平等地排队等待，直到可继续前进。由于传统设备不能识别第二层优先级标签，那些带有优先标签的分组就会被丢弃，所以应用开关 T 可以区分传统交换机与可提供第二层优先级的交换机。

R 参数用于对资源预约协议的测试。RSVP 预约报文在会话开始之前首先发送给通路上的每一个设备。如果设备不支持 RSVP，它返回一个 ICMP "目标不可到达"报文；如果设备支持 RSVP，它返回一个"预约错误信息"报文。有一些设备什么信息也不返回，如果这种情况出现，则显示超时信息。

图 8-8 所示的例子显示了命令 C:\>pathping -n corp1 的输出。pathping 命令运行时产生的第一个结果就是路径列表，与 tracert 命令显示的结果相同。接着出现一个大约 125 s 的"忙"消息，"忙"时间的长短随着跃点数的多少有所变化。这期间，从上述列表中的路由器以及它们之间的链路收集统计信息，最后显示测试结果。

如图 8-8 所示，Node/Link Lost/Sent = Pct 和 Address 栏显示在 172.16.87.218 与 192.168.52.1 之间链路上的丢包率是 13%。第 2 跳和第 4 跳的路由器也丢失了数据包，但是这对它们转发的通信量不会产生影响。在图中的地址栏(Address)中，以直杠"|"表示由于链路拥塞而产生的丢包，至于路由器丢包的原因，则可能是设备过载了。

```
Tracing route to corp1 [10.54.1.196]
over a maximum of 30 hops:
  0  172.16.87.35
  1  172.16.87.218
  2  192.168.52.1
  3  192.168.80.1
  4  10.54.247.14
  5  10.54.1.196
Computing statistics for 125 seconds...
                Source to Here      This Node/Link
Hop  RTT       Lost/Sent = Pct     Lost/Sent = Pct   Address
  0                                                   172.16.87.35
                                    0/ 100 =   0%      |
  1   41ms      0/ 100 =   0%                          172.16.87.218
                                    13/ 100 = 13%      |
  2   22ms      16/ 100 = 16%       3/ 100 =   3%      192.168.52.1
                                    0/ 100 =   0%      |
  3   24ms      13/ 100 = 13%       0/ 100 =   0%      192.168.80.1
                                    0/ 100 =   0%      |
  4   21ms      14/ 100 = 14%       1/ 100 =   1%      10.54.247.14
                                    0/ 100 =   0%      |
  5   24ms      13/ 100 = 13%       0/ 100 =   0%      10.54.1.196
Trace complete.
```

图 8-8　命令 C:\>pathping-n corpl 的输出

8.1.7　route

route 命令的功能是显示和修改本地的 IP 路由表,如果不带参数,则给出帮助信息。route 命令的语法如下:

　　route [-f] [-p] [Command [Destination] [mask Netmask] [Gateway] [metric Metric]] [if Interface]]

以上参数解释如下:

• -f:删除路由表中的网络路由(子网掩码不是 255.255.255.255)、本地环路路由(目标地址为 127.0.0.0,子网掩码为 255.0.0.0)和组播路由(目标地址为 224.0.0.0,子网掩码为 240.0.0.0)。如果与其他命令(如 add、change 或 delete)联合使用,在运行这个命令前先清除路由表。

• -p:与 add 命令联合使用时,一条路由被添加到注册表中,当 TCP/IP 协议启动时,用于初始化路由表。在默认情况下,系统重新启动时不保留添加的路由。与 print 命令联合使用时则显示持久路由列表。对于其他命令,这个参数被忽略。持久路由保存在注册表中的 HKEY_LOCAL_MACHINE\ SYSTEM\CurrentControlSet\Services\Tcpip\Parameters \PersistentRoutes 位置。

• Command:表示要运行的命令,可用的命令如表 8-1 所示。

表 8-1　可 用 的 命 令

命　　令	用　　途
add	添加路由
change	修改已有的路由
delete	删除路由
print	打印路由

• Destination:说明目标地址,可以是网络地址(IP 地址中对应主机的比特都是 0)、主机地址或默认路由(0.0.0.0)。

• mask Netmask：说明了目标地址对应的子网掩码。网络地址的子网掩码依据网络的大小而变化，主机地址的子网掩码为 255.255.255.255，默认路由的子网掩码为 0.0.0.0。如果忽略了这个参数，默认的子网掩码为 255.255.255.255。由于在路由寻址中具有关键作用，所以目标地址不能特异于对应的子网掩码。换言之，如果子网掩码的某个比特是 0，则目标地址的对应比特不能为 1。

• Gateway：说明下一跳点的 IP 地址。对于本地连接的子网，网关地址是本地子网中分配给接口的 IP 地址。对于远程路由，网关地址是相邻路由器中直接连接的 IP 地址。

• metric Metric：说明路由度量值(1～9999)，通常选择度量值最小的路由。度量值可以根据跳点数、链路速率、通路可靠性、通路的吞吐率以及管理属性等参数确定。

• if Interface：说明接口的索引。使用 route print 命令可以显示接口索引列表。接口索引可以使用十进制数或十六进制数表示。如果忽略 if 参数，接口索引根据网关地址确定。

路由表中可能出现很大的度量值，这是 TCP/IP 协议根据 LAN 接口配置的 IP 地址、子网掩码和默认网关等参数自动计算的度量值。自动计算接口度量值是默认的，就是根据接口的速率调整路由度量，所以最快的接口生成了最低的度量值。要消除大的度量值，就要在"高级 TCP/IP 设置"对话框中取消"自动跳点计数"复选框，如图 8-9 所示。

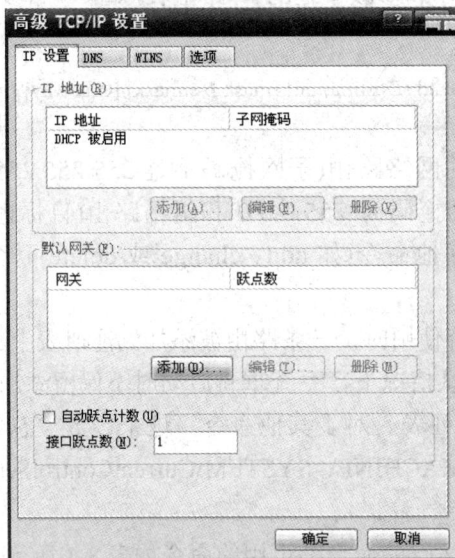

图 8-9　"高级 TCP/IP 设置"对话框

可以用名字表示路由目标，如果在%Systemroot%\ System32\Dtivers\Etc\hosts 或 Lmhosts 文件中存在相应的表项。可以用名字表示网关，只要这个名字可以通过标准方法解析为 IP 地址。

在使用命令 print 或 delete 时可以忽略参数 Gateway，使用通配符来代替目标和网关。目标可以用一个星号"*"来代替。如果目标的值中包含星号"*"或问号"？"，也被看做是通配符，用于匹配被打印或被删除的目标路由。事实上，星号可以匹配任何字符串，问号则用于匹配任何单个字符。如 10.*.1、192.168.*和*224*都是合法的通配符。

如果使用了目标地址与子网掩码的无效组合，则会显示"Route: bad gateway address netmask"的错误信息。当目标地址中的一个或多个比特被设置为"1"，而子网掩码的对应比特却被设置为"0"时，就会出现这种错误。为了检查这种错误，可以把目标地址和子网掩码都用二进制表示。子网掩码的二进制表示中，开头有一串"1"，代表网络地址部分，后跟一串"0"，代表主机地址部分。这样就可以确定是否目标地址中属于主机的比特被设置成了"1"。

(1) 要显示整个路由器的内容，输入

route print

(2) 要显示路由表中以 10.开头的表项，输入

route print 10.*

(3) 对网关地址 192.168.12.1 要添加一条默认路由，则输入

route add 0.0.0.0 mask 0.0.0.0 192.168.12.1

(4) 要添加一条到达目标 10.41.0.0(子网掩码为 255.255.0.0)的路由，下一跃点地址为 10.27.0.1，则输入

route add 10.41.0.0 mask 255.255.0.0 10.27.0.1

(5) 要添加一条到达目标 10.41.0.0(子网掩码为 255.255.0.0)的持久路由，下一跃点地址为 10.27.0.1，则输入

route -p add 10.41.0.0 mask 255.255.0.0 10.27.0.1

(6) 要添加一条到达目标 10.41.0.0 255.255.0.0 的路由，下一跃点地址为 10.27.0.1，度量值为 7，则输入

route add 10.41.0.0 mask 255.255.0.0 10.27.0.1 metric 7

(7) 要添加一条到达目标 10.41.0.0 255.255.0.0 的路由，下一跃点地址为 10.27.0.1，接口索引为 0x3，则输入

route add 10.41.0.0 mask 255.255.0.0 10.27.0.1 if 0x3

(8) 要删除到达目标 10.41.0.0 255.255.0.0 的路由，则输入

route delete 10.41.0.0 mask 255.255.0.0

(9) 要删除路由表中所有以 10.开头的表项，则输入

route delete 10.*

(10) 要把目标 10.41.0.0 255.255.0.0 的下一跃点地址由 10.27.0.1 改为 10.27.0.25，则输入

route change 10.41.0.0 mask 255.255.0.0 10.27.0.25

8.1.8　netsh

netsh 命令是一个命令行脚本实用程序，可用于修改计算机的网络配置。利用 netsh 命令也可以建立批文件来运行一组命令，或者把当前的配置脚本用文本文件保存起来，以后可用来配置其他的服务器。

1. netsh 上下文

netsh 利用动态链接库(DLL)与操作系统的其他组件产生交互作用。netsh 助手(helper)是一种动态链接库文件，提供了称为上下文(context)的扩展特性，这是一组可作用于某种网络组件的命令。netsh 上下文扩大了它的作用，可以对多种服务、实用程序或协议提供配置和监控功能。例如，Dhcpmon.dll 就是一种 netsh 助手文件，它提供了一组配置和管

理 DHCP 服务器的命令。

运行 netsh 命令要从 cmd.exe 提示符开始，然后转到指定的上下文。可使用的上下文取决于已经安装的网络组件。例如，在 netsh 命令提示符(netsh>)下输入 dhcp，就会转到 DHCP 上下文，但是如果没有安装 DHCP 服务，则会出现下面的信息：

> The following command was not found: dhcp.

2．使用多个上下文

从一个上下文可以转到另一个上下文，后者叫做子上下文。例如，在路由上下文中可以转到 IP 或 IPX 上下文。

为了显示在某个上下文中可使用的子上下文和命令列表，可以在 netsh 提示符下输入上下文的名字，后跟问号"？"或"help"。例如，为了显示在路由(routing)上下文中可使用的子上下文和命令，在 netsh 提示符下输入

> netsh>routing ? 或者 netsh>routing help

为了不改变当前上下文而完成另外一个上下文中的任务，可以在 netsh 提示符下输入命令的上下文路径。例如，要在 IGMP 上下文中添加"本地连接"接口而不改变 IGMP 上下文，则输入

> netsh>routing ip igmp add interface "Local Area Connection" startupqueryinterval=21

3．在 cmd.exe 命令提示符下运行 netsh 命令

为了在远程 Windows Server 2003 中运行 netsh 命令，首先要通过"远程桌面连接"连接到正在运行终端服务器的 Windows Server 2003 系统中。在 cmd.exe 命令提示符下输入 netsh，就进入了 netsh> 提示符。netsh 的语法如下：

> netsh [-a AliasFile] [-c Context] [-r RemoteComputer] [{NetshCommand | -f ScriptFile}]

对以上参数解释如下：

- -a AliasFile：运行 AliasFile 文件后返回 netsh 提示符。
- -c Context：转到指定的 netsh 上下文，可用的 netsh 上下文如表 8-2 所示。
- -r RemoteComputer：配置远程计算机。
- NetshCommand：说明要使用的 netsh 命令。
- -f ScriptFile：运行脚本后转出 netsh.exe。

表 8-2　可用的 netsh 上下文

上　下　文	解　释
AAAA	配置认证、授权、计费和审计(Authentication、Authorization、Accounting and Auditing、AAAA)数据库，该数据库是 Internet 认证服务器、路由和远程访问服务器要使用的
DHCP	管理 DHCP 服务器
Diag	操作系统和网络服务的管理和故障诊断
Interface	配置 TCP/IP，显示配置和统计信息
RAS	管理远程访问服务器
Routing	管理路由服务器
WINS	管理 WINS 服务器

关于 -r 参数的使用值得注意。如果在 -r 参数中使用了另外的命令，则 netsh 在远程计算机上执行这个命令，然后返回到 cmd.exe 命令提示符下。如果使用 -r 参数而没有使用其他命令，则 netsh 保持在远程模式。这个过程类似于在 netsh 命令提示符下执行 set machine 命令。在使用 -r 参数时，只是在当前的 netsh 实例中配置目标机器。在转出并重新进入 netsh 后，目标机器又变成了本地计算机。远程计算机的名字可以是存储在 WINS 服务器上的名字、UNC(Universal Naming Convention)名字、可以被 DNS 服务器解析的 Internet 名字或者 IP 地址。

4．在 netsh.exe 提示符下运行 netsh 命令

在 netsh> 提示符下可以使用下面一些命令。

- ..：转移到上一层上下文。
- abort：放弃在脱机模式下所作的修改。
- add helper DLLName：在 netsh 中安装 netsh 助手文件 DLLName。
- alias [AliasName]：显示指定的别名。

alias [AliasName][string1 [string2 ...]]命令用于设置 AliasName 的别名为指定的字符串。

可以使用别名命令行替换 netsh 命令，或者将其他平台中更熟悉的命令映射到适当的 netsh 命令。下面是使用 alias 的例子，这个脚本设置了两个别名 Shaddr 和 Shp，并进入 netsh interface ip 上下文。

```
alias shaddr show interface ip addr
alias shp show helpers
interface ip
```

如果在 netsh 命令提示符下输入 shaddr，则被解释为命令 show interface ip addr。如果在 Netsh 命令提示符下输入 shp，则被解释为命令 show helpers。

- bye：转出 netsh。
- commit：向路由器提交在脱机模式下所作的改变。
- delete helper DLLName：删除 netsh 助手文件 DLLName。
- dump [FileName]：生成一个包含当前配置的脚本。如果要把脚本保存在文件中，则使用参数 FileName。如果不带参数，则显示当前配置脚本。
- exec ScriptFile：装载并运行脚本文件 ScriptFile。脚本文件运行在一个或多个计算机上。
- exit：从 netsh 转出。
- help：显示帮助信息，可以用/?、?或 h 代替。
- offline：设置为脱机模式。
- online：设置为联机模式。

在脱机模式下作出的配置可以保存起来，通过运行 commit 命令或联机命令在路由器上执行。从脱机模式转到联机模式时，在脱机模式下作出的改变会反映在当前正在运行的配置中，而在联机模式下作出的改变会立即反映在当前正在运行的配置中。

- popd：从堆栈中恢复上下文。
- pushd：把当前的上下文保存在堆栈中。

popd 与 pushd 配合使用，可以改变到新的上下文，运行新的命令，然后恢复前面的上下文。下面是使用这两个命令的例子，这个脚本首先从根脚本转到 interface ip 上下文，添加一个静态路由，然后返回根上下文。

```
netsh>

pushd

netsh>

interface ip

netsh interface ip>

set address local static 10.0.0.9 255.0.0.0 10.0.0.1 1

netsh interface ip>

popd

netsh>
```

- quit：转出 Netsh。
- set file {open FileName | append FileName | close}：把命令提示符窗口的输出复制到指定的文件，其中的参数如下：

open FileName：打开文件 FileName，并发送命令提示符窗口的输出到这个文件。

append FileName：附加命令提示符窗口的输出到指定的文件 FileName。

Close：停止发送输出并关闭文件。

如果指定的文件不存在，则 netsh 生成一个新文件。如果指定的文件存在，则 netsh 重写文件中已有的数据。下面的命令生成一个叫做 session.log 的记录文件，并复制 netsh 的输入和输出到这个文件。

```
set file open C:\session.log
```

- set machine [[ComputerName =]string]：指定当前要完成配置任务的计算机，其中的字符串 string 是远程计算机的名字。如果不带参数，则指本地计算机。

在一个脚本中，可以在多个计算机上执行命令。首先利用 set machine 命令说明一个计算机 ComputerA，在这个计算机上运行随后的命令。然后再利用 set machine 命令指定另外一个计算机 ComputerB，再在这个计算机上运行命令。

- set mode {online | offline}：设置为联机或脱机模式。
- show {alias | helper | mode}：显示别名、助手或当前的模式。
- unalias AliasName：删除指定的别名。

8.1.9　nslookup

nslookup 命令用于显示 DNS 查询信息，诊断和排除 DNS 故障。使用这个工具必须熟悉 DNS 服务器的工作原理。Nslookup 有交互式和非交互式两种工作方式，nslookup 的语法如下：

- nslookup [-option ...]：使用默认服务器，进入交互方式。
- nslookup [-option ...] – server：使用指定服务器 server，进入交互方式。
- nslookup [-option ...] host：使用默认服务器，查询主机信息。

- nslookup [-option ...] host server：使用指定服务器 server，查询主机信息。
- ?|/?|/help：显示帮助信息。

1．非交互式工作

所谓非交互式工作就是只使用一次 nslookup 命令，然后又返回到 cmd.exe 提示符下。如果只查询一项信息，可以进入这种工作方式。nslookup 命令后面可以跟随一个或多个命令行选项(option)，用于设置查询参数。每个命令行选项由一个连字符"-"后跟选项的名字，有时还要加一个等号"="和一个数值。

在非交互方式中，第一个参数是要查询的计算机(host)的名字或 IP 地址，第二个参数是 DNS 服务器(server)的名字或 IP 地址，整个命令行的长度必须小于 256 个字符。如果忽略了第二个参数，则使用默认的 DNS 服务器。如果指定的 host 是 IP 地址，则返回计算机的名字。如果指定的 host 是名字，并且没有尾随的句点，则默认的 DNS 域名被附加在后面(设置了 defname)，查询结果给出目标计算机的 IP 地址。如果要查找不在当前 DNS 域中的计算机，在其名字后面要添加一个句点"."(称为尾随点)。下面举例说明非交互方式的用法。

(1) 应用默认的 DNS 服务器根据域名查找 IP 地址。

```
C:\>nslookup ns1.isi.edu
Server: ns1.domain.com
Address: 202.30.19.1


Non-authoritative answer:            #给出应答的服务器不是该域的权威服务器
Name: ns1.isi.edu
Address: 128.9.0.107                 #查出的 IP 地址
```

(2) 应用默认的 DNS 服务器根据 IP 地址查找域名。

```
C:\>nslookup 128.9.0.107
Server: ns1.domain.com
Address: 202.30.19.1


Name: ns1.isi.edu                    #查出的 IP 地址
Address: 128.9.0.107
```

(3) nslookup 命令后面可以跟随一个或多个命令行选项(option)。例如，要把默认的查询类型改为主机信息，把超时间隔改为 5 s，查询的域名为 ns1.isi.edu，则使用下面的命令：

```
C:\>nslookup -type=hinfo -timeout=5 ns1.isi.edu
Server: ns1.domain.com
Address: 202.30.19.1


isi.edu                                        #给出了 SOA 记录
    primary name server = isi.edu              #主服务器
    responsible mail addr = action.isi.edu     #邮件服务器
    serial = 2009010800                        #查询请求的序列号
```

refresh	= 7200 <2 hours>	#刷新时间间隔
retry	= 1800 <30 mins>	#重试时间间隔
expire	= 604800 <7 days>	#辅助服务器更新有效期
default TTL	= 86400 <1 days>	#资源记录在 DNS 缓存中的有效期

    C:\>

2. 交互式工作

如果需要查找多项数据，可以使用 nslookup 的交互工作方式。在 cmd.exe 提示符下输入 nslookup 然后按回车键，就进入了交互工作方式，命令提示符变成 "＞"。

在命令提示符 "＞" 下输入 help 或 ?，会显示可用的命令列表(见图 8-10)，如果输入 exit，则返回 cmd.exe 提示符。

```
Commands: (identifiers are shown in uppercase, [] means optional)
NAME - print info about the host/domain NAME using default server
NAME1 NAME2 - as above, but use NAME2 as server
help or ? - print info on common commands
set OPTION - set an option
    all - print options, current server and host
    [no]debug - print debugging information
    [no]d2 - print exhaustive debugging information
    [no]defname - append domain name to each query
    [no]recurse - ask for recursive answer to query
    [no]search - use domain search list
    [no]vc - always use a virtual circuit
    domain=NAME - set default domain name to NAME
    srchlist=N1[/N2/.../N6] - set domain to N1 and search list to N1, N2, etc.
    root=NAME - set root server to NAME
    retry=X - set number of retries to X
    timeout=X - set initial time-out interval to X seconds
    type=X - set query type (for example, A, ANY, CNAME, MX, NS, PTR, SOA, SRV)
    querytype=X - same as type
    class=X - set query class (for example, IN (Internet), ANY)
    [no]msxfr - use MS fast zone transfer
    ixfrver=X - current version to use in IXFR transfer request
server NAME - set default server to NAME, using current default server
lserver NAME - set default server to NAME, using initial server
finger [USER] - finger the optional NAME at the current default host
root - set current default server to the root
ls [opt] DOMAIN [> FILE] - list addresses in DOMAIN (optional: output to FILE)
    -a - list canonical names and aliases
    -d - list all records
    -t TYPE - list records of the given type (for example, A, CNAME, MX, NS, PTR, and so on)
view FILE - sort an 'ls' output file and view it with pg
exit - exit the program
```

图 8-10　nslookup 子命令

在交互方式下，可以用 set 命令设置选项，满足指定的查询需要。下面举出几个常用子命令的应用实例。

(1) >set all，列出当前设置的默认选项。

    >set all

    Server: ns1.domain.com

    Address: 202.30.19.1

    Set options:

    nodebug   #不打印排错信息

    defname   #对每一个查询附加本地域名

    search   #使用域名搜索列表

       ⋮   ⋮

    MSxfr   #使用 MS 快速区域传输

    IXFRversion = 1   #当前的 IXFR(渐增式区域传输)版本号

    srchlist=   #查询搜索列表

(2) set type = mx，查询本地域的邮件交换器信息。

    C:\> nslookup

    Default Server: ns1.domain.com

    Address: 202.30.19.1

    > set type = mx

    > 163.com.cn

    Server: ns1.domain.com

    Address: 202.30.19.1

    Non-authoritative answer:

    163.com.cn   MX preference = 10，mail exchanger = mx1.163.com.cn

    163.com.cn   MX preference = 20，mail exchanger = mx2.163.com.cn

    mx1.163.com.cn internet address = 61.145.126.68

    mx2.163.com.cn internet address = 61.145.126.30

    >

(3) server NAME，由当前默认服务器切换到指定的名字服务器 NAME。类似的命令 lserver 是由本地服务器切换到指定的名字服务器。

    C:\> nslookup

    Default Server:ns1.domain.com

    Address:202.30.19.1

    > server 202.30.19.2

    Default Server: ns2.domain.com

    Address: 202.30.19.2

(4) ls，这个命令用于区域传输，列出本地区域中的所有主机信息，ls 命令的语法如下：

    ls [- a |-d | -t type] domain [> filename]

不带参数使用 ls 命令将显示指定域(domain)中所有主机的 IP 地址。-a 参数返回正式名称和别名，-d 参数返回所有数据资源记录，而 -t 参数将列出指定类型(type)的资源记录。任选的 filename 是存储显示信息的文件，如图 8-11 所示。

```
> ls xidian.edu.cn
[ns1.xidian.edu.cn]
 xidian.edu.cn.          NS      server = ns1.xidian.edu.cn
 xidian.edu.cn.          NS      server = ns2.xidian.edu.cn
 408net                  A       202.117.118.25
 acc                     A       202.117.121.5
 ai                      A       202.117.121.146
 antanna                 A       219.245.110.146
 apweb2k                 A       202.117.116.19
 bbs                     A       202.117.112.11
 cce                     A       210.27.3.95
 cese                    A       219.245.118.199
 cnc                     A       210.27.5.123
 cnis                    A       202.117.112.16
 www.cnis                A       202.117.112.16
 con                     A       202.117.112.6
 cpi                     A       219.245.78.155
 cs                      A       202.117.112.23
 csti                    A       202.117.114.31
 cwc                     A       210.27.1.33
 cxjh                    A       202.117.112.27
 Dec586                  A       202.117.112.15
 dingzhg                 A       202.117.117.8
 djzx                    A       202.117.121.87
 dp                      A       210.27.12.227
 dtg                     A       202.117.114.35
 dttrdc                  A       219.245.79.48
 ecard                   A       202.117.112.199
 ecm                     A       202.117.116.79
 ecr                     A       202.117.115.9
 ee                      A       210.27.6.158
```

图 8-11　ls 命令的输出

如果安全设置禁止区域传输，将返回下面的错误信息：

*** Can't list domain example.com ： Server failed

(5) set type，该命令的作用是设置查询的资源记录类型。DNS 服务器中主要的资源记录有 A(域名到 IP 地址的映射)、PTR(IP 地址到域名的映射)、MX(邮件服务器及其优先级)、CNAM(别名)和 NS(区域的授权服务器)等类型。通过 A 记录可以由域名查地址，也可以由地址查域名。在图 8-12 中，用 set all 命令显示默认设置，可以看出 type=A+AAAA，这时可以进行正向查询，也可以进行反向查询，如图 8-13 所示。

```
> server 61.134.1.4      # 设置默认服务器
默认服务器:  [61.134.1.4]
Address:  61.134.1.4

> set all
默认服务器:  [61.134.1.4]
Address:  61.134.1.4

设置选项:
    nodebug
    defname
    search
    recurse
    nod2
    novc
    noignoretc
    port=53
    type=A+AAAA        # 查询A记录和AAAA记录
    class=IN              可以给出IPv4和IPv6地址
    timeout=2
    retry=1
    root=A.ROOT-SERVERS.NET.
    domain=
    MSxfr
    IXFRversion=1
    srchlist=
```

```
> www.tsinghua.edu.cn
服务器:  [61.134.1.4]              #由域名查地址
Address:  61.134.1.4

非权威应答:
名称:      www.d.tsinghua.edu.cn
Addresses:  2001:da8:200:200::4:100
            211.151.91.165
Aliases:  www.tsinghua.edu.cn      #得到IPv6和IPv4地址

> 211.151.91.165                   #由地址查域名
服务器:  [61.134.1.4]
Address:  61.134.1.4

名称:      165.tsinghua.edu.cn
Address:  211.151.91.165           #得到域名
```

图 8-12　set all 显示默认设置　　　　　　图 8-13　查询 A 记录和 AAAA 记录

当查询 PTR 记录时，可以由地址查到域名，但是没有从域名查到地址，而是给出了 SOA

记录，如图 8-14 所示。

```
> set type=ptr                                          #查询PTR记录
> 211.151.91.165                                        #由地址查域名
服务器：[61.134.1.4]
Address: 61.134.1.4

非权威应答：
165.91.151.211.in-addr.arpa      name = 165.tsinghua.edu.cn    #查询成功，得到域名
> www.tsinghua.edu.cn                                   #由域名查地址
服务器：[61.134.1.4]
Address: 61.134.1.4

DNS request timed out.
    timeout was 2 seconds.
非权威应答：
www.tsinghua.edu.cn     canonical name = www.d.tsinghua.edu.cn

d.tsinghua.edu.cn
        primary name server = dns.d.tsinghua.edu.cn    #没有查出地址
        responsible mail addr = szhu.dns.edu.cn            但给出了SOA记录
        serial  = 2007042815
        refresh = 3600 (1 hour)
        retry   = 1800 (30 mins)
        expire  = 604800 (7 days)
        default TTL = 86400 (1 day)
```

图 8-14　查询 PTR 记录

重新查询 A 记录，可以进行双向查询，如图 8-15 所示。

```
> set type=a                       # 查询A记录
> www.tsinghua.edu.cn              # 由域名查地址
服务器：[61.134.1.4]
Address:  61.134.1.4

非权威应答：
名称：    www.d.tsinghua.edu.cn
Address:  211.151.91.165           # 查出地址，并给出别名
Aliases:  www.tsinghua.edu.cn

> 211.151.91.165                   # 由地址查域名
服务器：[61.134.1.4]
Address:  61.134.1.4

名称：    165.tsinghua.edu.cn      # 查询成功，得到域名
Address:  211.151.91.165

> ▄
```

图 8-15　查询 A 记录

(6) set type=any，对查询的域名显示各种可用的信息资源记录(A、CNAME、MX、NS、PTR、SOA、SRV 等)，如图 8-16 所示。

```
> set type=any
> baidu.com
服务器：[218.30.19.40]
Address: 218.30.19.40

非权威应答：
baidu.com       internet address = 202.108.23.59
baidu.com       internet address = 220.181.5.97
baidu.com       nameserver = dns.baidu.com
baidu.com       nameserver = ns2.baidu.com
baidu.com       nameserver = ns3.baidu.com
baidu.com       nameserver = ns4.baidu.com
baidu.com       MX preference = 10, mail exchanger = mx1.baidu.com
>
```

图 8-16　显示查询域名的信息

(7) set debug，这个命令与 set d2 的作用类似，都是显示查询过程的详细信息，set d2 显示的信息更多，有查询请求报文的内容和应答报文的内容。图 8-17 所示为利用 set d2 显

示的查询过程，这些信息可用于对 DNS 服务器进行排错。

```
> set d2
> 163.com.cn
服务器: UnKnown
Address: 218.30.19.40

------------
SendRequest(), len 28
    HEADER:
        opcode = QUERY, id = 2, rcode = NOERROR
        header flags: query, want recursion
        questions = 1, answers = 0, authority records = 0, additional = 0

    QUESTIONS:
        163.com.cn, type = A, class = IN

------------
------------
Got answer (44 bytes):
    HEADER:
        opcode = QUERY, id = 2, rcode = NOERROR
        header flags: response, want recursion, recursion avail.
        questions = 1, answers = 1, authority records = 0, additional = 0

    QUESTIONS:
        163.com.cn, type = A, class = IN
    ANSWERS:
    -> 163.com.cn
        type = A, class = IN, dlen = 4
        internet address = 219.137.167.157
        ttl = 86400 (1 day)
------------
非权威应答:
------------
SendRequest(), len 28
    HEADER:
        opcode = QUERY, id = 3, rcode = NOERROR
        header flags: query, want recursion
        questions = 1, answers = 0, authority records = 0, additional = 0

    QUESTIONS:
        163.com.cn, type = AAAA, class = IN

------------
------------
Got answer (28 bytes):
    HEADER:
        opcode = QUERY, id = 3, rcode = NOERROR
        header flags: response, want recursion, recursion avail.
        questions = 1, answers = 0, authority records = 0, additional = 0

    QUESTIONS:
        163.com.cn, type = AAAA, class = IN

------------
名称: 163.com.cn
Address: 219.137.167.157

>
```

图 8-17　利用 set d2 显示的查询过程

8.1.10　net

Windows 中的网络服务都使用以 net 开头的命令。在 cmd.exe 提示符下输入 net /?，则
显示 net 命令的列表如下：

NET [ACCOUNTS | COMPUTER | CONFIG | CONTINUE | FILE | GROUP | HELP |

HELPMSG | LOCALGROUP | NAME | PAUSE | PRINT | SEND | SESSION |

SHARE | START | STATISTICS | STOP | TIME | USE | USER | VIEW]

如果要查看某个 net 命令的使用方法，则输入 net help"命令名"。例如，为显示 accounts
命令的用法，输入 C:\ >net help accounts，结果如图 8-18 所示。

```
C:\Documents and Settings\Administrator>net help accounts
此命令的语法是:

NET ACCOUNTS
[/FORCELOGOFF:{minutes | NO}] [/MINPWLEN:length]
            [/MAXPWAGE:{days | UNLIMITED}] [/MINPWAGE:days]
            [/UNIQUEPW:number] [/DOMAIN]


NET ACCOUNTS 命令用于更新用户的帐户数据库,并为所有帐户修改密码
和登录需求。当在不加选项的情况下使用这个命令时,NET ACCOUNTS 会
显示密码,登录限制,以及域信息的当前设置。

为了使用带有选项的 NET ACCOUNTS 命令,需要如下两个条件:

*  仅当用户的帐户已经设立时(使用"用户管理器"或 NET USER 命令),密码和
   登录需求才会起作用。

*  所有验证登录的域服务器必须运行 NET Logon 服务。当 Windows 启动时,
   Net Logon 会自动启动。

/FORCELOGOFF:{minutes | NO}   设置用户被强迫退出系统之前所拥有的分钟数。这
                             种情况会在帐户过期或有效的登录时间过期时出现。
                             默认值是 NO,表示禁止强迫退出系统。
/MINPWLEN:length             设置密码的最少字符数。字符数的范围是0-14个字
                             符。默认值是 6 个字符。
/MAXPWAGE:{days | UNLIMITED} 设置密码有效的最大天数。用 UNLIMITED 指定没有
                             限制。/MAXPWAGE 选项不能小于 /MINPWAGE。
                             其范围是 1-999。默认值为保持此值不变。
/MINPWAGE:days               设置用户不能改变密码的最小天数。0 表示没有该
                             限制。其范围是 0-999;默认值是 0 天。/MINPWAGE
                             选项不能大于 /MAXPWAGE 选项。
/UNIQUEPW:number             要求用户的密码在指定的密码更改次数内必须保持唯一。
                             其最大值是 24。
/DOMAIN                      在当前域的主域控制器上执行操作。否则在本地计算
                             机上执行操作。

NET HELP command | MORE 逐屏显示帮助。
```

图 8-18　net 帮助命令

下面举出几个常用的 net 命令的例子。

- c:\>net user：显示所有用户的列表。
- c:\>net share：显示共享资源。
- c:\>net start：显示已启动的服务列表。
- c:\>net start telnet：启动 telnet 服务。
- c:\>net stop telnet：停止 telnet 服务。
- c:\>net use　：显示已建立的网络连接。
- c:\>net view：显示计算机上的共享资源列表。
- C:\>net send 192.16.810.1 "时间到了,请关机"：向地址为 192.168.10.1 的计算机发送消息。

8.2　网络监视工具

用于采集网络数据流并提供数据分析能力的工具称为网络监视器。监视网络的目的是对数据流进行分析,发现网络通信中的问题。网络监视器能提供利用率和数据流量方面的统计数据,还能从网络通信流中捕获数据帧,并筛选、解释、分析这些数据帧的内容,判断其来源和去向。目前大多数网络都是基于以太网构建的,广播通信方式决定了在一台计算机上可以采集到子网内的全部通信流,因此网络监视器的有效范围遍及边界路由器以内的全部通信主机。

目前最常用的网络监视工具有 Sniffer、NetXray 和 Ethereal 等,其中 Sniffer 使用最为

普遍。下面介绍 Sniffer 的功能和使用方法。

8.2.1　网络监听原理

由于以太网采用广播通信方式，所以在网络中传送的分组可以出现在同一冲突域中的所有端口上。在常规状态下，网卡控制程序只接收发送给自己的数据包和广播包，把目标地址不是自己的数据包丢弃。如果把网卡配置成混杂模式(Promiscuous Mode)，它就能接收所有分组，无论是否是发送给自己的。

采用混杂模式的程序可以把网络连接上传输的所有分组都显示在屏幕上。有些协议(如FTP 和 Telnet)在传输数据和口令字时不进行加密，采用混杂模式的网络扫描器就可以解读和提取有用的信息，这给网络黑客提供了可乘之机。利用网络监听技术，既可以进行网络监控，解决网络管理中的问题，又可以进行网络窃听，实现网络入侵的目的。

当一个主机采用混杂模式进行网络监听时，是可以被检查出来的。这里主要有两种方法，一种是根据时延来判断。由于采用混杂模式的主机要处理大量的分组，所以它的负载必定很重，如果发现某个计算机的响应很慢，就可以怀疑它是工作于混杂模式。另外一种方法是使用错误的 MAC 地址和正确的 IP 地址向它发送 ping 数据包，如果它接收并应答了这个数据包，那一定是采用混杂模式进行通信的。

混杂模式通信被广泛地使用在恶意软件中，最初是为了获取根用户权限(Root Compromise)，继而进行 ARP 欺骗(ARP Spoofing)。凡是进行 ARP 欺骗的计算机必定把网卡设置成了混杂模式，所以检测那些滥用混杂模式的计算机是很重要的。

8.2.2　网络嗅探器

嗅探器(Sniffer)就是采用混杂模式工作的协议分析器，可以用纯软件实现，运行在普通的计算机上，也可以做成硬件，用独立设备实现高效率的网络监控。"Sniffer Network Analyzer"是美国网络联盟公司(Network Associates INC，NAI)的注册商标，然而许多采用类似技术的网络协议分析产品也可以叫做嗅探器。NAI 是电子商务和网络安全解决方案的主要供应商，它的产品除 Sniffer Pro 外，还有著名的防毒软件 McAfee。

常用的 Sniffer Pro 网络分析器可以运行在各种 Windows 平台上。Sniffer 软件安装完成后在文件菜单中选择 Select Settings，就会出现如图 8-19 所示的界面，在这里可以选择用于监控的网卡，使其置于混杂模式。

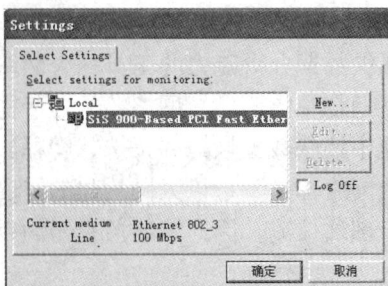

图 8-19　设置网卡界面

8.2.3　Sniffer 的功能和使用方法

Sniffer Pro 主要包含 4 种功能组件。

(1) 监视：实时解码并显示网络通信流中的数据。

(2) 捕获：抓取网络中传输的数据包并保存在缓冲区或指定的文件中，供以后使用。

(3) 分析：利用专家系统分析网络通信中潜在的问题，给出故障症状和诊断报告。

(4) 显示：对捕获的数据包进行解码并以统计表或各种图形方式显示在桌面上。

网络监控是 Sniffer 的主要功能，其他功能都是为监控功能服务的，网络监控可以提供下列信息：

(1) 负载统计数据，包括一段时间内传输的帧数、字节数、网络利用率、广播和组播分组计数等。

(2) 出错统计数据，包括 CRC 错误、冲突碎片、超长帧、对准出错、冲突计数等。

(3) 按照不同的底层协议进行统计的数据。

(4) 应用程序的响应时间和有关统计数据。

(5) 单个工作站或会话组通信量的统计数据。

(6) 不同大小数据包的统计数据。

图 8-20 所示是 Sniffer 的系统界面，并且给出了监视菜单(Monitor)及其工具栏的解释。当 Sniffer 工作时，单击"主控板"按钮，可以显示网络利用率、数据包数/s 和错误数/s 等 3 个计量表。这个窗口下面有 3 个选项，如图 8-21 所示。

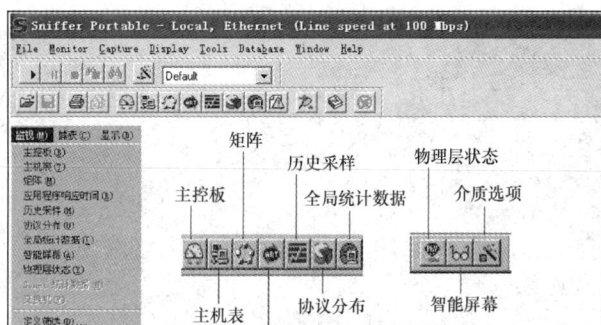

图 8-20　Sniffer 的系统界面

图 8-21　Sniffer 主控板

- Network：显示网络利用率等统计信息。
- Detail Errors：显示出错统计信息。
- Size Distribution：显示各种不同大小分组数的统计信息。

单击"主机表"按钮，可以显示通信最多的前 10 个主机的统计数据，如图 8-22 所示。单击"矩阵"按钮，可以显示主机之间进行会话的情况，如图 8-23 所示。其他按钮的使用是类似的，由于 GUI 界面直观易用，读者可以利用帮助信息熟悉 Sniffer 的使用方法。

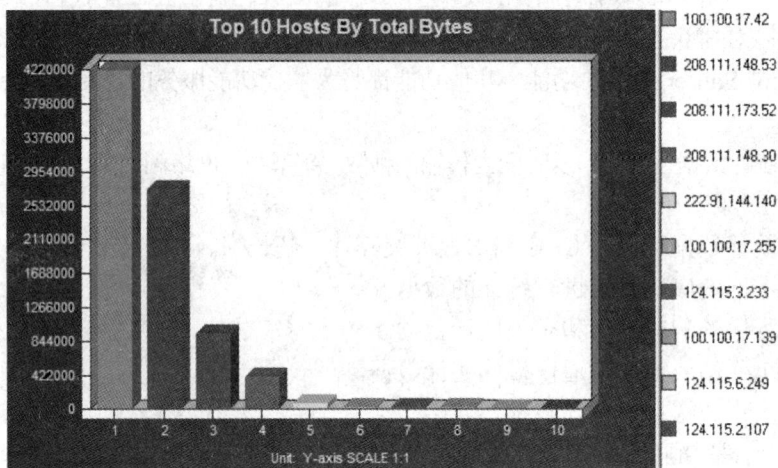

图 8-22　主机表显示

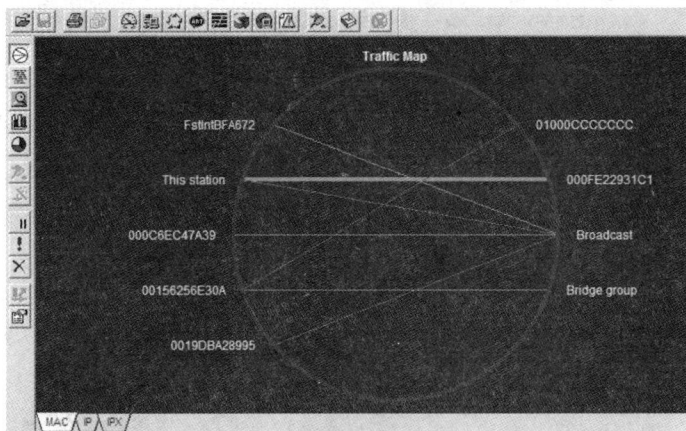

图 8-23　矩阵显示

8.3　网络管理平台

8.3.1　HP OpenView

HP OpenView 由多个功能套件组成，形成了一个集网络管理和系统管理为一体的完整系统，HP OpenView 包括以下套件：

· HP OpenView Operations，一体化的网络和系统管理平台，能支持数百个受控节点和数千个事件。

· HP OpenView Reporter，报告管理软件，为分布式 IT 环境提供灵活易用的报告管理解决方案，通过 Web 浏览器可以发布和访问各种管理报告。

· HP OpenView Performance，端到端的资源和性能管理软件，能收集、统计和记录来自应用、数据库、网络和操作系统的资源和性能测量数据。

· HP OpenView GlancePlus，实时诊断和监控软件，可以显示系统级、应用级和进程级的性能视图，诊断和识别系统运行中的问题和性能瓶颈。

· HP OpenView GlancePlus Pak 2000，全面管理系统可用性的综合性产品，在 GlancePlus Pak 的基础上增加了单一系统事件与可用性管理，可监控系统中的关键事件，使系统处于最佳性能状态。

· HP OpenView Database Pak 2000，服务器与数据库的性能管理软件。它提供强大的系统性能诊断功能，可以检测关键事件并采取修复措施，可提供 200 多种测量数据和 300 多种日志文件。

以上模块既相对独立，又可集成在一起，为企业提供高可用性的系统管理解决方案。

HP OpenView 最初是为网络管理设计的，其基础产品是网络节点管理器(Network Node Manager，NNM)。NNM 作为网络和系统管理的基础平台，可以与第三方管理应用集成在一起，形成强大的、综合的网络管理环境。HP OpenView NNM 的主要功能特点分述如下：

(1) 自动发现网络的拓扑结构，全面管理网络中的各种设备。NNM 能够自动发现网络节点，监测网络连接，生成和记录 TCP/IP 网络视图，通过不同颜色表示网络设备的运行状态。发现和监控功能还可以探测广域网上的设备。通过 SNMP Data Presenter，用户可以查询网络的 SNMP 信息。

(2) 具有管理大型、多节点网络的能力，可以适应多厂商设备、多操作系统的异构型环境。NNM 可以管理 1 000 个以上的节点，能够适应地理上分布的网络环境。HP OpenView 是一种支持多厂商应用软件的管理平台，可以支持 21 种操作系统中的智能代理，包括 Windows、Netware 和不同厂商的各种 UNIX 等。

(3) 网络管理采用易于操作的图形界面。HP OpenView 采用图形用户界面，管理人员可以通过熟悉的单击、拖动、菜单选项等技术进行网络管理操作。使用 OpenView Windows 的窗格和缩放功能，在保持全网总图像的同时，可以将视点聚焦于重点子图的关键区域。

(4) 与系统管理有机集成在一起。HP OpenView 的网络管理产品可以紧密地结合到企业整体的资源与系统管理平台中，例如，HP OpenView Operation 中就内嵌了 NNM 模块。其他的网络管理模块都可以在 HP OpenView Operation 的操作平台上执行操作和显示数据。

(5) 搜集到的信息可以进行有针对性的选择。NNM 对于所搜集到的信息具有简化功能，可提供发现过滤、拓扑过滤、图像过滤三种过滤方式，使管理人员可以根据需要选择要监控的对象，定制视图显示的内容和管理节点之间传输的信息。

(6) 网络管理信息传输不会过多地占用网络资源。NNM 一方面可以对网络中的信息进行过滤，另一方面可以在本地进行网络故障的处理，只把故障事件和处理结果上报给上层控制台,从而减少了网络管理信息传输的通信流量。

(7) 分布式的体系结构和远程管理操作。HP OpenView 的分布式解决方案便于协调管理人员的管辖范围,实现分层次的网络管理模式。NNM 能够通过 Web 界面访问网络拓扑和网管数据,在万维网的任何地点都可以进行远程管理操作。采用 HP OpenView Web Launcher 还可以在任何地点启动基于 Java 的 HP OpenView 应用,带有密码校验的登录过程确保了管理的安全性。

(8) 故障的发现、显示与排除。NNM 能自动对网络进行监测,搜集网络中的故障和报警信息。NNM 采用事件关联技术,使得网管人员能够快速定位和排除故障。通过高级事件关联引擎把事件与高层次报警关联起来,可以立即发现网络故障的根本原因。

(9) 与其他网管工具的集成。HP OpenView 提供了 SNMP 管理信息库的标准管理功能,用户还可以对 MIB 数据库进行扩展。HP OpenView 提供了标准的开发工具,用于开发可集成到管理平台上的应用软件。HP OpenView 已经被众多厂商作为其网络设备管理的平台软件。

(10) 功能强大、简单易用的二次开发能力。HP OpenView 提供的各种应用开发包采用图形用户界面,无需具备特殊开发技巧就可以开发网管应用程序。HP OpenView 提供了基于 C 语言的 API,具有功能强大的可供调用的管理函数和公共服务,支持第三方合作伙伴开发多平台的、可扩展的分布式网络管理应用软件。

8.3.2　IBM Tivoli NetView

Tivoli NetView 是 IBM 公司的网络管理工具,能够提供整个网络环境的完整视图,实现对网络产品的管理。它采用 SNMP 对网络上的设备进行实时监控,对网络中发生的故障进行报警,从而减少了系统管理的难度和管理工作量。

IBM Tivoli NetView 网络管理解决方案可以实现的功能主要包括以下内容:

(1) 网络拓扑管理。NetView 能够自动发现联网的 IP 节点,包括路由器、交换机、服务器和 PC 等,并自动生成拓扑连接。NetView 还可以按照地理位置对网络拓扑图形进行定制,使之与实际的网络结构更加吻合。图 8-24 所示为 Tivoli 网络管理拓扑显示界面。

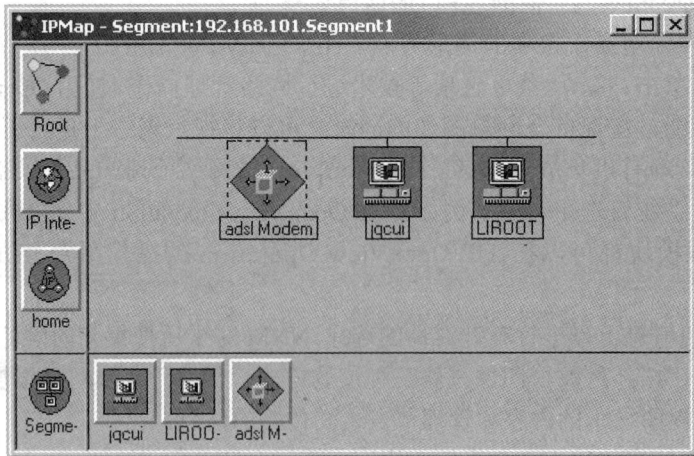

图 8-24　Tivoli 网络管理拓扑显示界面

NetView 提供的 SmartSet 功能可以将具有相同属性的管理对象做成一个集合，例如，用户可以把重要的路由器放在一起作为一个集合，进行统一的管理设置。SmartSet 甚至不需要手工加入对象，管理员只需设置加入集合的条件，SmartSet 就能够动态发现符合条件的设备并自动加入集合视图，从而为管理员提供了很大的便利。

(2) 网络故障管理。网络故障管理是网络管理的核心。NetView 的图形化网络拓扑结构可以迅速发现出现故障的资源，并帮助管理员分析故障原因。当网络中的设备出现故障、死机或链路中断时，NetView 会及时在屏幕上显示报警信号，便于网络管理人员进行诊断，并排除故障。

(3) 网络性能管理。NetView 的 SnmpCollect 功能可以自动采集重要的网络性能数据，如 IP 流量、带宽利用率、出错包数量、丢弃包数量、SNMP 流量等。通过设置各种参数的阈值，NetView 能够自动发出报警信号，或自动运行已定义的管理操作。NetView 可以用图形的方式显示网络性能数据的变化情况，或者将管理数据存放在关系数据库中，以便于以后进行检索和分析。图 8-25 所示为网络性能分析监控显示。

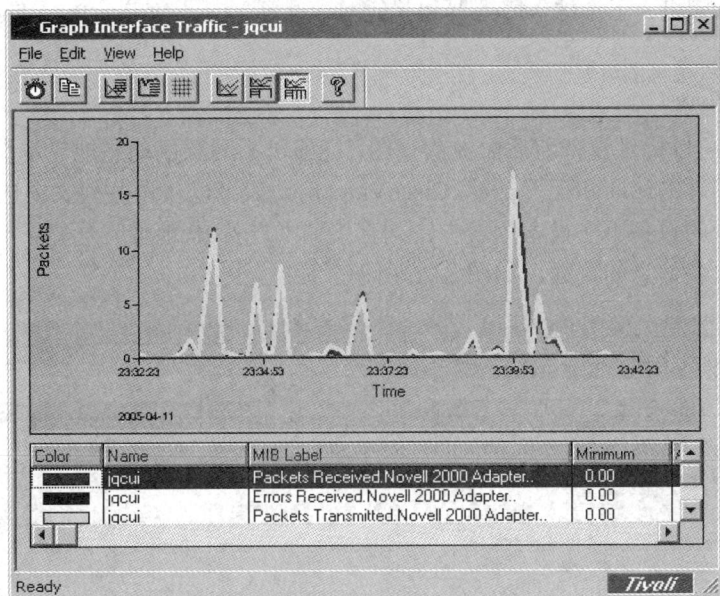

图 8-25　网络性能分析监控显示

Tivoli 数据仓库为网络性能管理提供集中的历史统计和报表分析，能够帮助管理人员从大量数据中及时发掘出可用于判断网络运行状态的数据，能够生成各种报表和图形化的分析报告。

(4) 网络设备管理。Tivoli NetView 是使用最广泛的网络管理平台之一，支持业界标准 API，能够与主要网络设备厂商的设备管理软件(如 CiscoWorks、Nortel Optivity、3com Transcend 等)方便地进行集成。

(5) 管理权限分配。NetView 可以为管理员定义不同的管理角色，不同的管理角色可以被授权管理不同地域范围的设备，没有权限管理的设备不会出现在网络拓扑视图中。

(6) Web 管理功能。NetView 通过 Web 控制台实现了分布式的网络管理。NetView Web 控制台为用户提供了一个灵活、可配置的环境，便于用户远程访问网络设备，浏览交换机的端口，检查路由器的工作状态，查看 MAC 地址等。

(7) 支持 MPLS 管理功能。NetView 7.1 支持对多协议标记交换(MPLS)设备的识别，并能对有关 MPLS 的数据进行查询，可以管理 LSR(Label Switch Routers)设备。

(8) 交换机的故障定位。IBM Tivoli Switch Analyzer 提供了第二层交换设备的发现功能，能够识别包括第二层和第三层交换设备在内的各种设备之间的关系。正确的关联分析可以区分不同的设备，无论是 IP 寻址的端口，还是第二层交换机上非 IP 寻址的端口、板卡或插件。

8.3.3　CiscoWorks for Windows

CiscoWorks for Windows 是基于 Wcb 的网络管理解决方案，主要应用于中小型企业网络，它提供了一套功能强大、价格低廉且易于使用的监控和配置工具，用于管理 Cisco 的交换机、路由器、集线器、防火墙和访问服务器等设备。使用 Ipswitch 公司的 WhatsUp Gold 工具，还可管理网络打印机、工作站、服务器和其他网络设备。CiscoWorks for Windows 中包含下列组件。

1. CiscoView

CiscoView 可以提供设备前后面板的视图，能够以不同颜色动态地显示设备状态，并提供对特定设备组件的诊断和配置功能。CiscoView 启动后可以从设备列表中选择要监视的设备。如果要监视的设备不在设备列表中，则直接输入设备 IP 地址。选择了一个设备之后，将出现有关该设备信息的页面，如图 8-26 所示。

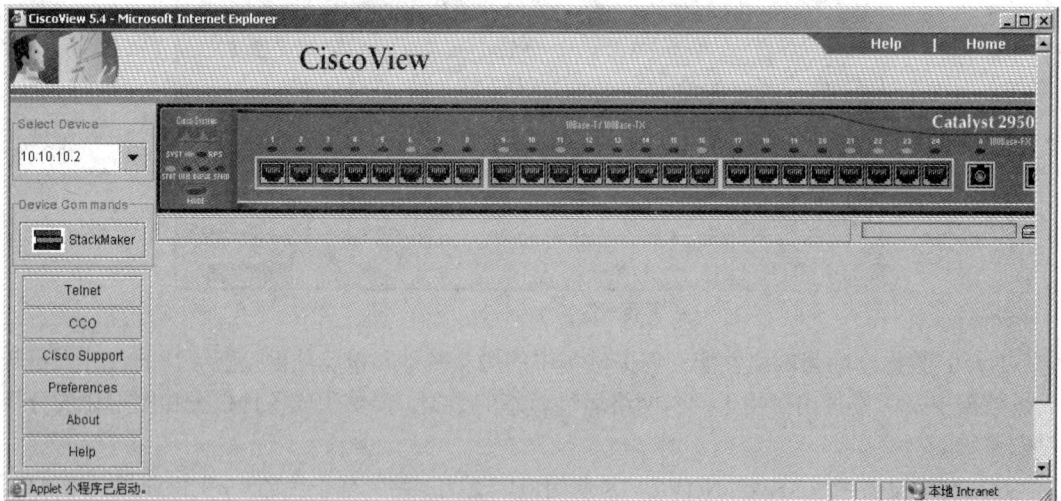

图 8-26　Cisco View 信息界面

2. WhatsUp Gold

WhatsUp Gold 是一种基于 SNMP 的图形化网络管理工具，可以通过自动或手工创建网络拓扑结构图，管理整个企业网络、支持监视多个设备，具有网络搜索、拓扑发现、性能监测和警报追踪等功能。WhatsUp Gold 用户界面如图 8-27 所示。

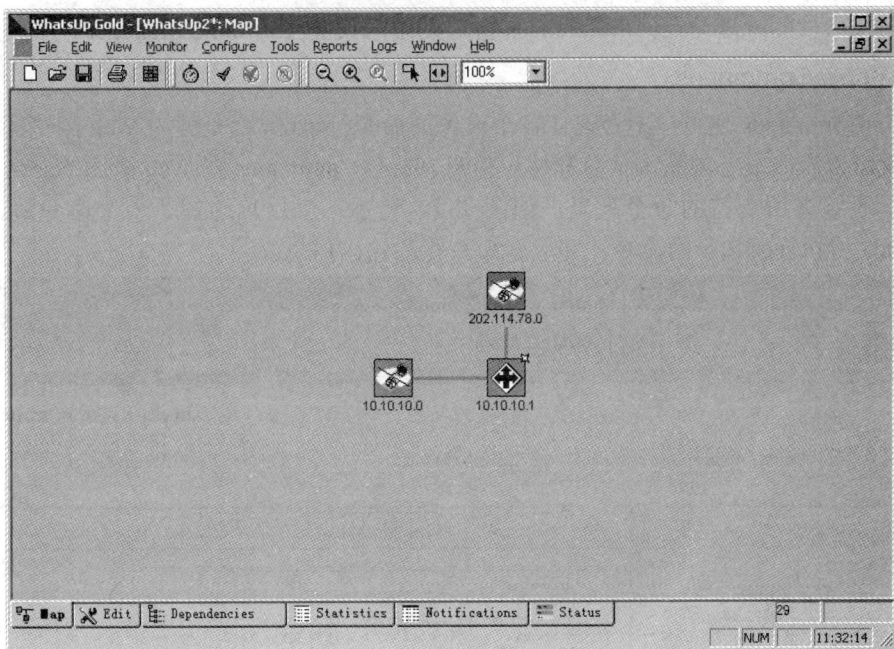

图 8-27　WhatsUp Gold 用户界面

3．Threshold Manager

Threshold Manager(门限管理器)能够在支持 RMON 的 Cisco 设备上设置门限值并提取事件信息，以增强排除网络故障的能力。使用 Threshold Manager 之前，必须建立门限模板。Cisco 公司提供了一些预定义的模板，用户也可以定义自己的模板。Threshold Manager 管理界面如图 8-28 所示。

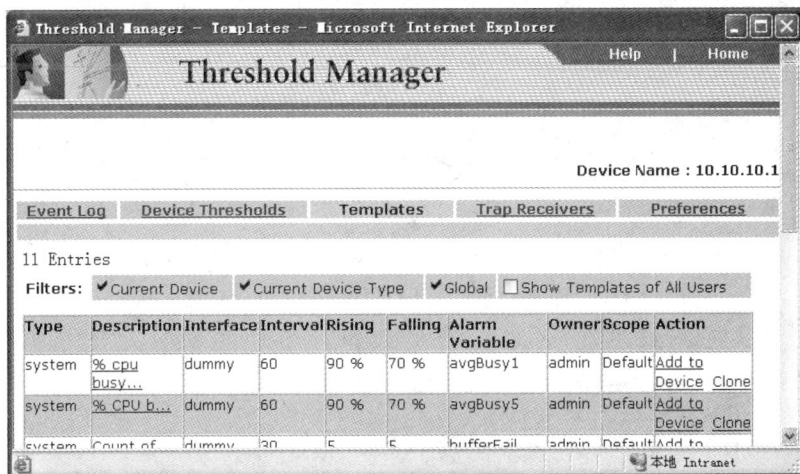

图 8-28　Threshold Manager 管理界面

在图 8-28 中，Event Log 窗口以表格的方式显示越界事件信息，并把 RMON 日志记录保存在被管理设备上；Device Thresholds 窗口用来设置和显示阈值；Templates 窗口用来显示所有默认的或用户定制的模板，也可以建立新的模板；Trap Receivers 窗口可以添加或删除接收陷入事件的管理站点；Preferences 窗口则用来设置 Threshold Manager 的属性。

4. Show Commands

　　Show Commands 使用户不必记住各个设备的命令行语法，而是使用 Web 浏览器进行简单操作就可以获取设备的系统信息和协议信息。Show Commands 在 Web 页面的左边以树形结构显示了设备所支持的命令列表，如图 8-29 所示。当用户选择了一个命令后，Show Commands 将执行所选择的命令，并显示命令行的输出信息。

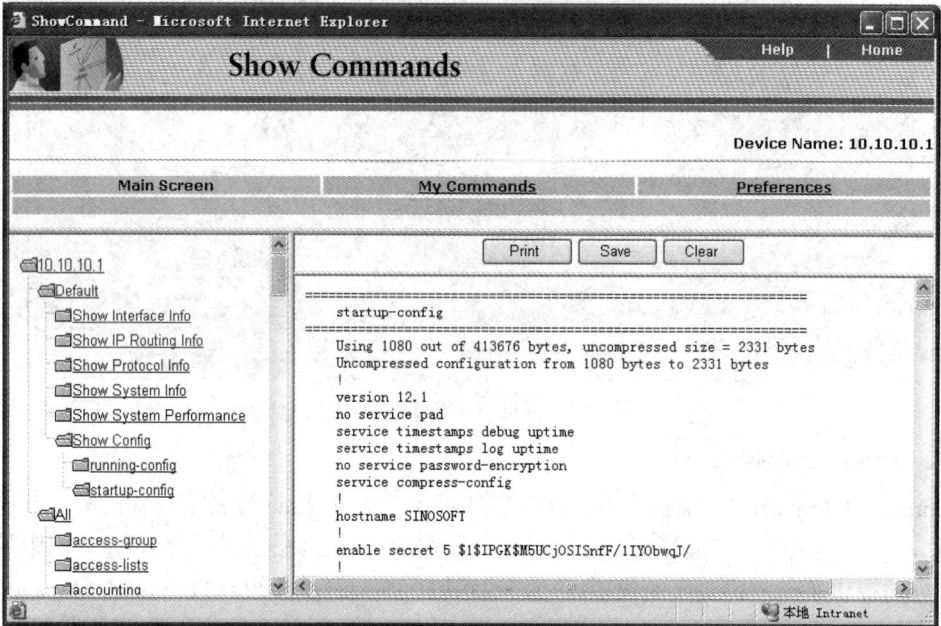

图 8-29　Show Comands 操作界面

第 9 章　网络测试与性能评价

> 网络测试是了解网络运行状态和检查网络故障的重要技术手段，是传统网络管理系统的有益补充，也是网络工程项目验收和网络设备性能评价的必要步骤。网络性能评价是在网络测试的基础上分析网络系统各种功能满足网络应用需求的程度，对网络的性能指标提供数量描述，为网络系统的建设、维护和升级提供可靠的参考数据。本章简要介绍网络测试和网络性能评价方面的基础知识。

9.1　网络测试概述

9.1.1　网络测试的基本概念

网络测试是利用测试工具检验网络设备或网络系统运行状态、获取性能参数的过程。被测试的对象可以分为网络设备和网络系统两大类。

网络设备测试是对联网设备(例如路由器、交换机、防火墙等)的功能和技术指标进行测试，在网络产品研制、质量检验和安装调试阶段需要进行这种测试。网络设备测试基本上是按照网络设备实现的协议进行的，即根据协议规范对设备施加激励，观察被测设备的外部行为。测试主要分为以下五种：

(1) 功能测试(Functional Testing)：检验网络设备是否能实现协议规范的各种功能。这种测试可分为积极测试和消极测试两种，积极测试就是积极发现网络设备的问题，从而为改进这些问题提供依据。消极测试是指利用技术手段给稳定运行的设备造成某种损伤，用以检测设备的抗损毁能力。

(2) 一致性测试(Conformance Testing)：测试协议实现与协议规范之间匹配的程度，也就是企图发现设备执行协议功能时可能出现的差错。

(3) 性能测试(Performance Testing)：测试网络设备在各种不同负载情况下表现的性能，主要有吞吐率(Throughput)、传输时延(Transit Delay)、抖动(Jitter)、数据丢失率(Data Loss Rate)等。性能测试通常被认为是一种"压力测试"，其目的是观察设备在不同负载压力下的性能表现，包括空载、正常负载和过压负载下的表现。

(4) 互操作测试(Interoperability Testing)：将设备放置在实际的网络运行环境中以测试设备与其他(不同厂家的)同类设备是否可以互联互通、互相操作。

(5) 健壮性测试(Robustness Testing)：检测网络设备在各种恶劣环境下(例如信道被切断、技术掉电、注入干扰等)运行的能力。

网络系统测试是对网络系统总体性能的测试，在网络系统验收和网络系统维护阶段需要进行这种测试。这种测试并不注重对单个网络设备的功能进行验证，而主要是对跨网络的端到端节点间的性能指标进行测试，例如测试两个远端节点间的带宽、吞吐率、单/双向延迟、延迟抖动、误码率、丢包率等。

根据测试实施的过程可以将其分为手工测试和自动化测试。手工测试就是由网管员一个一个地执行测试用例，然后观察和分析测试结果。这种测试方式效率不高。

自动化测试通过运行脚本(script)来控制测试仪表和测试设备自动执行测试用例完成测试过程。与人工通过图形界面控制测试仪表的方式不同，运行脚本测试程序的测试过程更加精准高效，测试工作更易于管理，也排除了人为因素造成测试结果的差异。当测试是一种大量重复测试或者大流量长时间测试的时候，可以考虑采用自动测试方式。这时测试人员不需要过多参与中间过程，从配置、运行到最后结果分析的全过程可以快速完成，节约大量的人工和测试时间。

9.1.2　网络测试技术的发展

在 20 世纪 90 年代之前，网络测试主要用于对网络产品性能指标的检测。随着网络技术的发展和互联网的广泛应用，在 20 世纪 90 年代初出现了功能强大的网络测试仪表和网络测试软件。在国际上，1990 年到 2003 年这段时间是网络测试技术研究和发展的黄金时期。IETF 成立了 BMWG(Benchmarking Methodology Working Group)工作组，专门从事网络设备测试基准方法的研究；IPPM(IP Performance Metrics)工作组，专门从事 IP 网络测量指标体系的研究；RTFM(Realtime Traffic Flow Measurement)工作组，专门从事实时通信流量测量体系结构的研究；还有一些工作组则从事与 QoS 相关的研究工作。AMT 论坛和 ITU 也在制定有关网络性能的测量标准。尽管如此，有些网络性能指标的定义和测量标准还处于草案阶段，有待进一步完善并建立正式的测试标准。

这一段时间内，一些仪表仪器公司都推出了自己的网络测试设备，例如 20 世纪 90 年代初美国福禄克公司(Fluke)推出了 F67x 系列网络测试仪，思博伦通信(Spirent)也推出了 SmartBits 200 测试仪。时至今日，网络测试技术领域已经形成了一些著名品牌，例如 IXIA、Spirent、Agilent、Fluke 等，网络测试市场几乎被这些测试仪表厂商所垄断。

2004 年以后，网络测试市场发展到了一个新的阶段，出现了以下几个值得注意的新动向。

1. 从三层测试向应用测试过渡

早期的网络测试侧重于单一的性能指标，而且主要集中在三层测试，例如丢包率是多少，传输延迟有多大等。可是这些测试结果与网络应用的关系有多大，对网络用户的体验有什么影响，则很难建立相应的数量关系。通常是根据简单的测试结果加上网管员的经验来判断网络中的问题,再作出试探性的管理决策的。最近十多年来,一些主要的测试设备制造商纷纷开发出新技术,推出了新产品,出现了专门从事网络测试的实验室和评估机构。随着测试手段的日趋丰富,全方位的网络性能监测系统和网络测试基础设施已经建立起来,针对网络应用(例如话音业务、Web 业务)的测试成为研究的热点。

2.从性能指标测试向用户体验测试过渡

网络服务的对象是用户,但是传统的网络性能指标却是针对网络服务供应商的。所谓带宽、误码率、资源利用率等成为运营商忽悠用户的一堆数字。由于网络应用的普及,迫使网络服务提供者展开了针对用户体验的网络测试研究工作。所谓体验质量(Quality of Experience,QoE)是指用户对设备、网络和系统、应用或业务的质量和性能的主观感受。通过 QoE 评分,运营商可以将用户对网络服务质量的综合评价结果用来优化网络。当前这方面研究的方向是如何建立三层性能指标、网络服务质量(QoS)、用户体验三者之间的数量关系。

3.从传统计算机网络测试向网络综合业务平台测试过渡

三网合一的发展趋势使得传统通信网和无线通信系统都在向 IP 基础架构靠拢,数据、话音、电视、移动 IP、3G/4G 等基础网络技术的融合形成了统一的通信平台,网络综合业务获得了"应用级"的品质。对新的网络基础架构进行完整的测试,对综合网络数据业务的流量、性能、可靠性和安全性特征进行全面的测试和描述成为一种新的技术需求,是摆在网络测试工作者面前的新课题。

4.网络安全性测试得到更多重视

历年来的重大网络病毒事件已经为人们敲响了警钟。以前网络的安全性主要是从终端的安全做起的,然后是防火墙,现在要把安全性集成进路由器了。这是很好的发展趋势,只有在网络入口设备和中转设备中都具备了安全能力,安全问题才可能得到比较彻底的解决。安全功能的转移给测试工作带来新的课题,比如安全和性能之间如何平衡等。因此,这也是一种具有挑战性的发展趋势。

9.2　网络测试标准

制定网络测试标准的组织有国际组织和国内组织,以及一些行业协会和论坛。所以网络测试标准分为国际标准、国内标准和行业标准。根据我国的实际情况,国内标准往往是参照国际标准制定的,另外,一些在国际上有影响的行业协会制定的标准也有重要的市场地位。

9.2.1　国际标准

制定网络测试标准的国际组织有国际标准化组织 ISO、国际电工委员会 IEC、国际电信联盟 ITU 和美国电气电子工程师学会 IEEE 等,然而最重要是互联网工程任务组 IETF(Internet Engineering Task Force)。IETF 成立了专门的工作组 BMWG 来研究网络测试方面的基准术语和方法，这些成果都包含在下面的 RFC 文档中。

RFC 1242 Benchmarking Terminology for Network Interconnection Devices

RFC 1944 Benchmarking Methodology for Network Interconnect Devices

RFC 2285 Benchmarking Terminology for LAN Switching Devices

RFC 2432 Terminology for IP Multicast Benchmarking

RFC 2544 Benchmarking Methodology for Network Interconnect Devices

RFC 2647 Benchmarking Terminology for Firewall Performance

RFC 2761 Terminology for ATM Benchmarking

RFC 2889 Benchmarking Methodology for LAN Switching Devices

RFC 3116 Methodology for ATM Benchmarking

RFC 3133 Terminology for Frame Relay Benchmarking

RFC 3134 Terminology for ATM ABR Benchmarking

RFC 3222 Terminology for Forwarding Information Base (FIB) based Router Performance

RFC 3511 Benchmarking Methodology for Firewall Performance

RFC 3918 Methodology for IP Multicast Benchmarking

RFC 4061 Benchmarking Basic OSPF Single Router Control Plane Convergence

RFC 4062 OSPF Benchmarking Terminology and Concepts

RFC 4063 Considerations When Using Basic OSPF Convergence Benchmarks

RFC 4098 Terminology for Benchmarking BGP Device Convergence in the Control Plane

RFC 4689 Terminology for Benchmarking Network-layer Traffic Control Mechanisms

RFC 4883 Benchmarking Terminology for Resource Reservation Capable Routers

RFC 文档适用的协议层如图 9-1 所示，其中最重要的是 RFC 1242、RFC 2544、RFC 2285 和 RFC 2889。

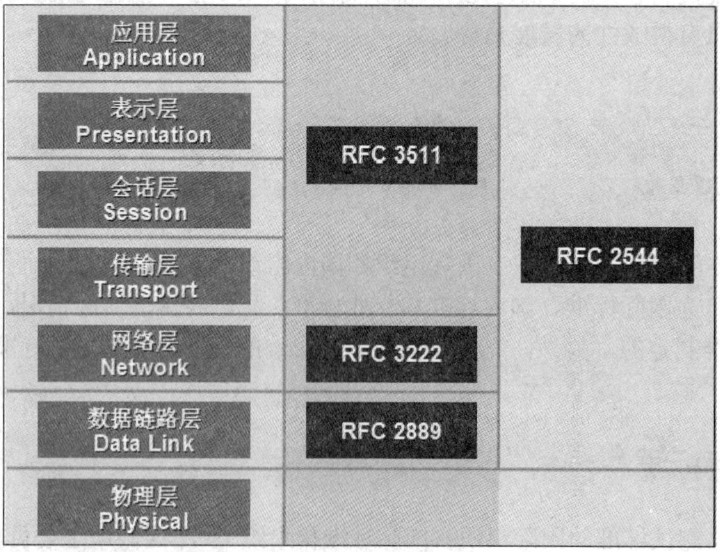

图 9-1　RFC 文档适用的协议层

1. 网络互联设备的测试标准

RFC 1242 和 RFC 2544 这两个文档定义了测试网络互联设备的基准术语和基准方法，也规定了报告测试结果的文档格式。 按照 RFC 2544 的规定，网络服务提供商和用户之间可以在同一个基准下对测试的实施和结果达成共识。

RFC 2544 标准要求对一系列帧长(64、128、256、512、768、1024、1280、1518 字节)在一定的时间内，按一定的数目进行测试。

RFC 2544 定义的应用于网络互联设备的基准测试有吞吐率(Throughput)、时延(Latency)、丢包率(Frame loss rate)、背靠背(Back-to-back frame)、系统恢复(System recovery)和重启时间(Reset)等。

1) 吞吐率

吞吐率是描述网络互联设备转发速率的性能指标。根据 RFC 1242 的定义，吞吐率是在设备不丢包的情况下能够进行转发的最大数据速率。吞吐率的度量单位可以是包/秒(p/s)，或位/秒(b/s)。对于以太网系统，绝对的最大吞吐率应该等同于其接口速率。实际上，由于不同的帧长具有不同的传输效率，这些绝对吞吐率是无法达到的。对于越小的帧由于前导码和帧间隔的原因，其传输效率就越低。例如 100 Mb/s 以太网，对于 64 字节的帧，其最大数据吞吐率是 76.19 Mb/s，每秒可传输 148809 帧。对于 1518 字节帧，则分别为 98.69 Mb/s 和 8127 帧/s。

测试时间：因为帧吞吐率测量的是恒定负载情况下设备的转发能力，如果时间太短，就不能正确反映设备的吞吐能力。通常测试持续时间应设定为 20 秒。

测试次数：为了克服随机性的影响，每一个测试案例的测试次数一般为 20 次。

2) 时延

时延通常是指一个帧从源节点到目标节点的总传输时间。这个时间包括网络节点的处理时间和在传输介质上的传播时间。一般的测试方法是发送一个带有时间戳的帧，通过网络后，在接收方将当时的时间和帧所携带的时间戳比较，从而得出延时值。考虑到时钟同步问题，一般采用将发出的帧回送到发送方进行比较，因此也称为双程延时。

设备的处理时延就是从数据帧进入设备到离开设备之间的时间间隔。有两种定义时延的方法：存储转发时延(Store and Forward Latency)是指数据帧最后一个比特到达设备输入端口的时间与该数据帧第一个比特出现在设备输出端口的时间间隔；直通交换时延(Cut Through Latency)是指数据帧第一个比特到达设备输入端口的时间与该数据帧第一个比特出现在设备输出端口的时间间隔。

测试持续时间：首先决定在各种大小不同的帧的情况下被测设备(Device Under Test, DUT)的吞吐率，然后以确定的吞吐率通过 DUT 连续发送特定大小的数据帧到指定目的地。这个发送过程至少要持续 120 秒。60 秒后对一个帧作标记，标记类型与 DUT 的类型(交换机，路由器)有关。

测试次数：根据 RFC 2544 的要求，测试必须重复至少 20 次，报告结果取其平均值，同时应对不同帧长的数据帧进行测试。

时间同步：时延测试需要比较帧接收时间和发送时间的差别，由于这个时间差的数量级很小，计时过程必须足够精确，并且要求发送方与接收方之间必须有准确的时间同步机制。

3) 丢包率

丢包率是指交换设备由于缺乏资源而丢弃的数据包占应转发的数据包的比例，在不同负荷下这个比例可能不同。测试时，网络测试仪发送测试帧的速率从传输介质的最大理论值开始，以后每次发送速率递减 10%，直到两次测试都没有丢帧为止。

测试次数：因为数据帧丢失是一个随机行为，对每一个测试案例都要重复测量多次以便获得统计数据，最后给出丢包率的平均值，测试次数可设定为 20 次。

测试帧长：针对不同长度的帧要分别测量其丢包率。

4) 背靠背

背靠背测试属于临界参数测试范畴，是向被测设备连续发送具有最小帧间隔的 N 个帧(以太网标准规定最小帧间隔为 0.096 微秒)，并且统计被测设备送出帧的个数，如果与输入帧个数相等，则增加 N 值。重复上述过程，直到被测设备送出帧个数小于输入帧个数。反之则减少发送帧数，并减少发包时间，直至没有帧丢失为止。这种测试主要用于衡量被测设备的最大存储转发能力。

测试时间：测试时间必须足够大，要保证出现丢包，对于吞吐率等于物理介质理论速率的被测设备，这种测试没有意义。

重复次数：对于每一个测试案例，测试都要重复至少 20 次，然后求出帧突发量的平均值。

5) 系统恢复

这个指标用于测试设备在超负载情况下的系统恢复能力。首先要确定设备对于不同大小帧的吞吐率，然后以最大吞吐率 1.1 倍的速率发送帧序列持续 60 秒。如果传输介质的带宽较小，则以传输介质的最大速率发送。在时间点 A 把帧速率减少 50%，记录下出现帧丢失的最后时间 B。系统恢复时间为 A–B。测试需要重复若干次，然后求其平均值。

6) 重启时间

重启时间用于测试从系统复位到恢复正常工作之间的时间。测试过程为先按最大吞吐率发送最小长度的帧，然后复位被测设备，统计复位前发出的最后一帧的时间和复位后收到的第一帧的时间的差值，即为复位测试时间。

所谓测试结构，就是测试设备与被测设备之间的连接模式。根据 RFC 2544，测试结构通常分为单机结构和双机结构。

单机结构是 RFC 2544 推荐的最理想的测试结构，它使用一台同时具有发送和接收端口的高性能测试设备(Tester)来执行测试过程，如图 9-2 所示。

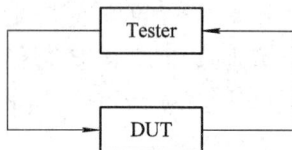

图 9-2　单机测试结构图

测试过程中，测试设备将测试数据发送到被测设备(DUT)的接收端口，数据经被测设备处理，从发送端口回到测试设备的接收端口。测试设备根据发送和接收的数据情况定量计算被测设备的性能。

双机结构是将单机结构中的测试设备分成两部分：发送端(Sender)和接收端(Receiver)，如图 9-3 所示。通常这种测试结构需要另一台设备来控制进程同步和时间同步，实现较为复杂。

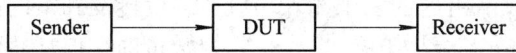

图 9-3　双机测试结构图

在 DUT 连接的介质不同的测试中，可以采用图 9-4 所示的测试结构，在这种情况下，要求测试设备必须支持被测设备所支持的各种介质类型。通过串联两个完全相同的被测设备，并用串联后的组合与测试设备组成环路来进行测试。

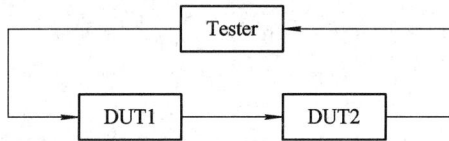

图 9-4　DUT 类型不同测试结构图

2．局域网交换设备的测试标准

RFC 2285 和 RFC 2889 这两个文档定义了局域网交换设备的基准测试术语和测试方法。其主要的测试术语有以下几种。

(1) 设备。被测试设备用 DUT(Device Under Test)表示一台被施加了负载并进行测试的设备，例如交换机和网桥。被测试系统用 SUT(System Under Test)表示一组网络设备组成的系统，作为单一实体被施加了负载并进行测试。组成被测试系统的设备可以是具有主动转发决策功能的设备，例如交换机和路由器，也可以是具有被动转发功能的设备，例如信道服务单元和数据服务单元 CSU/DSU。

(2) 流量方向。流量分为单向流量和双向流量。单向流量(Unidirectional Traffic)是指由测试设备(Tester)向被测试设备(DUT)的输入端口发射流量，经被测试设备处理后再从其输出端口送回测试设备。在这种情况下被测试设备用不同的端口处理帧的接收和发送，这种方法无法对交换机的全双工性能进行测试，所以需要双向流量(Bidirectional Traffic)。在双向流量的情况下，被测试设备的每个端口既具有接收功能又具有发送功能，从测试设备接收流量的端口也可以向测试设备回送流量。

(3) 流量分布。由 DUT/SUT 转发的流量分布模式分为非网状流量、部分网状流量和全网状流量，如图 9-5 所示。在非网状流量(Non-meshed traffic)结构中，DUT 的端口被划分为输入端口和输出端口。输入端口和输出端口被配置成一一对应的收发对，不同收发对之间不会产生流量泄漏。

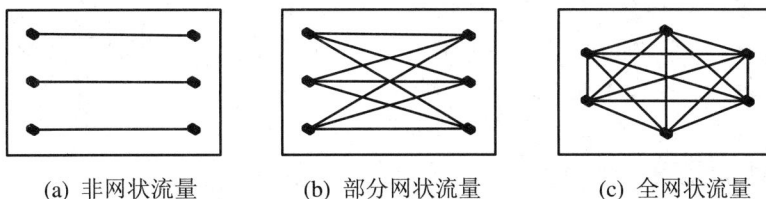

(a) 非网状流量　　　　(b) 部分网状流量　　　　(c) 全网状流量

图 9-5　三种流量分布模式

在部分网状流量(Partially meshed traffic)结构中,数据帧从 DUT 的一个或多个输入端口进入,流向一个或多个输出端口,而输入端口和输出端口被配对成互相排斥的一对多或多对一或多对多关系。也就是说,流量可以从一组内的一个输入端口进入然后转发到组内的多个输出端口,也可以从组内的多个输入端口加载后转发到组内的其他输出端口。在全网状流量(Fully meshed traffic)结构中,向一个指定数量的端口加载的流量可以被其他每一个被测试端口接收。也就是说,DUT 上每个被测试端口既可以向其他所有端口发送流量,也可以接收其他被测试端口发送的流量。这三种流量分布模式可以适应不同的测试目的。例如对一个具有 24 个快速以太网端口(FE)和 2 个千兆以太网端口(GE)的交换机来说,若要对 FE 端口进行测试,则要采用非网状流量模式,将 24 个 FE 端口配对进行测试;若要对两个 GE 端口的上下行链路的转发性能进行测试,则宜采用部分网状流量模式,将每个 GE 端口与 24 个 FE 端口组成一对多的配对进行测试;若要测试交换机的整体性能,则宜采用全网状流量模式进行测试。

(4) 突发性。这一组定义适用于 DUT/SUT 提供的单个帧或一组帧之间的时间间隔。突发性是指以最小间隔传输的帧序列。突发量是指一个突发的帧序列中包含的帧数。以太网规定了最小帧间隔。在一段时间内,以最小帧间隔发送的一定长度的帧序列形成了一个突发量。突发量的范围可以从 1 到无限大。在单向流量以及全双工端口网状双向流量中,对突发的长度没有限制。在半双工介质上,当流量是双向或者网状的时候,突发量是有限的,因为端口需要在发送功能和接收功能之间切换。在实际网络中,突发量通常随着窗口的大小而变化。所以可以通过改变窗口大小来改变突发量的大小。突发间隔(Inter-Burst Gap,IBG)是指两次突发之间的时间间隔。双向的或网状的流量本质上就是突发性的,因为端口的接收和发送功能共享同一时段。外部源以给定大小的帧提供的突发流量可以通过调整突发间隔的大小来达到规定的平均传输速率。

(5) 负载。信道或设备在单位时间内承受的通信流量称为负载(Load)。所谓期望的负载(Intended load,Iload),是指外部信源发送给 DUT/SUT 要求转发到特定端口(或一组端口)的帧/秒数。提交的负载(Offered load,Oload)是指被观察到的或测量到的由外部信源传送给 DUT/SUT 要求转发的帧/秒数。这两者可能是不一样的,因为 CSMA/CD 链路中的冲突或者控制机制会引起的拥塞,这可能影响外部信源向 DUT/SUT 发送帧的速率。所以必须区分外部信源企图让 DUT/SUT 转发的负载和实际观察到的或测量到的负载。在以太网中,外部信源必须实现截断的二进制指数后退算法,才能有效地访问传输介质。最大提交负载(Maximum Offered Load,MOL)是外部信源发送给 DUT/SUT 要求转发的最大帧/秒数。理想情况下,最大提交负载可以达到传输介质的线速率,但通常情况下,这是达不到的。过载(Overloading)是指企图以超过传输介质允许的最大速率向 DUT/SUT 加载,这会导致网络拥塞和帧的丢失。

RFC 2889 把 RFC 2544 中为网络互联设备定义的测试方法扩展到了交换设备。这个文档列出了对局域网交换设备的 10 个基准测试:

- 全网状流量下的吞吐量、丢帧率和转发率;
- 部分网状流量下一对多/多对一的吞吐量和转发率;
- 部分网状多重设备中的吞吐量和转发率;
- 部分网状单向通信中的吞吐量;

- 交换设备的拥塞控制能力；
- 端口超负荷情况下转发压力和最大转发率；
- 地址缓冲能力；
- 地址学习速率；
- 错误帧过滤能力；
- 转发广播帧时的吞吐量和延迟时间。

9.2.2 国内标准

国内与网络测试相关的组织有国家标准化管理委员会和中国通信标准化协会等。以下是原信息产业部颁布的与网络测试有关的规范性文件。

YD/T1156—2001 路由器测试规范——高端路由器

YD/T1098—2001 路由器测试规范——低端路由器

YD/T1141—2007 千兆以太网交换机测试方法

YD/T1142—2001 IP 电话网守设备技术要求及测试方法

YD/T1072—2000 IP 电话网关设备测试方法

YD/T1075—2000 网络接入服务器(NAS)测试方法

YD/T1171—2001 IP 网络技术要求——网络性能参数与指标

YD/T1251.1—2003 路由协议一致性测试方法——中间系统到中间系统路由协议(IS-IS)

YD/T1251.2—2003 路由协议一致性测试方法——开放最短路径优先协议(OSPF)

YD/T1251.3—2003 路由协议一致性测试方法——边界网关协议(BGP4)

YD/T1260—2003 基于端口的虚拟局域网(VLAN)技术要求和测试方法

YD/T1033—2000 传输性能的指标系列

YD/T1091—2000 56 kb/s 调制解调器接口及传输性能技术要求和测试方法

9.3 网络测试工具

网络测试工具可以是专门开发的网络测试软件，也可以是建立在硬件平台上的网络测试仪表。无论以硬件为主还是以软件为主，这些测试工具都能组成多功能的测试系统，进行全面的网络性能基准测试。软件测试工具的成本较低，容易安装调试，可以满足一般功能测试和一致性测试的需要，但是受用户主机的性能影响，不太适合高强度的压力测试，这种测试的结果也可能误差较大。具有专门硬件平台的网络测试仪表采用 ASIC 或 FPGA 高速电路制造，能满足高强度压力测试的要求，专门的测试公司都使用这些仪器仪表进行网络性能测试和网络分析评估。

9.3.1 网络测试仪表

国际上著名的网络测试仪器公司有 Ixia、思博伦(Spirent)、安捷伦(Agilent)和福禄克(Fluke)等。这些公司的产品几乎垄断了当前的网络测试市场。Ixia 公司成立于 1997 年，总部位于美国加州。Ixia 在融合型 IP 性能测试系统方面，在对无线和有线网络基础设施和服务的验证测试平台方面是领先的测试服务提供商。下面主要介绍 Ixia 的两个测试方案。

1. Ixia 2～7 层测试方案

这个测试方案是 Ixia IP 性能测试仪表的基本配置，包括的测试设备有以下几种：

(1) Ixia 400T：4 插槽机架，真正的 2～7 层测试平台，参见图 9-6。

(2) LM1000 STXR4：10/100/1000M 以太网测试模块，提供了完整的 2～3 层网络测试功能，支持线速 2～3 层流量生成和分析，以及高性能、可升级的路由/桥接协议仿真，参见图 9-7。

图 9-6　Ixia 400T 机架　　　　　图 9-7　LM1000 STXR4 10/100/1000M 以太网测试卡

(3) IxNetwork 软件(可选)：包括 2～3 层性能测试应用，支持流量生成和分析。IxNetwork 软件的主要功能如下：

- 主要测试路由器、交换机以及其他 L2/3 转发设备。
- 提供了灵活的定制功能，可以满足测试复杂网络的各种要求。在拓扑结构中，可以模拟上百万的路由和可到达主机。
- 可以按照用户的需求产生上百万数据流量，以测试数据平面在压力下的性能；使用强大的向导和图形用户界面中的栅格控制可以创建复杂的配置。
- 具有强大的实时分析和统计功能，可以报告全面的协议状态和每条数据流的详细流量性能。

这个测试可以实现：

- 2～3 层设备的转发性能测试；
- 2～3 层设备的功能验证测试；
- RFC 2544、RFC2889 规定的性能测试；
- 基本的路由测试以及组播相关的测试。

这种测试方案的主要特点有：

- 每个 Ixia 测试端口都可以被不同的使用者占用，使用效率高；
- 数据包的构造可以按照使用者的要求编辑和配置，灵活性好；
- 流量的发送可以按照串行或并行方式灵活定义，如图 9-8 所示；
- 可以对海量的 Flow 进行分析；
- "Capture Replay" 功能用来进行任意包类型的回放。

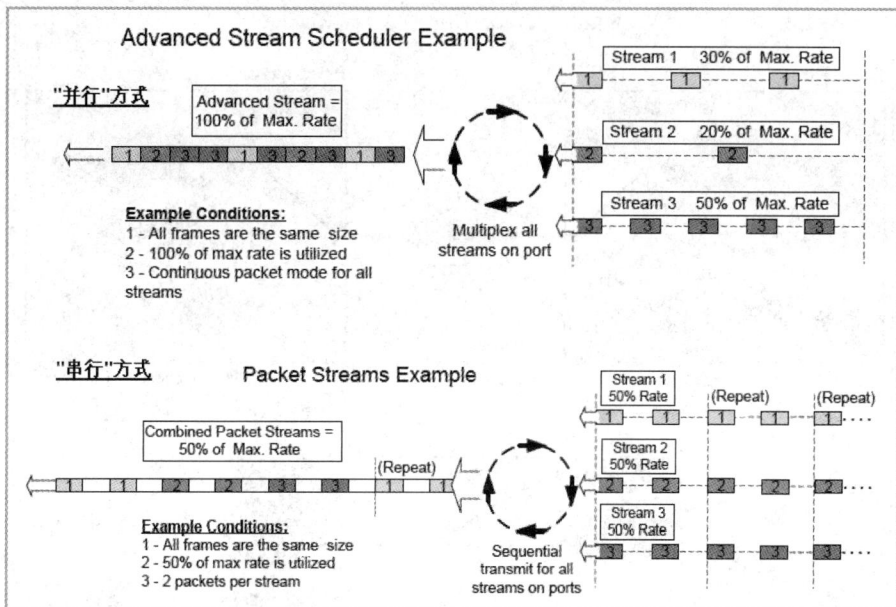

图 9-8　串行、并行流量的定义

2. Ixia 路由交换设备测试方案

路由器和交换机的测试是 2～3 层设备测试的核心，使用 Ixia 的测试方案可以方便地进行相关设备的控制层面、转发平面、业务应用相结合的一体化测试。

Ixia 支持的路由协议包括 BGP、OSPF、ISIS、RIP、L2 MPLS VPN、LDP、RSVP、IGMP v2/v3、L2TP 等各种常用的协议。

转发平面的测试设置非常灵活和方便，包括流量的全网状方式(见图 9-9)、流量的一对一方式(见图 9-10)、路由的全网状方式(见图 9-11)、路由的一对一方式(见图 9-12)。

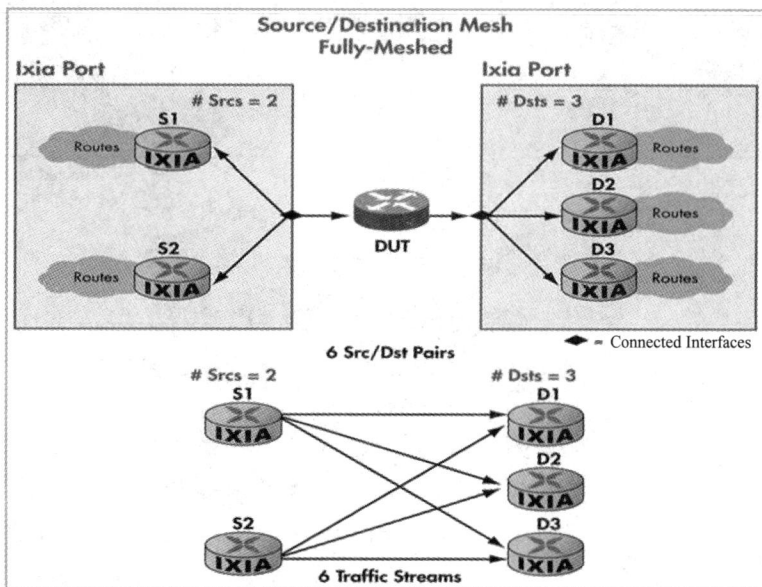

图 9-9　流量的全网状方式

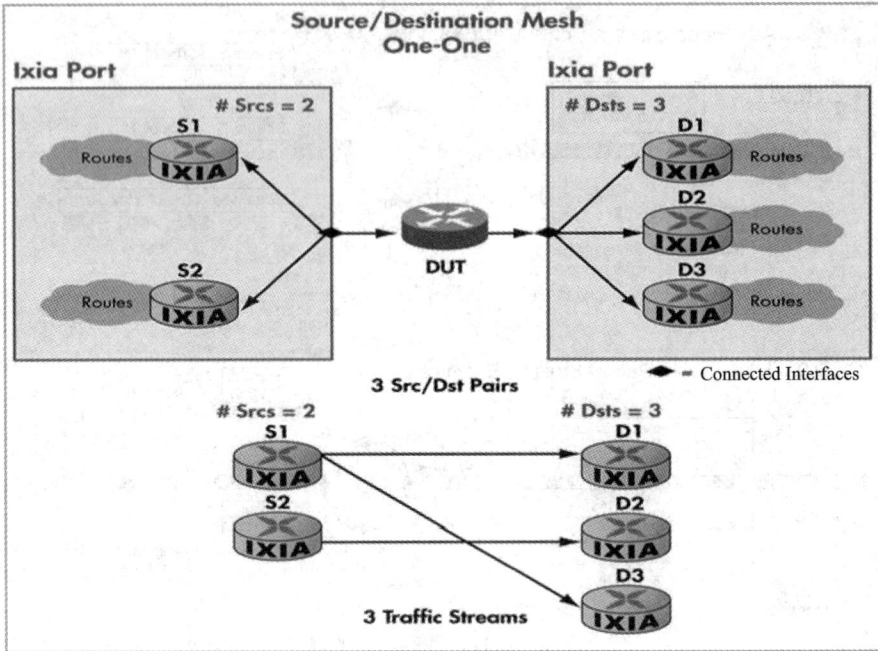

图 9-10　流量的一对一方式

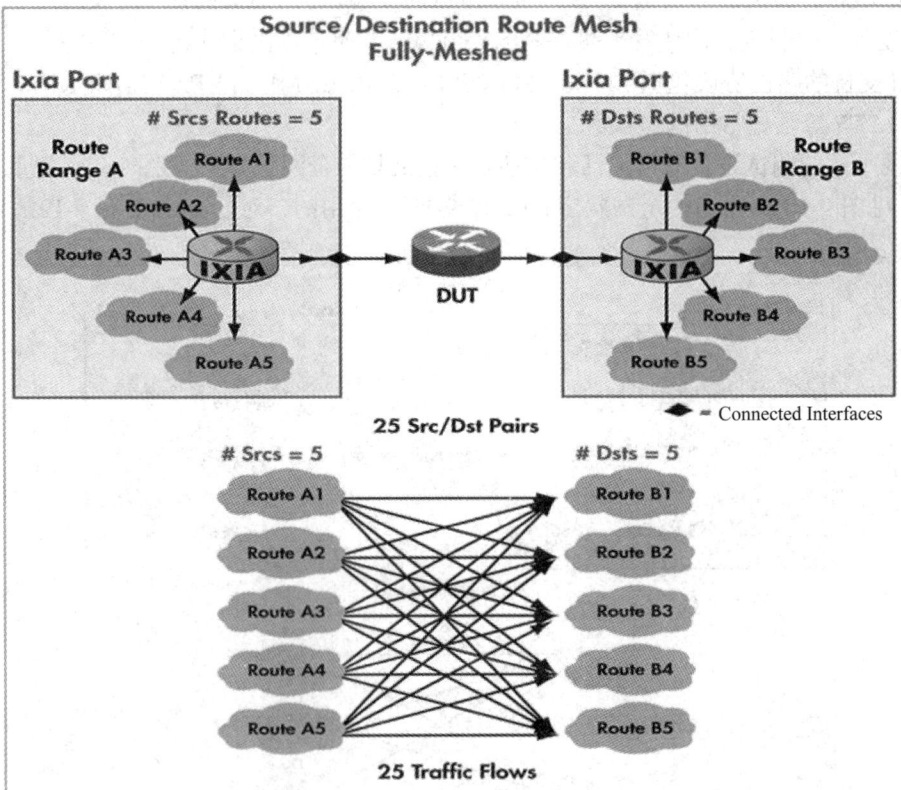

图 9-11　路由的全网状方式

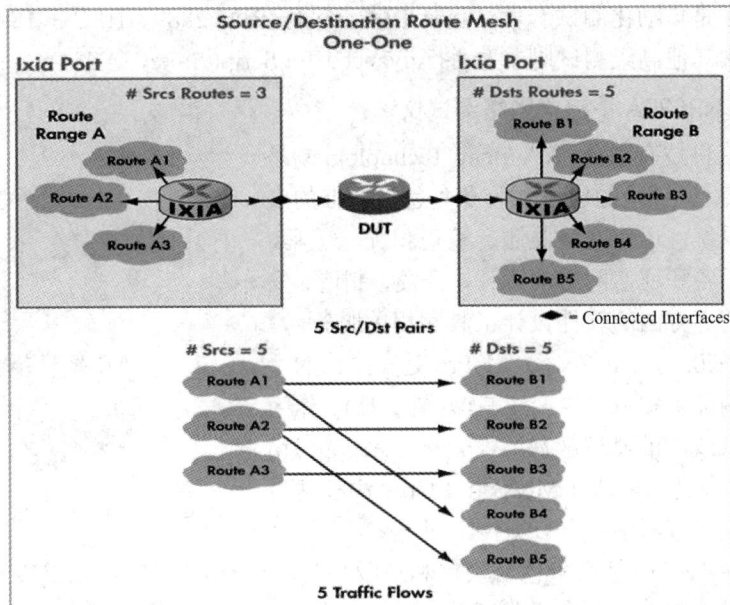

图 9-12　路由的一对一方式

其典型配置有：

Ixia 400T 或 OptIxia XM12

LM1000 STXS4-256 或 LSM1000 XMS12

IxNetwork

IxAutomate

OptIxia XM12 是 12 插槽的机架、模块化结构，支持热插拔的 2～7 层测试平台，参见图 9-13。

LSM1000 XMS12 是 Ixia 的局域网服务模块(LSM)，可实现针对 2～7 层网络和应用程序的完整测试，参见图 9-14。每个测试端口可实现 2～3 层线速数据流的生成和分析、高性能路由/桥接协议仿真，以及真实的 4～7 层应用程序数据流生成和用户仿真。每个模块都具有 12 个端口，可营造超高密度的以太网测试环境，可以是自协商的 10/100/1000 Mb/s 电口以太网，也可以是光纤传输的千兆以太网。每个 Optixia XM12 机箱均配备 12 个插槽，单个测试系统可支持 144 个千兆以太网测试端口。XMS 模块上的每个端口均含有运行 Linux 的高性能 RISC 处理器，以及经测试优化的 TCP/IP 全堆栈。该架构所提供的卓越的性能和灵活性，可用于测试路由器、交换机、宽带无线接入设备、Web 服务器、视频服务器、安全网关、防火墙及其他众多网络和应用感知设备。

图 9-13　OptIxia XM12 机架

图 9-14　LSM1000 XMS12

IxAutomate 是自动化测试套件，包括 RFC 2544、RFC 2889、RFC 3918 定义的各种基准测试，还包含其他高级测试脚本套件(Advanced Tcl Script Suite，ATSS)。

3. 安捷伦 N2620A 手持式网络测试仪

美国安捷伦科技有限公司(Agilent Technologies)是分析仪器供应商，安捷伦的电子测量业务包括标准的电子测量仪器和系统，通信网络监测、管理和优化工具，以及用于电子设备和通信网络的设计、开发、制造、安装、部署和运营等方面的软件设计工具和相关服务。

安捷伦 N2620A FrameScopeTM Pro 是安捷伦的手持式千兆以太网部署和故障诊断工具(见图 9-15)。作为一种快速高效低成本的测试解决方案，FrameScopeTM Pro 可帮助技术人员测量从 1 Mb/s 至 1 Gb/s 满线速带宽，从而加快在城域网中部署以太网的过程。

图 9-15　安捷伦 N2620A 网络测试仪

FrameScopeTM Pro 拥有彩色触摸屏和在线手册，便于用户使用。预定义的性能测试套件使技术人员只需按下一个按钮即可运行测试。

FrameScopeTM Pro 的 VoIP 测试套件在平均意见得分(MOS)和 R 因子的基础上，对 VoIP 业务进行独立于运营商的体验质量(QoE)测量，进行高效明确的验证，并使用了服务等级约定(SLA)资料，以减少故障发生，缩短在用户现场花费的时间。

FrameScopeTM Pro 的主要功能如下：

(1) 自动网络发现。FrameScope Pro 可以自动显示交换网络中的所有设备，使支持人员能够立即查看不同子网上的 IP 和 IPX 设备及其 MAC 地址、网络地址和名称。

(2) 迅速诊断和解决网络问题。用户只需点击鼠标，FrameScope Pro 就可以确定 10/100/1000 Mb/s 以太网的利用率、广播、碰撞和错误情况，或指出分配不正确的子网掩码、配置错误的服务器和重复的 IP 地址。

(3) 提供 RFC 2544 性能基准测试。FrameScope Pro 采用 RFC 2544 定义的标准化点到点测试方法，能够针对以太网测量吞吐量、时延、背靠背和帧丢失情况，测试结果可以存储在 CompactFlash 存储卡上，还可以通过远程界面查看和打印测试结果。

(4) 自动进行简化的网络服务测试，预先进行质量检查。FrameScope Pro 采用新型技术客观地测量网络应用服务器的性能，生成详细的性能指标和相关报告。这种独特的功能适合诊断问题及预先检验网络质量。

(5) 可以配置 1 Mb/s～1 Gb/s 的线路速率。FrameScope Pro 在铜缆和光纤接口上提供了 1 Gb/s 全线速的性能保证。它可以配置线路速率，使测试变得更快速、更高效。它为铜缆网络提供了 RJ45 端口，为光纤网络提供了 SFP 端口。

(6) 完整的网路诊断工具箱。从 Ping、Trace Route 到流量生成及业务详细统计分析，FrameScope Pro 提供了一系列完整的诊断工具。

9.3.2　网络测试软件

网络测试软件很多，常见的有 Iperf 和 Netperf 等。Iperf 是由美国应用网络研究国家实验室(National Laboratory for Applied Network Research，NLANR)开发的，其主要目标是为了帮助系统管理员微调网络应用程序和服务器的 TCP 参数。Netperf 是惠普公司开发的测试各种网络性能的基准工具集，适用于大多数网络类型的 TCP/UDP 端对端性能测试。这里以 Netperf 为例介绍网络测试软件的功能和使用方法。

　　Netperf 根据应用的不同可以测试批量数据传输模式或请求/应答传输模式下的网络性能参数。Netperf 的测试结果反映的是一个系统能够以多快的速度向另外一个系统发送数据，以及另外一个系统能够以多快的速度接收数据。

　　Netperf 工具以客户机/服务器方式工作。服务器端是 netserver，用于侦听来自客户端的连接请求；客户端是 netperf，用来向服务器端发起网络测试请求。在客户端和服务器端之间首先要建立控制连接，用于传递有关测试的配置信息，也传递测试结果。在控制连接建立后，客户端与服务器之间再建立一个测试连接，用于传递具体的流量模式，以便进行网络测试。Netperf 连接建立和测试过程如图 9-16 所示。

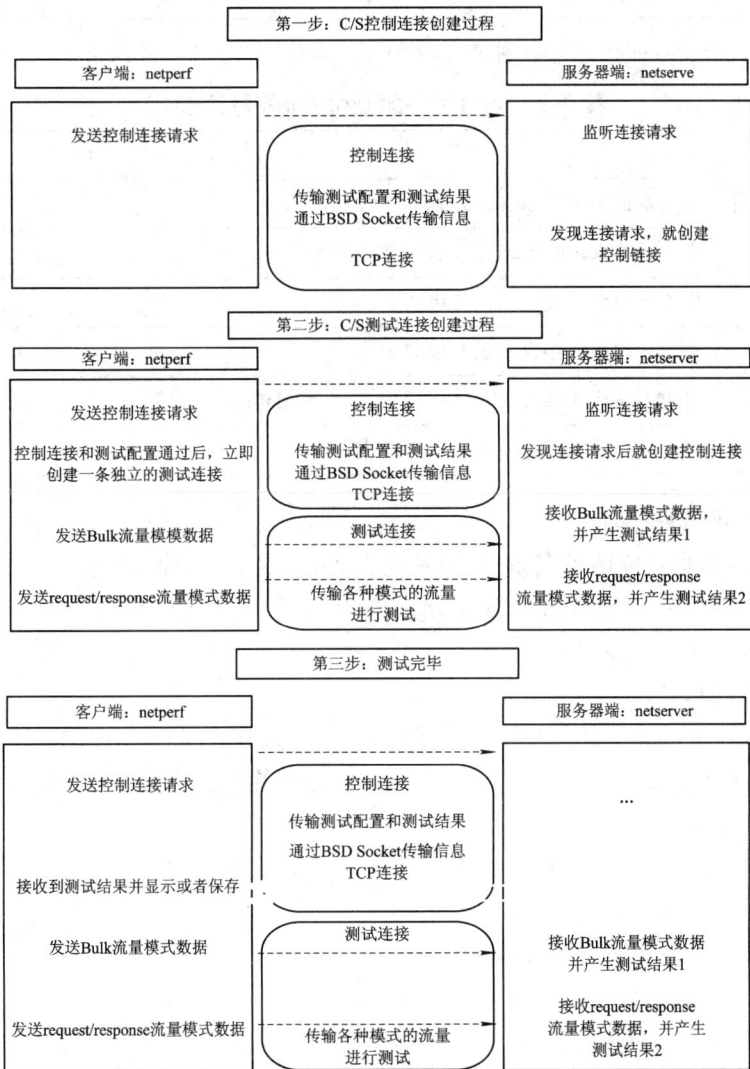

图 9-16　Netperf 连接建立和测试过程

在 Unix 系统中，Netperf 通过命令行参数来控制测试类型和测试选项，根据作用范围的不同，Netperf 的命令行参数分为全局命令行参数和测试相关的局部参数，两者之间使用"--"分隔。

Netperf 语法格式为

　　　　Netperf [global options] --[test-specific options]

其中，[global options]可选参数如表 9-1 所示。

表 9-1　[global options]可选参数

参　　数	说　　明
-H host	指定远端运行 netserver 的 server IP 地址
-l testlen	指定测试的时间长度(秒)
-t testname	指定进行的测试类型(TCP_STREAM，UDP_STREAM，TCP_RR，TCP_CRR，UDP_RR)

[test-specific options]可选参数如表 9-2 所示。

表 9-2　[test-specific options]可选参数

参　　数	说　　明
-s size	设置本地系统的 socket 发送与接收缓冲大小
-S size	设置远端系统的 socket 发送与接收缓冲大小
-m size	设置本地系统发送测试分组的大小
-M size	设置远端系统接收测试分组的大小
-D	对本地与远端系统的 socket 设置 TCP_NODELAY 选项
-r req，resp	设置 request 和 reponse 分组的大小

1．批流量的性能测试

典型的批量数据传输例子有 FTP 和其他类似的网络应用(即一次传输整个文件)。根据使用传输协议的不同，批量数据传输又分为 TCP 批量传输(TCP_STREAM)和 UDP 批量传输(UPP_STREAM)。

1) TCP_STREAM

Netperf 在默认情况下进行 TCP 批量传输，即-t TCP_STREAM。测试过程中，netperf 向 netserver 发送批量的 TCP 数据分组，以确定数据传输过程中的吞吐率：

```
#./netperf -H 192.168.0.28 -l 60

TCP STREAM TEST to 192.168.0.28

Recv    Send    Send
Socket  Socket  Message  Elapsed
Size    Size    Size     Time      Throughput
bytes   bytes   bytes    s.        10^6 b/s
87380   16384   16384    60.00     88.00
```

从 netperf 的结果输出中，知道以下的一些信息：

- 远端系统(server)使用大小为 87380 字节的 Socket 接收缓冲；
- 本地系统(client)使用大小为 16384 字节的 Socket 发送缓冲；
- 向远端系统发送的测试分组大小为 16384 字节；
- 测试经历的时间为 60 秒；
- 吞吐率的测试结果为 88 Mb/s。

在默认情况下，netperf 把发送的测试分组大小设置为本地系统所使用的 socket 发送缓冲区的大小。在 TCP_STREAM 方式下与测试相关的局部参数如表 9-3 所示。

表 9-3　在 TCP_STREAM 方式下与测试相关的局部参数

参　　数	说　　　明
-s size	设置本地系统的 Socket 发送与接收缓冲大小
-S size	设置远端系统的 Socket 发送与接收缓冲大小
-m size	设置本地系统发送测试分组的大小
-M size	设置远端系统接收测试分组的大小
-D	对本地与远端系统的 Socket 设置 TCP_NODELAY 选项

通过修改以上的参数，并观察结果的变化，可以确定是什么因素影响了连接的吞吐率。例如，如果怀疑路由器由于缺乏足够的缓冲空间，使得转发大的分组时存在问题，就可以增加测试分组(-m)的大小，以观察吞吐率的变化：

```
#./netperf -H 192.168.0.28 -l 60 --m 2048
TCP STREAM TEST to 192.168.0.28
Recv    Send    Send
Socket  Socket  Message  Elapsed
Size    Size    Size     Time     Throughput
bytes   bytes    bytes    s        10^6 b/s
87380   16384   2048     60.00    87.62
```

在这里，测试分组的大小减少到 2048 字节，而吞吐率却没有很大的变化(与前面例子中测试分组大小为 16k 字节相比)。相反，如果吞吐率有了较大的提升，则说明在网络中间的路由器确实存在缓冲区的问题。

2) UDP_STREAM

UDP_STREAM 用来测试进行 UDP 批量传输时的网络性能。需要注意的是，此时测试分组的大小不得大于 Socket 的发送与接收缓冲区大小，否则 netperf 会报出错提示：

```
#./netperf -t UDP_STREAM -H 192.168.0.28 -l 60
UDP UNIDIRECTIONAL SEND TEST to 192.168.0.28
udp_send: data send error: Message too long
```

为了避免这样的情况，可以通过命令行参数限定测试分组的大小，或者增加 socket 的发送/接收缓冲大小。UDP_STREAM 方式使用与 TCP_STREAM 方式相同的局部命令行参数，因此，这里可以使用-m 来修改测试中使用分组的大小：

```
#./netperf -t UDP_STREAM -H 192.168.0.28 -- -m 1024
UDP UNIDIRECTIONAL SEND TEST to 192.168.0.28
```

Socket	Message	Elapsed	Messages		
Size	Size	Time	Okay	Errors	Throughput
bytes	bytes	s	#	#	10^6 b/s
65535	1024	9.99	114127	0	93.55
65535		9.99	114122		93.54

　　UDP_STREAM 方式的结果中有两行测试数据，第一行显示的是本地系统的发送统计，这里的吞吐率表示 netperf 向本地 Socket 发送分组的能力。但是，UDP 是不可靠的传输协议，发送出去的分组数量不一定等于接收到的分组数量。

　　第二行显示的是远端系统接收的情况，由于 client 与 server 直接连接在一起，而且网络中没有其他流量，所以本地系统发送过去的分组几乎都被远端系统正确地接收了，远端系统的吞吐率也几乎等于本地系统的发送吞吐率。但是，在实际环境中，一般远端系统的 Socket 缓冲与本地系统的 Socket 缓冲区大小不同，所以远端系统的接收吞吐率要远远小于本地发送出去的吞吐率。

2．请求/应答流量的性能测试

　　另一类常见的网络流量是存在于客户机/服务器结构中的 Request/Response 模式。在每次交易(Transaction)中，client 向 server 发出小的查询分组，server 接收到请求，经处理后返回大的结果数据。

1）TCP_RR

　　TCP_RR 方式的测试对象是多次 TCP Request 和 Response 的交互过程，但是它们发生在同一个 TCP 连接中，这种模式常常出现在数据库应用中。数据库的客户机与服务器建立一个 TCP 连接以后，就在这个连接中进行多次交易以传递数据。

```
#./netperf -t TCP_RR -H 192.168.0.28
TCP REQUEST/RESPONSE TEST to 192.168.0.28
Local /Remote
```

Socket Size		Request	Resp.	Elapsed	Trans.
Send	Recv	Size	Size	Time	Rate
bytes	bytes	bytes	bytes	secs.	per sec
16384	87380	1	1	10.00	9502.73
16384	87380				

　　Netperf 输出的结果也是由两行组成。第一行显示本地系统的情况，第二行显示的是远端系统的信息。平均的交易速率(Transaction Rate)为 9502.73 次/秒。注意每次交易中的 Request 和 Response 分组的大小都为 1 个字节，不具有很大的实际意义。用户可以通过相关参数来改变 Request 和 Response 分组的大小，TCP_RR 方式下的参数如表 9-4 所示。

表 9-4　TCR_RR 方式下的参数

参　　数	说　　明
-s size	设置本地系统的 Socket 发送与接收缓冲大小
-S size	设置远端系统的 Socket 发送与接收缓冲大小
-r req，resp	设置 Request 和 Reponse 分组的大小
-D	对本地与远端系统的 Socket 设置 TCP_NODELAY 选项

通过使用-r 参数，可以进行更有实际意义的测试：

　　#./netperf -t TCP_RR -H 192.168.0.28 ---r 32，1024

　　TCP REQUEST/RESPONSE TEST to 192.168.0.28

　　Local /Remote

　　Socket Size　　　　Request　Resp.　　Elapsed　Trans.

　　Send　　Recv　　Size　　　Size　　　Time　　　Rate

　　bytes　　bytes　　bytes　　bytes　　secs.　　per sec

　　16384　87380　　32　　　　1024　　10.00　　4945.97

　　16384　87380

　　从结果中可以看出，由于 Request/Reponse 分组的大小增加了，导致了交易速率明显下降。相对于实际的系统，这里交易速率的计算没有充分考虑到交易过程中的应用程序处理时延，因此结果往往会高于实际情况。

　　2）TCP_CRR

　　与 TCP_RR 不同，TCP_CRR 为每次交易建立一个新的 TCP 连接。最典型的应用就是HTTP，每次 HTTP 交易是在一条单独的 TCP 连接中进行的。因此，由于需要不停地建立新的 TCP 连接，并且在交易结束后拆除 TCP 连接，交易速率一定会受到很大的影响。

　　#./netperf -t TCP_CRR -H 192.168.0.28

　　TCP Connect/Request/Response TEST to 192.168.0.28

　　Local /Remote

　　Socket Size　　　　Request　Resp.　　Elapsed　Trans.

　　Send　　Recv　　Size　　　Size　　　Time　　　Rate

　　bytes　　bytes　　bytes　　bytes　　secs.　　per sec

　　131070　131070　　1　　　　1　　　9.99　　2662.20

　　16384　87380

　　由结果可以看出，即使是使用一个字节的 Request/Response 分组，交易速率也明显地降低了，只有 2662.20 次/秒。TCP_CRR 使用与 TCP_RR 相同的局部参数。

　　3）UDP_RR

　　UDP_RR 方式使用 UDP 分组进行 Request/Response 的交易过程。由于没有 TCP 连接所带来的负担，所以推测交易速率一定会有相应的提升。

```
#./netperf -t UDP_RR -H 192.168.0.28
UDP REQUEST/RESPONSE TEST to 192.168.0.28
Local /Remote
Socket  Size   Request  Resp.  Elapsed  Trans.
Send    Recv   Size     Size   Time     Rate
bytes   bytes  bytes    bytes  secs.    per sec
65535   65535  1        1      9.99     10141.16
65535   65535
```

以上结果证实了这一推测，其交易速率为 10141.16 次/秒，高过 TCP_RR 的数值。不过，如果出现了相反的结果，即交易速率降低了，也不需要担心，这说明了在网络中，路由器或其他网络设备对 UDP 采用了与 TCP 不同的缓冲区空间和处理技术。

9.4   网络测试方法

9.4.1   网络测试和测量

1. 网络测试

网络测试(Network Test)是一个复杂的过程，至少包括以下 3 个组成部分。

(1) 测试框架配置：分析测试需求和建立测试计划、设计测试用例；配置 DUT/SUT、运行控制软件并连接控制仪表、配置端口参数、配置测试参数、配置软件界面参数(例如流量的设置，包大小的设置等)。

(2) 测试执行过程：测试场景的设定、测试执行过程的监控和调度等。

(3) 测试结果分析和报告：保存测试结果，对测试执行日志、测试需求覆盖率、测试趋势图进行分析，对测试结果中出现的问题和缺陷进行评估。

网络测试过程如图 9-17 所示。

图 9-17   网络测试过程

2. 网络测量

网络测量(Network Measurement)是指对网络通信量的测量。测量各种条件下网络通信量的类型和数量是网络测试的中心环节和技术手段。网络测量技术之所以重要，有以下几种原因：

- 网络测量是及时了解网络运行状态、发现性能瓶颈、进行网络资源动态配置和管理的主要手段。
- 网络测量是传统网络控制与管理的有益补充，是保证 QoS、实现增值服务的前提。
- 网络测量是建立网络行为模型的重要技术，为网络设备开发、网络协议设计提供参考数据。

1) 网络测量的分类

根据网络性能指标测量方法的技术特征可将其分为主动测量和被动测量。

(1) 主动测量(Active Measurement)：按照预定策略主动向运行中的网络发送探测数据包，通过分析探测数据包在传输过程中的表现，计算出所要测量的网络功能和性能指标。例如利用 ping 命令发送 ICMP 数据包测量网络的连通性和延迟时间，或者向网络发送探测流来测量网络两端点之间的可用带宽等。主动测量方法可以按照测试意图灵活地设计和实现测量过程，可以实现从 IP 到应用层面的端到端的网络通信量的测量。

(2) 被动测量(Passive Measurement)：这种方法不向网络发送探测数据包，而是按照预定策略在测量地点捕获网络流中的数据包，分析包头信息从而得到网络的性能参数。网络中的网元设备如路由器或交换机等存储了部分网络管理数据，通过对这些设备的轮询可以分析和计算出与网络性能相关的信息。例如周期性读取路由器 MIB 中的数据，可以计算出链路利用率、端口吞吐率等性能指标。有时候，捕获数据包的设备是有意安置在网络的特定位置，例如进行流量监控的设备安置在校园网入口处，可以对校园网中的通信进行流量整形和速率限制。

由于主动测量要向网络发送数据包，所以可能会影响网络的运行。在网络出现拥塞的情况下，探测数据包会使网络通信进一步恶化，造成测量结果的失真，这样得到的性能指标就没有意义了。被动测量不需要向网络发送探测数据包，不会影响网络的运行，但是这种方法难以实现网络整体性能指标的测量，例如两端点之间可用带宽的测量就无法用这种方法实现。

在网络测量实践中，趋向于采用主动测量与被动测量相结合的方法，例如通过主动测量探测网络的整体性能，而当网络运行出现问题时，则采用被动测量方法进行故障定位。在美国应用网络研究国家实验室(NLANR)中，网络测量数据被分为四类：被动采集的包头数据、主动采集的性能数据、基于 SNMP 协议收集的网元数据，以及反映网络路由状态与稳定性的数据，其中一个项目组利用放置在不同测量点的流量监测工具捕获网络流量的包头信息，对网络负载状况进行分析；另一个项目组则利用放置在各个测量点的测量探针周期性主动发送探测数据包，进行往返延迟、包丢失、网络拓扑和吞吐量的测量。NLANR把两个项目的工作结合起来，对采集的数据进行了深入的分析和研究，开发了一系列应用于数据分析的可视化工具。

2) 网络测量的方法

IPPM 工作组根据测量过程的复杂程度，将测量方法分为以下 4 类(RFC 2330)：

(1) 直接测量法：采用注入测试流量的方法直接测量一个度量参数。例如测量给定时间、给定路由、给定长度的 IP 分组的往返延迟。

(2) 预测法：从低层的测量中预测一个度量参数。例如准确测量出一条通路上每一段链路的传播延迟和带宽，就可以预测出给定长度的 IP 分组在该通路上的总延迟时间。

(3) 分解法：从一个更聚合的度量中估算出其中的成分参数。例如准确测量出一段单跳链路对不同长度的 IP 分组的延迟，就可以估算出这个链路的传播时迟。

(4) 推理法：从一组相关的其他时间的度量值来估算在某一时刻的给定的度量值。例如给出过去准确测量的流量容量，以及过去和当前准确测量的延迟时间，按照某种流量动力学模型，就可以估算出当前将会观察到的流量容量。

要实现对网络性能指标精确有效的测量，测量方法必须具有可重复性(在相同条件下多次测量的结果应该一致)、连续性(测量条件发生微小变化时测量结果的变化也很小)、稳定性(找到不稳定性与出现误差的原因，使其对测量指标的影响最小)、失真度小(测量对网络行为的影响程度要小到可忽略的程度)。

可重复性与连续性是进行网络性能指标测量的前提条件。测量方法的稳定性、测量过程的实时性是有效测量的重要保证。此外，测量方法的可操作性、灵活性、可扩展性也是进行测量方法设计时需要考虑的因素。

国际上，每年举行一次的被动和主动测量会议(Passive and Active Measurements，PAM)集中于网络测量和分析技术的研究及其实际应用。过去的工作主要是传统的第三层网络性能测量，现在则把研究范围扩展到了网络环境、联网应用、内容分发网络、线上社会网络和层叠网络中的各种测量技术。除了传统的网络性能参数外，网络安全、网络故障和网络可靠性的测试也得到越来越多的重视。

9.4.2　全网状转发测试实验

思博伦通信(Spirent Communications)是一家全球领先的通信测试仪器供应商，主要为客户提供高性能的通信测试解决方案和网络保障解决方案。Spirent TestCenter 是一款功能强大的测试管理工具，由机箱、测试模块和测试软件组成(见图 9-18)，适用于 2～7 层网络功能和性能测试，常用于测试高密度的交换机和核心路由器。

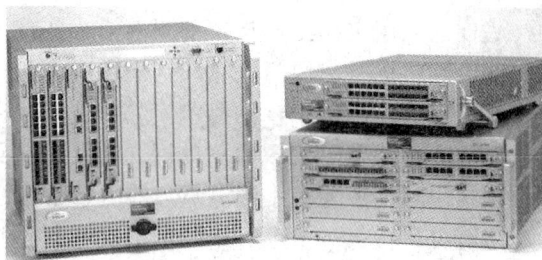

图 9-18　Spirent TestCenter

全网状转发测试测量 DUT 承受复杂通信模式时分组丢失的情况。在这个实验中，通过连续变化源和目标 MAC 地址生成全网状流量模型，迫使 DUT 连续查找地址表来完成分组转发，实验的输出结果反映了 DUT 的分组转发能力。

这个实验需要的设备如下：
- 一台包含 4 个端口的 Spirent TestCenter 机箱；
- 一台 2 层交换设备(DUT)，其默认 VLAN 中包含 4 个未标记端口；
- 一台运行 Spirent TestCenter 应用程序的计算机，与 TestCenter 建立 IP 连接。

全网状帧转发实验物理配置如图 9-19 所示，实验的逻辑映象如图 9-20 所示。

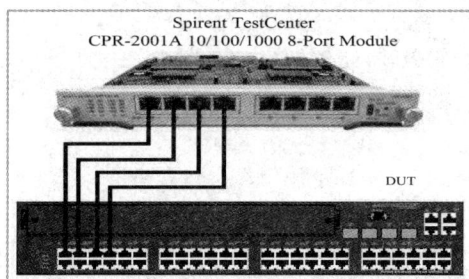

图 9-19　全网状帧转发实验物理配置

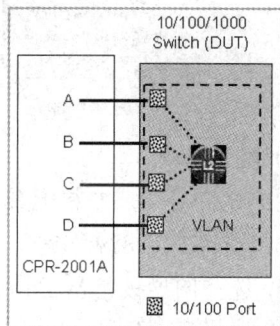

图 9-20　实验的逻辑映象

1. 建立测试环境

1) 配置端口

(1) 把计算机连接到 Spirent TestCenter Chassis，为工作站保留 4 个端口，如图 9-21 所示。

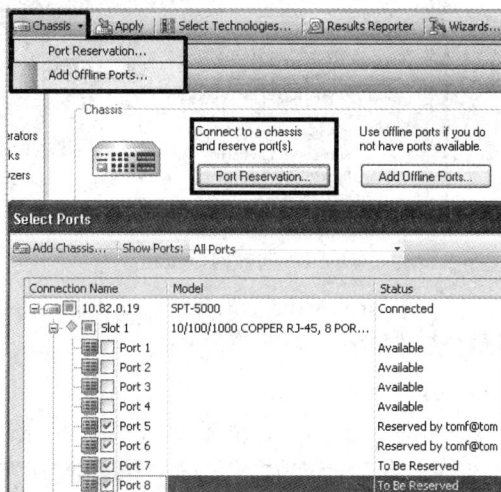

图 9-21　保留 4 个端口

(2) 选择 All Ports→Main，把端口命名为 Port A～Port D，如图 9-22 所示。

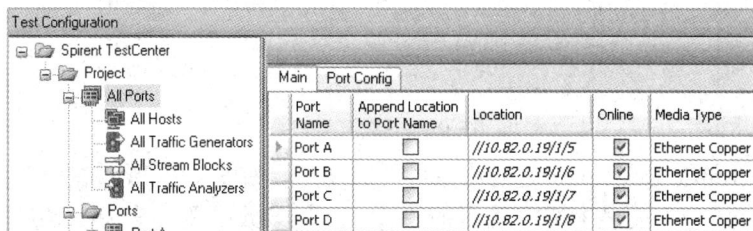

图 9-22　命名端口

(3) 选择 All Ports→PortConfig，停用 Auto Negotiation 并设置端口为 100 Mb/s、Full Duplex，如图 9-23 所示。

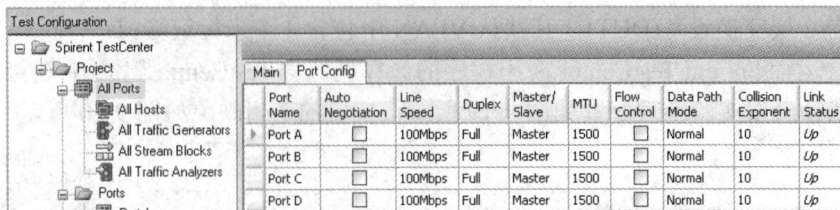

图 9-23　设置端口

2) 配置主机

用测试向导生成主机配置。

3) 运行RFC 2889向导

(1) 选择向导按钮 Wizards，如图 9-24 所示。

(2) 选择 Test Wizards→Rfc2889→Forwarding。

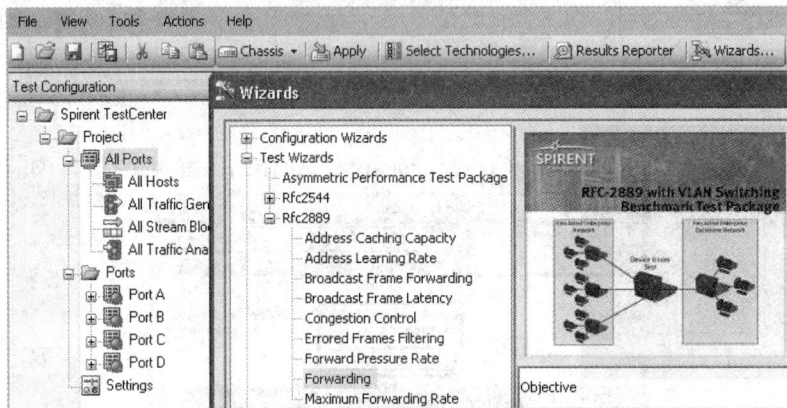

图 9-24　选择向导按钮

(3) 选择 Reset 按钮，当问题"Reset the current wizard to default values?"出现时选择 Yes。(即清除任何已有的配置参数。)

(4) 阅读显示的信息，单击 Next 按钮。

(5) 选择全部 4 个端口，如图 9-25 所示，然后单击 Next 按钮。

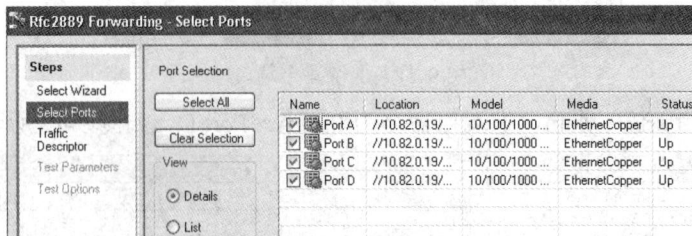

图 9-25　选择端口

流量描述(Traffic Descriptor)是对流量特性的规定，如图 9-26 所示。一个测试可以有多个流量描述，每一个描述都规定了流量的模式、地址参数以及对 Ethernet/IP 头部结构的特殊设置，这样就可以提供灵活性，但是符合 RFC 2889 的测试通常只需要一种流量描述。

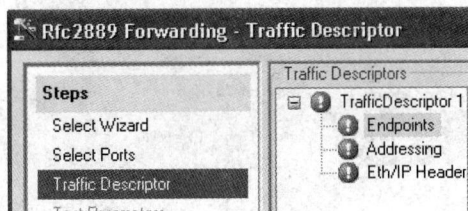

图 9-26　流量描述

（6）选择 Fully meshed，然后选择全部 4 个端口。注意 Endpoints 和 Endpoint Mapping 的选择，如图 9-27 所示。

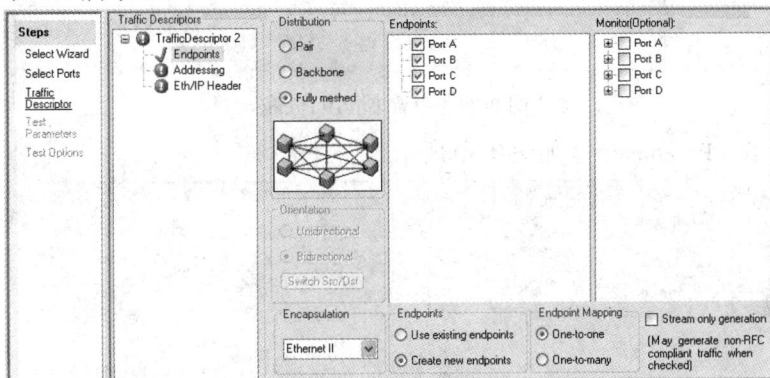

图 9-27　设置 Endpoints

（7）选择 Addressing，停用 IPv4，按照图 9-28 所示配置 MAC 地址。

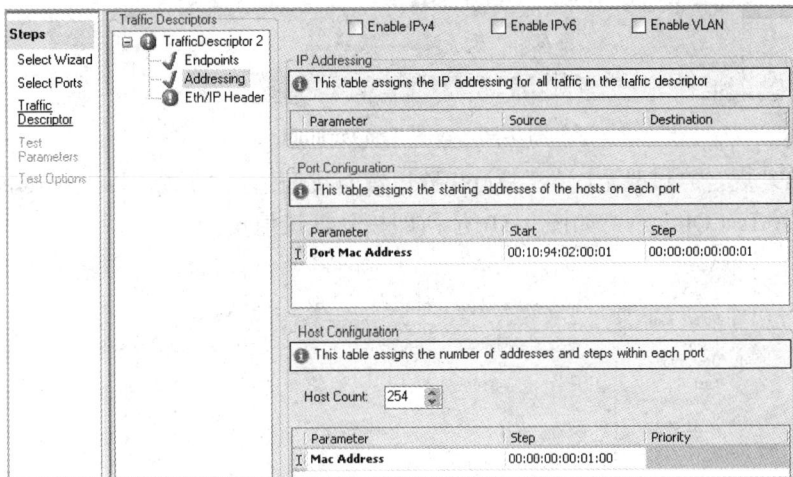

图 9-28　配置 MAC 地址

端口 MAC 地址的起始值是 00:10:94:0X:00:01，其中 X=你的工作站编号。这一步要按照图中的设置来做。对于主机配置，可以用 MAC 地址的最后两个字节来模拟 254 个主机。所以这一步要设置为 00:00:00:00:01:00。确认这样做是正确的，因为它会与其他组中的 MAC 地址冲突。

（8）加黑 Eth/IP Header，出现绿色 "√"，否则不允许选择 Next。然后选择 Next，继续下一步。

另外，在这里可以修改 Ethernet 类型，设置默认值为 IPv4，如图 9-29 所示。

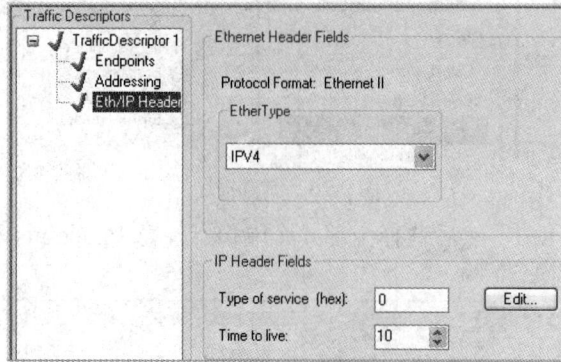

图 9-29　设置 Eth/IP Header

(9) 设置 Test Parameters，如图 9-30 所示。

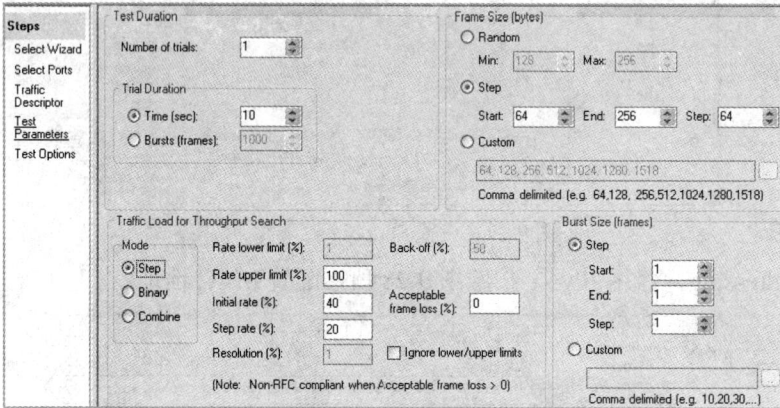

图 9-30　设置 Test Parameters

RFC 2889 规定"试验全时长"为 60 秒，然而我们选择 10 秒，以加速实验运行。

(10) 设置 Test Options，如图 9-31 所示(即接受默认值)。

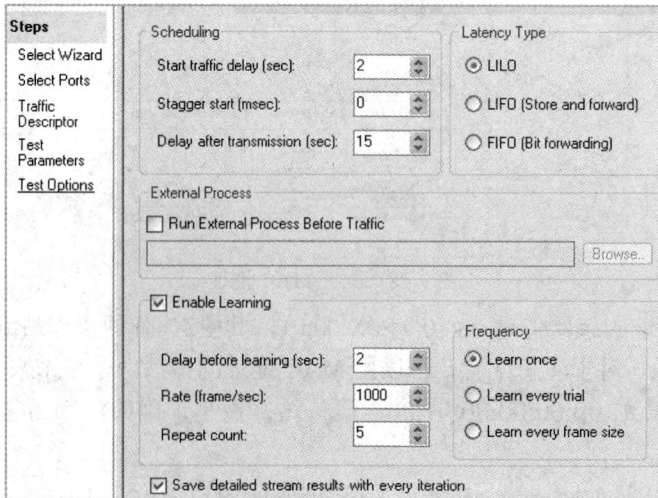

图 9-31　设置 Text Options

（11）选择 Finish，完成向导会话。

（12）注意在 Command Sequencer 中只填写一个，并且只能填写一个命令(RFC 2889: Forwarding Test)，如图 9-32 所示。双击它，看看内部会出现什么。

图 9-32　在 Command Sequencer 中填写命令

（13）存储实验 RFC2889_Full_Mesh_Lab 的配置。

2．实验运行过程

实验进行时，可以用不同的方法查看统计结果。在 Spirent TestCenter 主应用中有一个结果浏览器 Results Browser，它可以显示实时事件和速率。另外还有一个单独的结果报告器 Results Reporter，它可以显示迭代结束和实验结束束时的结果。

（1）在 Command Sequencer 窗口中选择 Start 按钮，如图 9-33 所示。

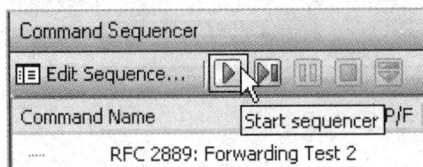

图 9-33　选择 Start 按钮

（2）选择 Yes，接受 Results Reporter Integration，如图 9-34 所示。

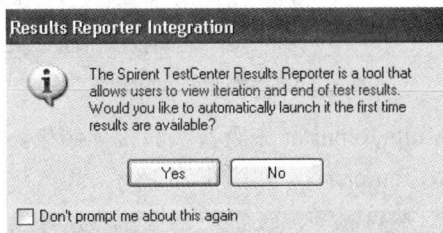

图 9-34　接受 Results Reparter Integration

（3）测试开始时查看记录，如图 9-35 所示。

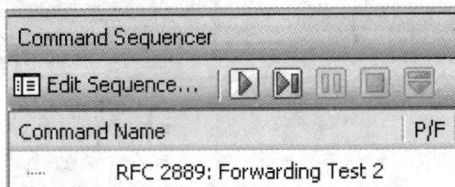

	Time	Description	Category
	3/19/2008 08:52:53 .4	Applied 0 object change(s).	Other
	3/19/2008 08:52:53 .4	Sequencer started	Sequencer
	3/19/2008 08:52:53 .5	Validating commands	Sequencer
	3/19/2008 08:52:54 .0	Running command: RFC 2889: Forwarding Test 2	Sequencer
	3/19/2008 08:52:55 .8	Applying...	Other
	3/19/2008 08:52:56 .2	Applying hardware setup related configuration...	Other
	3/19/2008 08:52:56 .3	Updating new counter mode in the hardware. Analyzer will be restarted shortly.	Other
	3/19/2008 08:52:56 .3	Analyzer on Port A is stopped	Other
	3/19/2008 08:52:56 .4	Updating new counter mode in the hardware. Analyzer will be restarted shortly.	Other

图 9-35　查看记录

(4) 在第一遍迭代结束后，显示 Results Reporter，如图 9-36 所示。

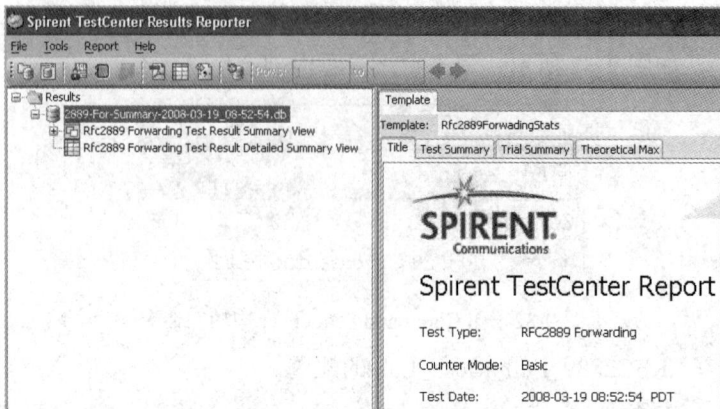

图 9-36　显示 Results Reporter

(5) 使其最小化。

(6) 实验进行时在 Results Browser 中查看实时统计结果，如图 9-37 所示。

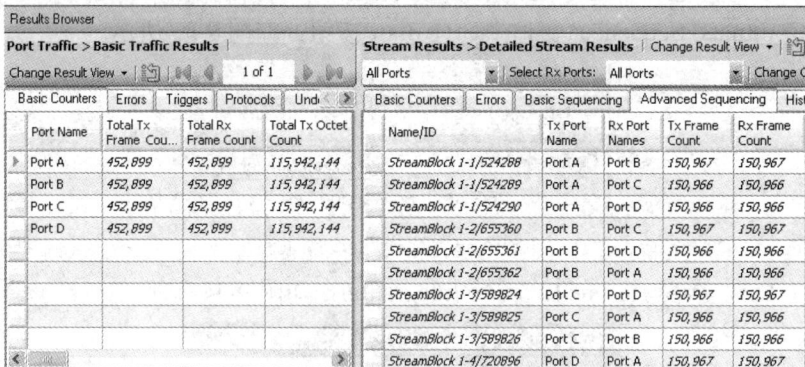

图 9-37　查看实时统计结果

(7) 实验完成后，在 Results Reporter 中查看实验统计结果。在数据库视图顶端，选择 Rfc2889ForwardingStats 模板(Template)，如图 9-38 所示。

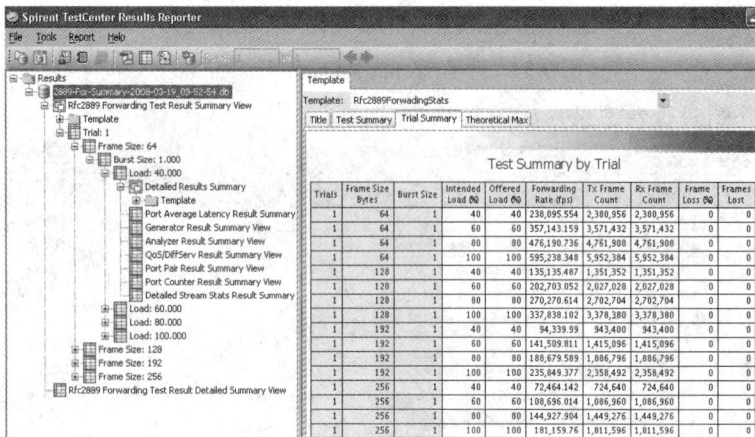

图 9-38　选择模板

(8) 可以在工具条上选择 Adobe 图标，生成一个测试实验报告，如图 9-39 所示。

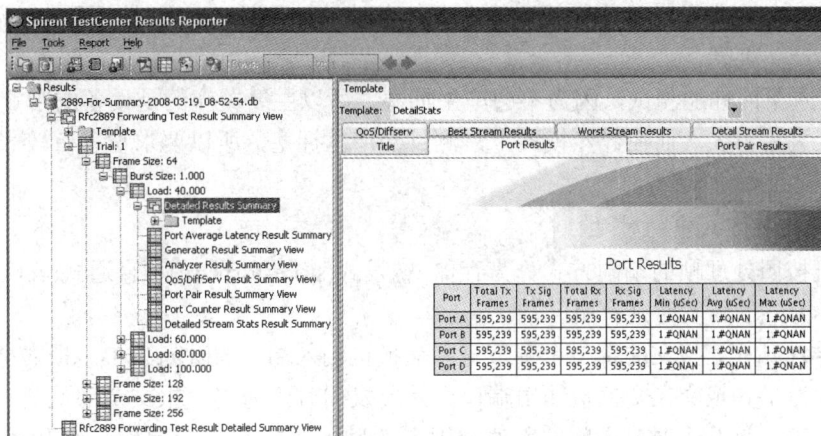

图 9-39　测试实验报告

(9) 查看其他地方，尝试发现其他测试结果。

实验完成，写出观察的结果以及发现的问题。

9.4.3　二/三层设备测试技术

二/三层设备的转发性能测试主要使用 RFC 2544 和 RFC 2889 规定的测试套件。RFC 2544 规定了一些比较基础的转发测试用例，例如吞吐量、时延、丢包率等。而 RFC 2889 还增加了一些针对以太网交换机功能的测试用例，例如 MAC 地址学习速率、广播转发延时、拥塞控制等。缓冲区性能测试是针对存储转发设备的缓冲容量的测试。因为不同产品的缓冲结构不同，所以没有 RFC 规定的测试用例和衡量标准可供参考，需要根据不同被测产品的特点、不同的应用场景和流量模型进行测试用例的设计。

对网络进行基准测试要根据测试工具的操作说明按部就班地进行，如上一小节所演示的测试过程那样。此外，进行二/三层设备测试时会遇到的一些技术性问题，这一小节会对此作一简要介绍。

1. 二/三层转发性能测试

1) 同步模式和异步模式

进行转发测试首先要选择同步模式或异步模式。在端口发送测试流量时，测试仪器要进行发包顺序的调度，以保证任意时刻每个端口只收到从另一个端口发来的报文，避免多对多测试时出现多个端口同时向一个端口发包，从而产生拥塞的情况。

以 8 个端口的全网状测试为例，图 9-40 表示在某一个时间点，每个端口发包的目标端口。在同步模式中，测试仪器严格按照图 9-40 中的设置发包，这就保证了任意一个时间点，任意端口都不会同时收到两个或两个以上端口发来的报文。

	t1	t2	t3	t4	t5	t6	t7	t8	t9
p1	p2	p3	p4	p5	p6	p7	p8	p1	p2
p2	p3	p4	p5	p6	p7	p8	p1	p2	p3
p3	p4	p5	p6	p7	p8	p1	p2	p3	p4
p4	p5	p6	p7	p8	p1	p2	p3	p4	p5
p5	p6	p7	p8	p1	p2	p3	p4	p5	p6
p6	p7	p8	p1	p2	p3	p4	p5	p6	p7
p7	p8	p1	p2	p3	p4	p5	p6	p7	p8
p8	p1	p2	p3	p4	p5	p6	p7	p8	p1

图 9-40　测试仪器发包顺序

异步模式是指测试仪器的各个端口不是严格地在同一时刻发包,而是各自按照固定的时间差(例如 64 μs)来发送。这样就可能出现某个时刻多个端口会同时向同一个端口发包的情况,从而产生拥塞。

同步模式下的性能测试,因为不会产生拥塞,所以主要关注的是设备的带宽,而和设备的缓冲区关系不大。而在异步模式下,测试会产生拥塞,所以要求设备有较大的缓冲能力,来保证达到线速转发。

2) 不同交换方式中的时延

交换机按照处理帧的不同方式分为存储-转发式(store-forward)和直通式(cut-through),这两种交换方式的转发时延有所区别。

如图 9-41 所示,报文的第一个字节进入交换机输入端口的时刻为 T_1,报文全部进入交换机的时刻为 T_2,报文在交换机输出端口开始转发的时刻为 T_3,报文全部从交换机转发出去的时刻为 T_4。这几个时刻之间的差值分别定义为 Δ_1、Δ_2 和 Δ_3。显然,Δ_1 和 Δ_3 的大小与报文长度有关。

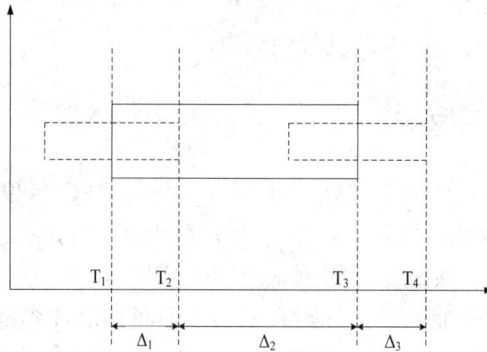

图 9-41　单个报文的转发时延

工作在存储转发模式的交换机在转发之前必须接收完整个报文,并且进行差错校验,如果没有错误再发往目标地址,所以报文需要全部进入缓存后再转发。也就是说,报文的整个转发流程中有一部分时间是在缓存中的调度时间 Δ_2。

工作于直通方式的交换机只要检查到报文头中所包含的目标地址就立即进行转发,无需等待报文全部被接收,也不进行差错校验,所以不存在缓存中的调度时间 Δ_2。

根据如上转发特征,定义了以下几种转发时延类型。

• LILO(Last In/Last Out):指从帧的最后一个比特进入设备端口,到帧的最后一个比特从设备端口转发出去之间的时间间隔,即报文的转发时延为 $T_4-T_2=\Delta_2+\Delta_3$。

• LIFO(Last In/First Out):指从帧的最后一个比特进入设备端口,到帧的第一个比特从设备端口开始转发之间的时间间隔。即 $T_3-T_2=\Delta_2$。这段时间是交换机完全接收到报文后,进行表项查找、缓冲区调度、再开始转发所需要的时间。存储-转发交换机使用这个时间来衡量时延。可以看出,这种时延计算方式不受转发报文大小的影响。

• FIFO(First In/First Out):指从帧的第一个比特进入设备端口,到帧的第一个比特从设备端口开始转发之间的时间间隔。即 $T_3-T_1=\Delta_1+\Delta_2$。在直通方式下,只要报文头到达交换机即开始转发，报文不被缓存，也就没有 Δ_2 的时延。所以直通交换机采用这种时延计算方式。这种时延不受转发报文大小的影响。

3) 互联网混合数据包测试

一般情况下要采用不同长度的报文进行转发性能测试。在测试存储-转发式设备时，尤其在异步模式下，随着报文长度的增加，每个报文占用的缓冲增多，缓冲区的调度时间增长，测试产生的拥塞增加了缓冲区的负担。经常会发现，随着报文长度的增加，检测到的延时越来越大。对于某些设备，当测试 5k 以上的超长帧(Jumbo Frame)时，吞吐量甚至达不到 100%。更极端的情况是混合包长的转发性能测试，也就是互联网混合数据包测试(Internet mix，Imix)。这种测试的流量是由大小不同的报文按照一定的比例混合组成的。通过测试发现，按照混合帧构造流量的测试结果，会比以超长帧(例如一个报文 9k)构造流量的测试结果还差。这是为什么呢？

因为设备转发不同大小的报文时所使用的时间差别很大。例如一个 1518 字节的报文转发时间约等于 24 个 64 字节报文的转发时间。当交换机端口转发一个大字节数报文的过程中，可能会有多个不同字节大小的报文也要从这个端口转发出去，这就产生了严重的拥塞，从而导致丢包。所以在混合帧的情况下，对缓冲区调度的要求更高。

4) 二/三层转发丢包的原因

在性能测试过程中，经常会遇到非设备性能因素导致的丢包，对测试产生困扰。这里简单介绍几种原因：

(1) 测试套件报告 FCS 错误：一般是因为某根网线、光纤或某个模块出现故障。解决办法是更换网线、光纤或模块。

(2) 小字节不丢包，大字节丢包：这是因为大字节占用缓冲区资源更多。所以这种情况一般是长帧造成的资源不足引起的，可以通过改变缓冲区设置来优化测试结果。

(3) 大字节不丢包，小字节丢包：这种情况一般是由描述符资源限制引起的。部分芯片会为每个报文在其输入端口分配一个报文描述符，相同流量情况下，小字节占用的报文描述符更多。

(4) MAC HASH 冲突：在二层性能测试中，如果使用大量 MAC 地址测试，可能会出现少量 MAC 地址不能被芯片学习到的情况，导致部分流量以广播方式发送，并造成丢包。这时应先测试设备的 MAC HASH 能力，然后调整 MAC 地址的数量。

(5) 聚合端口 HASH 不均匀造成丢包：一般情况下，在多芯片或者堆叠环境中，芯片之间的级联端口(或者堆叠设备之间的堆叠链路)都会使用多个高速链路的聚合方式来实现。在 HASH 算法不能保证绝对平均的情况下，会产生某条高速链路 HASH 到的流量速率过大，从而导致丢包。

2．缓冲区性能测试

1) 缓冲区简介

缓冲区是设备端口可以使用的一部分存储空间，用于暂时存储出现拥塞时的报文。缓冲区分为专用缓冲区和共享缓冲区两种。专用缓冲区是每个端口独占的一块缓冲区，仅供本地端口使用，如图 9-42(a)所示。每个端口的专用缓冲区按照一定比例分配给各个转发队列使用。共享缓冲区是一块提供给所有端口使用的公共缓冲区，每个端口在自己的专用缓冲区耗尽后可以抢占共享缓冲区，如图 9-42(b)所示。当然，每个端口可以抢占的共享缓冲区是有上限的。

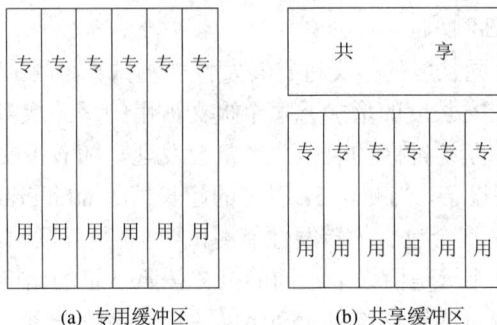

(a) 专用缓冲区　　　　　(b) 共享缓冲区

图 9-42　专用和共享缓冲区

　　不同转发设备的缓冲区结构不同。有些设备的所有缓冲区都是专用的，按照一定比例分给各个端口；有些设备是专用加共享的方式，并且可以通过命令行进行调整，这种缓冲方式保证了每个端口的每个队列都有流量分配，不会出现有的端口/队列的流量太大而有的端口/队列流量很少、甚至没有流量的情况，而且满足了部分端口和队列的突发流量需要抢占缓冲区的需求。

　　在转发性能测试中，一般使用恒定速率的转发流量。而在实际应用中，很多情况下是 TCP 流量。TCP 协议使用滑动窗口机制发包，可以认为 TCP 流量模型是连续的突发式流量。

　　每一组突发式流量都是以网卡的线速度连续发送的若干个报文，一般情况下报文数目由 TCP 滑动窗口的大小决定，长度为 1480 字节。每发出去一组突发流量，发送端都会根据接收端的应答来调整下一组突发流量开始发送的时间，以及包含的报文数量。这也意味着，即使是两条同为 300 Mb/s 的 TCP 流量同时从同一个 GE 端口发出，如果两条流量的某一部分重合，就有可能产生拥塞。

　　拥塞会引起丢包和时延增加。这些都可能导致 TCP 重传和滑动窗口减小，进一步导致 TCP 速率降低和链路利用率减小。所以，在高带宽应用的网络中(例如数据中心)，对于设备缓冲能力的衡量就成了很重要的指标。

　　缓冲区的测试可以从两个方面进行：一方面是设备可用缓冲区的大小，缓冲区越大，设备缓存报文的能力越强，在拥塞情况下，越不容易丢包；另一方面是报文转发的时延和抖动，经过缓存后报文的时延肯定增加。但是同一条流量的时延抖动应该在可接受范围内，否则也会导致 TCP 的有效速率降低。

　　2) 单端口最大可用缓冲区测试

　　这个测试的目的是检验设备上单个端口发生拥塞时可以使用的最大缓冲区。其思路是使用一个线速发包的端口，发送若干突发式报文。如果不丢包，则增大突发报文的数量继续测试；如果丢包，则减少突发报文的数量，直到得到设备单端口缓冲区的极限值。

　　具体测试方法：假设三个端口 P1、P2、P3 参与测试，P1 向 P3 线速发送持续流量，P2 向 P3 以线速突发 N 个报文，观察是否有丢包，如果有则降低 N 值，否则提高 N 值。直到测试出两条流量都不丢包情况下 N 的最大值。则 N×报文物理长度基本等于该设备单端口最大可用缓冲区值。同时记录此时两条流的时延和抖动。

考虑到不同设备内部对报文的缓存方式不同，所以一般会遍历不同包长的情况。不同队列的缓冲区设置也可能不同，所以也要遍历不同的队列长度进行测试。

3) 满端口缓冲区测试

这个测试的目的是发现整机缓冲区的大小。在所有端口都线速发包的情况下，给每一个端口都突发若干报文，通过是否丢包来调整突发报文的数目，找到设备整机缓冲区的极限值。

这就要求设备上的所有端口都要参与测试。保留一个高速端口 P_n 用于发送突发流量，其他所有端口进行持续的 100% 吞吐量的全网状测试。即通过 P_n 向其他所有端口以线速突发 N 个单播报文。与单端口测试相同，要得到一个所有流量都不丢包情况下的最大 N 值。N×报文物理大小基本等于设备的整机缓冲区大小，同时要记录所有流量的时延和抖动。

该测试同样要考虑遍历不同大小的报文和不同的队列长度。

4) 线头拥塞测试

线头阻塞测试(Head of Line Blocking)的本意是要验证队列的首个分组由于它的目标端口正忙而被延迟转发，导致后面的分组被阻塞。这里的 HOLB 测试是要验证设备上某一个端口产生拥塞后，是否会影响其他端口的转发。如果各个端口共享一块缓冲区的话，就相当于各个端口的转发分组排成了一个队列。

假设 4 个端口(P1、P2、P3、P4)参与测试，P1 向 P2 持续线速发送流量，P3 使用 50% 的带宽向 P2 持续发送流量，同时使用剩下的 50% 带宽持续向 P4 发送流量。这时 P2 会因为超线速而产生拥塞丢包。需要验证的是：P3 到 P4 的流量没有丢包，同时该流量的时延和抖动正常。

对这个测试的扩展是，将设备上所有端口都分成 4 个一组，同时进行相同的 HOLB 测试，验证所有的 P3 到 P4 的流量没有丢包，而且时延和抖动正常。

5) N+1 突发测试

这个测试应用于共享缓冲区的设备，可以测试设备上的共享缓冲区大小，还可以测试发生拥塞之后，设备缓冲区调度机制是如何调整的。

突发测试方法如图 9-43 所示，设备的每四个端口分为一组，第一组中 P1 向 P2 打入线速流量，P3 向 P2 打入突发流量，P4 为监控端口。其他端口也是四个一组，流量配置与第一组相同。先测试只有一组端口的情况下，得到所有流量不丢包的最大突发值 N；然后增加为两组端口同时测试，得到 N1 和 N2；再增加到三组端口同时测试，得到 N1、N2、N3。随着组数的增加，测试得到的总缓冲区值(N1+N2+N3+…)会越来越大。直到组数增加到某一个值后，得到的总缓冲区值不再增大。此时大约等于整机的共享缓冲区值。

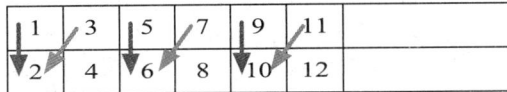

图 9-43 N+1 突发测试

当得到整机的缓冲区后，在相同的流量模型下，每一组的 P3，都打入 N+1 个报文的突发流量。这时设备缓冲区刚好超过临界值，因为不同设备的调度策略不同，可能会有不同的测试结果。

测试结果一：设备因为输出端口缓冲资源用尽，只丢弃这多出来的一帧。测试结果是每一组都只丢弃了多出来的一帧。

测试结果二：设备为了防止发生拥塞端口长时间占用太多资源，会触发一种惩罚机制，动态地减小该端口/队列可以抢占的资源上限。从而使得测试结果显示每一组流量的丢包数都大于 1。

6) 用 TCP 流量进行拥塞测试

要得到设备在实际环境中的缓冲区性能，就要用真实的 TCP 流量进行测试。通过能够以100%吞吐量发送 TCP 流量的 L4～L7 协议仿真测试板卡，可以进行如图 9-44 所示的测试。

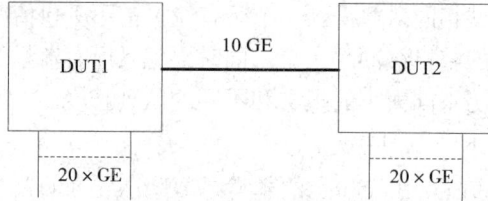

图 9-44 拥塞环境下的 TCP 流量测试

测试思路如下：两个设备通过 10 GE 高速链路互联，每个设备上还要连接若干个测试仪器端口。每个设备的端口为一组，两组之间使用有效带宽较大的 FTP 协议，互相以主干流量发送 TCP 包。每一组端口的物理带宽之和，要超过高速互联端口的带宽。图 9-44 中的高速互联端口为 10 GE，每个设备上选择 20 个 GE 端口互相发送 FTP 流量。

在固定长度时间内(如 5 分钟)进行测试。测试完成之后，计算两组端口之间传输的 FTP 报文的总大小，然后算出总的平均速率 V(需换算为报文的物理层速率)。测试结果如下：

(1) 如果设备的缓冲区性能足够，那么 V 应该接近 10 GE，互联链路的带宽利用率为100%。否则会导致 TCP 的重传，以及滑动窗口调整，互联链路的利用率下降，V 小于 10 GE。

(2) 如果 V 约等于 10 GE，则增加两个设备上的测试仪器端口数目，再次测试。

(3) 如果 V 明显小于 10 GE，则降低两个设备上的测试仪器端口数目，再次测试。

最终得到一组数据体现出在不同端口数目的情况下(也就是不同程度拥塞的情况下)，设备的有效带宽利用率。

3．路由器性能测试

测试路由器的目的是验证路由器的功能特性和性能指标，发现路由器的性能限制，了解路由器在不同负载下的行为特性，确认路由器的可靠性、安全性和协议实现的一致性。同时也可以分析各种路由器产品的优势和劣势，确定不同体系结构的路由器对功能和性能的影响，确定路由器是否能够处理突发流量，是否能够提供需要的服务质量等。路由器测试主要有以下几种分类。

(1) 功能测试：验证路由器的各种功能是否正常。路由器的功能可分为以下几类。

• 接口功能：路由器接口可以分为局域网接口和广域网接口。局域网接口主要包括以太网、令牌环网、令牌总线网、FDDI 等接口。广域网接口主要包括 E1/T1、E3/T3、DS3 和通用串口(可连接 X.21、V.35、RS232、RS449、EIA530 接口)等。

• 通信协议功能：路由器处理的通信协议包括 TCP/IP、PPP、X.25、帧中继等。

• 数据包转发功能：按照路由表内容在各端口之间转发数据包并改写帧头信息。

• 路由信息维护功能：运行路由协议并维护路由表。

- 管理控制功能：包括 SNMP 代理、Telnet 服务器、本地管理、远端监控和 RMON 功能。
- 安全功能：路由器可以完成数据包过滤、地址转换、访问控制、数据加密、防火墙过滤以及地址分配等功能。

路由器必须支持最小功能集规定的各种功能。由于绝大多数功能测试可以由接口测试、性能测试、协议一致性测试和网管测试所涵盖，所以路由器功能测试一般只是对其他测试无法涵盖的功能作验证性测试。

(2) 性能测试：按照 RFC 2544 测试基准，要测试路由器的吞吐量、时延、丢包率、背靠背帧数、系统恢复时间和系统复位时间等。此外还要增加路由器特有的性能测试，例如路由表容量、路由协议收敛时间等指标的测试。

在测试 RFC 2544 规定的指标时应当考虑下列因素。

- 帧格式：建议按照 RFC 2544 规定的帧格式进行测试。
- 帧长：从最小帧长到 MTU 顺序递增进行测试，例如在以太网上采用 64、128、256、512、1024、1280、1518 字节的帧长进行测试。
- 认证接收帧：排除收到的非测试帧，例如控制帧、路由更新帧等。
- 广播帧：验证广播帧对路由器性能的影响，上述测试后在测试帧中夹杂 1%的广播帧再测试。
- 管理帧：验证管理帧对路由器性能的影响，上述测试后在测试帧中夹杂每秒一个管理帧再测试。
- 路由更新：测试路由更新(即下一跳端口改变)对性能的影响。
- 过滤器：测试设置过滤器对路由器性能的影响，建议设置 25 个过滤条件进行测试。
- 协议地址：测试路由器随机收到 256 个网络中的地址时对性能的影响。
- 双向流量：测试路由器端口双向收发数据对性能的影响。
- 多端口测试：考虑流量全连接分布或非全连接分布对性能的影响。
- 多协议测试：考虑路由器同时处理多种协议时对性能的影响。
- 混合包长：除过按照 RFC 2544 的要求、应用各种不同包长帧进行测试外，还应该按照实际网络中各种包长的不同分布进行混合包测试，例如在以太网接口上可采用 60 字节包 50%、128 字节包 10%、256 字节包 15%、512 字节包 10%、1500 字节包 15%进行混合包测试。

除上述 RFC 2544 建议的测试基准外还可增加下列测试内容。

- 路由振荡：路由振荡对路由器转发能力影响很大。路由振荡程度即每秒更新路由的数量可以依据网络条件而定。路由更新协议可采用 BGP。
- 路由表容量：测试路由表大小。骨干网路由器通常运行 BGP，路由表包含全球路由。一般来说要求超过 10 万条路由，建议采用 BGP 输入导出路由计数来测试。
- 时钟同步：在包含相应端口、例如 POS(Packet over SONET/SDH)口的路由器上测试内部时钟精度以及同步能力。
- 协议收敛时间：测试路由变化通知到全网所用的时间。该指标虽然与路由器单机性能有关，但是一般只能在网络上进行测试，而且会因配置改变而变化。可以在网络配置完成后通过检查该指标来衡量全网性能。测试时间应当根据具体项目以及测试目标而定。一般认为测试时间应当介于 60 秒到 300 秒之间。可以根据用户要求和测试目标作出设定选择。

(3) 一致性测试：路由器测试通常采用远端测试法，其中控制观察点(PCO)由两个先入先出(FIFO)队列组成，其功能类似于一对输入输出端口，向队列一端发送命令，从同一队列另一端接收应答信号。测试系统通过 PCO 与被测试设备接口，并通过不同的 PCO 来控制和观察的不同的测试事件。按照测试应答是否遵守规范(定时关系和数据匹配限制)，测试的结果可区分为测试通过、失败和无结果 3 种。

协议一致性测试应当测试路由器所实现的各个通信层次的各种协议。由于测试内容繁多且测试复杂，在测试中可以选择重要的协议以及所关心的内容进行测试。骨干网路由器可能会影响全球路由，所以应特别重视路由协议(例如 OSPF 和 BGP)一致性的测试。通常一致性测试只能选择有限测试实例，无法涵盖所有协议的全部内容，即使通过测试也不能保证实现了协议的全部功能，所以最好的办法是在实际环境中试运行。

(4) 互操作测试：由于各种通信协议非常复杂且拥有众多选项，实现同一协议的路由器并不能保证互通和互操作。而且一致性测试能力有限，即使通过一致性测试也要对设备进行互操作测试。这种测试实际上是将一致性测试中所用的仪表替换成需要与之互通和互操作的设备，选择一些重要且典型的互联配置方式，观察两设备是否能正常工作，以达到预期的效果。

(5) 稳定性和可靠性测试：由于大多数路由器需要每天 24 小时、每周 7 天连续工作，作为 Internet 核心设备的骨干，路由器的稳定性和可靠性尤其重要。路由器的稳定性和可靠性很难测试，一般可以通过两种途径得到可靠性结果，一是厂家通过关键部件的可靠性以及冗余程度计算系统可靠性；二是用户或厂家通过大量相同产品使用中的故障率统计产品的稳定性和可靠性。

(6) 网管测试：由于路由器是互联网的核心设备，所以必须测试路由器对网管的支持程度。如果路由器附带网管软件，就可以通过网管软件来检查其配置管理、安全管理、性能管理、记账管理、故障管理、拓扑管理和视图管理等功能。如果路由器不附带网管软件，则应当测试路由器对 SNMP 协议实现的一致性以及对 MIB 实现的程度。由于路由器需要实现的 MIB 非常多，每个 MIB 都包含大量内容，很难对 MIB 实现完全测试。一般可以通过抽查重要的 MIB 项来检查路由器对 MIB 的实现情况。

9.5　网络性能评价

9.5.1　网络设备的技术参数

网络性能评价的参考数据就是网络设备的技术参数。在了解网络设备技术参数的基础上，再利用网络测试工具根据 RFC 文档定义的测试基准对网络性能作出评价，这就是网络管理人员所从事的工程方法。

常用的联网设备有集线器、交换机、路由器、防火墙、服务器等。这里主要介绍交换机和路由器的技术参数。

1. 交换机的技术参数

传统的交换机根据 MAC 地址进行帧转发，称为二层交换机。所谓三层交换机就是汇聚了路由器的功能，还可以根据 IP 地址进行帧转发。三层交换机通常都是千兆或者万兆交换机，交换速度快，价格高，用做局域网的主交换机，并成为网络系统的核心。

交换机的端口类型有下面几种：

• 双绞线端口：双绞线端口主要有 100 Mb/s 和 1000 Mb/s 两种。百兆端口可连接工作站，千兆端口一般用于级联。

• 光纤端口：SC 端口(Subscriber Connector)是一种光纤端口，可提供千兆比特数据传输速率，通常用于连接服务器的光纤网卡。这种端口以"100 b FX"标注。交换机的光纤端口一般都是一发一收两个，光纤跳线也必须是 2 根，否则端口间无法进行全双工通信。

• GBIC 端口：交换机上的 GBIC 插槽(Slot)用于安装吉比特端口转换器(Giga Bit-rate Interface Converter)。GBIC 模块是将千兆位电信号转换为光信号的热插拔器件，分为用于级联的 GBIC 模块和用于堆叠的 GBIC 模块。用于级联的 GBIC 模块又分为适用于多模光纤(MMF)或单模光纤(SMF)等不同类型。

• SFP 端口：小型机架可插拔设备 SFP(Small Form-factor Pluggable)是 GBIC 的升级版本，其功能基本和 GBIC 一致，但体积减少一半，可以在相同的面板上配置更多的端口。有时也称 SFP 模块为小型化 GBIC(MINI-GBIC)模块。

• 10 GE 插槽：这种端口速度最快、价格也最贵，主要用于实现重点业务的汇聚层与核心层的互联。10GE 模块主要有 7 种型号：适用于多模光纤的 10Gbase-LX4 和 10GBase-SR；适用于单模光纤的 10Gbase-LR、10Gbase-ER 和 10GBase-ZR；以及适用于铜缆的 10GBase-CX4 和 10GBase-T。

按交换方式划分，交换机可以分为以下 3 种类型：

• 存储转发交换(Store and Forward)：交换机对输入数据包先进行缓存、验证、碎片过滤，然后再转发。这种交换方式延时大，但是可以提供差错校验，并支持不同速度输入/输出端口间的交换(非对称交换)，是交换机的主流工作方式。

• 直通交换(Cut-through)：类似于采用交叉矩阵的电话交换机，直通交换机在其输入端口扫描到目标地址后立即开始转发。这种交换方式的优点是延迟小、交换速度快。其缺点是没有检错能力，不能实现非对称交换，并且当交换机的端口数量增加时，交换矩阵实现起来也比较困难。

• 碎片过滤式交换(Fragment Free)：这是介于直通式和存储转发式之间的一种解决方案。交换机在开始转发前先检查数据包的长度是否够 64 个字节，如果小于 64 字节，则认为是冲突碎片而丢弃之；如果大于等于 64 字节(包含了目标地址等头部信息)则立即转发。这种转发方式的处理速度介于前两者之间，被广泛应用于中低档交换机中。

采用直通交换方式的交换机的延时是固定的，因为直通交换机不管数据包的整体大小，只根据目标地址来决定转发方向，所以它的延时是固定的。采用存储转发技术的交换机由于必须要接收完整个数据包后才开始转发，所以数据包大，则延时大；数据包小，则延时小。

有的交换机是固定端口交换机，提供有限数量的固定类型端口，一般都具有 24 个 10M/100M 的端口。另外一种是模块化交换机，这种交换机的机箱中预留了一定数量的插槽，用户可以根据网络扩充的需要选择不同类型的端口模块。这种交换机具有更大的可扩充性。

固定配置不带扩展槽的交换机仅支持一种网络类型，固定配置带扩展槽的交换机和机架式模块化交换机可支持一种以上的网络类型，例如以太网、快速以太网、千兆以太网、ATM 网、令牌环网及 FDDI 等。一台交换机所支持的网络类型越多，可扩展性就越强。机架插槽数是指机架式交换机所能安插的最大模块数，扩展槽数是指固定配置带扩展槽的交换机所能安插的最大模块数。

有的交换机是堆叠型交换机，这种交换机具有专门的堆叠端口，用堆叠电缆把一台交换机的 UP 口连接到另一台交换机的 DOWN 口，以实现端口数量的扩充。一般交换机能够堆叠 4～9 层，所有交换机可以当做一台交换机来统一管理。

非堆叠型交换机没有堆叠端口，但是可以通过级联方式扩充。级联方式使用以太网端口(FE 端口、GE 端口、或 10GE 端口)进行层次间互联，可以通过统一的网管平台实现对全网设备的管理。为了保证网络运行的效率，级联层数一般不超过 4 层。

按管理方式划分，交换机可划分为网管型交换机和非网管型交换机。网管型交换机支持 SNMP、RMON 和管理信息库 MIB-II，可以指定 IP 地址，实现远程配置、监视和管理。非网管型交换机不支持 SNMP 等网管协议，只能根据 MAC 地址交换，无法进行功能配置和管理。还有一种是智能型交换机，这种交换机支持基于 Web 的图形化管理界面和管理信息库，无需使用复杂的命令行管理方式，配置和维护比较容易。更重要的是智能型交换机不仅仅能转发数据分组，而且提供 QoS、VPN、用户认证管理以及多媒体传输等复杂的应用功能。

复杂的大型局域网通常被组织成分层结构，被分解为多个层次的小型网络，每一层的交换设备分别实现不同的任务。分层的局域网络设计如图 9-45 所示。

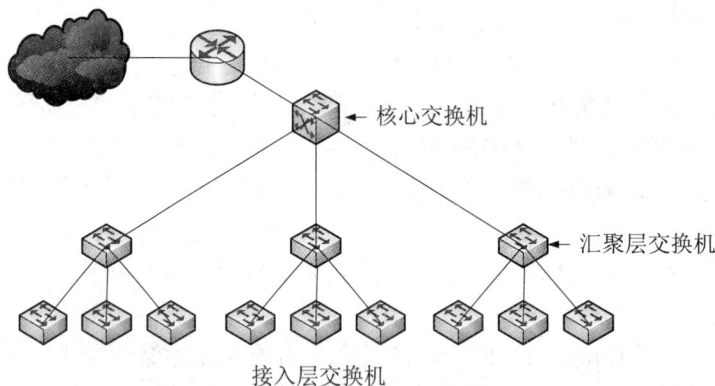

图 9-45　分层的局域网络设计

接入层实现用户的访问控制，是工作站连接网络的入口。接入层交换机应该以低成本提供高密度的接入端口。例如 Cisco Catalyst 2950 系列交换机可以提供 12 或 24 个快速以太网端口，适合中小型企业网络使用。

汇聚层将网络划分为多个广播/组播域，可以实现 VLAN 间的路由选择，并通过访问控制列表实现分组过滤。汇聚层交换机的端口数量和交换速率不要求很高，但应提供第三层交换功能，同时提供先进的服务质量(QoS)和速度限制，以及安全访问控制列表、组播管理和高性能的 IP 路由。

核心层应采用可扩展的高性能交换机组成园区网的主干线路，提供链路冗余、路由冗余、VLAN 中继、负载均衡等功能，并且与汇聚层交换机具有兼容的技术，支持相同的协议。

交换机的传输模式分为半双工和全双工模式。半双工(half-duplex)是指发送和接收不能同时进行，在一段时间内只能有一个动作发生。早期的集线器是半双工产品，随着技术进步，半双工方式逐渐被淘汰。全双工(full-duplex)交换机在发送数据的同时也能接收数据，两者同步进行。全双工传输需要使用两对双绞线或两根光纤，一般双绞线端口和光纤端口都支持全双工传输模式。所谓全双工/半双工自适应是在以上两种方式之间可以自动切换。1000Base-TX 支持自适应，而 1000Base-SX、1000Base-LX、1000Base-LH 和 1000Base-ZX 均不支持自适应，不同速率和传输模式的光纤端口间无法进行通信，因而要求相互连接的光纤端口必须具有完全相同的传输速率和传输模式，否则将导致连通故障。

交换机把数据包先存储在内存缓冲区(Memory 缓冲区)中，然后再进行转发。内存缓冲区的大小和管理方法与交换机的转发延迟和丢包率有关。内存缓冲区分为基于端口的内存缓冲和共享内存缓冲两种。

基于端口的内存缓冲：为每个端口建立一个缓冲队列，队列中的分组按照先进先出的顺序被转发到目标端口。如果排在队列前头的分组由于目标端口忙而必须等待，则队列中的其他分组都将被延迟发送。

共享内存缓冲：所有等待发送的分组存储在公共内存缓冲区中。分配给各个端口的内存大小由每个端口的需求决定。交换机维护分组与目标端口的映射，当目标端口可用时把分组转发到目标端口去，并清除该映射。这种管理方式增强了交换机应付突发通信的能力，在高档交换机中应用较多。

另外，不同的缓冲区调度算法，例如 RED、WRED 等对各种不同的业务会有不同的影响。

交换机的包转发速率也称端口吞吐率，是指交换机进行数据包转发的能力，单位为 p/s(package per second)。包转发速率是以单位时间内发送 64 字节数据包的个数作为计算基准的。对于千兆以太网来说，计算方法如下：

$$1000 \text{ Mb/s} \div 8 \text{ bit} \div (64 + 8 + 12)\text{byte} = 1\ 488\ 095 \text{ p/s}$$

当以太网帧为 64 字节时，需考虑 8 字节的帧头和 12 字节的帧间隙开销。据此，整个交换机包转发速率的计算方法如下：

$$\text{包转发率} = \text{千兆端口数量} \times 1.488 \text{ Mp/s} + \text{百兆端口数量} \times 0.1488 \text{ Mp/s}$$
$$+ \text{其余类型端口数} \times \text{相应计算方法}$$

交换机的背板带宽是指交换机端口处理器和数据总线之间单位时间内所能传输的最大数据量。背板带宽标志了交换机总的交换能力，单位为 Gb/s。一般交换机的背板带宽为从几个 Gb/s 到几百个 Gb/s。交换机所有端口能提供的总带宽的计算公式为

$$\text{总带宽} = \text{端口数} \times \text{端口速率} \times 2 \text{ (全双工模式)}$$

如果总带宽小于标称背板带宽，那么可以认为背板带宽是线速的。例如 Catalyst 6500 系列交换机的背板带宽可扩展到 256 Gb/s，包转发速率可扩展到 150 Mp/s。

交换机可以识别网络节点的 MAC 地址，并把它放到 MAC 地址表中。MAC 地址表存放在交换机的缓存中，当需要向目标地址发送数据时，交换机就在 MAC 地址表中查找相

应 MAC 地址的节点位置，然后直接向这个位置的节点转发。MAC 地址数是指交换机的 MAC 地址表中可以存储的 MAC 地址数量。不同档次的交换机端口所能够支持的 MAC 地址数量不同。在交换机的每个端口，都需要足够的缓存来记忆这些 MAC 地址，所以缓存容量的大小决定了交换机所能记忆的 MAC 地址数。

一个 VLAN 是一个独立的广播域，划分 VLAN 可有效地防止广播风暴。由于 VLAN 基于逻辑连接而不是物理连接，因此配置十分灵活。在第三层交换功能的基础上，VLAN 之间也可以通信。最大 VLAN 数量反映了一台交换机所能支持的最大 VLAN 数目。目前交换机 VLAN 表项数都在 1024 以上，可以满足一般企业的需要。

链路聚合也叫端口聚合，这种功能是把 2 个、3 个或者 4 个千兆链路捆绑在一起，使链路带宽成倍增长，让交换机之间、交换机与服务器之间的链路带宽具有可伸缩性。链路聚合技术可以实现不同端口之间的负载均衡，同时也能够互为备份，支持链路冗余性。在这种千兆以太网交换机中，最多可以支持 4 组链路聚合，每组中最大 4 个端口。链路聚合一般不允许跨芯片设置。生成树协议和链路聚合结合起来保证了网络的冗余性。在一个网络中设置冗余链路，并用生成树协议让备份链路阻塞，在逻辑上不会形成环路，而一旦出现故障，就启用备份链路。

交换机支持的以太网协议参见表 9-5。

表 9-5　交换机支持的以太网协议

标　准	说　明	规　范
IEEE802.3i	以太网 10BASE-T 规范	两对 UTP，RJ-45 连接器，传输距离 100 m
IEEE802.3u	快速以太网物理层规范	100BASE-TX：两对 5 类 UTP；支持 10 Mb/s、100 Mb/ps 自动协商 100BASE-T4：四对 3 类 UTP； 100BASE-FX：光纤
IEEE 802.3z	千兆以太网物理层规范	1000Base-SX：短波 SMF； 1000Base-LX：长波 SMF 或 MMF
IEEE 802.3ab	双绞线千兆以太网物理层规范	1000Base-TX
IEEE802.3ad	Link Aggregation Control Protocol (LACP)	链路聚合技术可以将多个链路绑定在一起，形成一条高速链路，以达到更高的带宽，并实现链路备份和负载均衡
IEEE 802.3ae	万兆以太网物理层规范	10GBASE-SR 和 10GBASE-SW 支持短波(850 nm)多模光纤(MMF)，传输距离为 2 m 到 300 m； 10GBASE-LR 和 10GBASE-LW 支持长波(1310 nm)单模光纤(SMF)，传输距离为 2 m 到 10 km； 10GBASE-ER 和 10GBASE-EW 支持超长波(1550 nm)单模光纤(SMF)，传输距离为 2 m 到 40 km
IEEE802.3af	Power over Ethernet(PoE)	以太网供电：通过双绞线为以太网提供 40V 的交流电源

续表

标　准	说　明	规　范
IEEE802.3x	Flow Control and Back pressure	为交换机提供全双工流控(full-duplex flow control)和后压式半双工流控(back pressure half-duplex flow control.)机制
IEEE802.1d	Spanning Tree Protocol (STP)	利用生成树算法消除以太网中的循环路径，当网络发生故障时，重新协商生成树，并起到链路备份的作用
IEEE802.1q	VLAN 标记	定义了以太网 MAC 帧的 VLAN 标记。标记分两部分：VLAN ID (12 比特)和优先级(3 比特)
IEEE802.1p	LAN 第二层 QoS/CoS 协议	定义了交换机对 MAC 帧进行优先级分类、并对组播帧进行过滤的机制。可以根据优先级提供尽力而为(best-effort)的服务质量，是 IEEE 802.1q 的扩充协议
GARP	通用属性注册协议 Generic Attribute Registration Protocol	提供了交换设备之间注册属性的通用机制。属性信息(例如 VLAN 标识符)在整个局域网设备中传播开来，并且由相关设备形成一个"可达性"子集。GARP 是 IEEE 802.1p 的扩充部分
GVRP	GARP VLAN 注册协议 GARP VLAN Registration Protocol	GVRP 是 GARP 的应用，提供与 802.1q 兼容的 VLAN 裁剪(VLAN pruning)功能，以及在 802.1q 干线端口(trunk port)建立动态 VLAN 的机制。GVRP 定义在 IEEE 802.1p 中
GMRP	GARP 组播注册协议 GARP Multicast Registration Protocol	为交换机提供了根据组播成员的动态信息进行组播树修剪的功能，使得交换机可以动态地管理组播过程。GMRP 定义在 IEEE 802.1p 中
IEEE 802.1s	Multiple Spanning Tree Protocol (MSTP)	这是 802.1q 的补充协议，为交换机增加了通过多重生成树进行 VLAN 通信的机制
IEEE802.1v	基于协议和端口的 VLAN 划分	这是 802.1q 的补充协议，定义了基于数据链路层协议进行 VLAN 划分的机制
IEEE802.1x	用户认证	在局域网中实现基于端口的访问控制
IEEE802.1w	Rapid Spanning Tree Protocol (RSTP)	当局域网中由于交换机或其他网络元素失效而发生拓扑结构改变时 RSTP 可以快速地重新配置生成树，恢复网络的连接。RSTP 对 802.1d 是向后兼容的

以太网技术已经进入万兆时代。以太网不再仅仅是一种局域网技术，而将会成为从桌面到核心、从企业到电信运营商、从局域网到 Internet 骨干网的一统天下的第二层承载技术。正因为如此，作为网络核心的万兆以太网交换机也面临着前所未有的挑战。过去需要路由器来处理的 Internet 全路由、ACL、sFlow、IPv6 路由、QoS、策略路由、组播路由等都需要以太网交换机来处理。能否线速处理上述业务成为网络核心万兆以太网交换机选型的关键考量。

2. 路由器的技术参数

路由器属于第三层设备，根据第三层路由信息转发分组。从功能、性能和应用方面划分，路由器可分为以下 3 类：

(1) 骨干路由器：实现主干网络互连的关键设备，通常采用模块化结构，通过热备份、双电源、双数据通路等冗余技术提高其可靠性，并且采用缓存技术和专用集成电路(ASIC)加快路由表的查找，使得背板交换能力达到几十个 Gb/s，被称为线速路由器。

(2) 企业级路由器：可以连接许多终端系统，提供通信分类、优先级控制、用户认证、多协议路由和快速自愈等功能，可以实现数据、语音、视频、网络管理和安全应用(VPN、入侵检测、URL 过滤)等增值服务，对这类路由器的要求是实现高密度的 LAN 口，同时支持多种业务。

(3) 接入级路由器：也叫边缘路由器，主要用于连接小型企业客户群，提供 1~2 个广域网接口卡(WIC)，实现简单的信息传输功能，一般采用低档路由器就可以了。

路由器不仅能实现局域网之间的连接，还能实现局域网与广域网、广域网与广域网之间的连接。路由器连接广域网的端口称为 WAN 口，路由器与局域网连接的端口称为 LAN 口。常见的网络端口有以下几种：

• RJ-45 端口：这种端口通过双绞线连接以太网。10Base-T 的 RJ-45 端口标识为"ETH"，而 100Base-TX 的 RJ-45 端口标识为"10/100Btx"，这是因为快速以太网路由器采用 10/100 Mb/s 自适应电路。

• AUI 端口：AUI 端口采用 D 型 15 针连接器，用在令牌环网或总线型以太网中。路由器经 AUI 端口通过粗同轴电缆收发器连接 10Base-5 网络，也可以通过外接的 AUI-to-RJ-45 适配器连接 10Base-T 以太网，还可以借助其他类型的适配器实现与 10Base-2 细同轴电缆或 10Base-F 光缆的连接。

• 高速同步串口(SERIAL)：在路由器与广域网的连接中，应用最多的是高速同步串行口(Synchronous Serial Port)，这种端口用于连接 DDN、帧中继、X.25 和 PSTN 等网络。通过这种端口所连接的网络两端要求同步通信，以很高的速率进行数据传输。

• ISDN BRI 端口：ISDN BRI 端口通过 ISDN 线路实现路由器与 Internet 或其他网络的远程连接。ISDN BRI 三个通道(2B+D)的总带宽为 144 kb/s，端口采用 RJ-45 标准，与 ISDN NT1 的连接使用 RJ-45-to-RJ-45 直通线。

• 异步串口：异步串口(ASYNC)主要应用于与 Modem 或 Modem 池的连接，以实现远程计算机通过 PSTN 拨号接入互联网。异步端口的速率不是很高，也不要求同步传输，只要求能连续通信就可以了。

• Console 端口：Console 端口通过配置专用电缆连接至计算机串口，利用终端仿真程序(如 Windows 中的超级终端)对路由器进行本地配置。路由器的 Console 端口为 RJ-45 口。Console 端口不支持硬件流控。

• AUX 端口：对路由器进行远程配置时要使用 AUX 端口(Auxiliary Prot)。AUX 端口在外观上与 RJ-45 端口一样，只是内部电路不同，实现的功能也不一样。通过 AUX 端口与 Modem 进行连接必须借助 RJ-45 to DB9 或 RJ-45 to DB25 适配器进行电路转换。AUX 端口支持硬件流控。

与计算机一样，路由器也包含一个中央处理器(CPU)。不同系列和型号的路由器使用的

CPU 也不同。Cisco 路由器一般采用 Motorola 68030 或 Orion/R4600(RISC)处理器。在中低端路由器中，CPU 负责交换路由信息、路由表查找以及数据包转发，CPU 的能力直接影响路由器的吞吐量(路由表查找时间)和路由计算能力(路由收敛时间)。在高端路由器中，包转发和查表由 ASIC 芯片完成，CPU 只实现路由协议、计算路由以及发布路由表。随着技术的发展，路由器中许多工作都可以由硬件来实现。CPU 的性能并不完全反映路由器的性能。

稍微复杂一点的路由器都有一个操作系统，各个厂家的路由器操作系统不尽相同，但都以 Cisco 的互联网络操作系统(Internetwork Operating System，IOS)作为工作标准。熟悉了 Cisco IOS 的操作，对其他路由器操作系统也不难掌握。

每种路由器平台的 IOS 版本都不同，事实上有几百个不同的 IOS 版本，甚至会有一些特定版本的 IOS 提供一些特殊的功能和解决方案，例如适合服务提供商的 IOS、适合企业的 IOS、或者适合 SNA 集成或支持 IPX 的 IOS 等。Cisco IOS 一般有几兆字节大小，运行在路由器或交换机上，为这些交换设备提供一个管理平台，确保网络的连通性、可靠性、安全性、服务质量和可伸缩性等性能指标。

路由器或交换机的操作是由配置文件(configuration file 或 config)控制的。配置文件包含有关设备操作的指令，是由网络管理员创建的，一般有几百到几千个字节大小。

IOS 的每个组件都作为独立的文件存放在存储器中，不同类型的存储器见下面的介绍。

IOS 命令在所有路由器产品中都是通用的。这意味着用户只要掌握一个操作界面就可以了，即命令行界面(Command Line Interface，CLI)。所以无论通过控制台端口，或通过一部 Modem，还是通过 Telnet 连接来配置路由器，看到的命令行界面都是相同的。

IOS 有三种命令模式，即用户模式(User mode)、特权模式(Privileged mode)和配置模式(Configuration mode)。在不同的命令模式中可执行的命令集不同，可实现的管理功能也不同，详见下面的解释。

内存用来存储操作系统、配置文件和路由协议程序等软件。在中低端路由器中，路由表可能存储在内存中，要求内存越大越好(不考虑价格)。但是与 CPU 能力类似，内存同样不直接反映路由器的性能。因为高效的算法与优秀的软件可以大大节约内存。路由器有以下几种内存组件：

• ROM：ROM 中存储加电自检程序(Power On Self Test，POST)、系统引导区代码(bootstrap)和备份的 IOS。由于 ROM 是只读存储器，不能修改其中存放的代码，如要进行升级，则要替换 ROM 芯片。

• Flash RAM：闪存是可读写存储器，在系统重启或关机之后仍能保存数据。Flash 中存放着当前正在使用的 IOS。事实上，如果 Flash 容量足够大，甚至可以存放多个操作系统映像，这在进行 IOS 升级时十分有用。当不知道新版 IOS 是否稳定时，可在升级后仍保留旧版 IOS，当出现问题时可迅速退回到旧版操作系统，从而避免长时间的网路故障。在某些高端的系统中，闪存中也可能存储引导程序。

• RAM：RAM 的访问速度最快，但存储的内容将在系统重启或关机后被清除。和计算机中的 RAM 一样，Cisco 路由器中的 RAM 也是运行期间暂时存放操作系统和数据的存储器，以便路由器能迅速访问这些信息。在运行期间，RAM 中包含路由表项、ARP 缓冲表项、日志项目和队列中排队等待发送的分组。除此之外，还包括运行配置文件(running config)、正在执行的代码、IOS 程序和一些临时数据信息。

· NVRAM(Non-volatile RAM)：非易失性 RAM 是可读写的存储器，在系统重新启动或关机之后仍能保存数据。由于 NVRAM 仅用于保存启动配置文件(startup config)，故其容量较小，通常在路由器上只配置 32～128 kB 的 NVRAM。NVRAM 的速度较快，成本也比较高。

路由器的类型不同，IOS 代码的读取方式也不同。如 Cisco 2500 系列路由器只在需要时才从 Flash 中读入部分 IOS；而 Cisco 4000 系列路由器的整个 IOS 必须全部装入 RAM 才能运行。因此，前者称为 Flash 运行设备(Run from Flash)，后者称为 RAM 运行设备(Run from RAM)。图 9-46 所示为 Cisco 4000 系列路由器的体系结构。

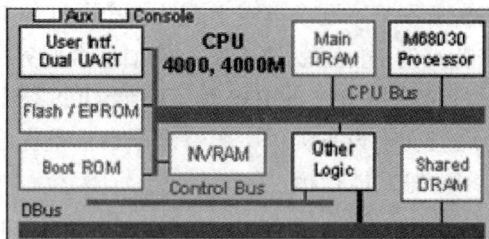

图 9-46　Cisco 4000 系列路由器的体系结构

全面的网络管理是网管人员孜孜以求的目标，精准地掌握传输流量、带宽需求、性能指标、安全威胁和分类计费管理等都是具有挑战性的任务。传统的网络流量监控办法是通过 SNMP 协议，或者使用 RMON 探针、端口镜像以及旁路监测技术等进行的。这些网络监视解决方案对 IP 数据流很难进行特征分析和流量测量，其数据处理的强度让人望而却步。然而 1996 年思科公司提出的 NetFlow 协议为解决这个难题打开了一扇窗户。

NetFlow 是嵌入在路由器中的一种功能，这种机制分析流入路由器的分组头，以下 7 个字段相同的分组被认为属于同一网络流：

· 源 IP 地址(Source IP address)；
· 目标 IP 地址(Destination IP address)；
· 源端口号(Source port number)；
· 目标端口号(Destination port number)；
· 协议类型(Protocol type)；
· 服务类型(Type of Service)；
· 输入/输出端口(Input/Output interface)。

路由器鉴别出一个网络流后，就赋予该网络流一个特征标志，对属于同一网络流的分组进行同样的处理，提供同样的转发服务。所有这些功能都在路由器(或交换机)内部独立完成，不涉及路由器之间的数据交换。

如果要把这些网络流信息收集起来，用于更多的用途(例如网络监控、应用分析、安全防护、ISP 计费等)，则可以根据需要设计不同的采样方案和汇总模式(Aggregation Scheme)，把网络流信息组织成出口分组(Export Packets)，用 UDP 协议(或其他协议)传送给网络流收集器(Collector)，经过收集器再作进一步的数据处理后这些信息就可以派上更大的用场。这个过程表示在图 9-47 中。

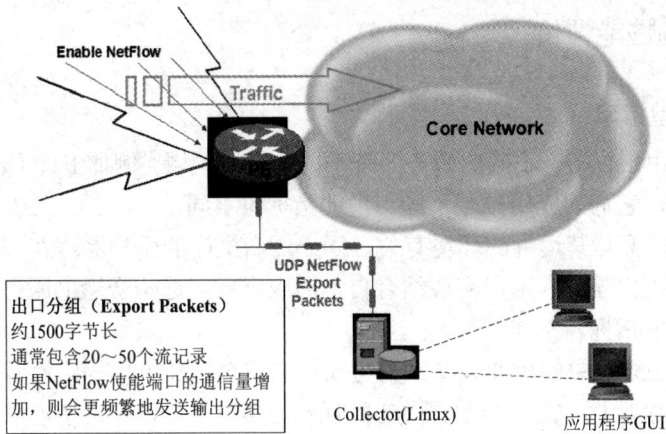

出口分组（**Export Packets**）
约1500字节长
通常包含20～50个流记录
如果NetFlow使能端口的通信量增
加，则会更频繁地发送输出分组

图 9-47　NetFlow 工作原理

　　NetFlow 最初被用于加速数据交换，并同步实现对 IP 数据流的测量和统计。这项技术经过多年的演进，原来的加速数据交换的功能已经由网络设备中的 ASIC 芯片实现，而对流经网络设备的 IP 数据流进行特征分析和性能指标测量的功能也更加完善，成为互联网领域公认的 IP/MPLS 流量分析和计量的行业标准。利用 NetFlow 对 IP/MPLS 网络的通信流量进行详细的行为模式分析和计量，并提供网络运行的准确统计数据，这些都是运营商进行网络安全管理时所必需的基础支撑技术。

　　Cisco 和 3Com 等制造商支持 NetFlow 技术，而其他更多的公司则支持 sFlow 技术。sFlow 也是一种监控数据网络通信量的技术，但是它定义了由 sFlow 代理(Agents)实现的通信量取样机制、配置 sFlow 代理的管理信息库(MIB)，以及把测量通信量得到的数据从 sFlow 代理传送到 sFlow 收集器(Collector)的 sFlow 报文的格式。这些都写进了定义 sFlow 协议标准的文档 RFC 3176。

　　sFlow 技术已经嵌入到路由器和交换机的 ASIC 芯片中，使得拥有千兆和万兆高速端口的现代网络能够得到精确的监视(见图 9-48)。sFlow 已经成为一项线速运行的"一直在线"技术。采用这种技术，用户不需要购买额外的探针和旁路器，就可以实现面向每一个端口的全网监视解决方案。

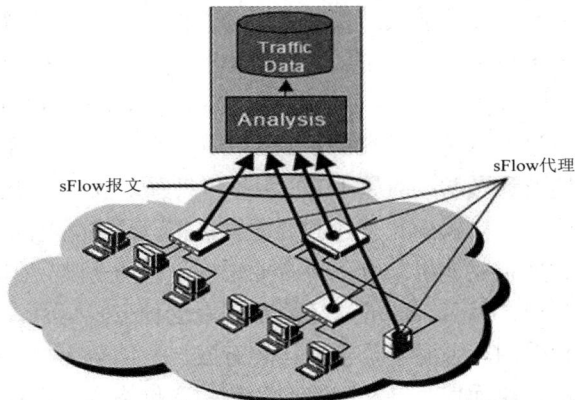

图 9-48　sFlow 解决方案

9.5.2　服务器的性能评价

1. 服务器选型指南

服务器属于应用层设备，不同的服务器有不同的应用领域。例如 FTP 服务器、Web 服务器、数据库服务器，它们的应用领域不同，性能指标也不同。

服务器的性能指标与其运行的环境有关，同一厂商生产的服务器，在不同的网络环境中表现出的性能会有很大差别，用户应该结合自己的应用环境选购合适的服务器，而不是单纯追求表面上的高性能指标。

服务器作为应用系统中的重要设备，其可靠性、安全性和工作稳定性都是需要考虑的因素，特别是环保/绿色特性。在当今数据中心能耗不断攀升的情况下，考虑服务器的能耗需求会减少企业的运行成本。

性能高的服务器价格也贵，在满足应用需求的前提下，追求较好的性价比乃是选购设备的正道。

购买服务器不仅是选购一台硬件设备，而且要购买配套的应用软件，还要为系统维护付出昂贵的人工成本。所以一台总拥有成本较低而投资回报更高的服务器才是用户的首选。

对于应用层设备，它们的服务对象是网络用户而不是上层协议。所以对应用层设备的评价也应该考虑用户的使用体验，而不是仅仅着眼于生产厂商罗列出的诱人的性能指标。

服务器通常分为成塔式、机架式、刀片式三种类型。

塔式服务器一般是最常见的，它的外形及结构都与普通 PC 机差不多，只是个头稍大一些，其外形尺寸并无统一标准。塔式服务器的主板扩展性较强，插槽也很多，而且机箱内部往往会预留很多空间，以便进行硬盘、电源等配件的冗余扩展。这种服务器无需额外设备，对放置空间没多少要求，并且具有良好的可扩展性，配置也可以很高，因而应用范围非常广泛，可以满足通常的服务器应用需求。这种类型的服务器尤其适合入门级和工作组级服务器应用，而且成本比较低，性能能满足大部分中小企业用户的要求，市场需求空间是很大的。但这种类型服务器也有不少局限性，在需要采用多台服务器同时工作以满足较高应用需求时，由于其体积比较大，占用空间多，也不方便管理，便显得很不适合了。

机架式服务器是工业标准化的产品，其外观按照统一标准来设计，并配合机柜一起使用，以满足企业的服务器密集部署需求。机架式服务器的主要好处是节省空间，由于能够将多台服务器安装到一个机柜中，不仅可以占用更小的空间，而且也便于统一管理。机架式服务器的宽度为 19 英寸，高度以 U 为单位(1U=1.75 英寸=44.45 毫米)，通常有 1U、2U、3U、4U、5U、7U 几种标准。这种服务器的优点是占用空间小，而且便于统一管理，但由于内部空间限制，扩充性受到影响，例如 1U 的服务器只有 1 到 2 个 PCI 扩充槽。此外，散热性能也是一个需要注意的问题，此外还需要配置机柜等设备，因此这种服务器适合于需要服务器数量较多的大型企业使用。有不少企业采用这种服务器，但将服务器交付给专门的服务器托管机构来管理，很多网站的服务器都采用这种方式运行。这种服务器由于在扩展性和散热问题上受到限制，因而单机性能比较有限，应用范围也受到一定限制，往往只专注于某些方面的应用，如远程存储和网络服务等。在价格方面，机架式服务器一般比同等配置的塔式服务器要贵上二到三成。

刀片式服务器(blade server)是一种高可用高密度(High Availability High Density，HAHD)低成本服务器平台，是专门为高密度计算机环境设计的，其主要结构为一大型主体机箱，内部可插上许多"刀片"，其中每一块刀片实际上就是一块系统母板，类似于一个个独立的服务器，它们可以通过本地硬盘启动自己的操作系统。每一块刀片可以运行自己的系统，服务于指定的不同用户群，相互之间没有关联。也可以用系统软件将这些主板集合成一个服务器集群，在集群模式下，所有的刀片可以连接起来提供高速的网络环境，共享资源，为相同的用户群服务。在集群中插入新的刀片，就可以提高整体性能。由于每块刀片都是热插拔的，所以系统可以轻松地进行替换，并且将维护时间减少到最小。刀片服务器比机架式服务器更节省空间，同时散热问题也更突出，往往要在机箱内装上大型强力风扇来散热。这种类型服务器虽然空间较节省，但是其机柜与刀片价格都不低，一般应用于大型数据中心或者需要大规模计算的领域，如银行电信金融行业以及互联网数据中心等。目前，节约空间、便于集中管理、易于扩展和提供不间断服务，这些都成为对下一代服务器的新要求，因而刀片服务器市场需求正不断扩大。

2. 服务器性能的基准测试

目前有多种服务器性能评价体系都声称能针对服务器给出量化的评价指标。以下选择应用较为广泛的 TPC 和 SPEC 作一简单介绍。

1) TPC

事务处理性能委员会(Transaction processing Performance Council，TPC)是由数十家计算机软硬件厂商共同创建的非盈利组织，其目的是为业界制定商务应用方面的基准测试程序，并提供可信的数据库及事务处理方面的测试结果。已经发布主要基准测试有以下几种：

TPC-C：这是衡量联机事务处理(On - Line Transaction Processing，OLTP)系统的工业标准，通过模拟数据仓库和订单管理系统来测试各种数据库查询和更新功能。TPC-C 模拟 5 种事务处理：新订单(New-Order)、支付(Payment)、发货(Delivery)、订单查询(Order-Status)和库存查询(Stock-Level)等。这些事务处理的内容不同，处理量、读写发生的频率和响应时间各不相同(参见表 9-6)。通过这些事务处理过程可以模拟真实的用户操作，全面考察系统的事务处理能力。TPC-C 定义了两种性能指标：tpmC(transactions per minute，tpm)表示每分钟处理的交易量(订单数)，而 \$/tpmC 表示性价比(越小越好)。

表 9-6 中的 5 种交易，除发货是事后批处理外，其余 4 种皆为联机交易。值得注意的是，在处理新订单的同时，系统还要处理其他 4 类事务请求。通常新订单请求不可能超出全部事务请求的 45%，因此，当一个系统的性能为 1000 tpmC 时，它每分钟实际处理的请求数是 2000 多个。

表 9-6　tpmC 测试指标与硬件的关联度

交易类型	复杂程度	发生频率	访问表数量 (内存、磁盘 IO 相关)	平均逻辑 IO 数目	CPU 负载 (%)
新订单	复杂交易	45%	8	46	53
支付	复杂交易	43%	4	8	11
发货		4%	4	70	8
订单查询	简单交易	4%	3	12	1
库存查询	复杂交易	4%	3	401	27

TPC-E：这个测试基准为经纪公司建立了一个数据库模型，模拟经纪公司的流量和交易模式。该基准测试针对的是与交易所客户账号相关的中央数据库，目的是让客户可以更客观地测量和比较各种 OLTP 系统的性能和价格。TPC-E 的测试结果有两个指标：性能指标 tpsE 是每秒钟处理的交易数量，性能比 $/tpsE 是系统价格与前一指标的比值。

TPC-H：这是针对数据库决策支持能力的基准测试，通过模拟数据库中与业务相关的复杂查询和并行的数据修改操作，考察数据库的综合处理能力。TPC-H 的性能度量指标是每小时执行的查询数 QphH@Size(Size 为数据规模)，这一指标反映了系统处理事务查询的能力，包括针对查询问题选择数据库大小的能力、对流水式提交的单个查询的处理能力以及对多个并发用户提交查询的吞吐率。TPC-H 的价格/性能度量指标为$/QphH@Size。

TPC-W：这是一个有关事务处理的 Web 服务器的基准测试。由一个受控的因特网环境来扮演工作负载，模拟了面向商业事务处理的 Web 服务器的活动情况。工作负载的执行环境有如下特点：多个联机的浏览器会话、动态生成数据库访问和更新页面、连续出现的 Web 对象、同时执行多种复杂性不同的交易、联机交易模式、数据库由各种大小不同属性和关系各异的表格组成、竞争性数据访问和更新、交易的完整性(即 ACID 属性：Atomicity、Consistency、Isolation、Durability)。TPC-W 选取了最能反映服务器性能的两个主要指标：吞吐率 WIPS(Web Interactions Per Second)和响应时间 WIRT(Web Interaction Response Time)。

2) SPEC

美国标准性能评估公司(Standard Performance Evaluation Corporation，SPEC)是成立于 1988 年的非盈利组织，最初由多家工作站厂家发起，后来各主要软硬件供应商均参与其中，成立的目标是为业界提供标准化的基准测试，为市场提供各种公平而有效的度量标准，并在发挥各个厂家优势及严格遵守法则之间取得平衡。SPEC 新发布的各种基准测试包括：

SPECjbb2013(Java Business Benchmark)：这个基准测试模拟三层客户机/服务器架构来测试服务器端 Java 应用的性能。SPECjbb2013 基于最新的 Java 应用特征进行完全彻底的测试。测试结果是每秒钟完成的业务操作数 BOPS(Business Operation Per Second)，同时要求提供完整的测试环境资料，包括服务器名称、处理器内核数量、线程数量、JVM(Java Virtual Machine)名称、JVM 数量、BOPS/JVM 比值等。

SPECjEnterprise2010：这个基准测试用来评估基于 J2EE(Java 2 Enterprise Edition)技术的应用服务器的性能。SPECjEnterprise2010 的测试结果是 EjOPS(Enterprise java Operation Per Second)，即每秒钟完成的企业级 Java 操作数，同时要求公布完整的测试环境资料，包括 Java EE 应用服务器名称、DB 服务器名称、处理器内核数量、J2EE 服务器数量等。

SPECweb2009：这个基准测试用来评价 Web 服务器性能的下一代 SPEC 基准测试。作为SPECweb99和SPECweb99_SSL、SPECweb2005 的后继者，SPECweb2009 继承了 SPEC 的传统，继续给 Web 用户以最客观、最有代表性的基准测试，来评价 Web 服务器的性能。SPECweb2009 工作负载包括：银行(基于 SSL 的完全安全的工作环境)、电子商务(包含 SSL 和非 SSL 请求)、支持系统(包含大量非 SSL 请求)。在 SPECweb2009 中新引入了对能源负载的度量和新的"性能/能耗"指标，这里对能耗负载的测量还是要按照基准测试 SPECpower 规定的方法进行测试。

SPEC CPU2006：这个基准测试把 CPU、存储器和编译程序结合起来进行测试，测试结果可用来比较不同计算机系统在计算密集型负载下的性能。SPEC CPU2006 包含两个基准测试：CINT2006(SPECint)用来测量和比较计算密集型的整数算术，以及作为测试编译程序、解释程序、字处理程序、国际象棋程序等应用的性能指标。CFP2006(SPECfp)用来测量和比较计算密集型的浮点运算性能，以及作为测试物理仿真、3D 图形、图像处理、计算化学等应用的性能指标。

9.5.3 网络系统的性能评价

1．网络系统的性能评价方法

对网络系统进行性能评价就是要测试、分析和研究它的各种性能指标，看这些性能指标是否能满足应用的要求。所以性能评价应该从需求分析开始，确定了应用需求后再利用各种理论的、数学的、工程的方法来获取网络系统真实的性能指标，两边对照后就可以作出对网络系统的取舍决策(维持现状、更新设备、系统升级或者系统改造和推倒重建)。

这个过程中最核心的问题是如何获得一个实际运行的网络系统的性能指标。从大的方面说，可以采用理论分析、系统仿真与性能测试这三种技术手段进行网络系统的性能评价。

所谓理论分析，就是用数学分析方法来预测网络系统的性能。这种方法要经过 3 个步骤：

(1) 对系统进行化简：针对要获取的性能指标对运行中的网络系统进行化简，使得能够用数学工具描述。这个过程极具挑战性，既挑战分析人员的数学功底，也考验管理人员的网络操作实践经验。

(2) 建立数学模型：选择合适的数学工具，建立网络系统的解析模型，这种解析模型通常就是一个数学公式。常用的数学工具有排队论、随机过程和 Petri 网等。

(3) 通过数学演算得出网络系统性能指标：给定表示网络负载的输入变量，对数学公式进行求解，得出需要的性能指标。这一步相对简单，前两步做好了，这一步就水到渠成了。

以上三个过程可能要反复做，如果演算结果与经验数值相差过大，则稍作调整从头再来。

系统仿真也是要建立一个网络系统的模型，但不是数学公式表示的模型，而是用计算机程序对网络系统运行过程进行模拟的模型。在这种模型中网络设备或者子系统变成了一个只具有输入输出特性的黑匣子，对其施加一定的负载，就可以作出确定的反应，对这些反应进行推理，就得到了需要的性能指标。

系统仿真的关键因素要选择适当的仿真工具。已经有许多优秀的网络仿真软件，为网络研究人员提供了很好的网络仿真平台，例如 Opnet、NS2、Matlab 等。主流的网络仿真软件都采用了离散事件模拟技术，并提供了丰富的网络仿真模型库和高级语言编程接口，提高了仿真软件的灵活性和使用方便性。

对网络系统进行性能测试是本章的重点内容。这种工程方法一直是网络研究人员关注的领域之一。从 20 世纪 90 年代初开始，IETF 制定了许多有关网络互联设备的基准测试，其中 RFC 2544 定义的基准测试有吞吐率(Throughput)、时延(Latency)、丢包率(Frame loss rate)、背靠背(Back-to-back frame)、系统恢复(System recovery)和重启时间(Reset)等。这些性能指标都是应用于网络设备的，主要是针对二三层设备的。时间到了 20 世纪 90 年代末，网络性能度量的研究工作转到了针对网络系统性能指标的度量，于是出现了 IPPM(IP Performance Metrics)工作组发布的 RFC 2330 文档。

2．网络系统的性能指标

网络性能测量的研究工作从注重运行需求领域的 BMWG 工作组制定的基准术语和基准方法开始，后来又转移到了注重传输领域 IP 性能度量的 IPPM 工作组。IPPM 专门负责制定一套用于衡量 Internet 数据传输质量、性能、可靠性等方面的度量标准，它定义了网络性能指标测量的基本框架，并规范了度量指标的定义，提出了有关测量方法的建议(RFC 2330)。与此同时，IPPM 还标准化了一系列重要的网络性能指标，给出了性能指标的严格定义和有关测量方法的建议。已经标准化的度量指标包括：

- 连通性(Connectivity)：连通性是指在某一时刻 t 或某一时段(t，t+Δt)，源和目标地址之间的某种类型数据报的可到达性。连通性是描述网络可用性与可靠性的最基本的指标，也是网络提供各种上层服务的最基本的前提条件。(RFC 2498 和 RFC 2678)

- 单向延迟(One-way Delay)：由于路由的不对称性或应用的不对称性造成对不同方向上延迟指标的要求不同，例如在 FTP 或 VoD 服务中，应用数据主要来自于下行的数据流量，单向延迟指标可以比较准确地反映网络向应用提供服务的实际水平。(RFC 2679)

- 单向丢包率(One-way Packet Loss)：由于网络拥塞使路由器缓存溢出或数据传输延迟增大，从而导致数据包丢失。丢包进一步造成数据包的重传，网络负载继续增大，使传输性能恶化。因此，单向丢包率是描述网络当前负载状况和进行网络性能预测的重要指标。(RFC 2680)

- 往返延迟(Round-trip Delay)：往返延迟的测量方法相较单向延迟的测量更加简单，因为无需在发送和接收端系统之间进行时钟同步。端到端往返延迟太大的网络对于交互式应用、对于维持高带宽的传输造成很多困难，所以这一性能指标的测量仍然有许多实际应用。(RFC 2681)

- 块传输能力(Bulk Transfer Capacity，BTC)：这是对在一个单向拥塞的传输连接(例如 TCP)上传送大量数据的网络传输能力的度量。直观上看，BTC 是指一个完美的 TCP 实现运行在一条有问题的通路上，所能期望得到的长期平均数据速率。由于拥塞控制算法的多样性，不同的 TCP 实现在同样拥塞的通路上表现出的传输能力是不同的。(RFC 3148)

- 单向包丢包模式(One-way Loss Pattern)：利用基本丢包率指标，这个文档定义了两个导出的度量指标"丢失距离"和"丢失周期"，以及有关的统计指标，这些术语共同构成了 Internet 分组流可能经历的丢包模式。突发性丢包所呈现的丢包分布对某些实时应用(例如分组话音和分组视频)是关键的性能参数。同样的丢包率，但是丢包分布不同，对这些应用的影响也不同。(RFC 3357)

- 时延变化(IP Packet Delay Variation，IPDV)IP 分组的时延变化定义为，在给定网络流中数据包之间时间延迟变化的程度。IPDV 对 IP 电话、网络视频会议、远程医疗等实时交互流媒体应用具有重要意义。这类应用对网络服务的基本要求是数据包能够定期到达，较大的 IPDV 意味着可能出现应用停顿或中止。此外，IPDV 也是网络负载特征的重要表征。(RFC 3393)

　　对网络系统的性能评价，除过以上具体的数量指标外，还要测试和评价网络系统的可靠性或可利用性，亦即计算机系统能够正常工作的时间，其指标可以是持续工作的时间长度，如平均无故障时间，也可以是在一段时间内，能正常工作的时间所占的百分比。另外，网络系统的安全性也得到越来越多的重视，对网络系统安全性的测试和度量属于另外的研究范畴，本书在第 1 章中也有所提及。

　　决定网络系统性能的最基本的因素在于系统的配置(即系统中包含的各种软硬件的成分、数量、能力和系统结构、处理和调度策略等)和系统负载(即工作负载和工作方式，例如交互方式、批处理方式等)。利用管理手段对网络系统的配置和负载作出调整，是改善网络系统性能的日常工作，也是提高网络系统运行效率的主要技术措施。

参 考 文 献

[1]　William Stallings. 数据与计算机通信，7 版. 北京：高等教育出版社，2006.

[2]　Andrew S Tanenbaum. 计算机网络，4 版. 北京：清华大学出版社，2004.

[3]　雷震甲. 网络工程师教程，4 版. 北京：清华大学出版社，2014.

[4]　雷震甲. 网络工程师考试辅导，3 版. 西安：西安电子科技大学出版社，2010.

[5]　雷震甲. 计算机网络，3 版. 西安：西安电子科技大学出版社，2011.